U0214197

国家自然科学基金项目"喀斯特地区城市绿地苔藓植物景观适应性评价及其造景理论研究"（31960328）资助

喀斯特城市绿地苔藓植物
——以贵阳市为例

王秀荣　史秉洋　赵　杨　等　著

科学出版社
北　京

内 容 简 介

本书内容主要包括苔藓植物的历史文化和栽培理论研究以及对喀斯特城市绿地苔藓植物景观研究成果的总结。基于苔藓植物的历史文化、繁殖栽培试验以及对贵阳市城市公园和道路绿地、特殊生境中苔藓植物群落结构的实地调研，运用古代文学、栽培学、群落生态学、植物学、景观美学、风景园林学等学科知识，从传统诗词文化、繁殖栽培理论、群落特征和景观评价等多方面总结了苔藓植物的传统文化特征、美学特征、繁殖栽培技术以及贵阳市苔藓植物群落的分布特征，旨在为苔藓植物在景观建设中的应用提供理论支撑，为贵阳市苔藓植物生物多样性的保护和合理利用提供一定理论指导。

本书对从事城市景观设计、园林规划设计、环境艺术设计、苔藓植物学研究等专业人员和相关院校的师生具有较高的参考价值。

图书在版编目（CIP）数据

喀斯特城市绿地苔藓植物：以贵阳市为例 / 王秀荣等著. -- 北京：科学出版社，2025. 3. -- ISBN 978-7-03-079234-1

Ⅰ. Q949.35

中国国家版本馆 CIP 数据核字第 2024AB2981 号

责任编辑：马 俊 岳漫宇 闫小敏 / 责任校对：郑金红
责任印制：肖 兴 / 封面设计：无极书装

科 学 出 版 社 出版
北京东黄城根北街 16 号
邮政编码：100717
http://www.sciencep.com

北京华宇信诺印刷有限公司印刷
科学出版社发行 各地新华书店经销

*

2025 年 3 月第 一 版 开本：720×1000 1/16
2025 年 3 月第一次印刷 印张：21
字数：421 000

定价：**220. 00 元**
（如有印装质量问题，我社负责调换）

著 者 名 单

主要著者

贵州大学：王秀荣　史秉洋　赵　杨

其他著者

贵州大学（以姓氏汉语拼音为序）：

曹　威	柴俪砧	陈洪梅	陈嘉琦	陈姜连汐
段礼鑫	冯铃鸿	黄补芳	金雅琳	李宇其
李玥晗	廖　芳	林　蔚	洪海林	刘富华
刘　果	陆思慧	潘延楠	申俊杰	谭　伟
汤　维	吴　优	谢美璇	谢木妍	谢　雨
熊忠华	杨铄渊	杨　艳	张　雁	张寅方
郑莹莹	邹　茸			

重庆大学：杨　婷

贵阳学院：邸高曼

贵阳市观山湖区城市园林绿化建设管理处：刘定明

贵州九通市政园林建设有限公司：李林懋

贵州农业职业学院：秦　雪

贵州省山地资源研究所：王慧澄

黔南民族师范学院：俞筱押

同济大学建筑设计研究院（集团）有限公司：孙　苏

中铁水利水电规划设计集团有限公司：王　建

前　言

　　苔藓植物（bryophyte）是区别于藻类和蕨类植物的另外一种孢子植物，其体型微小，属于最低等的高等植物。我国苔藓植物分布极为广泛，是全球苔藓植物主要的分布和分化中心之一，也是苔藓植物多样性最高的国家之一。苔藓植物占据着地球表面积的一部分，还是许多维管植物群落、微生物群落的栖息地，因此在自然界被誉为植被演替过程中的先锋植物。此外，苔藓植物生活类型丰富，对基质要求低，生物量轻，能在其他陆生植物生存困难的环境（如高寒、高温、极度干旱等环境）中生长繁衍，是园林造景中优异的植物材料，对森林植被的水分平衡、物质循环以及环境监测和水土保持等方面具有重要影响。因此，通过调查苔藓植物资源，开发其应用价值，可为园林管理部门和设计工作者提供数据参考，提升城市景观建设质量。贵阳市位于贵州省中部，属于典型的喀斯特城市，面临着生态环境脆弱、治理困难、复绿难度大等问题，运用传统的园林绿化手段如常规树木种植和草坪铺设无法有效解决其绿化、美化问题。此外，喀斯特地区土壤浅薄，对深根系植物的生长具有严重的阻碍作用。而苔藓植物没有发达的根系，对环境、土壤条件要求低，是解决喀斯特石漠化区域景观化问题的重要植物材料。本研究于 2019 年获得国家自然科学基金资助，开展"喀斯特地区城市绿地苔藓植物景观适应性评价及其造景理论研究"（31960328）。研究人员以贵阳市常见苔藓植物以及城市公园和道路绿地、特殊生境中苔藓植物群落为研究对象，对苔藓植物的物种组成、景观特征、观赏特征以及群落结构等方面进行了实地调研和阶段性的定点观测，对苔藓植物的形态特征、色彩特征和质感特征进行了综合评价，提出了苔藓植物景观营建策略，并根据调查研究发现的优势苔藓物种和当前市场上常用的景观苔藓种类，进行了景观环境模拟栽培试验，为进一步开发苔藓植物的应用价值提供了参考。

　　全书分为三大部分共七章，主要针对中国苔藓植物传统文化发展、喀斯特城市常见苔藓植物群落景观评价和物种资源调查、优势苔藓物种繁殖培育展开论述，旨在弘扬传统园林文化和提升喀斯特城市景观质量，促进相关理论研究的深化。其中，绪论部分主要阐明本研究的背景、目的与意义、对象和方法；基础理论研究部分为第一章，主要通过查询文献资料、古典文集，论述苔藓植物的发展历史以及古文化中苔藓植物景观的组成和文化表达；专项研究部分为第二至第七章，是本研究结果的主体内容，包括对贵阳市城市绿地常见苔藓植物群落景观评价体系构建，优势苔藓物种繁殖栽培技术探索，城市绿地苔藓植物物种分类特征和区系划分，城市公园和道路绿地以及特殊生境中苔藓植物物种组成、植物多样性和结构特征等方面的归纳总结。最后为三个附表，分别是"喀斯特城市绿地常见的75 种苔藓植物"、"贵阳市绿地苔藓植物物种统计及其区系成分"和"贵阳市城市公园和道路绿地苔藓植物物种统计"。

本书在编著过程中参考和借鉴了国内外专家和学者公开发表的研究成果，科学出版社编辑团队为本书的出版做了大量细致和专业的工作，同时本书的出版得到国家自然科学基金的资助，在此一并致以诚挚的谢意。

由于著者水平有限，书中难免有不妥之处，敬请读者批评指正，以便今后修改完善。

2024 年 8 月 6 日

目　录

绪　　论

一、研究背景

石漠化、荒漠化、盐碱化是我国目前面临的三大生态问题。贵州省是全国石漠化面积最大、等级最齐、程度最深且危害最重的省份，也是我国西南部最典型的喀斯特地区之一。省会贵阳市是典型的喀斯特城市，全市土地面积的约 50.65% 为潜在石漠化和石漠化地区。喀斯特区域生态环境脆弱、治理困难、复绿难度大，使用传统的园林绿化手段如常规树木种植和草坪铺设无法有效解决其绿化、美化问题。此外，喀斯特山地城市地形变化大，立体绿化、边坡绿化、屋顶绿化等景观工程量大，均需要质量轻、易生长、基质要求低的植物材料。然而现有的植物材料种类少，难以满足实际需求。因此，运用当地适生植物解决石漠化区域的景观化问题，对提升喀斯特山地城市公园景观质量非常必要。

苔藓植物作为群落演替的"先锋植物"，具有较强的抗逆性状，如抗干旱、耐贫瘠和耐阴，可以在其他植物（乔木、蕨类和种子植物）无法生存的生境中生长和繁殖。苔藓植物与其他高等植物在营养需求、生境、生活型和植株大小等方面存在显著差异，拥有丰富的生态功能，在水土保持、水源涵养、生物结皮形成、生态系统物质循环和能量流动、生物多样性维持、植被演替、森林更新、环境监测与生态修复等方面具有重要作用。例如，苔藓植物在荒漠地区能够形成生物结皮，从而有效防止土壤侵蚀和沙漠化扩展。此外，苔藓植物体型微小，适应性强，具有诸多草坪植物不具备的优势，如营造不同类型的景观，长期保持较高的观赏效果，无病虫害，不易受杂草侵害，质感细腻，越冬能力强，没有枯黄期，养护和管理成本低，特别适合用于喀斯特城市困难绿地的造景。贵州省是我国苔藓植物种类最多的省份之一，共有 1600 余种，占全国苔藓种类的 47%。因此，利用当地多样的苔藓植物和适宜的气候条件来解决城市绿地石漠化区域的景观化问题，是提升喀斯特城市景观质量的可行途径。

苔藓植物造景功能强大，在中国古典园林中有悠久的应用历史。苔藓景观与中国古典园林、诗词文化、盆景文化有着深厚的联系。中国古典园林是文人园林，苔在《全宋词》中共出现 333 次，排名于梅、柳、竹之后，位列第四；文人对苔藓的感情还体现在绘画中，"点苔"就是中国画的重要技法之一。因此，将中国风格元素融入苔藓景观中，利用其形态多样、质感细腻、色泽青润、四季常青的特性，结合诗词描绘的景象、中国的地理景观及表达中国传统节日的景观，能够营造出幽静雅致、意境深远的园林空间，从而达到弘扬传统园林文化和提升景观质量的目的。

二、研究目的与研究意义

贵阳市为贵州省的省会，有"林城"之美誉。2015 年，《贵阳市绿地系统规划》明文提出建设"公园城市"的理念，并提出构建类型丰富、完整的公园绿地体系，到 2020 年已建成"千园之城"。但是在建设中面临着乡土园林植物种类较少、景观单调及用于治理石漠化的植物材料种类少等问题。因此，充分发掘贵阳市境内的苔藓植物资源显得尤为必要。目前，针对苔藓植物的研究多集中在物种多样性、繁殖、园林造景应用等层面上，关于其在喀斯特城市绿地中应用的研究却少见报道，而喀斯特城市绿地苔藓植物景观适应性评价研究几乎空白。因此，构建苔藓植物景观适应性评价体系，是促进苔藓植物广泛应用于园林景观所亟待解决的关键问题。此外，贵阳多雨湿润的环境条件非常适合苔藓植物自然生长，因此市域公园内不同立地条件下自然生长的苔藓植物种类繁多，所以开展该地区苔藓植物的群落特征和景观适应性研究、构建评价体系和开发繁殖栽培技术等，对解决喀斯特城市困难立地的景观化问题，促进苔藓植物在贵阳、贵州、西南地区乃至全国园林景观中应用，以及通过苔藓植物营造园林意境、提升园林景观质量、弘扬古典园林文化均有着重要的科学和现实意义。

本研究的主要目的如下。①从传统文化在园林景观中及苔藓植物应用于园林景观中的重要性和潜力出发，对唐诗宋词中苔藓植物景观组成特征进行分析，并据此分析苔藓植物景观意境的类型以及生成过程，提出基于唐诗宋词的苔藓植物景观组景模式。②通过样方调查法对贵阳城市绿地苔藓植物资源现状开展详细调查，分析苔藓植物群落的景观特征，包括形态特征、色彩特征和质感特征以及物种组成特征，并据此构建苔藓植物景观评价体系。③根据调查研究发现的优势苔藓物种和当前市场上常用的景观苔藓植物种类，进行景观环境模拟栽培实验，以评估其在不同环境条件下的适应性和景观效果。④对特殊生境中苔藓植物群落（如树附生苔藓、石生苔藓以及墙体苔藓）的物种特征和生态功能进行系统研究，以进一步了解其生态价值和应用潜力。

三、研究对象

本研究以贵阳市中心城区（南明区、云岩区、花溪区、乌当区、白云区、观山湖区）的城市公园和道路绿地为切入点，对苔藓植物进行全面调查并开展相关研究，旨在了解其在城市绿地中的分布、生态功能及景观适应性，进而为其在园林景观中广泛应用提供科学依据。选择这些区域是因为其代表了不同类型的绿地环境，具有典型性和代表性。

四、研究方法

本研究注重理论研究和实例考证相结合，综合运用了各类科学方法。整个研究工作分为外业和内业两个部分，以充分调查、收集资料为基础，对相关数据进行科学分析。

1. 外业调查研究

从 2021 年 12 月至 2022 年 10 月，研究人员分 4 个季度（春、夏、秋、冬）对贵阳市建成区内 7 个具有代表性的城市公园进行了调研（表 0-1），随后进行了苔藓植物的景观特征分析和观赏价值评价。首先以公园的主干道和部分次干道为调研路线，选取主干道两侧 10m 范围内面积大于 0.5m² （树附生苔藓要求寄主树木胸径大于 15cm，同时苔藓群落面积大于 15cm × 20cm）的可达性强的苔藓群落为研究样点（共 222 个样方），并避开只生长在无人为干扰环境中的栽培应用难度极大的苔藓植物。随后采集苔藓群落中所有苔藓植物种类的标本（区分群落优势种、共优种及混生种），同时分别标记每个苔藓群落的地理位置并进行拍照，保证每个季度的采样点一致。

表 0-1　调查样地概况

公园名称	面积（hm²）	开放年份	所属辖区	样地数
观山湖公园	366.7	2010	观山湖区	51
花溪十里河滩国家城市湿地公园	850.0	2009	花溪区	36
鹿冲关森林公园	700.0	2003	云岩区	50
登高云山森林公园	135.8	2017	乌当区	18
花溪公园	50.1	1937	花溪区	28
泉湖公园	72.0	2016	白云区	13
贵阳喀斯特公园	30.0	2014	观山湖区	26

从 2019 年 3 月开始，研究人员用了 3 年多的时间对贵阳市区主要道路绿地和城市公园的苔藓植物群落特征开展调研，即根据城市公园和道路绿地分布情况，对南明区、云岩区、观山湖区、花溪区、白云区和乌当区 6 个主城区中绿化率较高、车流量较大的 30 条主干道和具有代表性的 8 个公园进行实地调查（表 0-2，表 0-3）。根据踏查结果，将城市公园苔藓植物群落依据基质和空间位置划分为土生、石生和树附生样地。其中，在土生和石生样地内设置 1m × 1m 的样方，并采用五点取样法设置 20cm × 20cm 的副样方；在树附生样地选取胸径≥15cm 的具有苔藓植物群落

的树木,在分别距离地面 50cm、100cm、150cm 树干处设置 10cm × 10cm 的小样方,每个样地间隔 1m 以上,总计 375 个样方(表 0-2)。道路绿地调研以道路横断面设立 15m × 15m 的样地(样地与样地之间至少距离 1km,若周边环境发生改变,则多设立一个样地),利用等距离法在样地所有绿带上设立 3 个 1m × 1m 的样方,并使用五点取样法设置 20cm × 20cm 的小样方,总计 199 个样方(表 0-3)。

表 0-2　贵阳城市公园苔藓植物群落特征调查数量表

公园名称(公园类型)	面积(hm²)	开放年份	所属辖区	样方数
观山湖公园(湿地公园、山地公园)	366.7	2010	观山湖区	98
花溪十里河滩国家城市湿地公园(湿地公园)	850.0	2009	花溪区	42
鹿冲关森林公园(森林公园)	700.0	2003	云岩区	44
登高云山森林公园(森林公园)	135.8	2017	乌当区、云岩区	45
花溪公园(山地公园)	50.1	1937	花溪区	30
黔灵山公园(山地公园)	72.0	2016	云岩区	30
阿哈湖国家湿地公园(湿地公园)	1218.0	2014	南明区、云岩区、花溪区、观山湖区	37
长坡岭国家森林公园(森林公园)	30.0	2009	白云区、观山湖区	49

合计:375 个样方

表 0-3　贵阳城市道路概况及样方调查数量表

所属城区	道路类型	道路名称	样方数
花溪区	一板两带	贵筑路、花溪大道中段、田园北路	54
	两板三带	花溪大道南段、甲秀南路、明珠大道	
观山湖区	两板三带	观山西路、观山东路、金阳北路、金阳南路	57
	四板五带	长岭南路、枫林路	
南明区	一板两带	中华北路、沙冲南路、中华南路	32
	两板三带	遵义路、瑞金南路、花石路	
	三板四带	宝山南路	
云岩区	两板三带	枣山路、延安东路、延安西路	21
	三板四带	北京路、宝山北路	
白云区	两板三带	白云南路、白云北路、云峰大道、云环路、云环中路、云博路	35

合计:199 个样方

对于贵阳特殊生境中苔藓植物群落,研究人员在 2022 年 2～7 月对花溪公园、贵阳森林公园、观山湖公园、鹿冲关森林公园和长坡岭国家森林公园的树附生苔藓植物进行了调查。根据林分特征,选取林分状况较为良好且易进入的 5 块 100m × 100m 林分,其中纯林 2 块,分别是香樟林(Sp.1)、桂花林(Sp.2),混交林 3 块,分别是常绿落叶阔叶混交林(Sp.3)、常绿落叶针叶混交林(Sp.4)、针阔混交林(Sp.5)。以每块林分的林缘为起点,分别在 0m、50m、100m 处设置 10m × 10m 的样地,每种林分 9 块样地,共计 45 块样地;在每块样地利用五点取样法选择胸径≥10cm 的树木，尽量避开分枝点较低的树木，在分别距离地面 30cm、110cm、150cm 和 180cm 的树干处，按东南西北 4 个方向设立 10cm × 10cm 的样方，每棵树 16 个样方。同时，记录调查样地的海拔、经纬度、植被类型、乔木层和下木层植物种类，测量并记录每个样方的盖度、坡度、温度、湿度、光照、风速、郁闭度、人为干扰类型、凋落物厚度和伴生种，目测估计草本与灌木盖度。海拔采用 GPS 仪等测定。树高使用激光测距仪和目测相结合的方法测定。枝下高（指地面到树冠最低处枝条的垂直高度）、胸径（定义为距地面 1.3m 处的树干直径）分别使用卷尺和胸径尺测量。冠幅通过测量树冠投影来计算。树皮水分使用 ZTW 1601A 水分测定仪测定。土壤湿度、酸碱度使用土壤酸碱度和湿度测定仪测定。温度、光照、风速与湿度使用 Lurton LM 8000A 四合一环境测试仪测定。将人为干扰程度分为 5 级（表 0-4）：无干扰、干扰较少、中等干扰、干扰较多和干扰大，分别赋值 1、2、3、4、5。

表 0-4　人为干扰划分依据

人为干扰程度梯度	干扰等级	赋值
样地中几乎无人类活动，植被生长良好	无干扰	1
样地中人为活动少，具有轻微踩踏痕迹，无泥土、岩石裸露	干扰较少	2
样地中有一定人为活动，具有轻微踩踏痕迹，植被受破坏程度小	中等干扰	3
样地中人为活动频次较高，有践踏痕迹，植被被破坏	干扰较多	4
样地中人为活动频次高，植被被严重踩踏，泥土裸露	干扰大	5

研究人员在 2022 年 3～8 月通过 ArcGIS 10.7 软件的掩膜提取工具单独提取研究区的高程，在综合考虑贵阳 6 个城区海拔的基础上，基于 GIS 软件，采用渔网栅格（样点与样点间隔 1km）以 50m 为间隔将整个中心城区（南明区、云岩区、花溪区、乌当区、白云区、观山湖区）最终分为 8 个海拔梯度，开展石生苔藓植物群落调查。经过实地调研，由于某些采样现场没有生长石生苔藓植物，不能采样，因此实际采样点共 157 个（图 0-1），其中海拔梯度 N1（972～1022m）采样点 9 个，N2（1023～1073m）采样点 25 个，N3（1074～1124m）采样点 28 个，N4（1125～1175m）采样点 12 个，N5（1176～1226m）采样点 14 个，N6（1227～1277m）采样点 13 个，N7（1278～1328m）采样点 25 个，N8（1329～1379m）采样点 31 个，总体来看，样点数分别在海拔梯度 N8（1329～1379m）和 N3（1074～1124m）达到最高峰与次高峰，在海拔梯度 N1（972～1022m）最少。对 6 个中心城区的样点进行统计发现，乌当区采样点 12 个，花溪区 22 个，白云区 26 个，云岩区 28 个，南明区 31 个，观山湖区 38 个。每个样点设置 1 个 10m × 10m 的样地，每个样地再分为 25 个样方（2m × 2m），选择有代表性的 3 个样方采集苔藓植物。根据群落最小面积法，在每个样方内按照五点取样法，使用 10cm × 10cm

的金属网（网格边长为1cm）确定5个小样方取样。环境因子测定结果见表0-5。

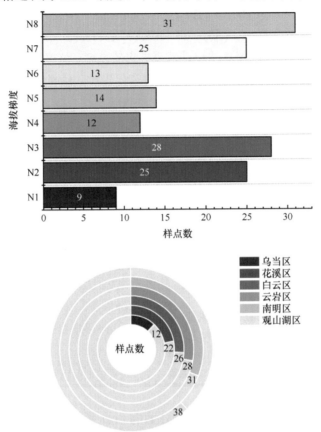

图 0-1　不同海拔梯度和城区的样点统计

表 0-5　苔藓样地环境因子调查

序号	因子	方法
1	经纬度	GPS 仪
2	海拔	GPS 仪
3	坡向	地质罗盘
4	坡度	地质罗盘
5	凹凸度	样方的平均海拔减去与该样方相邻的8个样方海拔的平均值，处于样地边缘的样方为样方中心的海拔减去4个顶点海拔的平均值；按数值大小划分为3级：1级凹凸度<-1，2级凹凸度-1～1，3级凹凸度>1
6	空气温度	温湿度仪，并记录测量时间
7	空气湿度	温湿度仪，并记录测量时间
8	光照	照度计（HAD/Z-10）
9	土壤 pH	土壤 pH 计伸入土壤测量
10	土壤湿度	土壤湿度仪伸入土壤测量
11	岩石裸露率	目测法

续表

序号	因子	方法
12	岩面苔藓着生面积	苔藓着生面积与岩石出露总表面积的比例
13	郁闭度	样点测定法(取5个点计算正午林地树冠垂直投影面积与林地面积之比取平均值)
14	植被覆盖度	调查植被覆盖
15	乔灌草覆盖度	调查乔木、灌木、草本覆盖
16	人为干扰类型	考虑旅游、交通、农业开垦、城市开发等因素,分5级:无干扰、较少干扰、中等干扰、较多干扰、干扰大

研究人员在 2023 年 1~4 月对贵阳 6 个城区(观山湖区、花溪区、云岩区、南明区、白云区、乌当区)的墙体苔藓植物群落进行了调研。利用 ArcGIS 10.2 软件提取建成区范围,在 1km×1km 的网格内设置采样点,每个采样点随机选取 2~10 块生长有苔藓植物的墙体作为样地(共 9 种墙体类型),每个样地为一种墙体类型(共 327 个样地),将每面墙体作为一个大样方(表 0-6),再将每个大样方分为 4 个中样方:顶部(距离墙顶 1m 的墙面与墙顶)、面部(除去墙顶以下和墙基上 1m 的墙面)、基部(距离地面 1m 的墙面)、墙体缝隙。本研究采用五点取样法与等距取样法相结合的方法采集苔藓植物,在每个中样方使用金属框(10cm×10cm)确定 5 个小样方取样。

表 0-6　样地中不同类型墙体

注:括号内数字为墙体数量

2. 文献查阅分析及内业数据处理

（1）苔藓植物历史与文化分析

首先基于网络和郑州大学图书馆等资源查阅了大量相关文献及资料，尤其是《全唐诗》和《全宋词》中与苔藓植物相关的诗词。之后根据清·汪宪《苔谱》记载，苔藓又名"员薛"和"员苔"等，因此主要通过"苔"和"藓"二字来检索，结果显示与苔藓植物有关的诗词在《全唐诗》中共 1599 首，在《全宋词》中共 405 首。最后选出与苔藓植物相关的诗词后进行二次筛选，原则如下。①与苔藓植物相关的描写，剔除描写如海苔、苔帻等非苔藓植物的诗词。②主要或侧重描写自然风光、田园风光、庭院景观和园林场所的诗词。

经过二次筛选，最终选入 856 首唐诗和 240 首宋词共计 1096 首诗词作为后续研究材料。采用数理统计方法，对苔藓植物景观涉及的元素进行收集、整理、分析和解释：首先将诗词中与苔藓植物景观相关的元素提取出来，按景观元素、自然元素、色彩元素等进行分类，然后对景观元素进行合并预处理，如将"小梅"、"绛雪"和"梅雪"等元素合并为"梅"，将"朱"和"绛"合并为"红"，最后统计每一种元素出现的频次，应用 Excel 2020 软件绘制相应图表。

高频景观元素筛选：由于部分景观元素出现次数过低而不具代表性，因此筛选出高频景观元素进行共词分析，以研究唐诗宋词中苔藓植物景观的配置。根据 Donohue 高低频词分界公式筛选景观元素：

$$T = (-1 + \sqrt{1 + 8 \times I_1})/2$$

式中，I_1 表示出现 1 次的景观元素总数；T 表示高频景观元素的最低出现频率，即高低频景观元素的边界。

共词分析：以全部诗词为数据集，以高频景观元素为有效数据进行共词分析，运用 python 3.6.2 软件构建高频景观元素共现矩阵，以研究景观元素之间的关联程度，构建规则如下：

$$n=+1 \quad W_a 与 W_b 共同出现在宋词中$$

$$n=0 \quad W_a 与 W_b 没有出现在宋词中（1 \leqslant a，b \leqslant 23）$$

式中，n 为两景观元素的共现次数；W_a 为第 a 行对应的景观元素；W_b 为第 b 列对应的景观元素。

知识图谱构建：借助 Gephi 0.9.2 软件，根据苔藓植物高频景观元素共现矩阵绘制共现知识图谱，使分析结果可视化。其中，圆圈代表景观元素，大小表示出现频次的高低，圆圈之间的连线表示景观元素的共现关系，粗细表示共现频次的高低。

（2）苔藓植物标本鉴定

从野外采集的标本带回实验室后于阴凉通风处晾干并整理装袋。采用经典形态法，用 HWG-1 型解剖镜和 XSZ-107TS 型光学显微镜对标本形态特征进行观察，并进行科、属的分类和种的鉴定。依据《中国生物物种名录》（第一卷：苔藓植物）、《中国苔藓志》和《贵州苔藓植物志》（1～3 卷）等对标本形态学进行观察和鉴定并定名，标本存放于贵州大学林学院苔藓标本室。

（3）苔藓植物生态功能测定

通过 Photoshop（PS）软件对 XSZ-107TS 型光学显微镜拍摄的照片进行处理，测定石生苔藓植物的宏观功能性状（叶片长度、宽度、形状、面积）和微观功能性状（细胞长度、宽度及长宽比）。

苔藓植物的持水量采用室内浸泡法测定：将苔藓植物在水中浸泡 24h 后置于纱网上滴干重力水，称湿重，然后置于 65℃的烘箱中烘干至恒重测定干重。持水量计算公式如下：

$$WC=WW-PW$$
$$WP=WC/PW\times100\%$$
$$BM=PW\times C$$

式中，WC 为苔藓持水量；WW 为苔藓湿重；PW 为苔藓干重；BM 为苔藓生物量；C 为苔藓盖度。

苔藓植物吸水进程测定：取新鲜苔藓植物平整放在盛有 300mL 蒸馏水的 23cm × 15cm 搪瓷盘中进行吸水实验。吸水时间分别为 0.5min、1min、5min、10min、20min、40min 和 60min，定时取出称重，减去样品鲜重后得到总吸水量。随后迅速用吸水纸将样品表面水分吸干并称重，减去样品鲜重后得到内吸水量。以总吸水量减去内吸水量得到外吸水量。重复 3 次。

（4）苔藓植物多样性与环境因子之间的关系

利用皮尔逊积矩相关系数（Pearson product-moment correlation coefficient）分析树附生苔藓植物多样性与附主树木环境的相关性。采用主坐标分析（principal co-ordinates analysis，PCoA）揭示道路空间苔藓植物群落组合的差异性。运用 SPSS 软件对不同海拔梯度石生苔藓植物多样性指数、持水量、持水率及生物量的差异显著性进行分析（显著性水平设为 P=0.05）。利用主成分分析（principal component analysis，PCA）、冗余分析（redundancy analysis，RDA）、典型对应分析（canonical correspondence analysis，CCA）和 Spearman 秩相关性分析对贵阳市苔藓植物与环境因子之间的响应关系进行分析。采用 Excel 2020、SPSS 24.0、Past 4、Origin 2021、Canoco 5 等软件进行数据分析与制图。

（5）苔藓植物生态关系指标

苔藓植物群落生态位宽度、生态位重叠指数、总体联结指数的计算公式如下：

$$BL = 1 / \sum_{j=1}^{r} P_{ij}^2$$

$$O_{ik} = \sum_{j=1}^{r} P_{ij} P_{kj} / \sqrt{\left(\sum_{j=1}^{r} P_{ij}^2\right)\left(\sum_{j=1}^{r} P_{kj}^2\right)}$$

$$\delta_T^2 = \sum_{i=1}^{S} P_i \left(1 - P_i\right)$$

$$S_T^2 = \left(\frac{1}{N}\right) \sum_{j=1}^{N} \left(T_j - t\right)$$

$$VR = S_T^2 / \delta_T^2$$

$$p_i = n_i / N$$

$$W = N \times VR$$

式中，BL 为生态位宽度，为 i 物种在 j 资源位的重要值与 i 物种在所有资源位的重要值总和之比；r 为资源位总数；O_{ik} 为 i 和 k 物种的生态位重叠指数；P_{ij} 和 P_{kj} 分别为 i 和 k 物种在 j 资源位的重要值；δ_T^2 为总样方方差；S 为总种数；P_i 为含 i 物种出现的频度；S_T^2 为总种数方差；N 为总样方数；T_j 为 j 样方的物种数；VR 为总体联结指数；n_i 为含 i 物种的样方数；t 为样方的平均物种数；W 为统计量。

在独立性假设下，VR=1；当 VR＞1 时，表示植物群落呈正联结；当 VR＜1 时，表示植物群落呈负联结。

生态种组是群落中生态习性相似的种的组合，能够更真实地反映群落和种群的关系以及种群对环境和主导生态因素的适应方式。本研究通过分析卡方（χ^2）检验、Jaccard 相似性系数和相关系数检验的综合结果，以生态位宽度矩阵为指标，运用聚类分析进行墙体苔藓植物优势种的生态种组划分。

χ^2 检验用于在一定的置信水平下检验两个种间是否存在关联，为反映种间关联性的定性指标（Pandey et al.，2023）：

$$\chi^2 = N \left[\left(|ad - bc|\right) - \left(1/2\right) N\right]^2 / (a+b)(c+d)(a+c)(b+d)$$

式中，N 为样方数，a 为 A、B 两物种同时存在的样方数，b 为 B 物种存在而 A 物种不存在的样方数，c 为 A 物种存在而 B 物种不存在的样方数，d 为 A、B 两物种均不存在的样方数。

当 $ad＞bc$ 时，种对间联结为正，当 $ad＜bc$ 时，种对间联结为负。当 $\chi^2＜3.841$ 时，种对间不联结；当 $3.841＜\chi^2＜6.635$ 时，种对间存在联结；当 $\chi^2＞6.635$ 时，种对间为显著联结。

χ^2 检验可以反映种对间联结的显著性，与 Jaccard 相似性系数（JI）结合，能够更准确地表达种间的联结关系（邢韶华等，2007）。使用 JI 系数来检验种对相伴随出现的概率和联结程度：

$$JI = a / (a + b + c)$$

JI 值域为[0，1]，其值越大，表明该种对的正关联性越强，否则负关联性越强。

采用 Pearson 相关系数和 Spearman 秩相关系数分析物种间的相关程度：

$$r_{s(i,k)} = \left[\sum_{j=1}^{N} \left(x_{ij} - \overline{x_i} \right) \left(x_{kj} - \overline{x_k} \right) \right] / \sqrt{ \sum_{j=1}^{N} \left(x_{ij} - \overline{x_i} \right)^2 \left(x_{kj} - \overline{x_k} \right)^2 }$$

式中，$r_{s(i,k)}$ 为样方中 i 与 k 物种之间的 Pearson 相关系数；N 为样方数；x_{ij} 和 x_{kj} 分别为 i 和 k 物种在 j 样方的重要值；向量 $\overline{x_i}$ 和 $\overline{x_k}$ 分别是 i 和 k 物种在 j 样方的重要值平均值。

计算 Spearman 秩相关系数首先需要将多度向量转化成秩化向量，然后将秩化向量代入公式：

$$r_{p(i,k)} = 1 - \left[6 \sum_{j=1}^{N} \left(x_{ij} - \overline{x_i} \right)^2 \left(x_{kj} - \overline{x_k} \right)^2 / N^3 - N \right]$$

式中，$r_{p(i,k)}$ 为 i 与 k 物种之间的 Spearman 秩相关系数；N 为样方数；x_{ij} 和 x_{kj} 分别为 i 和 k 物种在 j 样方中多度值的秩，向量 $\overline{x_i}$ 和 $\overline{x_k}$ 分别为 i 和 k 物种在 j 样方的重要值平均值。

3. 分析归纳总结

本研究经历了项目申报、方案优选、外业调查研究、室内模拟实验、分析归纳总结等阶段，形成了包括课题年度工作小结和以课题研究为基础撰写的硕士学位论文、期刊论文等专题成果，然后总结成课题研究报告，又经过科技成果评审鉴定和进一步修订完善，最后汇编成本书。

五、研究技术路线

本研究技术路线如图 0-2 所示。

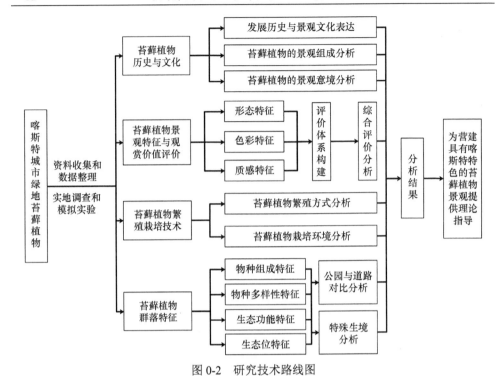

图 0-2　研究技术路线图

第一章　中国古代苔藓植物的历史与文化

第一节　引　言

习近平总书记在党的十九大报告中指出，"实现中华民族伟大复兴是近代以来中华民族最伟大的梦想。"总书记还指出，"一个国家、一个民族的强盛，总是以文化兴盛为支撑的，中华民族伟大复兴需要以中华文化发展繁荣为条件。"作为传统文化的重要一部分，中国园林的繁荣发展应立足于园林文化的繁荣发展。而园林植物在保留文化内涵以及传播文化方面有重要的作用，在进行园林景观设计的过程中，除了遵循艺术性、科学性以及实用性原则外，还需要根据特定的文化环境进行植物配置，进而提升园林景观的文化内涵和文化氛围（吴昊等，2018）。但目前植物景观研究多集中在形式美、色彩美等方面，文化方面的研究相对较少。

苔藓植物在中国有悠久的应用历史，早在春秋战国时期就有对苔藓植物的记载，到了魏晋南北朝时期出现"青苔"文化，随后在唐宋时期得到蓬勃发展。研究发现，唐诗宋词与中国古典园林具有紧密的联系，其中蕴含着丰富且深厚的植物文化，苔在《全唐诗》中出现 1287 次，在《全宋词》中出现 333 次（邸高曼和王秀荣，2023）。作为重要的园林景观要素之一，植物景观的营造对景观意境乃至园林文化的表达都有着重要作用。研究中国传统苔藓植物文化和苔藓植物景观，构建相应的植物造景理论，对建造具有中华民族特色的当代中国园林具有重要意义。

此外，苔藓植物分布广泛、适应能力较强（吴鹏程和贾渝，2006），能够较好地适应不同的地形、气候等环境因素，可以在我国大范围推广使用。苔藓植物拥有富于变化的色彩、独特的光泽和细腻的质感，作为地表覆盖植物或局部点缀，可起到烘托、丰富景观的作用（王育水等，2009）。同时特殊的适应机制使其能在高寒、干旱、石漠化地区广泛分布（福英等，2015），因此在极地生态系统、高纬度生态系统、荒漠生态系统、喀斯特退化生态系统等极端恶劣环境中扮演着重要的先锋植物角色（王雅婷等，2022）。传统文学中有许多苔藓植物药用、食用、观赏用等方面的记载，诗词中也多有苔藓植物景观的描写。"诗画的情趣"是中国古典园林的特点之一，因此，研究中国传统诗词文化中的苔藓植物文化及景观，不仅有助于苔藓植物景观的研究及造景理论的探索，也有利于园林意境的营造。

综上，苔藓植物不仅应用广泛，而且具有较高的观赏价值和生态价值，应用历史悠久，并在中国古代文学作品中有丰富的记载。诗词与古典园林景观联系紧密，唐诗宋词是中国诗词文化的代表，其中有大量关于苔藓植物的描写，展示了其重要的文化价值。因此，本章对中国古代的苔藓植物历史与文化进行了研究，对挖掘苔藓植物文化、促进其在园林景观中应用、营造具有文化内涵的苔藓植物景观以及传承中国古典园林的造园理念有重要的借鉴意义。

第二节　苔藓植物的发展历史以及景观文化表达

国外的苔藓植物研究起步较早。1753 年，林奈的经典巨著《植物种志》（*Species Plantarum*）问世，其中记载了约 140 种苔藓植物。18 世纪，欧洲苔藓植物分类学研究得到发展（官飞荣，2016）。20 世纪 50 年代，一些发达国家基本完成苔藓植物区系分类研究，之后的苔藓植物研究更深入、全面，主要利用生态学、遗传学、分子生物学、繁殖生物学等多途径进行研究（谈洪英，2017），景观方面的研究多注重苔藓的种植技术。Haughian 和 Lundholm（2020）在研究中指出，苔藓和地衣在加拿大绿色建筑与花园中并不常用的原因可能是缺乏产品，因此专门为苔藓和地衣建造了一个低成本的生长车，称为"苔藓机"，对浇水时机、持续时间和整体管理方面进行了改善，并探讨了初始设计的其他限制和优势。Radu 等（2016）认为在城市园林中，将苔藓植物与园林植物相结合会成为园林绿化的重要选择，并对引入水培系统的苔藓景观设计做了相关研究。在园林中应用苔藓较早、较为广泛的是日本。早在约 800 年前的镰仓时代，苔藓就随着枯山水园林的出现而逐渐得到应用。到了室町时代，白砂与苔藓形成鲜明的对比，半苔半砂成为枯山水的主景。现如今，苔藓在日本园林中的应用得到更广泛的发展，作为代表性的地被植物，在枯山水庭院中应用称为"苔庭"；另外，苔藓可以长满洗手钵、石灯笼，从而能与石庭组合或者与石头形成棋盘效应等（杨少博等，2018）。

我国是苔藓植物资源最丰富的国家之一，且其在中国园林绿化中的应用由来已久。中国园林讲究"虽由人作，宛自天开"的自然效果，苔藓植物以其清幽的特性出现在古代的文人园林中。早在春秋战国时期就有关于苔藓植物的记载，如《庄子·外篇·至乐》中的"得水土之际，则为蛙蟆之衣"，其中"蛙蟆之衣"一般认为是青苔，可以解释为：到水和土壤的交会之处，就会长出青苔，反映了苔藓植物喜湿的生活习性。后唐朝本草类书籍中出现"苔"字。随后"藓"字出现在一些诗人的青苔赋中。有研究者对唐诗宋词中的苔藓植物景观配置进行了考究，发现在唐代，苔藓植物常与山、水等园林要素进行搭配；在宋代，苔藓植物则更多地出现在庭院景观中（邱高曼和王秀荣，2023）。明代的文震亨把苔藓植物作为不可或缺的造景元素，其认为苔藓植物是营造清幽的原生态山野之境的最有效材料。清代的汪宪集诸家有关苔的记载，撰写了《苔谱》一书，其卷一列举了 79 种苔类植物的名称，其中包括藻类植物、苔藓植物和蕨类植物等，并罗列了相关诗赋典籍材料，分述了 29 种苔的生长场所，杂录了与苔有关的 11 种物事，是古代关于苔类知识的集大成之作（李剑锋，2011；田军，2014；周兰，2019）。此外，传统盆景制法中也有铺种苔藓植物的做法，古人称为"点苔"或"铺翠"（丁水龙等，2016）。在现代，苔藓经常作为一种环保植物，在城市绿化、环境保护和景观建设中起到举足轻重的作用。我国虽然拥有丰富的苔藓资源，但利用苔藓作为主要表现景观的案例极少，直到 20 世纪末有学者参观完日本的苔庭后才提出将苔藓应用于园林绿化的建议，随之南京中山植物园（现江苏省中国科学院植物研究所）、杭州市杭州西湖风景区相继尝试将苔藓植物应用于园林绿化中（柴继红，2018）。目前关于微景观以及墙体绿化等方面的苔藓景观研究较多。毛俐慧等（2020）从微景观、立体绿化、水族雨林缸、日式庭院等几个方面概况分析了苔藓植物的景观利用价值。王国栋等（2020）从制作微景观的技术手法出发，结合苔藓植物适宜生长环境的特点探讨了其景观效果。陈淑君（2019）基于垂直绿化对苔藓植物的形态、色彩与肌理进行了设计，从而创造出新颖美观、持久稳定的景观。除了微景观和垂直绿化外，校园、庭院方面的苔藓景观研究也比较多。孔凡芹和张洁（2018）及程军（2016）分别以校园为研究范围，通过调查样地的苔藓植物，分析其特点，给出了包含苔藓植物元素的景观设计。李劲廷（2015）从苔藓植物的特点和优点出发，对其在庭院景观中的应用进行了初步探索。胡齐攀等（2018）通过实际案例阐述了苔藓植物的特点、作用、栽培养护技术等内容，促进了苔藓植物在园林中的应用和发展。

关于苔藓文化，在古代文献中就有很多相关描述。例如，《广群芳谱》云："苔，一名绿苔，一名品藻，一名品箬，一名泽葵，一名绿钱，一名重钱，一名圆藓，一名垢草。空庭幽室，阴翳无人行，则生苔藓，色既青翠，气复幽香，花钵拳峰，颇堪清赏"。青苔虽然卑微弱小、朴实无华，又生长在偏僻幽静之处，很容易被人忽视，但其青翠欲滴的色泽与默默坚守的精神打动了诗人，被赋予尘杂不染的特性、与世无争的品格及禅意自在的哲理意蕴，得到了魏晋以来山水田园诗人的关注和青睐，成为其诗歌中一种独具特色的审美意象，进而积淀形成了非常丰富的青苔文化（柴继红，2018）。其中，南北朝沈约的《咏青苔诗》是中国历史上最早出现的专咏苔藓的诗。虽然苔藓植物在诗人诗句中表达的意象、情思各不相同（主要与诗人的性格、遭遇和生活背景有关），但诗词中出现苔藓大多数呈现漠漠绵绵之情状，或营造孤寂清冷之意象，或引发绵长悠远之情思，或寄托避世隐居之情怀。如今也有不少学者从文学角度研究了苔藓植物文化。翟琼慧（2015）以《全唐诗》为范围研究了其中的植物及其景观意象，发现植物景观意象种类丰富，主要分为植物主题、季节主题以及意境主题，对现今植物景观设计具有重要指导意义，并在研究中特别提到了苔藓植物。吴紫熠（2018）从文学角度专注于研究苔藓植物的意象含蕴，指出了苔意象表幽独自怜、寄情山林、怀人悼亡、吊古伤今等文化意蕴，并研究了苔意象在唐代的演变。李晓彤（2017）以美学和社会历史学为主要研究方法，对《全唐诗》中所出现的苔藓意象的意蕴进行了整理和分类，全面呈现了唐诗中苔藓意象所具有的审美和文化意蕴。邢琳佳（2019）以魏晋南北朝和唐朝文学为主要研究对象，兼及宋元明清的相关重要文学作品，研究了苔藓文化，主要包括苔藓审美形象及苔意象等。周兰（2019）以清代汪宪的《苔谱》为中心，兼收其他材料，系统化地阐释了我国古代苔文化的内涵。罗燕萍（2006）从园林的角度考察了宋词中的苔藓意象。上述学者的研究为苔藓植物景观及其文化体现提供了新的研究方向。

综上，苔藓植物在园林景观中的应用越来越广泛。我国有丰富的苔藓植物资源，但是其研究相较于国外起步更晚。同时，国外更侧重于苔藓植物在园林景观中应用、栽培等技术方面的研究，日本对苔藓植物的应用最成熟，甚至有标志性的"苔庭"，证实了苔藓植物在园林中有巨大的应用潜力。目前，国内苔藓植物景观研究多集中于垂直绿化、微景观、庭院等具体应用方面，缺少更深入的苔藓植物文化景观研究，也有文学学者通过诗词研究了苔藓植物的意象含蕴，证明了其具有打造文化景观的底蕴。因此，从园林景观的角度对苔藓植物文化景观进行更深入的研究具有重要的意义。

第三节　中国古文化中的苔藓植物景观

苔藓植物虽然生于微末，但在历史长河中仍然以独特的形象被古人注意到，并被赋予更深刻的意义，在许多典籍著作中可以发现其身影。中国文化源远流长，无论是文学还是园林领域都在世界上独树一帜、造诣颇深，优秀的传统古文化是当今文化景观发展的基石，也是今后特色植物景观发展不可脱离且不可忽略的深厚底蕴。中国古文化中的苔藓植物景观描写大多融入了作者或诗人的情志和意趣，研究和梳理古文化中的苔藓植物景观不单能了解古代苔藓植物景观，更能探究其蕴含的文化和景观意境，对当代苔藓植物在园林景观中应用和景观文化营造都有一定的借鉴意义。

中国古文化涉猎广泛，体裁多样，苔藓植物在诗词歌赋、小说、著作中都有出现。苔藓植物早先在西汉时期与景观元素一同出现，班婕妤诗中写道："华殿尘兮玉阶苔"，描写了宫殿中苔藓覆上台阶的景象。到了魏晋时期，苔藓频繁地出现在文学作品中，并且奠定了往后文学作品中苔藓的情感基调和艺术表现手法。后唐宋园林的成熟和兴盛又给苔藓带来更大的发展空间，唐诗宋词中苔藓植物的身影广泛出现。明清小说中的园林描写多有苔藓植物出现，体现了其在文学作品中的重要地位。

一、古代典籍中的苔藓植物景观

苔藓植物在中国很早就被发现，并且应用到医药、食物、景观等方面，因此苔藓植物景观在古代典籍中常有出现。由于本书主要探讨苔藓植物景观，因此主要选取与景观相关的著作进行分析。《长物志》为明代文震亨所著，其平时除游园、咏园、画园外，也居家自造园林。该书完成于崇祯七年，共十二卷，其中与园艺直接有关的有《室庐》、《花木》、《水石》、《禽鱼》和《蔬果》五志，另外七志《书画》、《几榻》、《器具》、《衣饰》、《舟车》、《位置》和《香茗》亦与园林有间接关系。经检索发现，《长物志》中关于苔藓植物的记载共有 7 处，其中包括苔藓植物与建筑、植物、山石、道路等的配置记载，而且载有苔藓植物的种植及维护内容。明清小说中也多有苔藓植物景观的描写，本研究以《西游记》和《红楼梦》两本典籍为主进行分析，二者皆是中国文学史中的经典作品，有着极高的文学水平和艺术成就，细致的刻画和所蕴含的深刻思想都为历代读者所称道，其中的故事、场景、人物已经深深地影响了中国人的思想观念和价值取向。除此之外，选取这两本书籍还与其内容特点有关，《西游记》是一本游记题材的著作，其中有大量关于自然山水景观的描写，可以从中了解当时人们印象中的自然山水苔藓植物景观，《红楼梦》描写的场景则主要集中在园林庭院当中，可以从中探寻当时苔藓植物在园林中的应用。

1. 《长物志》中的苔藓植物景观

苔藓植物较之荷、菊、竹等植物多了一份自然的"野性"，原因或与其生长习性有关，苔藓植物不需要过多关注和侍弄，往往在不经意间就已爬上山石、道路、墙垣等处，因此古人认为将苔藓植物应用在园林之中有古朴自然之意，在《长物志》的苔藓植物景观描写中，文震亨多次提到应用苔藓植物得到的自然古朴之意。

《长物志·室庐》记载"取顽石具苔斑者嵌之，方有岩阿之致"，此处主要阐述苔藓植物在台阶上的应用，认为用形状不规则且长有苔藓植物的石头镶嵌台阶，方可有曲折山谷的意趣；又有"花间岸侧，以石子砌成，或以碎瓦片斜砌者，雨久生苔，自然古色"，花径和岸边的小路用石子铺就，或者用碎瓦片斜着砌成，雨后时间长了便生出苔藓，自然天成，古香古色。从上述内容可以看到，苔藓植物对道路景观的点缀作用以及对道路景观氛围的烘托作用。

此外，《长物志》尤其提到苔藓植物与梅花的组合，两者更是相辅相成，将古朴的意味发挥到极致。《长物志·花木》记载"梅生山中，有苔藓者，移置药栏，最古"，药栏指花栏，将山中长有苔藓植物的梅花移栽到花栏当中，最为古雅，可见在当时古人心中梅树上的苔藓植物对梅花观赏有重要影响。书中共两次提到梅花与苔藓植物的组合，第二次描述的是将长有苔藓植物的梅花移植到岩石旁或庭院当中："幽人花伴，梅实专房，取苔护藓封，枝稍古者，移植石岩或庭际，最古"，梅花最受幽雅之人喜爱，而将长有苔藓植物、枝丫粗大古朴的梅花移植到岩石旁或庭院当中则最为古朴风雅。从上述内容可以知晓，明代在造园过程中已将苔藓植物应用其中，并且重视苔藓植物在景观中所起到的烘托氛围的作用。

　　盆景源于中国，是中国优秀的传统艺术之一，人们把盆景誉为"立体的画"和"无声的诗"，苔藓植物由于体型娇小，是当代微景观与盆景制作的重要材料。而透过《长物志》了解到苔藓植物在当时已成为盆景的造景材料，《长物志·花木》的盆玩部分有相关记载："又有古梅，苍藓鳞皴，苔须垂满，含花吐叶，历久不败者，亦古"，介绍了用作盆景材料的古梅，展现了选取枝干苍劲、苔藓斑驳、含花吐叶的古梅十分古雅。

　　《长物志》中除了描写苔藓植物与其他园林景观元素的配置，还提到了如何使苔藓植物生长进而形成独特的景观。《长物志·室庐》记载"庭际沃以饭潘，雨渍苔生，绿缛可爱"，在庭院里浇洒一些米汤，雨后就会生出厚厚的苔藓，青翠可爱，由此可见明代时期人们对苔藓植物的喜爱以及对苔藓植物在景观营造中应用的认可，会采用人为方法使苔藓植物生长出来，进而点缀庭院。

2.《西游记》中的苔藓植物景观

　　苔藓植物由于多生长在潮湿、阴凉处，大多不被人注意，因此会使人产生远离世俗的感受，进而带有神秘和幽远的色彩。《西游记》作为一部神话游记类著作，有许多关于自然山川、仙人洞府等景色的描写，其中就有苔藓植物的身影，并在景观描写当中更加凸显环境清幽缥缈、不染俗世的静谧。

　　苔藓植物第一次出现在《西游记》的第一回，即孙悟空第一次进入水帘洞，关于洞内景色的描写："翠藓堆蓝，白云浮玉，光摇片片烟霞"，翠绿的苔藓堆砌在一起，白云如同漂浮而起的美玉，弥漫着五光十色的烟霞，写出了水帘洞中幽深且静谧的景色。第二次描写苔藓植物景观同样在第一回，是孙悟空求仙问道到灵台方寸山时所见到的景象："幽鸟啼声近，源泉响溜清。重重谷壑芝兰绕，处处巉崖苔藓生。起伏峦头龙脉好，必有高人隐姓名"，一重又一重的山谷中花草环绕，山崖上生长着翠绿的苔藓，在这起伏的山川当中，一定有仙人居住，将仙人居住环境的自然、清幽、静谧体现得淋漓尽致。第三次出现是在孙悟空在灵台方寸山拜师成功后一段对仙府中景观的描写："门外奇花布锦，桥边瑶草喷香。石崖突兀青苔润，悬壁高张翠藓长"，通过奇花、瑶草、青苔、翠藓来表现仙境的绮丽与清幽，同时写出了苔藓的不同形态和生长在湿润环境的特质。

3.《红楼梦》中的苔藓植物景观

　　《红楼梦》由清朝曹雪芹所著，为中国古典四大名著之一，小说以贾、史、王、薛四大家族的兴衰为背景，以富贵公子贾宝玉为视角，以贾宝玉与林黛玉、薛宝钗的爱情婚姻悲剧为主线，描绘人生百态，是一部具有世界影响力的人情小说、中国封建社会的百科全书、传统文化的集大成者。明清时期处于古典园林的成熟后期，此时的园林积累了之前大量的文化积淀，显示了中国古典园林的辉煌成就，《红楼梦》中大多场景在府宅当中，可以从中了解苔藓植物在当时私家庭院园林中的应用以及其被赋予的文化内涵。苔藓在《红楼梦》中出现多次，大多出现在描写大观园内的景物时，表达的意境主要有两种，一是描写环境的清幽与脱俗，二是表达女子内心的孤寂。

　　苔藓植物于《红楼梦》第十七回初登场时，是在尚未竣工的大观园（当时还叫"会芳园"）里，此时贾政正带着宝玉和众清客在园内游赏，苔藓出现在这场游赏之初，附着在白色的假山石上（邢琳佳，2019）："说毕，往前一望，见白石崚嶒，或如鬼怪，或如猛兽，纵横拱立，上面苔藓成斑，藤萝掩映，其中微露羊肠小径"，在这段描写中，苔藓植物与山石配置，写出园内自然不俗的景色。苔藓植物第二次出现在宝玉的诗《秋夜即事》中，此时正值宝玉搬入大观园内居住，内心愉悦满足："绛芸轩里绝喧哗，桂魄流光浸茜纱，苔锁石纹容睡鹤，井飘桐露湿栖鸦"，绛芸轩晚上没有喧哗的声音，月光流淌在桂香漂浮的院落，仙鹤睡在长有苔藓的石头上，井边梧桐栖息着被露水打湿的寒鸦，呈现出清丽幽静的景观氛围。第三十七回探春作的诗《咏白海棠》也写到苔藓植物景观："斜阳寒草带重门，苔翠盈铺雨后盆"，描写了雨后苔藓植物旺盛生长的景象。第五十九回描写了蘅芜苑内的苔藓："一日清晓，宝钗春困已醒，搴帷下榻，微觉轻寒，启户视之，见园中土润苔青，原来五更时落了几点微雨"，描绘出醒后院中清丽静谧的景观氛围。

　　由于"千红一窟，万艳同悲"的铺垫，苔藓植物在《红楼梦》中被赋予了幽怨凄冷之情，第二十六回黛玉因被怡红院拒之门外而心生悲切，"苍苔露冷"的描写衬托出黛玉内心的冷寂："（林黛玉）越想越伤感，便也不顾苍苔露冷，花径风寒，独立墙角边花阴之下，悲悲戚戚，呜咽起来"，由于苔藓植物多生长在阴暗湿冷之处，会给人凄冷的感受，在这段描写当中，苔藓与花径、墙、花阴共同刻画出一个冷寂的景象。除此之外，还有许多景观描写都呈现出相似的氛围，如苔藓植物第四次出现在黛玉的潇湘馆里，描写的也是黛玉的心境："（黛玉）一进院门，只见满地下竹影参差，苔痕浓淡，不觉又想起《西厢记》中所云：幽僻处可有人行，点苍苔白露泠泠"，通过眼前看到的竹影与地上的苔藓植物联想到《西厢记》中透过苔藓植物在幽僻之处生长而产生的凄冷之意，将林黛玉当下的心境感受呈现在读者眼前。第七十回林黛玉作《桃花行》，诗中描写了苔藓植物景观："闲苔院落门空掩，斜日栏杆人自凭"，写出独自一人的孤寂感受。第七十六回妙玉续诗"空帐悬文凤，闲屏掩彩鸳。露浓苔更滑，霜重竹难扪"，通过景象的组合，透露出其空寂的内心感受。苔藓在《红楼梦》中最后一次出现是在第七十八回《芙蓉女儿诔》：“露阶晚砌，穿帘不度寒砧；雨荔秋垣，隔院希闻怨笛”，通过“露阶”、“晚砌”、“寒砧”、“雨荔”、“秋垣”和“怨笛”等意象的组合写出凄冷幽怨的景观意境。

在《红楼梦》中，苔藓植物作为盆景的组成材料出现过一次，是在第五十三回描写荣国府元宵夜宴的陈设：“这里贾母花厅之上共摆了十来席。每一席旁边设一几，几上设炉瓶三事，焚着御赐百合宫香。又有八寸来长，四五寸宽，二三尺高的点着山石布满青苔的小盆景，俱是新鲜花卉”，可以窥见当时的社会生活中上层家庭对居住环境的重视与装饰布置，而苔藓植物与山石共同出现在盆景当中，足以表明在清朝时期苔藓植物已经广泛应用于盆景营造当中，也表明了当时人们对苔藓植物审美价值的认可。

二、古典诗词中的苔藓植物景观

诗词文化作为中国传统文化的重要组成部分，源远流长，延绵数千年，取得了光辉灿烂的成就。诗词文化是中国古文化中的瑰宝，是中国独有的宝贵文化，以其独特的艺术形式和深刻的思想内涵，展现了中国文化的独特魅力，而且在诗词的创作过程中，诗人会将自身的所看、所想、所感都融入其中，因此古诗词也是当代人了解古代文化与生活的重要途径。唐诗、宋词等经典作品，代表了当时最高的艺术成就，诗词当中有不少苔藓植物的身影，并在不同时期被赋予了不同的意义与内涵。

1. 南北朝诗词中的苔藓植物

南北朝诗词是中国古代诗词的一个重要发展时期，风格独特，形式多样，特点在于自由奔放的风格和清新自然的表达方式，同时具有深刻的思想内涵和情感体验。寄情山水和崇尚隐逸是南北朝时期的社会风尚，从当时的苔藓植物景观诗词当中也能看出其时代特点。这一时期诗词描写的苔藓植物景观比较偏向其自然形成的景观感受，如沈约的《咏青苔诗》：“缘阶已漠漠，泛水复绵绵。微根如欲断，轻丝似更联。长风隐细草，深堂没绮钱。萦郁无人赠，葳蕤徒可怜”，细致地描写了苔藓植物近观的观赏特性与远观的群落观赏特性，如“轻丝似更联”写出苔藓植物纤细轻盈的植株姿态，“漠漠”则写出苔藓植物群落团团如云般的轻盈质感。

2. 唐宋诗词中的苔藓植物景观

唐诗宋词历来为人称颂，在中国诗词文化中有着不可忽视的成就。唐代诗词的发展可以追溯到南北朝时期，当时的社会环境相对稳定，经济繁荣，为艺术的发展提供了良好的土壤。在南北朝时期，诗歌逐渐摆脱了过于注重形式的束缚，开始注重情感的表达，在唐代诗词当中可以发现苔藓植物被赋予了更加丰富的含蕴。宋代是中国诗词发展史上的一个繁荣时期，出现了众多风格独特、形式多样的作品。这一时期，诗词的创作得到了广泛的认可和推崇，成为当时文化生活的重要组成部分。宋代时期随着城市的发展和市民阶层的壮大，市民文化开始兴起，为宋词的流行提供了广阔的社会基础，从诗词描绘的苔藓植物景观中就可以了解到当时社会的特点以及宋代与唐代时期景观描写的不同。综上，唐宋时期是诗词的大繁荣时期，通过研究筛选发现，仅《全唐诗》和《全宋词》中就有 1096 首诗词描写了苔藓植物景观。

唐宋诗词所描绘的苔藓植物景观极其丰富，从景观配置来看，包含了苔藓植物与建筑、山石、道路、水、植物等景观元素的配置，并且配置形式多种多样；从所传达的景观意境来看，囊括了幽冷、幽静，清新、清丽，悠久、荒凉，空寂、冷寂和深远、壮阔 5 类，较之前朝代的苔藓植物景观相关记载更为多样和丰富，反映出唐宋时期在社会背景与文化方面的巨大进步和变化，由于唐诗和宋词在中国文学史上均有举足轻重的地位，下文将针对其苔藓植物景观做详细的研究论述，此处不再详细展开。

3. 元代诗词曲的苔藓植物景观

元代是中国历史上第一个由少数民族建立的大一统王朝，也是中国历史上文化交流频繁的时期之一。这一时期，汉族文化与蒙古族文化、中原文化与边疆文化、东方文化与西方文化相互交流、融合，形成了形式多样、内容丰富和风格独特的元代诗词特点。元代时期描写苔藓植物景观延续了唐宋时期所生成的苔藓意象含蕴，表达闺怨之情以及单纯赏景并描述景观意境等内容。

元好问的《朝中措》："春闺寂寂掩苍苔，风雨卷春回。拟写碧云心事，笔头无句安排。"通过苔藓植物与建筑"春闺"的组合写出寂寞凄清之感。张可久的《天净沙》体现了苔藓植物在景观中呈现的特点："青苔古木萧萧，苍云秋水迢迢"，通过"青苔"、"古木"、"苍云"和"秋水"营造出苍茫、空寂的景观氛围。

4. 明清时期诗词中的苔藓植物景观

明清时期的诗词注重对自然景物的描摹，托物言志，追求自然的真实与美感；同时注重个人情感的抒发，诗人常以自己的亲身体验为创作素材，表达对自然、社会和人生的感悟；此外在风格上有所创新，诗人开始注重对个人情感和生活细节的描绘，作品更加贴近现实生活，具有更强的艺术感染力。总的来说，明清时期的诗词在形式、内容和风格上都有所创新及发展，反映了当时的社会现实和文化风貌，其中不乏对苔藓植物景观的描写，而且有三首咏苔诗的记载。

明朝刘绩的《题宋院人画着色苔梅》："浓露洗花骨，苑空劳劳春。绿闼叠仙岥，粉姿疑笑人"，从诗名可以看出诗人写的是画作，但画中景描绘的是苔梅，从侧面反映出当时苔与梅组合的广泛应用，而通过"仙岥"可见古人对苔藓植物的评价之高，也写出梅树枝干上苔藓植物成片生长的特征。还有诗人专为苔藓写了诗，如高启的《阶前苔》："莫扫雨余绿，任满闲阶路。留着落来花，春泥免相污"，不要清扫雨后生出的苔藓，就放任它长满台阶，留着来接落下的花朵，以免花朵被泥土污染，通过诗的内容传递出闲适、惬意的情趣意味。又如古心淳公的《咏苔》："青如衃血染颓垣，汉寝唐陵几断魂。莫笑贫家春寂寞，渐随积雨上青门"，前一句写苔藓如同衃血一般生长在倾颓的残垣之中，呈现出历史长河中的苍凉，后一句写不要嘲笑贫困之家春日单薄寂寞，随着春雨苔藓会慢慢爬上木门，一首诗写出苔藓植物给人的两种截然不同的感受，也体现出不同的心境和环境对植物景观意境产生的不同影响。唐寅的《一剪梅》："红满苔阶绿满枝。杜宇声声，杜宇声悲。交欢未久又分离。彩凤孤飞，彩凤孤栖"，通过"红满苔阶绿满枝"写出花朵落满长有苔藓植物的台阶之上，枝头只剩下繁茂的枝叶，用落花与枝叶的对比呼应后面人的分离，呈现爱人分离的孤寂之情，而苔藓植物在其中透露出无人的幽寂之感。而王恭的《僧房燕别故人还山中》："苔藓苍苍野殿凉，别离遥借赞公房。云间驯鸽窥瑶席，谷里县花泛羽觞。对酒不将萍梗恨，还山应制薜萝香。江湖秋水多鱼雁，思尔封缄寄草堂"，则通过苔藓植物写出环境的清幽与静谧。

清朝也有诗人写了歌咏青苔的诗句，如袁枚的《苔》："白日不到处，青春恰自来。苔花如米小，也学牡丹开"，全诗描写苔藓植物，而且把淡泊宁静、颂强质拙的人格融入苔藓当中，"白日不到处，青春恰自来"描写了在阳光照射不到的地方苔藓植物悄悄生长，点明了苔藓植物的生长空间、环境特征及其蛰居一隅奋志孤进的品德。太阳对于万物而言是维持生命不可或缺的元素，而苔藓植物却可以在没有阳光照射的环境中默默生长，虽地处阴湿、备受冷落，但依然卓立不群，有其独特的个性、色彩、青春和存在价值。苔藓植物虽体量微小，但并没有白日不到而消减，反而在恶劣的环境中顽强生长，因此愈发显得励节亢高，呈现出别样旺盛的生机，进而被诗人所称颂。清朝时期和以往朝代相同，也赋予苔藓伤逝的情怀，如纳兰性德的《山花子》："林下荒苔道韫家，生怜玉骨委尘沙。愁向风前无处说，数归鸦。半世浮萍随逝水，一宵冷雨葬名花。魂是柳绵吹欲碎，绕天涯"，上片说可怜才女香消玉碎，自己顿失知音，满腹心事无处诉说，日暮乡关，数尽寒鸦，苔藓植物在当中与树林组景，呈现出凄清冷寂的景观意境。

三、古代画作点苔技法与苔藓植物景观的关系

中国画简称"国画"，是中国传统造型艺术之一，也是世界美术领域的重要组成部分，体现了中华民族深厚的文化底蕴和审美情趣，是中国文化传承的重要载

体。中国画种类繁多，题材丰富，也是当代人了解古代生活与文化的重要途径。

山水画作为一个独立的画种，"始于唐、成于宋、变于元"，到明清、近现代更是画派纷起，风格多样，技法更加丰富。为了使画面达到更加生动的效果，画家对技法的研究可谓是层出不穷。在中国画中，笔法中含墨法，墨法中显笔法，因而产生了皴、擦、点、染各种山水画技法。点苔是山水画中常见的符号之一，用毛笔作出直、横、圆、尖或破笔等，表现山水画中的苔藓杂草及峰峦上的远树等，在山水画的构图经营中广为应用。起初点苔指石上的苔藓、远山上的林木，后来在画面中以不同的形式和风格描绘出各类山、石、草、木的形象，"点苔技法"有着传移模写和抽象精炼的双重意义，是画家对近景草丛、青苔以及远景树林、碎石的写照，古人说："画不点苔，山无生气"，"画山容易点苔难"，可见点苔技法对画面的重要性（陈思超，2016；刁叶霞，2023；毕振存，2013）。

由上述可知，点苔技法最初是与苔藓植物的刻画有一定联系的，在画面中起到过渡与点缀的作用，联系到苔藓植物景观同样适用，苔藓植物在园林造景中可以用在山石、树木、道路等地方，起到促进景观统一融合的作用。在画作中点苔除了用于苔藓、草的描绘，也用于远山山石、树木的描绘，但在画面当中点苔可以看作苔藓植物，从而探索其与景观中其他元素的关系。例如，从展子虔的《游春图》可看出点苔在画作中所富有的装饰趣味，画中根据山石、林木的形状和生长特点有不同的用线，山巅浓重的绿苔用重色点染而成，如果将点苔看作苔藓植物，那就可以将山川看作山石，从中映射出苔藓植物对山石的点缀作用。从龚贤的《十二景山水册》可以看到近处和远处的点苔，近处的代表苔藓或花草，远处的代表树木或山石或苔藓，通过点苔的疏密及节奏可以联系当代苔藓植物景观的布置，在应用过程中要注意苔藓植物的疏密以及其他园林景观元素的位置，发挥出苔藓植物在景观营造中的最大作用。

第四节　唐诗宋词中的苔藓植物景观组成

研究唐诗宋词中的苔藓植物景观组成不仅对苔藓植物在现代园林景观中的配置方式有一定的参考价值，而且可为后期的苔藓植物景观意境研究提供基础。文学艺术的意象常常具有一定的时代性，能反映出特定时代的文化精神和审美情趣（陈莉，2013），唐诗宋词里苔藓植物景观涉及的元素中，植物、建筑、景观小品等园林景观元素以及雨、光等自然景观元素都经过诗人艺术化的处理，不仅具有客观上的审美基础，也被诗人赋予更深层次的审美意蕴，因此可以从中探究唐诗宋词中苔藓植物景观意境形成的基础，同时诗词透露出的苔藓植物景观色彩组成和空间分布等能体现出当时苔藓植物景观的特点，并能深化诗人对笔下苔藓植物景观的感悟，有利于研究苔藓植物景观蕴含的意境。综上所述，研究唐诗宋词中苔藓植物景观的组成，不仅对现代园林中苔藓植物景观的配置方式有重要借鉴意义，而且为后期深入研究苔藓植物景观意境提供了一定的基础。

一、苔藓植物景观中的园林景观元素

唐诗宋词中苔藓植物景观的园林元素主要有植物、建筑、山石、道路、水、景观小品共计 6 种（表 1-1，表 1-2），其中植物元素出现次数最多，唐诗中出现 587 次，占比 34.1%，宋词中出现 197 次，占比 40.9%，原因是苔藓植物可以附着于一些植物的枝干等部位，植物制造的荫蔽作用有利于土生苔藓植物生长，且植物具有丰富的隐喻含义，容易被诗人寄托情怀；其次是建筑元素，唐诗中出现 510 次，占比 29.7%，宋词中出现 161 次，占比 33.4%；景观小品出现次数最少，唐诗中出现 81 次，占比 4.7%，宋词中出现 17 次，占比仅 3.5%；山石元素、水元素和道路元素出现频次的排位略有不同，唐诗中山石元素排第 3 位，宋词中道路元素排第 3 位。苔藓植物与不同类型景观元素组合会产生不同的效果，下文将进行详细分析。

表 1-1　唐诗中苔藓植物景观的园林元素

指标	植物	建筑	山石	水	道路	景观小品
出现次数	587	510	244	165	132	81
百分比（%）	34.1	29.7	14.2	9.6	7.7	4.7

表 1-2　宋词中苔藓植物景观的园林元素

指标	植物	建筑	道路	山石	水	景观小品
出现次数	197	161	50	37	20	17
百分比（%）	40.9	33.4	10.4	7.7	4.1	3.5

1. 植物

植物是园林景观重要的组成元素之一，通过其姿态、鲜明特色的季相等，可以表现出园林景观特有的艺术效果（杨善云等，2014）。植物元素种类丰富，其中有一部分植物，通过花、树、叶等无法判断具体种类，统称为虚指植物，在唐诗、宋词中出现的频次都位列第一，分别为 286 次和 87 次（表 1-3，表 1-4）。有实称的植物元素中，按出现频次高低排序为乔木>竹>草本植物>灌木>水生植物>藤本植物，其中藤本植物只出现在唐诗中（表 1-3，表 1-4）。

表 1-3　唐诗中植物元素种类及频次统计

出现形式	植物类别	出现频次	观赏季节	植物名称
虚指		286		花、树、草、叶、林、果实、藤、枝、萝、树丛、蔓
实称	乔木	140	春季	柳、梨、梧桐、海棠、桃、李、杏、桑、槐、楠、桧、樟、紫檀、榛

续表

出现形式	植物类别	出现频次	观赏季节	植物名称
实称	乔木	140	夏季	桃榔、棕榈
			秋季	石榴、桂、枣
			冬季	梅
			四季	松、柏、杉
	灌木	18	春季	蔷薇、石楠、朱槿、木槿、柘
			夏季	薜荔、牡丹
	竹	86	四季	
	藤本植物	5	夏季	紫藤、萝蔓、葛
	草本植物	39	春季	石竹、芍药、芝术、紫葛
			夏季	芭蕉、芦苇、莎草、菖蒲、蓤
			秋季	菊、蒲、荻
	水生植物	13	夏季	莲、荷、萍、菰

表 1-4　宋词中植物元素种类及频次统计

出现形式	植物类别	出现频次	观赏季节	植物名称
虚指		87		花、树、草、叶、絮、枝
实称	乔木	75	春季	柳、榆、樱桃、梧桐、海棠、桃、李、杏、桑、槐
			秋季	石榴、桂
			冬季	梅
			四季	松
	灌木	5	春季	棘
			夏季	荼蘼、薜荔
	竹	18	四季	
	草本植物	8	夏季	芭蕉、芦苇
			秋季	菊
	水生植物	4	夏季	莲、荷、萍

（1）虚指植物

虽然无法判别虚指植物的具体种类，但其无论是在画面的呈现还是整体意境的表达方面都起到很大的作用。花和树是统计中出现次数较多的植物元素（图 1-1，图 1-2）。

唐诗中的花主要分为已经凋落的花和正在盛开的花。落花多与苔藓植物组合形成空寂清冷的景观意境，如唐·李白的《久别离》："待来竟不来，落花寂寂委青苔"，花是娇柔美丽的代表，也隐喻女性，诗文描绘了女子左等右等都等不来爱人的书信，落花寂寥地铺洒在青苔上，落花不仅是物象上的"花"，也代表女子，孤寂地落在青苔之上传递的是独自一人的空寂与寂寥之情；又如唐·卢仝的《走

笔追王内丘》：“零雨其濛愁不散，闲花寂寂斑阶苔”和唐·王涯的《春闺思（一
作闺人春思）》：“闲花落尽青苔地，尽日无人谁得知”，落花与苔藓都传达出寂寥
之意。而盛开的花象征着生命，洋溢着绚烂的风情，和苔藓多组成清丽、富有生
机的景观，如唐·沈佺期的《入少密溪》：“云峰苔壁绕溪斜，江路香风夹岸花”，
高耸入云的山壁长满苍翠的苔藓，溪水清澈，两岸繁花盛开，香气袭人，俨然一
派清丽幽静的山水自然景观。相比唐诗中的花，宋词中的花大多以动态“落花”
出现，与地上苔藓组成景观，多有伤春、寂寥之意，如欧阳修的《清平乐·小庭
春老》：“门掩日斜人静，落花愁点青苔”和《凉州令·东堂石榴》：“不堪零落春
晚，青苔雨后深红点”，以及康与之的《风入松·碧苔满地衬残红》：“碧苔满地衬
残红”等。

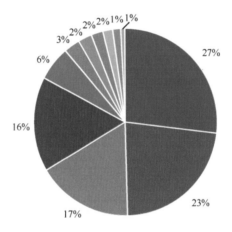

■ 树77 ■ 花65 ■ 草48 ■ 叶47 ■ 林17 ■ 枝8 ■ 果实7 ■ 藤6 ■ 萝5 ■ 蔓4 ■ 树丛2

图 1-1 唐诗中虚指植物频次统计

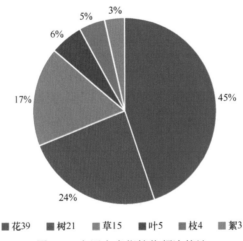

■ 花39 ■ 树21 ■ 草15 ■ 叶5 ■ 枝4 ■ 絮3

图 1-2 宋词中虚指植物频次统计

树，是木本植物的通称，也是组成园林景观必不可少的种类。唐诗中，树和苔藓植物多组成清丽、富有自然气息的景观，如唐·尹懋的《秋夜陪张丞相赵侍御游灉湖二首》："风和树色杂，苔古石文斑"，柔和的风摇曳着树枝，石头上生长着斑驳的苔藓，苔藓和树出现在同一画面之中，自然气息格外浓郁；唐·王维的《与卢员外象过崔处士兴宗林亭》："绿树重阴盖四邻，青苔日厚自无尘"同样呈现了身处自然之中的清丽与宁静；唐·长孙佐辅的《拟古咏河边枯树》："应是无机承雨露，却将春色寄苔痕"，虽然是写枯树，但通过附着在枯木上的苔藓表达了无限的春意。自然环境中的树与苔藓给人带来宁静清丽的感受，在私家林园中这一份自然也有所体现，如唐·李端的《题元注林园》："谢家门馆似山林，碧石青苔满树阴"，通过树、石和苔藓的组合写出了私家林馆清幽自然的美丽景色。深宫之中"树与苔"则生出寂寥之感，如唐·窦巩的《过骊山》："翠辇红旌去不回，苍苍宫树锁青苔"，深宫之中寂寂无人，只有树和苔藓，呈现出幽寂的景观意境。宋词中的"树"多以林、干、树枝等泛称出现，与苔藓植物组合多表现出清丽的意蕴，如宋·吴则礼的《声声慢·凤林园词》："林塘朱夏，雨过斑斑，绿苔绕地初遍"，夏季雨后，苔藓遍布于池塘边的树林之下，呈现出夏季雨过天晴之后的清丽景象；又如宋·晏殊的《破阵子·春景》："池上碧苔三四点，叶底黄鹂一两声，日长飞絮轻"，由池边的苔藓和居住着黄鹂的树组成了清丽的景观。

草在唐诗宋词中有两种不同的隐喻，一种是自然生机的象征，和苔藓植物组合营造清丽且富有自然气息的景象，如唐·卢鸿一的《嵩山十志十首·云锦淙》："苔駮荦兮草蒙绿，芳幂幂兮濑溅溅"和宋·苏轼的《雨中花·赏》："但有绿苔芳草，柳絮榆钱"。另一种是荒凉衰败的象征，和苔藓植物共同营造凄凉荒远的景象，如唐·严识玄的《相和歌辞·班婕妤》："寂寂苍苔满，沉沉绿草滋"，通过草和苔藓的滋长，从侧面烘托不得帝王恩宠的凄凉寂寞；又如唐·李白的《金陵凤凰台置酒》："六帝没幽草，深宫冥绿苔"和宋·贺铸的《玉京秋·陇首霜晴》："废榭苍苔，破台荒草，西楚霸图冥漠"，由建筑周围丛生的草和苔藓植物写出繁华逝去的衰败。

（2）乔木

乔木体量大，一般在植物景观中充当主体，苔藓植物景观中乔木和苔藓植物相互衬托，苔藓既可以在树下起到一个背景的作用，也可以生长在枝干上形成独特的景观，共同烘托景观氛围。研究发现（图 1-3，图 1-4），唐诗、宋词中与苔藓植物组景的乔木中"岁寒三友"之二松和梅占比较大，唐诗中松出现 69 次，占比 49%，宋词中梅出现 22 次，占比 29%。其次是春季观赏的乔木，且种类繁多，出现次数最多的是柳，宋词中出现 15 次，占比 20%，唐诗中出现 20 次，占比 14%，都位列第 2。秋季观赏的乔木出现次数最少，宋词中只有桂、石榴，各 1 次，唐诗中桂 6 次，石榴和枣各 2 次。

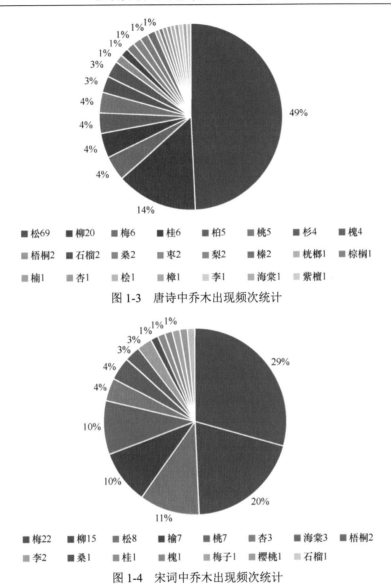

图 1-3　唐诗中乔木出现频次统计

图 1-4　宋词中乔木出现频次统计

松、梅出现频次较高，究其原因有两点，其一与苔藓植物的生长习性有关，苔藓植物在冬春季长势较好，而梅花在冬季盛开；松四季常青，且高大的树木周围更加荫蔽，为苔藓提供了适宜的生长环境。其二与苔藓植物内在的精神隐喻有关，诗人将其人格理想寄托于苔藓，以"苔"意象比君子之居处并喻示君子之德（韦臻，2011），与松、梅等植物的精神相适宜。松、梅与苔藓植物组合多呈现清丽、幽静的景观氛围，如唐·李白的《南轩松》："阴生古苔绿，色染秋烟碧。何当凌云霄，直上数千尺"，"阴生"体现出苔藓植物的生长条件，高大的青松之下生长着苍苍古苔，透出静谧幽远的意味；又如宋·张炎的《如梦令·渊明行径》：

"苔径独行清昼。瑟瑟松风如旧"，清晨行走在长有苔藓的小路上，微风拂过青松，瑟瑟作响，营造出清净闲适的景观氛围。苔藓与梅搭配的景观，既有苔藓位于梅树下方也有苔藓生长于梅树枝上的描写，如唐·郑述诚的《华林园早梅》："蕊香沾紫陌，枝亚拂青苔"，描绘出梅香浮动与青苔相得益彰的清丽景象。宋代也有关于"苔梅"的记载，"苔梅"为"古"梅的一种（雷梦宇和金荷仙，2020），因此宋词中苔藓与梅的组合较多，如宋·柳永的《瑞鹧鸪·二之一》："绛雪纷纷落翠苔"，将红梅比喻成雪花，飘落于青翠的苔藓之上，一绛一翠瞬间成为冬季的亮眼点缀，也是幽幽山谷中的一抹清丽景色；又如宋·黄子行的《西湖月（探梅）》："粉墙朱户，苔枝露蕊，淡匀轻饰"，描绘梅枝上生长有苔藓，露珠轻挂，呈现一派闲适清丽的景象。

春季是苔藓植物旺盛生长的季节，因此柳、桃、杏和海棠等多与苔藓组成清丽的春季景观。柳在春季萌发新枝叶，枝条柔软，与苔藓组成舒爽闲适、欣欣向荣的自然景象，如唐·马怀素的《奉和立春游苑迎春应制》："映水轻苔犹隐绿，缘堤弱柳未舒黄"，通过水边嫩绿的青苔和舒展枝条、颜色青黄的柳描绘出一幅早春清丽的景色；又如宋·曹勋的《法曲·入破第四》："庭柳漏春信，更萱色、侵苔砌"，庭院的新柳和生长有苔藓的台阶都透露出闲适的初春景色。上古时期，桃花主要是作为物候意义出现在文献中，以桃树开花和雨水增多作为春天来临的表征（渠红岩，2010），因此唐诗宋词中桃花与苔藓搭配共同描绘春季绚丽的景色，如唐·万齐融的《三日绿潭篇》："蘋苔嫩色涵波绿，桃李新花照底红"，新生的苔藓、碧绿的流水、红艳的桃李，构成了秾丽清新的新春景象；又如唐·佚名的《白衣女子木叶上诗》："桃花洞口开，香蕊落莓苔"和宋·汪莘的《好事近·夹岸隘桃花》："夹岸隘桃花，花下苍苔如积"，都体现了苔藓与桃搭配所呈现的清丽而富有色彩的景观意蕴。

（3）竹

竹是"岁寒三友"之一，与苔藓植物共同出现的频次较高，唐诗中出现 86 次，宋词中出现 18 次。竹枝干挺拔，四季青翠，和苔藓多组成清丽的植物景观，透露出闲适之感，如唐·李世民的《首春》："碧林青旧竹，绿沼翠新苔"和唐·杜甫的《春归》："苔径临江竹，茅檐覆地花"，竹的气节深入人心，苔藓植物也给人超脱俗世之感，两者常出现在寺庙及隐士居所的景色描写之中，在寺庙两者搭配用于烘托禅院的静以及远离俗世的超脱，如唐·权德舆的《惠上人房宴别》："逸民羽客期皆至，疏竹青苔景半斜"，通过"疏竹"与"青苔"将禅院清幽静谧的氛围体现出来；又如唐·柳宗元的《晨诣超师院读禅经》："道人庭宇静，苔色连深竹"，直接写禅院宁静，苔藓和竹连成一片，更加突出其幽静。在隐士居所两者一则体现幽静的环境，二则体现隐士不愿与世俗同流合污的气节，如唐·刘言史的《题十三弟竹园》："绕屋扶疏耸翠茎，苔滋粉漾有幽情"，"绕"

字写出竹的茂密，而幽深的竹园里苔藓滋长着写出环境的幽静；宋·赵师侠的《诉衷情·鉴止初夏》："新篁嫩摇碧玉，芳径绿苔深"，同样写出竹与苔营造的幽静；唐·白居易的《偶题阁下厅》："静爱青苔院，深宜白发翁，貌将松共瘦，心与竹俱空"，直接表达自己对苔藓的喜爱，并与松、竹作比，由此可见苔藓被诗人赋予的高尚品格；宋·赵必的《贺新郎》"吾菟裘、三径荒苔，一庭瘦竹"，以"荒苔"和"瘦竹"来表达自身对名利的淡泊之情。

（4）草本植物

唐诗中苔藓植物与草本植物共同出现的频次远高于宋词，但只出现 1 次的组合超过 50%。研究发现（图 1-5，图 1-6），唐诗中主要的草本植物有菊、莎草、芍药，宋词中主要有菊和芭蕉。菊和芭蕉栽植于庭院之中，与苔藓共同组成庭院景观，多营造闲适恬淡的家居氛围，如唐·羊士谔的《永宁小园即事》："阴苔生白石，时菊覆清渠"，渠水旁的石头上生长着苔藓，菊花盛开、枝繁叶茂且覆于渠水之上，苔藓和菊花体现了园内的闲静与悠然；又如宋·陈克的《菩萨蛮·绿芜墙绕青苔院》："绿芜墙绕青苔院，中庭日淡芭蕉卷"，通过对庭院内青苔和芭蕉的描绘，写出住宅宁谧闲适的氛围。此外，受诗人心境影响，部分词句传达出淡淡的忧愁和宁谧，如宋·萧汉杰的《卖花声·春雨》："芭蕉怨曲带愁弹。绿遍阶前苔一片，晓起谁看"，雨打芭蕉的声音成为扰人心绪的愁音，雨后阶上的苔藓也无心欣赏。芍药只在唐诗中出现 4 次（图 1-5），其花朵硕大，花开之时繁花似锦，与苔藓植物搭配呈现出非凡的生命力，如唐·王建的《江陵即事》："寺多红药烧人眼，地足青苔染马蹄"，芍药的红和苔藓的绿共同织就一片绚烂的自然景象。莎草多生长在潮湿处或沼泽地，苔藓同样喜爱潮湿的环境，莎草和苔藓一起更能营造自然气息浓郁的景观，如唐·姚合的《和李舍人秋

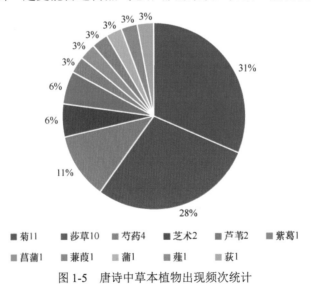

图 1-5　唐诗中草本植物出现频次统计

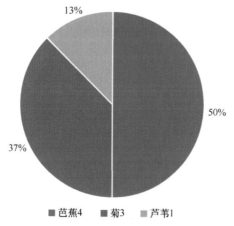

■芭蕉4　　■菊3　　■芦苇1

图 1-6　宋词中草本植物出现频次统计

日卧疾言怀》："果坠青莎径，尘离绿藓墙"，果实坠落在小路的莎草上，墙上的苔藓纤尘不染，组合成富有自然气息的清丽景观。

（5）灌木

苔藓植物与灌木共同出现的次数较少，唐诗中有薜荔、牡丹、蔷薇、石楠、朱槿、木槿、柘 7 种，宋词有薜荔、荼蘼和棘 3 种，其中占比较大的灌木仅有薜荔、牡丹、荼蘼和蔷薇 4 种（图 1-7，图 1-8）。唐诗宋词中的灌木大多为春花植物，和苔藓植物组合描写春季的清丽景观，传达欣喜闲适的景观氛围，如唐·杨夔的《寻九华王山人》："松夹莓苔径，花藏薜荔篱"，松林间的小路苔藓繁茂，薜荔丛间藏有盛开的小花，描绘出山间春季的清丽景色，又如宋·欧阳修的《踏莎行·雨霁风光》："薜荔依墙，莓苔满地"；牡丹和蔷薇只在唐诗中与苔藓植物组合出现，多描写鲜花盛开的清丽景象，如唐·权德舆的《和李中丞慈恩寺清上人院牡丹花歌》："艳蕊鲜房次第开，含烟洗露照苍苔"和唐·徐铉的《依韵和令公大

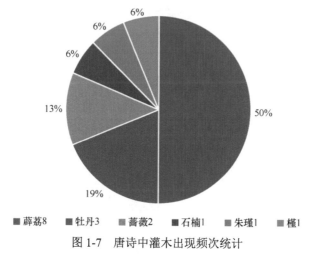

■薜荔8　　■牡丹3　　■蔷薇2　　■石楠1　　■朱槿1　　■槿1

图 1-7　唐诗中灌木出现频次统计

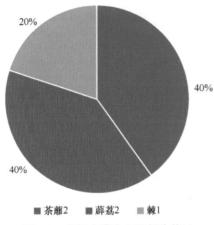

图 1-8　宋词中灌木出现频次统计

王蔷薇诗》："委艳妆苔砌,分华借槿篱"。此外,还有描写花朵凋零之景的诗词,苔藓植物作为背景与花卉相称,如唐·徐夤的《郡庭惜牡丹》："积藓下销香蕊尽,晴阳高照露华干"。荼蘼则仅在宋词中出现 2 次,描写春季景象,如宋·康与之的《荷叶铺水面·春光艳冶》："春光艳冶,游人踏绿苔,千红万紫竞香开。暖风拂鼻籁,蓦地暗香透满怀,荼蘼似锦裁"。

（6）水生植物

苔藓植物与水生植物组合偏少,唐诗中仅有荷、萍、莲、菰 4 种,且总计仅出现 13 次（图 1-9）;宋词中"莲"出现 2 次,"荷"出现 1 次,"萍"出现 1 次,总计仅 4 次（图 1-10）。从中可以看出,唐宋诗人对水边苔藓的关注度远不及居住地和山野中苔藓。水生植物与苔藓多一同描绘夏季景观,如唐·和凝的《宫词百首》："天籁吟风社燕归,渚莲香老碧苔肥",通过莲香和生长茂盛的苔藓描写出夏季的秾丽景色;又如宋·王迈的《贺新郎·此是河清宴》："绕砌苔钱无限数,更莲池、雨过珠零乱",通过苔藓和莲描绘了夏季的雨中景观。

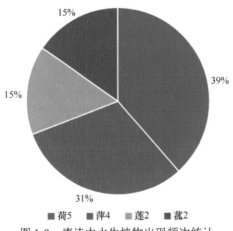

图 1-9　唐诗中水生植物出现频次统计

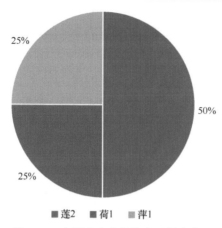

图 1-10 宋词中水生植物出现频次统计

2. 建筑

建筑是必要的造园要素之一，唐宋时期的主要建筑材料为木材和石材，为苔藓植物提供了生长基质。研究发现（表 1-5，表 1-6），唐诗宋词中建筑构件出现的频次要高于建筑主体，唐诗中建筑构件出现 303 次，建筑主体出现 207 次；宋词中建筑构件出现 127 次，建筑主体出现 34 次。建筑构件中，"院"元素出现的频次要高于其他元素，宋词中出现 51 次，位列第 1，唐诗中出现 62 次，位列第 2；台阶多出现在庭院中，"阶"在唐诗中出现频次最高，共计 84 次，宋词中出现 25 次，排在第 2；"门"在唐诗中排第 3 位，在宋词中排第 4 位。建筑主体中，居住建筑出现频次最高，唐诗和宋词中出现频次差别最大的是宗教建筑，唐诗中出现 35 次，位列第 2，而宋词中仅出现 1 次，排最末位，原因可能是唐代佛教盛行，寺观园林较多。

表 1-5 唐诗中建筑元素种类及频次统计

建筑类型	建筑用途	数量	建筑名称
建筑主体	居住建筑	122	房屋、楼阁、草堂、宫殿、村庄、城、馆、庐、坞、轩
	公共建筑	21	亭、榭
	祭祀建筑	12	祠堂、坛
	宗教建筑	35	佛殿、道观、禅堂、斋、寺、塔、龛
	交通建筑	8	桥
	其他建筑	9	酒垆、教坊、府衙、书堂
建筑构件		303	院、台阶、墙、门、栏杆、窗、篱笆、巷、廊、园、城墙、柱、柱础

表 1-6 宋词中建筑元素种类及频次统计

建筑类型	建筑用途	数量	建筑名称
建筑主体	居住建筑	24	房屋、楼阁、庭轩、宫殿
	公共建筑	5	亭、榭

续表

建筑类型	建筑用途	数量	建筑名称
建筑主体	祭祀建筑	2	台、坛
	宗教建筑	1	窣堵
	交通建筑	2	桥
建筑构件		127	院、台阶、墙、门、栏杆、窗、篱笆、础石、廊、楼梯

（1）建筑主体

苔藓植物能附着生长在建筑主体周围地面以及建筑表面等位置，建筑主体中居住建筑出现频次占比最大，因此"房屋"出现次数最多，唐诗中出现 50 次，占比 24%，宋词中出现 14 次，占比 43%，其次是"楼阁"（图 1-11，图 1-12）。由

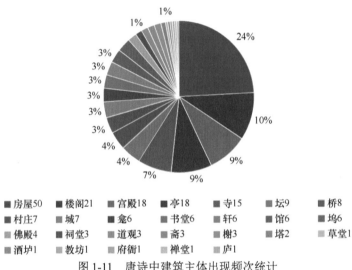

■房屋50　■楼阁21　■宫殿18　■亭18　■寺15　■坛9　■桥8
■村庄7　■城7　■龛6　■书堂6　■轩6　■馆6　■坞6
■佛殿4　■祠堂3　■道观3　■斋3　■榭3　■塔2　■草堂1
■酒垆1　■教坊1　■府衙1　■禅堂1　■庐1

图 1-11　唐诗中建筑主体出现频次统计

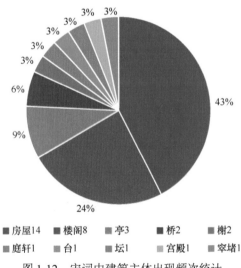

■房屋14　■楼阁8　■亭3　■桥2　■榭2
■庭轩1　■台1　■坛1　■宫殿1　■窣堵1

图 1-12　宋词中建筑主体出现频次统计

此可见，唐宋诗人对日常居所周围苔藓植物的关注度更高。居住建筑周围常有苔藓的身影，苔藓与高屋楼阁相互映衬，同时最容易寄托居住者的种种情怀，其中有隐居的清幽，有独居的寂寥，也有对已逝时光的怅惘，如唐·贯休的《上冯使君山水障子》："茅屋书窗小，苔阶滴瀑圆"，茅屋简陋，台阶上的苔藓圆润可爱，写出诗人对隐居环境的喜爱；宋·蔡伸的《水龙吟·重过旧隐》："芸房花院，重来空锁，苍苔满地"，通过居所的满地苔藓，从侧面写出居住者的寂寥；宋·汪元量的《忆王孙·吴王此地有楼台》："吴王此地有楼台。风雨谁知长绿苔"和唐·武元衡的《和李中丞题故将军林亭》："烟霏瑶草露，苔暗杏梁尘"，通过历史遗迹建筑上苔藓的出现来表现时间的流逝。

　　祭祀建筑和宗教建筑与苔藓植物搭配能烘托独特的氛围。唐代佛教盛行，唐诗中祭祀建筑和宗教建筑的出现频次远高于宋词。祭祀建筑主要用来供奉先祖或者尊崇的神佛伟人，因此具有肃穆和静的特质，肃穆是通过对祭祀对象表示敬重所生成的，静则传递了由先人逝去衍生出来的对时间流逝的无奈与敬畏，苔藓植物静默的特点正与之相合，与宗教建筑组景形成的苔藓植物景观多呈现静谧肃穆之感，如唐·储嗣宗的《圣女祠》："石屏苔色凉，流水绕祠堂"，祠堂周围有流水环绕，石屏上生长有苔藓，体现出清冷的祠庙环境，可使人感受到其中的敬穆氛围；又如唐·皇甫冉的《宿洞灵观》："松柏凌高殿，莓苔封古坛"，松柏透露着庄严肃穆，而质感柔软的苔藓植物给整个环境增添了一些宁静的感受。宗教建筑当中佛教建筑出现频次占比高于道教建筑，而苔藓植物幽静的特质能够烘托寺观的禅意与超然物外的境界，如唐·方干的《游竹林寺》："得路到深寺，幽虚曾识名。藓浓阴砌古，烟起暮香生"，长满苔藓的台阶和飘浮的香火气，让人仿佛置身于一座古朴的寺庙之中；唐·戴叔伦的《游少林寺》："石龛苔藓积，香径白云深"，积满苔藓的石龛，漂浮着香火气的小径，将一座幽静的寺院展现于人前；唐·薛涛的《赋凌云寺二首》："闻说凌云寺里苔，风高日近绝纤埃"与宋·王之道的《玉连环》："一簇楼台窣堵。老僧常住。悬知俗客不曾来，门外苍苔如许"，其中的苔藓植物都对寺院超脱俗世和清幽的氛围起到烘托作用。

　　（2）建筑构件

　　苔藓应用于庭院景观中能营造禅意、恬静、自然的氛围（寇鹏程，2018），"院"在唐诗中出现 62 次，占比 21%，位列第 2，在宋词中出现 51 次，占比 40%，位列第 1（图 1-13，图 1-14）。苔藓质感较柔嫩，通过视觉传递给人的感受更为平和，因此与本身就具有归属感和安全感的院落形成景观，可给人带来恬静、舒适的环境体验，如唐·白居易的《朝课》："平甃白石渠，静扫青苔院"，通过院中井、石渠和苔藓描绘出庭院日常闲静而舒适的氛围；又如唐·杜牧的《即事》："小院无人雨长苔，满庭修竹间疏槐"和宋·晁补之的《蓦山溪·凤凰山下》："凤凰山下，东畔青苔院"，通过苔藓植物来表现院中的清丽与恬静。此外，唐诗中有一部分由于诗人心境的不同，通过院和苔呈现传递孤寂的氛围感受，如唐·刘氏云的《乐府杂曲·鼓吹曲辞·有所思》："玉井苍苔春院深，桐花落地无人扫"，玉井、苍苔和落了满地的梧桐花体现出庭院之深、之静、之孤寂，表达出主人公独居的寂寞和对爱人深深的思念之情。

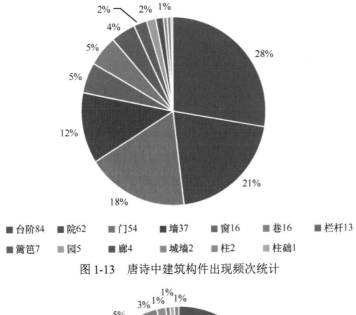

图1-13　唐诗中建筑构件出现频次统计

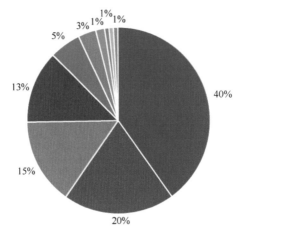

图1-14　宋词中建筑构件出现频次统计

"苔痕上阶绿，草色入帘青。"是耳熟能详的关于苔藓与阶的描写，二者搭配能够体现居住环境的清幽，给人清雅闲适的感受，"台阶"在唐诗中出现84次，占比28%，位列第1；宋词中出现25次，占比20%，位列第2。唐·尹鹗的《醉公子·暮烟笼藓砌》："暮烟笼藓砌，戟门犹未闭"，通过还未关闭的大门和笼罩在暮烟中长有苔藓的阶砌，生动地描绘出傍晚住所祥静清幽的氛围。宋·葛长庚的

《沁园春·嫩雨如尘》："绿砌苔香，红桥水暖，笑拈髭行复行"和宋·刘过的《沁园春·洛浦凌波》："步苔幽砌，嫩绿无痕"，都通过苔与阶的描写来体现环境的清幽。同样由于诗人心境不同，唐诗中台阶与苔藓组景也能呈现幽寂的景观氛围，如唐·护国的《怆故人旧居》："破阶苔色厚，残壁雨痕深"，残破的台阶积满厚厚的苔藓，昭示着已很久无人居住，和留下雨痕的墙壁一起加深了旧居的幽寂之感。

苔藓喜阴，墙的阴面为其提供了良好的生长环境，而苔藓则为墙壁增添了趣味和氛围，唐诗宋词中关于苔藓与墙的描写也较多，如唐·雍陶的《和河南白尹西池北新葺水斋招赏十二韵》："藤架如纱帐，苔墙似锦屏"，"锦屏"二字很好地诠释了墙上苔藓的多及其如锦缎一般的质感，体现了苔藓植物对墙体的装饰作用；又如宋·张先《汉宫春·蜡梅》中"红粉苔墙"和宋·史达祖《过龙门/浪淘沙令》中"一带古苔墙"都是对墙上苔的直接描写。坍塌损坏的墙本身就充满光阴的味道，而生长的苔藓更是添加了其在时间上的深远感，如唐·温庭筠的《经旧游（一作怀真珠亭）》："坏墙经雨苍苔遍，拾得当时旧翠翘"，历经风雨，坍塌的墙遍布苔藓，加上拾得旧时翠翘的动作描写，使整个画面呈现极强的历史感。

古时门和栏杆多为木材，为苔藓的生长提供了基质，所以有相关描写，多营造清幽静谧的景观氛围，如唐·伍乔的《题西林寺水阁》："竹翠苔花绕槛浓，此亭幽致讵曾逢"，竹子青翠，苔藓苍翠欲滴环绕着栏杆，将亭子周围的环境衬托得格外幽致；宋·田为《南柯子·春景》中"栏边半是苔"写出了苔藓爬上栏杆的景致；唐·岑参的《敬酬李判官使院即事见呈》："草根侵柱础，苔色上门关"，通过柱础边的草和门上的苔藓传达出环境的清幽与宁静；宋·周邦彦《玉楼春（大石）》中"夕阳深锁绿苔门"通过苔藓在门上生长体现出大环境的幽静，夕阳更是为其镀上一层宁谧的色彩。另有关于"门内苔"的描写，如唐·刘得仁的《通济里居酬卢肇见寻不遇》："衡门掩绿苔，树下绝尘埃"，透过门看向苔藓，加深了苔藓植物景观的幽静感；又如宋·贺铸的《雨中花·回首扬州》："旧日朱扉，闲闭青苔"与宋·康与之《感皇恩·幽居》中"门掩苍苔锁寒径"，同样描绘了门内清幽的苔藓植物景观。

3. 道路

苔藓植物在道路环境中也能生长良好。研究表明（图1-15，图1-16），道路元素中"径"的出现频次最高，唐诗中出现102次，宋词中出现42次；其次是"路"，唐诗中出现29次，宋词中出现6次；其余如"蹬"、"陌"和"梯"等仅出现1次。

（1）径

"径"指狭窄的道路，道路元素多以"径"的形式出现，幽深的小径相较于宽阔的道路更加荫蔽，能够满足苔藓的生长需求，且苔藓与径的配置更能体现道

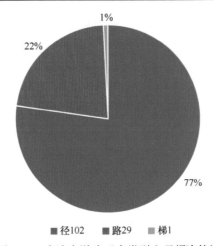

图 1-15　唐诗中道路元素类型出现频次统计

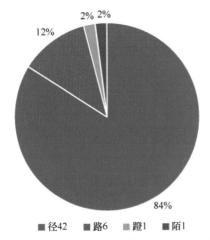

图 1-16　宋词中道路元素类型出现频次统计

路环境的清幽，如唐·刘长卿的《郧上送韦司士归上都旧业（司士即郑公之孙顷客于郧上）》："苍苔白露生三径，古木寒蝉满四邻。"小路生长着苔藓，古老的树上蝉鸣不止，呈现出清幽静谧的环境氛围；宋·史达祖《庆清朝》中"幽径斑驳苔生"直接用"幽"字来形容生长着苔藓植物的小径；宋·史愚《谒金门》中"苔迳流钱青莫数"生动地将圆形的苔藓植物群形容成流洒在道路上的铜钱，体现出小径环境的清丽幽静；宋·周密《唐多令》中"苔面睡茸堆绣径"对苔藓的质感进行了详细描写，更是将长有苔藓的小径比作绣品，可见苔藓植物对道路的美化程度之高；唐·岑参的《出关经华岳寺，访法华云公》："竹径厚苍苔，松门盘紫藤"，"厚"字不仅体现出苔藓在竹径上生长良好，也表现出竹径的幽深静谧。

　　（2）路

　　唐诗宋词中"路"与苔藓的组合大多描写山野间的清新景色，如唐·常建的

《燕居》："青苔常满路，流水复入林"，青翠的苔藓经常铺满道路，水流向树林深处，呈现出山林间自然清新的景感；又如宋·辛弃疾的《好事近·春日郊游》："微记碧苔归路，袅一鞭春色"，路上生长着碧绿的苔藓，马鞭上也沾染上了春天的颜色，足以得见环境的清丽。"辇路"是道路元素中较为独特的一种，常指宫内的道路，唐诗宋词中辇路与苍苔搭配多表示繁华已逝，呈现幽寂之感，如唐·刘长卿的《铜雀台》："漳河东流无复来，百花辇路为苍苔"，漳河水向东流去没有往返，原先盛开着百花的辇路上早已铺满苍苔，传达出随时间流逝繁华不再的空寂；又如宋·无名氏《导引》中"辇路已苍苔"用辇路与苍苔表达时间流逝物已非的寂寥之感。

4. 山石

　　石生苔藓可以在石材上附着生长，不仅可以对山石起到装饰作用，而且能使山石与周围环境更加融合。总体来看，唐诗中的山石元素类型多于宋词，可能是因为唐诗的基数要大于宋词，山石元素中"石"出现频次最高，唐诗中出现 122 次，占比 50%，宋词中出现 20 次，占比 54%；其次是"山"；其余元素类型出现相对较少（图 1-17，图 1-18）。"石"出现最多是因为小体量的石不仅存在于山野中，在水域周围和建筑范围内也存在，因此出现频次要高于出现范围比较固定的"山"、"崖"和"岸"等。

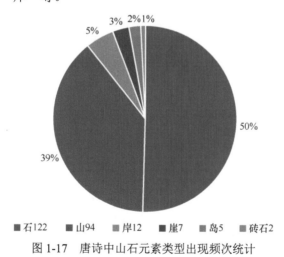

图 1-17　唐诗中山石元素类型出现频次统计

（1）山体上与山林中的石

　　石是苔藓附着生长的基质之一，唐诗宋词中关于石生苔藓的描写主要分为山中苔藓与其他环境中石上苔藓。深山中的苔藓植物景观常给人以旷远幽深的感受，如唐·李隆基的《过大哥山池题石壁》："澄潭皎镜石崔巍，万壑千岩暗绿苔"，山中潭水如镜面一般，高山巍峨，岩壁上生长着幽暗的绿苔，可见其深远幽谧；

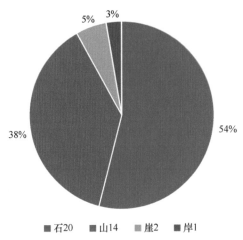

■ 石20　■ 山14　■ 崖2　■ 岸1

图1-18　宋词中山石元素类型出现频次统计

唐·张九龄的《林亭咏》："苔益山文古，池添竹气清"，苔藓为山石增添古意，池水多了竹显得更加清丽，体现出苔藓对山、竹对池的美化作用以及其对景观意境的烘托作用；宋·刘一止《念奴娇·故山秋晚》中"往往苍苔绿壁"和宋·周密《一萼红·登蓬莱阁有感》中"崖阴苔老"都体现出诗人对山中苔藓植物的关注以及苔藓植物对山体的装饰美化作用。

（2）水边与建筑周围的石

苔藓与水体周围、庭院当中的石组景则更能传达出幽清、秀丽的景观感受，如唐·朱仲晦的《答王无功问故园》："渠水经夏响，石苔终岁青"，夏天能听到园内沟渠的流水声，一旁石头上的苔藓一直都是青翠的，呈现出夏季园内清丽闲适的景象；宋·李昂英的《摸鱼儿·敞茅堂》："敞茅堂、茂林环翠，苔矶低蘸烟浦"，通过对茅堂、树林的描写，营造出清丽又闲静的居住环境，加上对水边长有苔藓的钓石的描写，更是增添了一抹幽丽；宋·徐照《瑞鹧鸪·雨多庭石上苔文》中"雨多庭石上苔文"既写出雨后庭院内石头上生长苔藓的闲静景观，也体现出苔藓喜湿润的生长习性，把握住了苔藓植物生长对水的需求。苔藓植物对石有很好的装饰作用，在方寸之间营造出山林野趣，如唐·李咸用的《石版》："高人好自然，移得它山碧。不磨如版平，大巧非因力。古藓小青钱，尘中看野色。冷倚砌花春，静伴疏篁直"，"野色"二字直接传达出苔藓植物与石板所营造的景观氛围；又如唐·上官昭容的《游长宁公主流杯池二十五首（其十七）》："石画妆苔色，风梭织水文"，直接运用拟人的修辞，通过"妆"字生动地展现出景观中苔藓植物对石头观赏性的提升。此外，石上的苔藓也被诗人赋予高尚的品格，如唐·白居易的《山中五绝句·石上苔》："漠漠斑斑石上苔，幽芳静绿绝纤埃。路傍凡草荣遭遇，曾得七香车辗来"，诗人高度赞美石上的苔藓，首先是对石上苔藓形态的赞美，"漠漠斑斑"写出苔藓长势良好，"幽芳静绿"写出苔藓植物的绿和给人带来的视觉效果上的幽静，然后是对苔藓植物精神的赞美，草生长在路旁曾与香车为伴，香车是权贵的象征，写出草的"幸运"，而苔藓静默，赋予其"幽独"的人格特点。

5. 水

湿润的环境更有利于苔藓植物的生长，因此水体周边常有苔藓植物的身影。唐诗宋词中的水元素大致包括自然水体和人工水体，自然水体包括自然界中流动的水体及泉、瀑布等，流动水体占主要部分；人工水体包括池塘、水渠，池塘占主要部分。唐诗中水元素类型远多于宋词，"流水"是唐诗宋词中出现频次最高的，达到一半以上，唐诗中出现 97 次，占比 59%，宋词中出现 11 次，占比 55%；其次是"池塘"，唐诗中出现 22 次，占比 13%，宋词中出现 8 次，占比 40%；此外，唐诗中"泉"出现次数也较多，为 20 次，占比 12%，位列第 3；其余水元素类型出现次数较少（图 1-19，图 1-20）。苔藓与自然水体组合多展现自然环境的清丽和清幽，与人工水体组合则多传达人居环境给人带来的闲适与清静感受。

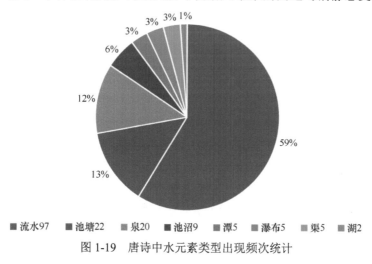

图 1-19　唐诗中水元素类型出现频次统计

（1）自然水体

苔藓植物与自然水体组合多描写自然环境的清丽幽静，其中流动水体占比最大，唐诗中占 59%，宋词中占 55%。如唐·钱起的《过桐柏山》："返照云窦空，寒流石苔浅"，山中天高云淡，清冷流水边浅露的石头上生长着苔藓，石上苔传递出山中水边的湿润环境，也烘托出山间流水的清幽，还有唐·钱起的《题温处士山居》："苔绕溪边径，花深洞里人"和宋·陈允平的《永遇乐》："暗水穿苔，游丝度柳，人静芳昼长"也是如此。又如唐·宋之问的《答田征君》："风泉度丝管，苔藓铺茵席"，泉水发出如丝管般的悦耳之音，周边苔藓铺在地面如同一面绿毯，淋漓尽致地体现出水景的清丽感受以及水体周围苔藓植物良好的生长情况；

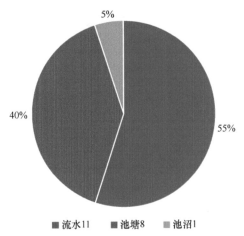

图 1-20　宋词中水元素类型出现频次统计

唐·孟浩然的《越中逢天台太一子》："莓苔异人间，瀑布当空界"，则将苔藓与瀑布组成的景观形容成不似在人间，可见其景的清幽。

（2）人工水体

人工水体中主要有池塘和渠，池塘出现频次高于渠，这是因为古人在造园时多在院内设置水体来模拟自然。描写苔藓植物与池塘组景时多会将池水周边的植物等一同纳入，如唐·韦应物的《题郑弘宪侍御遗爱草堂》："疏松映岚晚，春池含苔绿"，通过松和岚、池和苔藓组成的景观将草堂内闲适的氛围烘托出来；宋·晏殊《破阵子》中"池上碧苔三四点"则通过池塘周围三四点青碧的苔藓植物不经意间便流露出看到此景所引发的人的闲适感受；唐·卢纶的《客舍苦雨即事寄钱起郎士元二员外》："绕池墙藓合，拥溜瓦松齐"，写出池塘周围环境湿润，墙上苔藓植物生长茂盛的清静之景；唐·张籍的《酬李仆射晚春见寄》："鱼动芳池面，苔侵老竹身"，通过池边竹上苔藓植物的生长体现出池边环境的幽清。渠比池塘体量小，因此苔藓植物和渠的组景描写所呈现的景观范围较小，苔藓多与周围的石、草本植物等一同描写，如唐·王绩的《在京思故园见乡人问》："渠当无绝水，石计总生苔"，通过渠水、石和苔藓描绘出闲适清静的景色。

6. 景观小品

景观小品是出现频次最低的景观元素，宋词仅有关于井、碑与苔藓的组景描写，唐诗比宋词中的元素类型多，有井、碑、石雕等 6 种。其中，"井"是出现次数最多的景观小品，唐诗中出现 45 次，占比 56%，宋词中出现 11 次，占比 69%，这是因为井壁多为石材，且井周多水湿，适宜苔藓植物附着生长，而且井具有特殊的意象含义，更多地被诗人吟咏；其次是"碑"，唐诗中出现 27 次，占比 33%，宋词中出现 5 次，占比 31%；其余景观小品元素类型的出现频次较低（图 1-21，

图 1-22）。

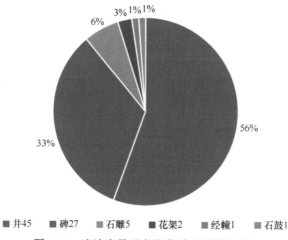

3% 1% 1%

6%

56%

33%

■ 井45　■ 碑27　■ 石雕5　■ 花架2　■ 经幢1　■ 石鼓1

图 1-21　唐诗中景观小品类型出现频次统计

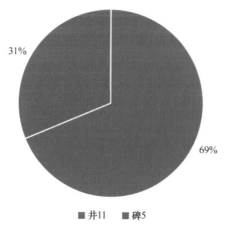

31%

69%

■ 井11　■ 碑5

图 1-22　宋词中景观小品类型出现频次统计

（1）井

"井"不仅出现频次高，与苔藓植物搭配所引发的感受也很丰富。"井"自身透露出清凉之意，而苔藓依附于井身生长，"井苔"便也易于形成清泠、寂静的景观氛围，如唐·李白的《桓公井》："石甃冷苍苔，寒泉湛孤月"，井特有的"冷"使人在看到井和苔藓的组合时很容易引发内心深处相关情感的触动，如唐·刘氏云的《乐府杂曲·鼓吹曲辞·有所思》："玉井苍苔春院深，桐花落地无人扫"，寂静的深院内只有长满青苔的井和落了满院的梧桐花，引发人内心相思的寂寥之意；又如宋·周密的《探芳信·西泠春感》："甚凄凉，暗草沿池，冷苔侵甃"，井的特性和苔藓植物组合还引申出对物转星移、兴衰无常的感慨，如唐·李白《谢公宅》的"荒庭衰草遍，废井苍苔积"也是如此；在田园、佛寺之咏，苔藓和井的搭配更具闲静、古朴自然之气（胡凌燕，2015），如唐·张祜的《晚夏归别业》："宿润侵苔甃，斜阳照竹扉"及唐·权德舆的《送映师归本寺》："苔甃桐花落，山窗桂树薰"二句。

（2）碑

"碑"的特殊含义常使人产生肃穆、旷远的感受，而"苔"的出现更增加了其时间的厚重感，在看到碑与苔搭配时常引发更深的幽思，如唐·刘复的《经禁城》："苍苔没碑版，朽骨无精灵。俯仰寄世间，忽如流波萍"和唐·刘长卿的《长沙桓王墓下别李纾、张南史》："碑苔几字灭，山木万株齐。伫立伤今古，相看惜解携"，苔藓侵蚀覆盖的石碑引发诗人怀古伤今，顿生深远荒芜之感；又如宋·汪元亮《忆王孙》中"岩畔古碑空绿苔"通过岩畔伫立着爬满苔藓的古碑，写出由苔藓和古碑生出的苍凉之感。

（3）宗教性质的景观小品

唐诗中有一些宗教性质的景观小品，从侧面反映出唐代宗教园林的发展比宋代更加繁荣。苔藓植物生于微末与佛教超脱俗世的禅意相合，带有禅宗性质的景观小品和苔藓植物搭配可将佛寺内的环境衬托得更加幽静深邃，如唐·李山甫的《题慈云寺僧院》："烟霞生净土，苔藓上高幢"和唐·杜甫的《山寺》："野寺根石壁，诸龛遍崔嵬。前佛不复辨，百身一莓苔"，通过苔藓与经幢、佛像的搭配来传递寺院环境的清幽和深远。

二、苔藓植物景观中的自然景观元素

唐诗宋词中的苔藓植物景观除植物、建筑、山石等造园要素外，如光、雨、动物等自然景观元素也是不可或缺的组成部分（表1-7）。而自然景观元素不固定，具有流动性，对苔藓植物景观的氛围呈现有重要影响，同时体现出唐诗宋词中苔藓植物景观的生态性。苔藓植物景观中自然元素的描写提示园林工作者在植物景观设计过程中不仅需要考虑人能够把控的元素，还要考虑自然界的变化，很多时候自然元素的融合能够使整个景观的意境得到升华。

表1-7　唐诗宋词中自然景观元素类型统计

元素类型	唐诗	频次	宋词	频次
气象元素	雨、光、云、露、雾、星、雪、霜	86	雨、光、露、雪、雾	16
动物元素	鸟、鹤、鹿、禽、蝉、萤、虫、猿、犬、蝶、牛	49	鸟、萤、鹿、猿、鹤	7

1. 气象元素

气象元素包括雨、光、云、露和雾等，古典园林中有许多景观的设计都与气象元素有关，如拙政园的听雨轩便是来源于雨打在芭蕉之上的声音，取"听雨"

之意命名。唐诗中的气象元素更加丰富,但唐诗和宋词中频次较高的气象元素类型较为相似,其中"雨"是出现频次最高的气象元素,唐诗中出现 25 次,占比 29%,宋词中出现 8 次,占比 50%,可能是雨有利于苔藓植物的生长,唐诗宋词中有许多诗词写出雨与苔藓植物生长的关系;其次是"月光",唐诗中出现 18 次,宋词出现 2 次;"日光"的出现频次和"月光"几乎相同,唐诗中出现 17 次,仅比"月光"少 1 次,宋词中出现频次与"月光"相同;此外,在气象元素中占有一定比例的还有"露"以及仅在唐诗中出现的"云"(图 1-23,图 1-24)。

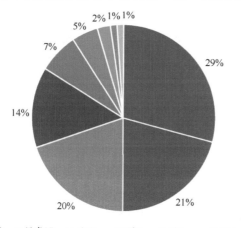

■雨25 ■月光18 ■日光17 ■云12 ■露6 ■雾4 ■星2 ■雪1 ■霜1

图 1-23 唐诗中气象元素类型出现频次统计

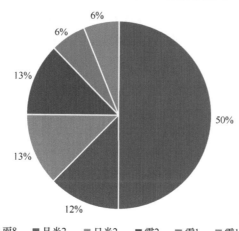

■雨8 ■月光2 ■日光2 ■露2 ■雪1 ■雾1

图 1-24 宋词中气象元素类型出现频次统计

(1)雨

雨对于自然万物来说,是生命伊始和延续的象征,雨水代表着生机与希望。唐诗宋词中关于雨与苔藓植物的组合描写不仅描绘出景观的清丽,也反映出苔藓植物的生长习性,如唐·刘长卿的《客舍喜郑三见寄》:"穷巷无人鸟雀闲,空庭新雨莓苔绿"，"闲"字从侧面体现出诗人看到景观之后感受到的闲适，"新雨莓苔绿"则写出景观的清丽和雨对苔藓植物生长的影响；又如宋·张枢的《瑞鹤仙·卷帘人睡起》："苔痕潲雨，竹影留云，待晴犹未"和宋·王之道的《菩萨蛮·小庭过雨莓苔滑》："小庭过雨莓苔滑。碧波滟滟池也阔"，均写出雨中闲适清丽的景观。

（2）光

光线在唐诗宋词的苔藓植物景观中常有表述，而且具有很强的情境渲染效果。日光给人以明媚的感受，而傍晚黄昏时分的日光更为柔和，当能够直白地感受到光线洒落在苔藓之上，即生出无尽的幽与静，令人无限遐想，如唐·王维的《鹿柴》："空山不见人，但闻人语响。返景入深林，复照青苔上"，首句用声音反衬出鹿柴环境的空寂，尾句描写落日余晖穿透林间缝隙照射在苔藓植物之上更是让人感受到环境的幽深；又如唐·皇甫冉的《山中五咏·山馆》："山馆长寂寂，闲云朝夕来。空庭复何有，落日照青苔"，通过傍晚庭院内披着余晖的苔藓植物景观描写呈现出幽静的感觉；其他如宋·欧阳修的《清平乐·小庭春》："门掩日斜人静，落花愁点青苔"，通过傍晚日光的渲染，更是将花落于苔藓上的空寂清冷烘托出来。月光相较于日光在色相上更偏冷，因此虽然二者都能增添景观的静谧，但月光的加持则更多了一抹清冷，如唐·司空曙的《琴曲歌辞·蔡氏五弄·秋思》："昼景委红叶，月华铺绿苔。沉思更何有，结坐玉琴哀"，月光铺洒在苔藓之上，呈现一片清冷氛围；唐·崔颢的《长门怨》："君王宠初歇，弃妾长门宫。紫殿青苔满，高楼明月空。夜愁生枕席，春意罢帘栊。泣尽无人问，容华落镜中"，通过宫殿、苔藓、明月将宫苑的冷寂完全体现出来；宋·李莱老的《高阳台·落梅》："藓梢空挂凄凉月，想鹤归、犹怨黄昏"，通过长满苔藓的树梢与月的组合营造出一幅清冷空寂的景观。

（3）云

白云柔软，而蓝天白云下的苔藓植物景观更容易触发人闲适悠然的感觉，如唐·刘长卿的《题曲阿三昧王佛殿前孤石》："一片孤云长不去，莓苔古色空苍然"，白云飘浮于高空，地上苔藓苍翠，铺展开一派空然悠远的景象；又如唐·元结的《石宫四咏》："石宫春云白，白云宜苍苔"，通过苔藓植物与白云的组合将空远闲适的感觉引申出来。

（4）露

露是空气中水汽凝结在地物上的液态水，苔藓植物矮小，一般贴近物体表面，因此容易凝结露珠，露珠的出现使苔藓植物景观更添清丽，也使景观更有趣味，如宋·黄子行的《西湖月·探梅》："粉墙朱户，苔枝露蕊，淡匀轻饰"，写出露珠凝结于长有苔藓植物的树枝上的清丽景观。此外，露珠一般是因为气温降低而出现，所以有几分清冷之意，如唐·李白的《长相思三首》："相思黄叶落，白露湿青苔"，通过由黄叶、白露和苔藓组成的景观烘托诗人由相思生成的清冷孤寂之意。

2. 动物元素

在唐诗宋词的苔藓植物景观描写中，有一部分添加了动物，包括动物的身形和声音，为景观增添了活力和生命力，而不同动物的出现也让苔藓植物景观传递出不同的氛围感受。唐诗中的动物种类高于宋词，其中"鸟"是出现频次最高的动物，唐诗中出现 22 次，占比 45%，宋词中仅出现 3 次，占比 43%，这是由于鸟所处的环境范围较广，在山林、建筑周围都能生存；"鹤"、"鹿"、"猿"和"萤"在唐诗宋词的苔藓植物景观描写中都有出现，宋词中都只出现 1 次，而"鹤"和"鹿"在唐诗中分别出现 7 次和 4 次，位列第 2、3，其他动物出现较少（图 1-25，图 1-26）。

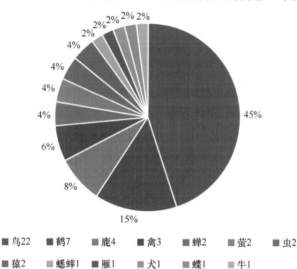

■鸟22　■鹤7　■鹿4　■禽3　■蝉2　■萤2　■虫2
■猿2　■蟋蟀1　■雁1　■犬1　■蝶1　■牛1

图 1-25　唐诗中动物种类出现频次统计

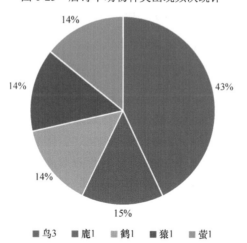

■鸟3　■鹿1　■鹤1　■猿1　■萤1

图 1-26　宋词中动物种类出现频次统计

（1）鸟

鸟既能栖息在林中，也能栖息在生态良好的人居环境周围。山林中的苔藓植物景观加入鸟后更能体现环境的幽静，如唐·罗邺的《秋晚》："闲步幽林与苔径，渐移栖鸟及鸣蛩"；而人居环境周围的苔藓植物景观增添鸟的身影后更能烘托出闲适清丽的景观氛围，如唐·王维的《田家》："雀乳青苔井，鸡鸣白板扉"和唐·钱起的《李士曹厅对雨》："湿鸟压花枝，新苔宜砌石"；除了鸟身影的展现，鸟鸣的融入不仅使苔藓植物景观更添活力，还反衬出幽静闲适的氛围，如宋·龚大明的《失调名》："坐分苔石树阴凉，闲数落花听啼鸟"。

（2）鹤、鹿、猿

添加生活在山野中的动物能加重苔藓植物景观的幽谧感与远离俗世的超脱感。鹤在中国有圣洁、清雅和长寿的象征，在唐诗中的出现次数排第2位，而且远高于宋词，原因大致有两点，其一是受诗词基数影响，其二是唐诗中有许多关于寺观园林中苔藓植物景观的描写。鹤的寓意与宗教的禅意相合，可与苔藓植物共同烘托环境的幽静和清雅氛围，如唐·刘沧的《雨后游南门寺》："苔封石室云含润，露滴松枝鹤有声"；而鹿和猿都生活在深山丛林之中，添加入苔藓植物景观后能够烘托环境的幽深静谧，如唐·钱起的《山中酬杨补阙见过》："幽溪鹿过苔还静，深树云来鸟不知"，诗人通过幽溪、鹿和苔描绘出深山之中幽静的景观环境；又如宋·葛长庚的《水龙吟·层峦叠巘浮空》："苍苔路古，鹿鸣芝涧，猿号松岭"，通过苍苔、鹿和猿的组合写出山林中幽深旷古的氛围。

三、苔藓植物景观中高频景观元素的关联

探讨唐诗宋词中苔藓植物景观高频元素之间的关联关系，分析景观元素组成特点，对苔藓植物在园林景观中的应用范围有一定参考价值。

1. 唐诗宋词中的高频景观元素

856首唐诗的苔藓植物景观共涉及126个景观元素及21个自然元素；240首宋词的苔藓植物景观共涉及62个景观元素及11个自然元素。景观元素Donohue高低频词分界公式计算结果显示唐诗 $T=7$，宋词 $T=5$；自然元素Donohue高低频词分界公式计算结果显示唐诗 $T=3$，宋词 $T=2.5$。因此，唐诗截取词频不低于7的43个园林景观元素和不低于3的10个自然景观元素进行后期分析（表1-8），宋词截取词频不低于5的26个园林景观元素和不低于2.5的2个自然景观元素进行后期分析（表1-9）。

表 1-8　唐诗中高频元素

元素	词频	元素	词频	元素	词频	元素	词频
池沼	9	岸	12	枝	8	雨	25
碑	27	莎草	10	坛	9	鸟	22
栏杆	13	石	122	亭	18	日光	17
城	7	径	102	菊	12	月光	18
梧桐	12	桥	8	宫殿	18	鹿	3
寺	15	台阶	84	树	77	鹤	7
井	45	泉	20	门	54	露	6
路	28	松	68	篱笆	7	云	12
柳	20	墙	37	池塘	21	雾	4
窗	16	草	48	楼阁	21	禽	3
花	65	竹	85	崖	7		
村庄	7	叶	46	房屋	50		
山	91	果实	7	流水	97		
林	17	院	62	巷	16		

表 1-9　宋词中高频元素

元素	词频	元素	词频	元素	词频	元素	词频
院	51	墙	19	流水	11	桃	7
径	42	竹	18	井	11	路	6
花	39	山	14	楼阁	8	叶	5
台阶	25	门	16	松	8	雨	8
梅	22	柳	15	池塘	8	鸟	3
树	21	草	15	榆	7		
石	20	房屋	14	栏杆	7		

2. 唐诗宋词中的苔藓植物景观元素关联

根据表 1-8 和表 1-9，分别运用 python 软件构建 52×52 与 26×26 的高频元素共现矩阵，并在 Gephi 软件中绘制高频元素共现知识图谱，见图 1-27 和图 1-28。

（1）唐诗中苔藓植物景观元素关联

从图 1-27 可知，苔藓植物与"山"、"石"、"径"、"台阶"和"流水"等词共现较多，联系紧密，表明其共同组成知识图谱的主体结构，即唐诗中苔藓植物景观的主要组成元素。其他景观元素逐渐向外缘扩散，连线也逐渐变细，说明其在苔藓植物景观中为次要组成元素。其中，"山"不仅与"苔藓"关联度高，还与"流水"、"径"、"石"和"松"等词存在联系且关联度高于其他景观元素，由此可知，唐诗中苔藓植物景观多为"山林景观"。同时与宋词相比，虽然"院"没有占主体位置，但与山林的占比相差不大，说明唐诗中庭院的苔藓植物也占有一定比例，而且"院"与"石"和"台阶"联系较为紧密，说明苔藓植物在庭院当中多与石、台阶组景。

图 1-27　唐诗中高频元素共现知识图谱

（2）宋词中苔藓植物景观元素关联

　　从图 1-28 可知，"苔藓"处于中心位置，与"院"、"径"、"花"、"台阶"、"树"和"门"等词共现较多，联系紧密，表明其共同组成知识图谱的主体结构，即宋词中苔藓植物景观的主要组成元素。其他景观元素逐渐向外缘扩散，连线也逐渐变细，说明其在苔藓植物景观中为次要组成元素。其中，"院"不仅与"苔藓"关联度高，还与"台阶"、"竹"、"树"和"柳"等词存在联系且关联度高于其他景观元素，由此可知，宋词中苔藓植物景观多为"庭院景观"，而且苔藓植物多与庭院中其他植物组成景观，这是因为"庭院"在宋代是一个很重要的审美意向。"庭院"在宋词中频繁出现，与其柔弱、保守的时代背景，以及文人士大夫的避祸心理等有着密切联系，折射出宋代词人保守、内敛的文化心态（陈莉，2013）。另外，"花"与苔藓植物之间也联系紧密，并与周围的"院"、"树"、"柳"、"栏杆"和"径"等有联系，说明宋词中苔藓植物和花搭配的景观较多，可以在庭院、道路等环境中应用。

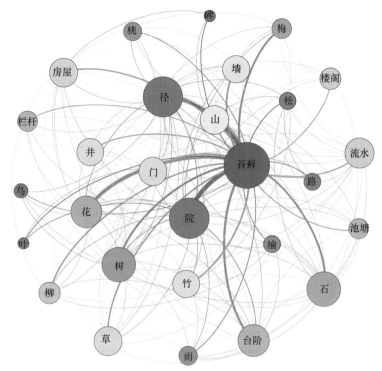

图 1-28　宋词高频元素共现知识图谱

第五节　唐诗宋词中的苔藓植物景观意境

中国古典园林注重意境的创设与表达（肖和忠和张玉兰，1999），意境产生于艺术创作中意和境的结合，即创作者把自己的感情、理念熔铸于客观生活、景物之中，从而引发鉴赏者之类似的情感激动和理念联想（周维权，2008）。唐代王昌龄在《诗格》中提出"三境说"，认为诗有三境，即物境、情境（心境）和意境，而意境的产生需要物境与情境的结合。其中，物境是指植物、建筑、山石、水等园林景观元素和雨、云、鸟等自然景观元素组合成的景观空间内的具体客观景象，其所具备的美感是观赏者意境生成的基础条件；情境是指观赏者在具体可感的景观中，结合当下特定的事件和时空生成的情感体验，赋予景物虚象的含义，如借景抒情、托物言志等（欧阳宁和杨学成，2020）；而客观景象和主观情感相结合生成景观意境。综上，景观意境是观赏者在看到客观景观物象触发情感产生的一种情景交融的艺术境界，也可以说是人的一种氛围感受。

唐诗宋词中的苔藓植物景观包括自然景物、历史遗迹和宗教文化等不同属性的景观元素，当诗人置身其中，容易与之产生共鸣和情感联想，进而促进景观意境的生成。不同苔藓植物景观的客观组成元素有所不同，因此使人产生不同的体验与感受，进而产生一定的情感，当观赏者产生特定的情感之后，将其赋予景观上，使苔藓植物景观具有独特的意境。经研究，唐诗中有幽冷、幽静，清新、清丽，悠久、荒凉，空寂、冷寂和深远、壮阔 5 类景观意境（表 1-10）。宋词相较于唐诗缺少深远、壮阔景观意境（表 1-11）。可能是因为唐代国力强盛，又经历了初唐到晚唐的繁荣与衰败，因此诗人所作的诗文包含了其不同的情感寄托，从而产生丰富的景观意境；而宋代崇文主和的时代背景影响诗人的思想情感，因此其所作的词具有委婉平和的特点，较为缺乏恢弘气势，从总体来看较多的是清幽、幽静，清丽、清远等较为平和的景观意境。

表 1-10　唐诗中苔藓植物景观意境类型统计

意境分类	频次	百分比（%）
幽冷、幽静	420	49.1
清新、清丽	244	28.5
空寂、冷寂	85	9.9
悠久、荒凉	60	7.0
深远、壮阔	47	5.5

表 1-11　宋词中苔藓植物景观意境类型统计

意境分类	频次	百分比（%）
幽冷、幽静	120	50.0
清新、清丽	85	35.4
空寂、冷寂	32	13.3
悠久、荒凉	3	1.3

一、幽冷、幽静的苔藓植物景观意境

幽冷、幽静是唐诗宋词中出现频次最高的景观意境，唐诗中出现 420 次，占比 49.1%（表 1-10），宋词出现 120 次，占比 50.0%（表 1-11）。根据生长需求，苔藓植物通常生长在较为偏僻隐蔽的位置，因此自身具有"静"的特点。物境是意境形成的基础，苔藓植物具有的"静"使与之相关的景观也较多地引人产生幽静的感受。幽冷、幽静景观意境主要在隐逸情境和赏景情境中产生，在隐逸情境中，诗人多因为朝堂纷扰产生避世之意，通过景观表达对隐逸生活的向往或赞美，一般多描写幽静的寺院景观和隐居场所的景观；在赏景情境中，诗人一般会借景抒情，表达对景观的赞美以及通过景观引发的幽静感受。在这些情境中，诗人的情感感受与苔藓植物景观融合，产生幽冷、幽静的景观意境。

由表 1-12 和表 1-13 可以看出，唐诗宋词中幽冷、幽静景观意境的建筑和植物元素出现频次占比较高，从侧面反映出建筑环境范围以及与其他植物搭配的苔藓植物景观生成该意境的概率更大。其次是道路元素。山石和水元素出现频次略低，说明山水环境中的苔藓植物景观较少呈现幽冷、幽静景观意境。景观小品元素出现频次最少，原因是其一般放置在其他景观环境当中，很少与苔藓植物自成景观。通过对由主要元素组成的苔藓植物景观模式进行筛选，总结出唐诗宋词中幽冷、幽静景观意境有建筑、道路、植物 3 种环境类型的 5 种主要组景模式：苔藓+建筑、苔藓+植物、苔藓+建筑+植物、苔藓+道路、苔藓+道路+植物；此外，宋词中"苔藓+建筑+道路+植物"也属于主要组景模式（表 1-14，表 1-15）。下文分别对 3 种环境类型中景观意境的产生进行具体分析。

表 1-12　唐诗中幽冷、幽静苔藓植物景观意境的主要元素

元素	频次	元素类型（出现频次）
建筑	233	台阶（45）、院（41）、门（31）、房屋（27）、墙（19）、亭（13）、窗（11）、寺（10）、栏杆（9）、楼阁（9）、巷（8）
植物	219	竹（49）、松（44）、树（36）、花（28）、叶（23）、草（11）、林（11）、梧桐（10）、莎草（7）
道路	89	径（72）、路（17）
山石	80	石（48）、山（32）
水	51	流水（41）、泉（10）
景观小品	29	井（29）

表 1-13　宋词中幽冷、幽静苔藓植物景观意境的主要元素

元素	频次	元素类型（出现频次）
建筑	79	院（33）、台阶（18）、门（11）、房屋（6）、墙（6）、栏杆（5）
植物	67	花（24）、树（14）、竹（9）、梅（8）、柳（7）、草（5）
道路	32	径（32）
山石	14	石（9）、山（5）
景观小品	9	井（9）

1. 建筑环境中幽冷、幽静景观意境的构成

建筑是人为了满足社会生活需求而创造的人工环境，一般日常活动痕迹较重，但是苔藓植物与之组合，其"静"的特点便会与建筑"动"的属性形成对比，反衬出建筑环境的"静"，进一步促使人感受到幽静的景观氛围，如唐·骆宾王的《代女道士王灵妃赠道士李荣》："连苔上砌无穷绿，修竹临坛几处斑"，通过长有苔藓植物的台阶和院中竹的组合写出建筑环境的幽静；唐·白居易的《秋霁》："向夕稍无泥，闲步青苔院"，"闲"字道出"青苔院"带给人的清幽闲适之感；宋·叶梦得的《贺新郎·睡起流莺语》："睡起啼莺语。掩青苔、房栊向晚，乱红无数"，通过对苔藓及其他植物的描写传达出庭院内幽静闲适的氛围；宋·赵必的《贺新郎·生朝新渌用前韵见赠，再依调答之》："吾菟裘、三径荒苔，一庭瘦竹。欲隐贫无山可买，聊尔徜徉盘谷"，通过径、苔藓、庭院和竹描绘出一个隐士幽静的居所环境。

寺是宗教建筑，寺观园林内禅意十足，苔藓植物生于微末的物性特点与之相

契合，二者营建的景观氛围往往更加宁静，从而引发诗人想要远离俗世的避世愿望，进而使苔藓植物景观生成幽冷、幽静的氛围，如唐·李适的《七月十五题章敬寺》："松院静苔色，竹房深磬声。境幽真虑恬，道胜外物轻"，栽植着松树的院落里铺有青翠的苔藓，松和苔的绿通过视觉传感使人情绪更平稳，松树"枝如游龙，叶如翔凤"，从外形到意寓都传达出其不屈的风骨，加上竹房中传出的阵阵击磬声，使诗人生出"境幽"的感受；又如唐·宋之问的《题鉴上人房二首》："房中无俗物，林下有青苔"，写出寺院内充满禅意、超脱物外的幽静氛围，林下的青苔也成为寺院内清幽不俗的写照。

表 1-14　唐诗中幽冷、幽静景观意境的主要组景模式

环境类型	组景模式	具体元素搭配
建筑	苔藓+建筑	苔藓+台阶/院/墙
	苔藓+建筑+植物	苔藓+台阶/墙+竹/树
		苔藓+院+竹/松/树
道路	苔藓+道路+植物	苔藓+径+竹/松/林
	苔藓+道路	苔藓+径
植物	苔藓+植物	苔藓+竹/松/树/花

表 1-15　宋词中幽冷、幽静景观意境的主要组景模式

环境类型	组景模式	具体元素搭配
建筑	苔藓+建筑	苔藓+台阶/院
	苔藓+建筑+植物	苔藓+院/台阶+竹/花/柳/梅
	苔藓+建筑+道路+植物	苔藓+院+径+花/树/竹
道路	苔藓+道路+植物	苔藓+径+花/竹/树
	苔藓+道路	苔藓+径
植物	苔藓+植物	苔藓+花/梅/树

2. 道路环境中幽冷、幽静景观意境的构成

道路形成的空间呈长条状，同时是联系各个空间的主要通道，用于人的通行。与建筑和苔藓植物组合相同，苔藓植物在道路上的出现也能反衬出环境的宁静。"径"指的是较窄的道路，身处其中会呈现更加私密的感觉，如果两旁栽植有高大的树木，则感觉会更加深邃，如唐·司空曙的《竹里径》："幽径行迹稀，清阴苔色古"和宋·史深的《花心动·泊舟四圣观》："绿苔深逐寻幽地，谁相伴、凌波微步"，"幽"字直接写出竹径所形成的氛围感受，而苔藓植物给小径更添古意，使人感受到幽静与静谧；又如唐·罗邺的《秋晚》："闲步幽林与苔径，渐移栖鸟及鸣蛩"，"闲"字表达出诗人的心情，鸟和蛩的声音衬托林中道路环境更加幽静。"苔藓+道路+植物"组景模式中出现的植物主要有松、竹，代表高尚的人格，结合诗人隐逸或欣赏的情境，苔藓植物与之组合便会形成不染尘俗的幽冷、幽静

之感，如宋·赵师侠的《诉衷情（鉴止初夏）》："新篁嫩，摇碧玉，芳径绿苔深"，这种组景模式在唐诗描写的寺院环境中比较多见，如唐·崔峒的《宿禅智寺上方演大师院》："竹窗回翠壁，苔径入寒松"和唐·牟融的《游报本寺》："茶烟袅袅笼禅榻，竹影萧萧扫径苔"。

3. 植物环境中幽冷、幽静景观意境的构成

除了建筑和道路外，苔藓植物与其他植物搭配也常给人幽冷、幽静之感。唐诗中主要组景植物有竹、松和虚指植物树、花（表1-10），宋词中则有梅、树和花（表1-11），如唐·李山甫的《寄卫别驾》："云盖数重横陇首，苔花千点遍松阴"，通过松林以及满地的苔藓植物营造出清幽的景观环境。动物的出现对景观意境也有一定的影响，如唐·白居易的《小台》："风飘竹皮落，苔印鹤迹上"，风吹落竹子的外皮反映出景观环境的静，而苔和鹤使景观多了脱俗的意喻，营造出一种超脱世俗、充满仙气的氛围，又如宋·周密的《柳梢青·夜鹤惊飞》："夜鹤惊飞。香浮翠藓，玉点冰枝"；大部分乔木主色为绿，而大面积的绿色会使人心生平静，因此绿色的树和同色系的苔藓植物组景容易生成幽冷、幽静的意境，如唐·王维的《与卢员外象过崔处士兴宗林亭》："绿树重阴盖四邻，青苔日厚自无尘"，通过"重阴"写出树所呈现的绿色面积之大，通过"日厚"写出随时间变化苔藓植物的日益繁茂以及日复一日的静谧，在视觉与心理的双重感知下产生幽冷、幽静的景观意境。光线对景观意境也有一定的影响，如唐·王维的《鹿柴》："返景入深林，复照青苔上"，"深林"和"青苔"已经体现出环境的静，加上光线从树的缝隙照射到苔藓上，明暗的对比烘托出景观的幽静。

二、清新、清丽的苔藓植物景观意境

清新、清丽景观意境在唐诗、宋词中均排第2位，唐诗中出现244次，占比28.5%（表1-10），宋词中出现85次，占比35.4%（表1-11）。苔藓植物青翠欲滴，具有浓厚的自然气息，与植物、水、山石等同样具有自然属性的元素搭配容易让人产生清丽的感受。清新、清丽景观意境主要在赏景情境中产生，一般通过诗人对山水环境的描述感受苔藓植物景观的清远与清丽。研究表明，唐诗和宋词中清新、清丽景观意境的主要元素略有不同，其中唐诗排前3位的分别为植物、山石和水，从一定程度上说明山水环境中的苔藓植物景观可能占比较大（表1-16）；而宋词中排前3位的分别是植物、山石和建筑，水则处于最末位，说明清新、清丽意境的生成主要来自植物、山石以及建筑景观（表1-17）。通过对由主要元素组成的苔藓植物景观模式进行筛选，总结出唐诗中清新、清丽景观意境有山水、建筑、植物3种环境类型的7种主要组景模式（表1-18），以及宋词中清新、清丽景观意境有山石、建筑、植物 3 种环境类型的 3 种主要组景模式（表 1-19）。下文分别对不同环境类型中景观意境的产生进行具体分析。

表 1-16 唐诗中清新、清丽苔藓植物景观意境的主要元素

元素	频次	元素类型（出现频次）
植物	134	竹（31）、花（26）、树（24）、草（22）、松（18）、柳（13）
山石	85	山（55）、石（30）
水	46	流水（46）
建筑	34	台阶（13）、院（11）、门（10）
道路	21	径（21）

表 1-17 宋词中清新、清丽苔藓植物景观意境的主要元素

元素	频次	元素类型（出现频次）
植物	54	梅（13）、竹（9）、柳（8）、松（6）、草（6）、花（6）、树（6）
山石	20	山（10）、石（10）
建筑	17	院（10）、墙（7）
道路	14	径（14）
水	9	水（9）

表 1-18 唐诗中清新、清丽景观意境的主要组景模式

环境类型	组景模式	具体元素搭配
山水	苔藓+山石+植物	苔藓+山/石+竹/松/树
	苔藓+山石	苔藓+山/石
	苔藓+山石+水	苔藓+石+水
	苔藓+水	苔藓+水
	苔藓+水+植物	苔藓+水+柳/竹/花
建筑	苔藓+建筑+植物	苔藓+台阶/院+花/树
植物	苔藓+植物	苔藓+竹/树/花/草/柳

表 1-19 宋词中清新、清丽景观意境的主要组景模式

环境类型	组景模式	具体元素搭配
建筑	苔藓+建筑+植物	苔藓+院/墙+梅/树
山石	苔藓+山石	苔藓+山/石
植物	苔藓+植物	苔藓+梅/竹/松

1. 山水环境中清新、清丽景观意境的构成

清新、清丽景观意境中山水景观占比较大，因为石和水具有浓厚的自然气息，苔藓植物与之搭配宛如锦上添花，将自然景色质朴去雕饰的美展现得淋漓尽致。水本身透明，象征着"净"，苔藓植物与之组景也会受二者客观形态的影响，呈现出干净、清丽的氛围。写景诗中有一部分为应制诗，其一般奉皇帝诏命所作，注定诗人要以欢快愉悦的心境观赏景观，与苔藓植物景观相融合便生成清丽的意境，

如唐·杨师道的《咏饮马应诏》："苔流染丝络，水洁写雕鏨"，"苔流"和"水洁"形象地描绘出苔藓与水的清新、干净之美。山石质朴，增添苔藓植物后厚重感减轻，更加凸显清丽的景观氛围，如唐·宋之问的《初至崖口》："锦缬织苔藓，丹青画松石"，苔藓植物在山壁上如同色彩艳丽的锦缎，松石也如丹青画就，"锦缬"和"丹青"写出景色的秀丽，引人生成清新、清丽之感；又如宋·方岳的《最高楼·秋崖底》："秋崖底，云卧欲生苔"，表现出山崖下苔藓植物的自然美感。植物的加入会使景观更具生命力，唐诗中山水环境里的苔藓植物景观也较多与其他植物组合，如唐·马怀素的《奉和立春游苑迎春应制》："映水轻苔犹隐绿，缘堤弱柳未舒黄"，水边的苔藓和堤岸的柳树交相辉映，共同形成早春水边清丽的自然景观；又如唐·沈佺期的《入少密溪》："云峰苔壁绕溪斜，江路香风夹岸花"，云峰、苔壁、溪、香风、岸花组成一个清新、清丽的山水自然景观。

2. 建筑环境中清新、清丽景观意境的构成

清新、清丽景观意境相关诗词中单纯对景观评价更多，较少融入诗人的思想抱负。因此，对于清新、清丽的苔藓植物景观，更多的是将由景观引发的愉悦心情融入景物进而生成意境。建筑环境中的苔藓植物景观，清新、清丽的意境感受离不开苔藓与其他植物的组合，如唐·柳中庸的《幽院早春》："草短花初拆，苔青柳半黄"，具体描写景物的外观形态，通过其形态透露出春季万物复苏的状态，使人从中感到清丽的意境氛围；又如唐·顾况的《长安窦明府后亭》："鸟飞青苔院，水木相辉映"，生动描绘了鸟飞青苔院的清新景象。宋词中建筑环境里的苔藓植物景观中苔藓多和梅组合，梅花在冬季盛开，常傲立霜雪之中，有一种高雅的美丽，具清傲高洁的寓意，苔藓植物的青翠使其共同组合的庭院景观生成清新、清丽之感，如宋·王之道的《蝶恋花·和鲁如晦梅花二首》："曾向水边云外见。争似霜蕤，照映苍苔院"，表现出霜蕤梅花在铺满青苔的庭院中映衬的美丽景象；又如宋·黄子行的《花心动（落梅）》："水晶帘外东风起，卷不尽、满庭香雪，画阑小，斜铺乱飐，翠苔成缬"，描绘出满庭落梅和翠苔的清新景象。

3. 植物环境中清新、清丽景观意境的构成

唐诗宋词里的清新、清丽景观意境中，竹、梅、松与苔藓组景的频次相对较高，宋词的"苔藓+植物"组景模式中尤其明显，主要原因就是三者共有"高洁"的寓意，植物的象征意义与人的心境感受密不可分，而苔藓植物因为生长偏僻的习性特点被赋予远离俗世的高尚品质，所以当其形成景观时很容易生成清新、清丽的景观意境，如唐·李德裕的《忆平泉杂咏·忆寒梅》："寒塘数树梅，常近腊前开。雪映缘岩竹，香侵泛水苔"，表达出梅花、竹与苔藓组合展现出的冬季清丽景象；宋·赵彦端《祝英台·兽金寒》"兽金寒，帘玉润，梅雪印苔絮"，描绘出寒冬梅雪与苔藓的组合美景；宋·赵以夫的《角招》："晓风薄。苔枝上、蓦成万点冰萼。暗香无处著"，苔藓植物附着于梅枝上，"冰萼"体现出梅花如冰一般的清冷高洁，二者组合引人感受到清丽的景观意境氛围。苔藓植物在春季生长较好，花、草、柳在春季复苏，所以唐诗的"苔藓+植物"组景模式有部分景观具由春季生发属性产生的清丽景观意境，如唐·李益的《春日晋祠同声会集得疏字韵》："地绿苔犹少，林黄柳尚疏"，描绘出春日苔藓和柳树初生的景象。

三、空寂、冷寂的苔藓植物景观意境

空寂、冷寂景观意境在唐诗、宋词中均排第 3 位，唐诗中出现 85 次，占比9.9%（表 1-10），宋词中出现 32 次，占比 13.3%（表 1-11）。苔藓植物多生长在僻静之地，而且一般会生长在人为干扰较少的比较阴湿的位置，所以有"冷"的属性。因此，诗人处于相思情境和怀古情境时，将自身情感与苔藓植物及其他客观景物相融合，可生成空寂、冷寂的景观意境。研究表明（表 1-20，表 1-21），唐诗、宋词中空寂、冷寂意境的主要元素有建筑和植物景观。通过对由主要元素组成的苔藓植物景观模式进行筛选，总结出唐诗宋词中空寂、冷寂景观意境有建筑、植物 2 种环境类型的 3 种主要组景模式（表 1-22，表 1-23）。下文分别对建筑和植物 2 个环境类型中空寂、冷寂景观意境的生成进行具体分析。

表 1-20　唐诗中空寂、冷寂苔藓植物景观意境的主要元素

元素	频次	元素类型（出现频次）
建筑	61	台阶（23）、院（9）、门（8）、房屋（6）、巷（5）、楼阁（5）、墙（5）
植物	29	叶（11）、花（10）、草（8）

表 1-21　宋词中空寂、冷寂苔藓植物景观意境的主要元素

元素	频次	元素类型（出现频次）
建筑	13	院（5）台阶（4）、墙（4）
植物	10	花（10）

1. 建筑环境中空寂、冷寂景观意境的构成

建筑不单只用于满足人的生活需求，更承载着人的回忆和情思。苔藓植物出现在建筑环境内昭示着行人来往不密切，因此容易引发诗人对伴侣、友人和故人的思念，两者融合便产生空寂、冷寂的氛围感受，如唐·郑谷的《相和歌辞·长门怨二首》："残春未必多烟雨，泪滴闲阶长绿苔"，诗人将充沛的情感融入长有苔藓的台阶上，道尽宫怨的凄凉与孤寂，呈现出冷寂的景观意境；宋·晁补之的《蓦山溪·自来相识》："香笺小字，写了千千个。我恨无羽翼，空寂寞、青苔院锁"，通过香笺和青苔锁院的景象，营造出空寂的氛围；宋·无名氏的《调笑/调笑令》：

"馀花落尽苍苔院。斜掩金铺一片。千金买笑无方便。和泪盈盈娇眼"，通过院中落花、苔藓组成的景观，结合宫怨的情境，营造出空寂的景观意境；唐·顾况的《杂曲歌辞·游子吟》："苔衣上闲阶，蟋蟀催寒砧"，通过台阶、苔藓以及捣寒衣的景象营造出秋天的清冷景象，结合诗人的浓浓思乡之情，生成空寂、冷寂的景观意境。唐诗中有部分将建筑、苔藓和落叶组景，体现建筑环境的破败，结合诗人生活的凄苦与不如意，生成冷寂的景观意境，如唐·李颀的《杂曲歌辞·行路难》："一朝谢病还乡里，穷巷苍茫绝知己。秋风落叶闭重门，昨日论交竟谁是"，通过"穷巷"、"苍茫"和"落叶"表现出诗人因病还乡生活后的凄凉困苦，"闭重门"更是体现出无人问津的冷寂之意。

古迹是历史遗留下的痕迹，昭示着一段辉煌的没落，也提醒世人曾经的辉煌真实存在过，苔藓植物的出现可表现出久无人迹的荒芜和岁月流逝的淡漠，形成空寂的意境感知，如唐·刘兼的《重阳感怀》："张仪旧壁苍苔厚，葛亮荒祠古木寒"，通过墙壁上厚厚的苔藓反映久无人迹的空寂之意；又如宋·贺铸的《玉京秋·陇首霜晴》："废榭苍苔，破台荒草，西楚霸图冥漠"，通过苔藓植物、荒乱的杂草和遗留建筑的组合呈现出空寂的景观意境。

表 1-22　唐诗中空寂、冷寂景观意境的主要组景模式

环境类型	组景模式	具体景观搭配
建筑	苔藓+建筑	苔藓+台阶/院/房屋
	苔藓+建筑+植物	苔藓+台阶/院/门/巷+花/草/叶
植物	苔藓+植物	苔藓+叶/花/草

表 1-23　宋词中空寂、冷寂景观意境的主要组景模式

环境类型	组景模式	具体景观搭配
建筑	苔藓+建筑	苔藓+院/墙
	苔藓+建筑+植物	苔藓+台阶/院+花
植物	苔藓+植物	苔藓+花

2. 植物环境中空寂、冷寂景观意境的构成

"苔藓+植物"组景模式中，主要的植物元素有落叶、落花和草，这是因为叶和花的凋落本身就有分离与衰落之意，容易寄托诗人的情思，而草是生命的象征，其茂密生长象征着无人打理的荒芜，所以苔藓植物和落叶、落花、草组景后融入诗人的相思情境便生成空寂、冷寂的景观意境，如唐·严识玄的《相和歌辞·班婕妤》："寂寂苍苔满，沉沉绿草滋。荣华非此日，指辇竟何辞"，郁郁苍苍的青苔和丛生的绿草营造出门可罗雀的凄凉，以环境的衰败没落烘托宫中妃子内心的孤寂凄苦，进而生成冷寂之意；又如宋·陆游的《解连环》："漫细字、书满芳笺，恨钗燕筝鸿，总难凭托。风雨无情，又颠倒、绿苔红萼"和宋·刘学箕的《鹧鸪

天·芳草萋萋入眼浓》："两眉新恨无分付，独立苍苔数落红"，将诗人的相思哀怨融入苔藓与落花当中，使人感受到其中的冷寂。

四、悠久、荒凉的苔藓植物景观意境

悠久、荒凉景观意境在唐诗、宋词中均排第 4 位，唐诗中出现 60 次，占比 7.0%（表 1-10），宋词中仅出现 3 次，占比 1.3%（表 1-11），可能是由于唐宋时代背景不同，唐代怀古题材的诗更多，而宋代更偏平稳，诗人更加注重对日常生活及情感的表述，因此较少出现怀古题材的诗句，因此悠久、荒凉意境景观意境频次较低。研究表明（表 1-24，表 1-25），唐诗宋词中悠久、荒凉意境的主要元素有建筑和景观小品景观，反映出建筑环境中的苔藓植物景观和与景观小品组景的苔藓植物景观占主要比例。通过对由主要元素组成的苔藓植物景观模式进行筛选，总结出唐诗中悠久、荒凉景观意境有建筑、景观小品 2 种环境类型的 5 种主要组景模式和宋词中悠久、荒凉的景观意境有建筑、景观小品 2 种环境类型的 3 种主要组景模式（表 1-26，表 1-27）。下文分别对建筑和景观小品 2 个环境类型中悠久、荒凉景观意境的生成进行具体分析。

表 1-24　唐诗中悠久、荒凉苔藓植物景观意境的主要元素

元素	频次	元素类型（出现频次）
建筑	16	宫殿（6）、墙（6）、台阶（4）
景观小品	15	碑（15）
植物	10	草（10）
道路	4	径（4）

表 1-25　宋词中悠久、荒凉苔藓植物景观意境的主要元素

元素	频次	元素类型（出现频次）
建筑	3	墙（1）、房屋（1）、门（1）
景观小品	2	碑（2）
植物	1	草（1）
道路	1	径（1）
山石	1	山（1）

1. 景观小品环境中悠久、荒凉景观意境的构成

"苔藓+景观小品"组景模式的景观小品元素只有"碑"（表 1-26，表 1-27），其一般具有纪念性质，也具有漫长的时间属性。苔藓与碑组景往往会有时间逝去的弥远感，也容易生成无人问津的荒凉之感，如唐·卢照邻的《文翁讲堂》："空梁无燕雀，古壁有丹青。槐落犹疑市，苔深不辨铭"，描写出诗人谒访文翁石室旧址时的现状，苔藓将碑铭腐蚀殆尽，萧条的景象和西汉的盛况大相径庭，苔藓与

石碑的客观物象与诗人面临古迹的叹惋相融形成荒凉的景观意境；宋·汪元量的《忆王孙·鹧鸪飞上越王台》："有客新从赵地回。转堪哀。岩畔古碑空绿苔"，岩畔孤立的古碑和苔藓呈现荒芜悠久的冥漠景象；唐·权德舆的《成南阳墓》："枯荄没古基，驳藓蔽丰碑"，通过枯草、苔藓和碑令人感受到悠久、荒凉的景观意境。

表1-26　唐诗中悠久、荒凉景观意境的主要组景模式

环境类型	组景模式	具体景观搭配
景观小品	苔藓+景观小品	苔藓+碑
	苔藓+景观小品+植物	苔藓+碑+草
建筑	苔藓+建筑	苔藓+宫殿/台阶/墙
	苔藓+建筑+道路	苔藓+台阶/宫殿+径
	苔藓+建筑+植物	苔藓+宫殿+草

表1-27　宋词中悠久、荒凉景观意境的主要组景模式

环境类型	组景模式	具体景观搭配
景观小品	苔藓+景观小品	苔藓+碑
建筑	苔藓+建筑	苔藓+墙
	苔藓+建筑+植物	苔藓+院+草

2. 建筑环境中悠久、荒凉景观意境的构成

建筑环境中悠久、荒凉苔藓植物景观意境的组景模式中，建筑元素主要有历史遗迹和荒废的故居2种，两者共同的特点是历经了漫长的时间和已经衰败或损毁，苔藓植物附着于其上或周围时，便会引人感受到景观所蕴含的时间上的弥远感和繁华不再的荒凉感，如唐·张氏琰的《相和歌辞·铜雀台》："西陵啧啧悲宿鸟，空殿沉沉闭青苔"，通过空殿、青苔表现出铜雀台上繁华不再的悠久与荒凉；又如唐·陆龟蒙的《连昌宫词二首·阶》："草没苔封叠翠斜，坠红千叶拥残霞"，描绘出草木繁茂、苔藓覆盖阶梯以及落花堆积的景象，呈现出一片衰败的景观；还如宋·仇远的《渡江云·流莺啼怨粉》："问荒垣旧藓，烟雨何时，溅泪瘗危红"，荒颓的墙壁与苔藓呈现衰败的景观，而后运用拟人的修辞提问墙壁和苔藓"烟雨在何时埋葬了即将凋零的花朵"，令人顿生悠久、荒凉之感。

五、深远、壮阔的苔藓植物景观意境

深远、壮阔景观意境在唐诗中排第5位，共出现47次，占比仅5.5%（表1-10）。通过统计得知，唐诗中深远、壮阔景观意境的主要元素有山石和植物（表1-28），对由主要元素组成的苔藓植物景观模式进行筛选，总结出唐诗中深远、壮阔景观意境有山林环境类型的2种主要组景模式（表1-29），下文对此景观意境的生成进行具体分析。

表 1-28　唐诗中深远、壮阔苔藓植物景观意境的主要元素

元素	频次	元素类型（出现频次）
山石	37	山（19）、石（18）
植物	7	树（7）

表 1-29　唐诗中深远、壮阔景观意境的主要组景模式

环境类型	组景模式	具体景观搭配
山林	苔藓+山石	苔藓+山/石
	苔藓+山石+植物	苔藓+山/石+树

高山巍峨，有雄浑挺拔之感，石生苔藓可依附山壁而生，而大面积幽绿的苔藓植物能引人感受到山中深远，山体垂直空间所形成的大尺度落差则会使人产生壮阔之意，如唐·杨炯的《巫峡》："绝壁横天险，莓苔烂锦章"，"绝壁"和"天险"体现出山势的险峻，山壁上大面积绿色的苔藓植物更添幽深之感，在空间尺度和植物色彩的双重作用之下使人产生深远、壮阔的景观感受；又如唐·杨炯的《和刘侍郎入隆唐观》："百果珠为实，群峰锦作苔"，同样描写了长有苔藓植物的连绵群峰，"百果"则体现出树木之多，呈现出深远、壮阔的山林苔藓植物景观意境。

通过对物境、情境和意境三者关系的理解，总结出唐诗中包括按数量排序的幽冷、幽静（420）>清新、清丽（244）>空寂、冷寂（85）>悠久、荒凉（60）>深远、壮阔（47）5 种类型的景观意境，宋词中包括按数量排序的幽冷、幽静（120）>清新、清丽（85）>空寂、冷寂（32）>悠久、荒凉（3）4 种类型景观意境，并以苔藓植物景观组成为基础，结合诗人所处情境，总结出不同类型的苔藓植物景观。

第六节　小　　结

通过总结传统文化在园林景观及苔藓植物在园林中应用的重要性和潜力，结合国内外苔藓植物景观、园林意境营造、植物文化景观等方面的研究进展，以《全唐诗》和《全宋词》中共计1096首诗词作为研究材料，对园林景观元素、自然景观元素、景观元素组成的苔藓植物景观组成特征进行分析，同时结合景观组成分析了苔藓植物景观意境的类型以及生成过程。

在基于唐诗宋词的苔藓植物景观组成特征研究中，园林景观元素共计 6 种，其中植物与建筑元素占比较大，而景观小品出现频次最低。植物元素中，按出现频次由高到低依次为乔木、竹、草本、灌木、水生植物，藤本植物仅在唐诗中出现，位列第 5，从观赏季节来看，春季观赏植物占比最大；建筑元素中，建筑构件出现频次高于建筑主体，唐诗中宗教建筑占有一定比例，宋词中则很少出现；

道路多以宽度较小的"径"出现；水元素有自然水体和人工水体两种，其中自然水体占比较大；景观小品主要有井和碑2种元素。自然景观元素可划分为气象元素和动物元素，其中气象元素占比较大，唐诗中出现86次，占比63.7%，宋词出现16次，占比69.5%，主要有雨、光、云、露等元素；动物元素相对较少，唐诗中出现49次，占比36.3%，宋词中出现7次，占比30.5%，主要有鸟、鹤、鹿、猿等。在苔藓植物景观组成上，唐诗中苔藓植物与山、水等元素关联度较高，庭院与苔藓植物的关联度次之，但两者差异不显著；宋词中庭院与苔藓植物的关联度远高于其他元素，庭院元素总体占比较大，原因是"庭院"在宋代是很重要的一个审美意向，与宋代柔弱、保守的时代背景有着密切的联系，折射出宋代词人保守、内敛的文化心态。

在基于唐诗宋词的苔藓植物景观意境特征研究中，通过对物境、情境（心境）、意境的理解分析苔藓植物景观意境，总结出唐诗中包括按数量排序的幽冷、幽静＞清新、清丽＞空寂、冷寂＞悠久、荒凉＞深远、壮阔5种类型的景观意境，宋词中包括按数量排序的幽冷、幽静＞清新、清丽＞空寂、冷寂（32）＞悠久、荒凉4种类型的景观意境，并运用数理统计的方法，对不同景观类型的主要组景元素和主要组景模式进行归纳总结，分析每种景观意境类型在不同环境中的生成。研究表明，唐诗中幽冷、幽静景观意境主要有建筑、道路、植物3种环境类型的5种主要组景模式，宋词中有建筑、道路、植物3种环境类型的6种主要组景模式；唐诗中清新、清丽意境景观主要有山水、建筑、植物3种环境类型的7种主要组景模式，宋词中有山石、建筑、植物3种环境类型的3种主要组景模式；唐诗、宋词中空寂、冷寂景观意境均主要有建筑、植物2种环境类型的3种主要组景模式；唐诗中悠久、荒凉景观意境有建筑、景观小品2种环境类型的5种主要组景模式，宋词中有建筑、景观小品2种环境类型的3种主要组景模式；深远、壮阔景观意境只在唐诗中出现，有山林环境中的主要2种组景模式。相同环境的同种组景模式会因为情境不同，最终生成不同类型的苔藓植物景观意境。

主要参考文献

毕振存. 2013. 传统山水画点苔研究[D]. 江苏师范大学硕士学位论文.

柴继红. 2018. 青苔的文化内涵及在园林绿化中的作用[J]. 甘肃林业科技, 43(4): 31-34, 9.

陈莉. 2013. 宋词中的庭院意象及其文化蕴涵研究[J]. 贵州社会科学, (8): 96-100.

陈淑君. 2019. 苔藓在墙体绿化中的景观设计探究[J]. 现代园艺, (8): 65-66.

陈思超. 2016. 中国传统山水画中点苔法的运用研究[D]. 中国艺术研究院硕士学位论文.

程军. 2016. 上海地区苔藓群落生态及其景观利用[D]. 上海师范大学硕士学位论文.

邸高曼. 2022. 基于唐诗宋词的苔藓植物景观研究[D]. 贵州大学硕士学位论文.

邸高曼, 王秀荣. 2023. 唐诗中的苔藓植物景观意境及配置方式研究[J]. 广东园林, 45(1): 22-25.

刁叶霞. 2023. 中国画中点苔的技法应用与审美特征分析[J]. 参花(上), (2):50-52.

丁水龙, 张璐, 沈笑. 2016. 苔藓植物的园林造景应用[J]. 中国园林, 32(12): 12-15.

福英, 白学良, 张乐, 等. 2015. 五大连池火山熔岩地貌苔藓植物对土壤养分积累的作用[J]. 生态学报, 35(10): 3288-3297.

官飞荣. 2016. 武夷山脉苔藓植物多样性研究[D]. 杭州师范大学硕士学位论文.

胡凌燕. 2015. 唐诗与井: 一个诗歌名物意象的个案考察[J]. 中文学术前沿, (1): 92-98.

胡齐攀, 向见, 石天水, 等. 2018. 苔藓植物在酉阳桃花源景观改造中的应用[J]. 现代园艺, (20): 113-114.

孔凡芹, 张洁. 2018. 浅析苔藓植物的研究及其在校园园林景观中的运用[J]. 花卉, (2): 117-119.

寇鹏程. 2018. 中国传统美学的三大范式及其在新时代的启示意义[J]. 西南民族大学学报(人文社科版), 39(5): 168-174.

雷梦宇, 金荷仙. 2020. 宋代文学中梅花的园林景观及人文内涵探析[J]. 中国园林, 36(S1): 83-87.

李剑锋. 2011. 富有情趣与灵魂的苔藓诗: 苔藓与中国文学(上)[J]. 名作欣赏, (34): 17-21.

李劲廷. 2015. 苔藓植物在庭院景观中的应用分析[J]. 绿色科技, 17(10): 109-110.

李晓彤. 2017. 唐诗苔藓意象研究[D]. 内蒙古大学硕士学位论文.

罗燕萍. 2006. 宋词与园林[D]. 苏州大学博士学位论文.

毛俐慧, 温从发, 丁华侨, 等. 2020. 苔藓植物景观价值[J]. 中国野生植物资源, 39(7): 30-32, 38.

欧阳宁, 杨学成. 2020. 山水园林诗中的情境类型及其建构对园林营造的启示: 以张九龄的山水园林诗为例[J]. 广东园林, 42(6): 86-90.

渠红岩. 2010. "桃花流水"意象的文学意蕴及形成[J]. 江苏社会科学, (5): 181-184.

谈洪英. 2017. 贵州喀斯特沟谷苔藓植物物种多样性研究[D]. 贵州大学硕士学位论文.

田军. 2014.《长物志》的生活美学研究[D]. 华东师范大学博士学位论文.

王国栋, 易洪, 颜聪, 等. 2020. 浅析苔藓植物与微景观的结合与应用[J]. 现代园艺, 43(3): 99-100.

王雅婷, 郑景明, 彭霞薇. 2022. 极端环境中苔藓植物的生态功能研究进展[J]. 植物生理学报, 58(1): 101-108.

王育水, 刘永英, 张为民. 2009. 云台山苔藓植物的生活型及其景观价值[J]. 湖北农业科学, 48(9): 2196-2198.

韦臻. 2011. 唐代园林诗意象研究: 以《文苑英华》居处类诗为研究对象[D]. 广西师范大学硕士学位论文.

吴昊, 刘新燕, 林丛. 2018. 植物配置表达园林景观的文化性[J]. 分子植物育种, 16(24): 8230-8234.

吴鹏程, 贾渝. 2006. 中国苔藓植物的地理分区及分布类型[J]. 植物资源与环境学报, 15(1): 1-8.

吴紫熠. 2018. 先唐苔意象之文化意蕴及其在唐诗中的流变[J]. 四川职业技术学院学报, 28(1): 57-62.

肖和忠, 张玉兰. 1999. 浅谈我国古典园林中意境与诗词绘画的关系[J]. 西北林学院学报, 14(1): 91-94.

邢琳佳. 2019. 中国古代苔藓文学研究[D]. 南京师范大学硕士学位论文.

杨善云, 陈翠玉, 刘云峰, 等. 2014. 柳州市居住区植物景观美学评价与优化策略[J]. 北方园艺,

(11): 80-84.

杨少博, 周瑞岭, 邹建城, 等. 2018. 苔藓植物在中日园林中的应用分析及建议[J]. 现代园艺, (3): 94-97.

翟琼慧. 2015. 《全唐诗》植物及植物景观意象研究[D]. 浙江农林大学硕士学位论文.

周兰. 2019. 中国古代苔文化研究: 以汪宪《苔谱》为中心[D]. 湖南师范大学硕士学位论文.

周维权. 2008. 中国古典园林史: 珍藏版[M]. 3 版. 北京: 清华大学出版社.

Gulnigar T, Hu J H, Zhang Z X, et al. 2018. Application prospect of environmental friendly moss in landscaping in Urumqi[J]. Botanical Research, 7(4): 398-404.

Haughian S R, Lundholm J L. 2020. The moss machine in action: A preliminary test of a low-cost, indoor cultivation method for mosses[J]. Evansia, 36(4): 139-150.

Radu D M, Kohlbrecher M, Cantor M, et al. 2016. Response of some moss species to different controlled environmental conditions in order to use in landscaping[J]. Gesunde Pflanzen, 68(2): 109-115.

第二章 喀斯特城市绿地常见苔藓植物景观特征

第一节 引　　言

苔藓植物的形态、生长类型、群集方式是其对外界环境长期适应的综合表现，因此通过形态可推测出苔藓植物生活环境的大体特征（郭云等，2018），了解苔藓植物的形态对其栽培繁育和景观应用具有重要的指导意义。园林中常见的观赏植物，可按观赏目的分为观花、观果、观叶、观形等类群，还可按花型、花相、花色、花香、叶形、叶色、观赏期等进行分类（臧德奎，2013），在应用时可根据造景需求进行植物的快速选择。然而关于苔藓植物观赏性状的研究较为缺乏，未形成完善的体系与类群。目前对苔藓植物的研究多数聚焦于水土保持（涂娜，2022）、物种多样性（代丽华等，2021）、物种分类和群丛水平上的群落组成分类方面（田悦等，2022），针对苔藓植物观赏特性的研究大多以苔藓植物群落为单位，主要对其景观效果和适宜性进行评价，较少对具体苔藓植物的形态及其与生境之间的关联进行研究，使得应用于园林的苔藓植物材料名录较为缺乏。此外，当人们观赏植物景观时，最先感知到的是整体的颜色和质感，其次才是植物的姿态、线条等（曾范星，2016）。而苔藓植物娇小如绒，人们看到的苔藓植物景观通常是由大量苔藓植物紧密生长形成的群丛，其植株形态不易被人们所注意到。因此，苔藓群丛的色彩与质感是苔藓植物景观的首要观赏特性。但不同季节的苔藓群丛，色彩与质感以及苔藓的形态特征存在差异，增加了苔藓植物景观特征研究的难度。

贵州省气候温暖湿润、降水丰富、日照少，境域内分布着丰富的苔藓植物资源，到 2011 年记载有 94 科 366 属 1643 种（包括种以下分类单位）（熊源新，2014）。贵阳市为贵州省的省会，有"林城"之美誉。2015 年，《贵阳市绿地系统规划》明文提出建设"公园城市"的理念，并提出构建类型丰富、完整的公园绿地体系，到 2020 年已建成"千园之城"（刘事成，2021）。但是在建设中面临着乡土园林植物种类较少（安静等，2014）、景观单调等问题，因此充分发掘苔藓植物资源可丰富区域内特色的造景植物材料。目前对苔藓植物的研究多集中于物种多样性及生态功能方面（贾少华和张朝晖，2014；唐录艳等，2021；黄若玲等，2022），缺少观赏特性及园林应用方面的研究，极大地限制了苔藓植物在园林绿化中运用。基于此，本章对贵阳市城市绿地中常见苔藓植物群落进行了调研（包括春、夏、秋、冬 4 个季节），并对调研记录到的 222 个苔藓群落中的优势种（附表 1）进行了景观特征分析，了解了苔藓植物的形态特征、色彩特征和质感特征，以期为苔藓植物在园林绿化中应用并推广提供参考与借鉴。

第二节　国内外研究概况

苔藓植物（bryophyte）是地球上出现最早的高等植物，其进化水平介于藻类（algae）和蕨类（pteridophyte）之间（吴鹏程，1998；娄红祥；2006）。与其他高等植物不同的是，苔藓植物以配子体为主要植物体，孢子体始终附生于配子体上。配子体有叶状体和茎叶体 2 种类型，其中叶状体平铺生长，靠基质面有假根（rhizoid）；茎叶体有假根和类似茎、叶的分化结构，其中假根有单个细胞或单列细胞 2 种类型，茎一般分为表皮、皮层和中轴 3 部分，而多数叶由单层细胞组成，或有中肋。孢子体一般从下至上由基足、蒴柄和孢蒴构成（杨静慧，2014）。分类学上将苔藓植物门（Bryophyta）分成 3 个纲，即藓纲（Musci）、苔纲（Hepaticae）和角苔纲（Anthocerotae）。苔纲植物是叶状体或有背腹叶之分的扁平茎叶体，茎叶体具 2 列（侧叶）或 3 列（侧叶和腹叶）叶，叶无中肋；藓纲植物全部为茎叶体，直立、斜向或匍匐生长，总体呈辐射或近于辐射对称，叶在茎上螺旋排列，无背腹叶之分，多数种类叶有中肋；角苔纲植物均为叶状体，细胞中叶绿体少，没有蒴柄，孢蒴针形或者棒形，成熟时纵向两裂（宋闪闪和邵小明，2012）。因此，苔藓植物的形态结构有区别于其他植物的独到之处。与维管植物相比，苔藓植物对生长环境中的温度、光照强度和湿度更加敏感，被认为是植物界的"两栖动物"。研究发现，多数苔藓植物更适合生长在湿度高、温度较低和光照强度低的环境中（Wang et al.，2022）。苔藓植物是由水生向陆生过渡的特殊植物类群，体内缺乏运输水分的维管束，因此尽管已脱离水生环境进入陆地生活，但多数仍然需要生长在潮湿的地区。苔藓植物凭借其独特的环境适应能力广泛分布在各类生态系统，如热带雨林、亚热带常绿阔叶林、温带落叶林、高山针叶林、草原、沼泽和荒漠，甚至在常年处于冰冻状态和被积雪覆盖的南极洲都有苔藓植物的分布（Patiño and Vanderpoorten，2018）。苔藓植物可通过生理、繁殖方式和形态变化等多种途径来适应恶劣的生境条件（Mohanasundaram and Pandey，2022），如生长在树枝或树干上的苔藓多呈悬垂型，以获取空气中的水分（Pardow et al.，2012）；旱季时部分苔藓可进入休眠状态，以逃避干旱危害（Proctor，2000）；在高强度的光照环境中，苔藓植物通过叶片表面的白色透明细胞来反射阳光，或扭曲叶片和枝条使植物体尽可能少地暴露在阳光下（Lovelock and Robinson，2002）。除了以上适应方式，苔藓植物的叶尖、鳞毛、叶片排列方式、颜色等形态均在其获取水分以及抵御强光、干旱与温度胁迫中发挥着重要作用（Wang et al.，2022）。总之，苔藓植物具有多样的环境适应策略，可根据其特征选择适应能力较强的苔藓植物应用于园林绿化中。

　　苔藓植物景观是指以苔藓植物为主要植物材料、景观主体的植物景观，从景观体量来看可分为宏观和微观两个方面。宏观方面指将苔藓植物集中运用到山水、森林、建筑、园路等大体量景观中；微观方面通常指苔藓植物在花艺、盆栽、水族箱、微景观等家庭美化景观中应用（王静梅等，2018；李劲廷，2015）。在国外，发达国家十分重视苔藓植物的园林价值并进行了开发利用，使其较好地应用在园林绿化及造景中，并形成了相应的技术体系（陈云辉，2017）。其中，苔藓植物在日本园林景观中应用最为广泛，且应用历史较久（柴继红，2018）。在日本，禅宗追求在幽旷的大自然环境中冥想、坐禅、参悟，而枯山水园林所表达的"和、寂、清、静"境界恰巧提供了相似的环境，且枯山水园林的白砂、褐石、绿苔被抽象化为海、岛、林，因此苔藓植物在日本的"精神庭院"营造中扮演着重要角色（熊川等，2020；杨少博等，2018）。日本许多神社、寺庙的庭院内建有各种藓园，目前保留的有数十处，如西芳寺、慈照寺、醍醐寺、大德寺、鹿苑寺等，且京都西郊的许多大型苔藓公园已成为世界著名的旅游景点，极大地提升了城市的知名度，体现了城市绿化的特色。在欧美国家，应用苔藓植物进行建园非常流行，出现了专门种植出售苔藓的公司和网站。发达国家已经有专门的苔藓生产工厂，可以根据屋面尺寸订制苔藓，处于不同气候带的城市应采用适应能力不同的苔藓植物种类。此外，由于苔藓植物的冬季可见性，许多信奉基督教的国家如克罗地亚、墨西哥、西班牙等常利用苔藓植物在圣诞节模拟耶稣诞生场景中的植被（Lara et al.，2006）。同时，部分种类的苔藓植物已经作为商品在部分农贸市场流通，调研发现羽状分枝的可交织形成大面积地毯一样的苔藓植物更受人们欢迎。

　　尽管我国拥有丰富的苔藓植物资源，但长期以来未重视其在现代园林景观中的应用，多数公园内的苔藓为自发生长，有时甚至将其作为杂草进行防治。随着城镇化的快速发展，苔藓植物应用于园林中的广阔前景逐渐被人们注意到。2007年有学者探讨了苔藓植物在边坡绿化中应用的作用及效果，发现道路边坡上的自然苔藓植物群落具有防尘固土的作用，在道路边坡绿化中起着重要作用（左元彬等，2007）。2009年丁华娇等收集了 80 种浙江省土生、石生苔藓植物，建立了苔藓植物种质资源圃和资源档案，并在杭州植物园百草园中进行了应用示范。2010年上海世博园主题馆外的 5000m^2 生态绿墙就是以苔藓植物作为主要材料建成的，成为世博园里的"绿色明珠"（丁华娇和冯玉，2013）。此外，深圳仙湖植物园已经建立了苔藓生产苗圃，主要进行苔藓的人工繁育，通过考察和引种，筛选出适合当地人工繁育的苔藓植物 20 多种，并成功运用片植法、分株法、分芽法、容器栽培法、自然接种法等多种人工繁殖方法，在苔藓盆景、苔藓瓶园、苔藓小品等方面取得很好的成效（陈俊和等，2010）。以苔藓植物应用为主要业务的公司和苔藓植物应用技术专利也开始被人们创立及申请（陈云辉，2017）。同时尖叶匐灯藓（*Plagiomnium acutum*）、细叶小羽藓（*Haplocladium microphyllum*）等苔藓植物逐渐被应用于公园地被、园林小品、花境及微景观中，营造了优良的景观效果（丁水龙等，2016）。夏乔莉（2015）通过对最大光量子产量等指标进行比较，发现大灰藓（*Hypnum plumaeforme*）、东亚砂藓（*Racomitrium japonicum*）具有较高的适应能力，结合景观效果观察，推荐将二者作为墙体绿化的藓类植物材料。在 2016 年杭州二十国集团领导人（G20）峰会的迎宾晚宴上，各国领导人落座的餐桌中间便是以苔藓为主要材料布置的微景观，绿茸茸的苔藓植物营建了小桥流水、亭台楼阁的景观意境，体现了中国江南地区婉约的人文自然风光，还烘托了就餐氛围（丁水龙等，2016）。近几年来，我国在林下草坪、花境、园林小品等造景活动中对苔藓植物的应用进行了一些积极的探索。总体来看，苔藓植物在国内园林中已经有多种运用形式，但推广应用程度还比较低，且应用形式没有形成完善的体系，同时苔藓植物的应用研究均以种群或群落为单位，缺少对物种观赏特性的研究。

第三节　苔藓植物的形态特征

为了解苔藓植物的形态特征，本研究从 222 个常见苔藓群落中标记了 242 份面积占据优势的苔藓植物样本，并观察了其在 4 个季节的孢子体生长情况、植株整体形态（植株长度或高度、分枝形式、生活型）以及叶片形态（生长排列方式、叶形、叶尖形态、叶缘、中肋等）特征，在此基础上将苔藓植物划分为不同的类群（图 2-1）。对于未生长出孢子体的苔藓样本，通过查阅文献资料（Coudert et al.，2017）判断其雌苞位置。此外，有 6 份（5 种）苔藓植物样本为叶状体苔类植物，由于不区分其孢子体是顶生还是侧生，且无茎和叶的分化，因此在讨论苔藓植物的孢子体生长状况、分枝形式和叶片形态时不包含此类样本。最终，研究对象为236 份（70 种）苔藓植物样本。

一、苔藓孢子体的生长情况

苔藓植物的孢子体由孢蒴和蒴柄两部分构成（吴鹏程，1998），其色彩丰富、形态多样，具有较高的观赏价值（图 2-2）。本研究中生长有孢子体的苔藓植物样本数和种类数分别占 18.2%（总计 43 份）、37.1%（总计 26 种）（图 2-3），且82.6%的样本和75.7%的种类为孢子体侧生类群。此外，在 43 份生长有孢子体的苔藓植物中，83.7%的样本和80.8%的种类为侧蒴藓。最终样本共计 26 种苔藓植物，隶属 11 科 16 属，以青藓属的物种最多，共 10 种。在春季、夏季、秋季和冬季孢子体的可见频率分别为 13.56%、9.32%、5.51%、16.95%（表 2-1），春季和冬季的可见频率明显高于其他季节，表明苔藓植物的有性繁殖主要发生在春冬两季，可能与春冬较低的温度和较高的空气湿度有关。

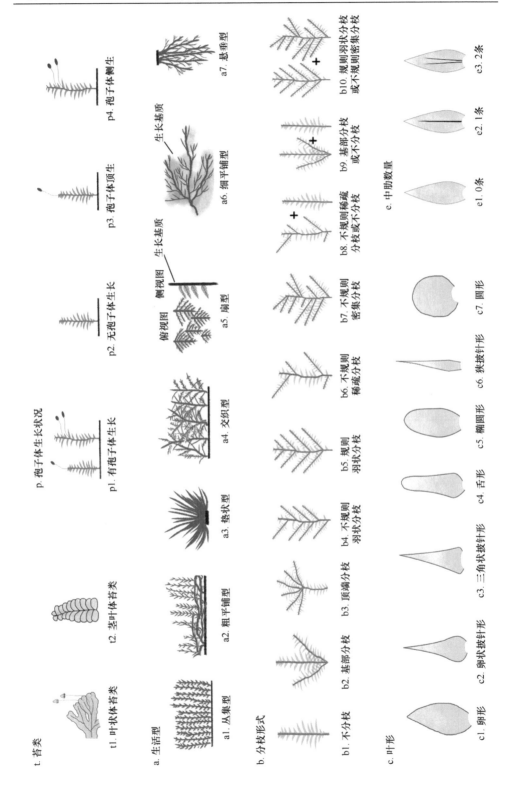

t. 苔类

t1. 叶状体苔类　　t2. 茎叶体苔类

p. 孢子体生长状况

p1. 有孢子体生长　　p2. 无孢子体生长　　p3. 孢子体顶生　　p4. 孢子体侧生

a. 生活型

a1. 丛集型　　a2. 粗平铺型　　a3. 垫状型　　a4. 交织型　　a5. 扇型　　a6. 细平铺型　　a7. 悬垂型

俯视图　　侧视图　　生长基质

生长基质

b. 分枝形式

b1. 不分枝　　b2. 基部分枝　　b3. 顶端分枝　　b4. 不规则羽状分枝　　b5. 规则羽状分枝　　b6. 不规则稀疏分枝　　b7. 不规则密集分枝　　b8. 不规则稀疏分枝或不分枝　　b9. 基部分枝或不分枝　　b10. 规则羽状分枝或不规则密集分枝

c. 叶形

c1. 卵形　　c2. 卵状披针形　　c3. 三角状披针形　　c4. 舌形　　c5. 椭圆形　　c6. 狭披针形　　c7. 圆形

e. 中肋数量

e1. 0条　　e2. 1条　　e3. 2条

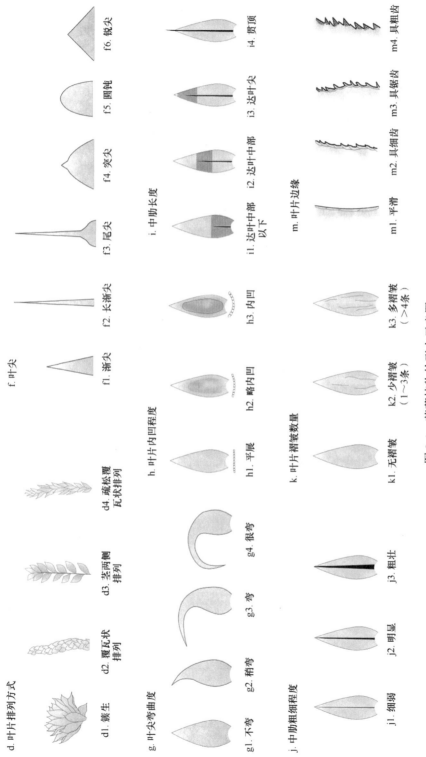

图 2-1 苔藓植物的形态示意图

图 2-2　部分苔藓植物的孢子体照片

图 2-3　苔藓植物孢子体生长状况

表 2-1　生长孢子体的苔藓植物名录

| 序号 | 科 | 属 | 种 | 频次 | 出现孢子体的季节 | | | | 着生位置 |
					春	夏	秋	冬	
1	羽藓科	小羽藓属	狭叶小羽藓	6	+	+	+	+	侧生
2			细叶小羽藓	4	+	+	+	+	侧生
3	真藓科	真藓属	双色真藓	3	+			+	侧生

续表

序号	科	属	种	频次	出现孢子体的季节				着生位置
					春	夏	秋	冬	
4	真藓科	短月藓属	宽叶短月藓	1		+	+	+	顶生
5			多褶青藓	2	+	+		+	侧生
6			卵叶青藓	2	+	+	+	+	侧生
7			毛尖青藓	2	+		+	+	侧生
8			悬垂青藓	2	+	+		+	侧生
9		青藓属	长肋青藓	2	+			+	侧生
10	青藓科		扁枝青藓	1			+	+	侧生
11			粗枝青藓	1	+			+	侧生
12			宽叶青藓	1	+			+	侧生
13			褶叶青藓	1				+	侧生
14			溪边青藓	1				+	侧生
15		长喙藓属	卵叶长喙藓	1				+	侧生
16		美喙藓属	密叶美喙藓	1	+			+	侧生
17	灰藓科	鳞叶藓属	鳞叶藓	1	+	+		+	侧生
18	绢藓科	绢藓属	钝叶绢藓	1	+	+		+	侧生
19	缩叶藓科	缩叶藓属	多枝缩叶藓	1	+	+	+		顶生
20	碎米藓科	碎米藓属	毛尖碎米藓	1				+	侧生
21	金发藓科	小金发藓属	东亚小金发藓	3	+	+		+	顶生
22		仙鹤藓属	小胞仙鹤藓	1	+	+		+	侧生
23	锦藓科	牛尾藓属	牛尾藓	1	+	+		+	侧生
24	丛藓科	对齿藓属	尖叶对齿藓原变种	1		+	+		顶生
25		拟合睫藓属	狭叶拟合睫藓	1	+			+	顶生
26	卷柏藓科	卷柏藓属	薄壁卷柏藓	1	+			+	侧生
		占比			18.22%	13.56%	9.32%	5.51%	16.95%

注：表中"+"表示有孢子体生长

二、苔藓叶片的形态特征

1. 排列方式

叶片的生长方式与其在光捕获以及水分获取和保持方面的功能关系密切。通过观察苔藓植物叶片在茎和枝上的生长方式，将其划分为簇生，覆瓦状排列，茎两侧排列和疏松覆瓦状排列 4 类（图 2-1d）。其中，叶片疏松覆瓦状排列的苔藓叶片占比最大（图 2-4），为 71.2%，其次为覆瓦状排列的苔藓叶片，占比为 11.0%，其余类型占比较小（≤5.5%）。

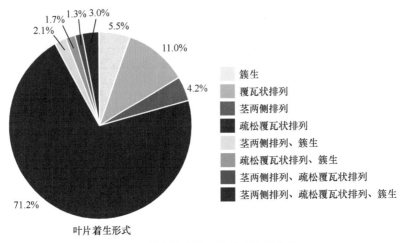

图 2-4　苔藓植物的叶片排列方式占比

2. 形态

将苔藓植物样本复水后，利用镊子、解剖针和解剖刀等工具分别取下适量的茎叶，制成临时水装片，置于 Bx43 研究级正置三目显微镜（Olympus，日本）下观察和拍照，分别记录叶形、中肋数量、叶尖形态、叶尖弯曲度、叶片内凹情况、中肋长度、中肋粗细程度、褶皱数量和叶缘特征（图 2-1）。

根据观察结果，将苔藓植物叶形分为圆形、卵形、椭圆形、卵状披针形、三角状披针形、狭披针形和舌形。其中，卵形、卵状披针形和三角状披针形的叶片占比较大，分别为 33.9%、21.6%、30.9%，而椭圆形和圆形的叶片占比明显小于其他形状，仅分别为 0.8%、0.4%（图 2-5a）。叶尖形态能在一定程度上影响苔藓植物叶片的弯曲程度，根据观察结果，将叶尖分为叶尖类型（渐尖、长渐尖、尾尖、突尖、圆钝）和叶尖弯曲程度（不弯：叶尖伸展；稍弯：叶尖稍向一侧倾斜，角度<45°；弯：叶尖明显弯曲，且先端接近中部位置；很弯：叶先端接近叶基）2 种类型。其中，渐尖和长渐尖型叶片占比最大（图 2-5b），分别为 44.1%、32.2%，而突尖型叶片占比最小，仅 2.5%；同时叶尖多呈稍弯和不弯状态（图 2-5c），占比分别为 50.4% 和 27.1%。

苔藓植物叶片的褶皱可疏导滞留在叶片中的多余水分（Wang et al.，2022），而内凹的叶片可蓄积水分，有益于细胞受精和缓解干旱胁迫（Mohanasundaram and Pandey，2022）。根据观察结果，将叶片褶皱分为无褶皱、少褶皱（1～3 条褶皱）和多褶皱（≥4 条），将叶片内凹程度分为平展、略内凹、内凹。其中，多数叶片无褶皱（53.8%）或少褶皱（35.2%），较多叶片略内凹（45.3%）和内凹（28.0%）（图 2-5d，e），说明保水、蓄水的生存策略在贵阳市常见苔藓植物中更为普遍，可能与其喀斯特地貌频繁干旱的生境条件有关。将叶片中肋划分为中肋数量（0 条、1 条、2 条）、中肋长度（达叶中部以下、达叶中部、达叶尖、贯顶）、中肋粗细

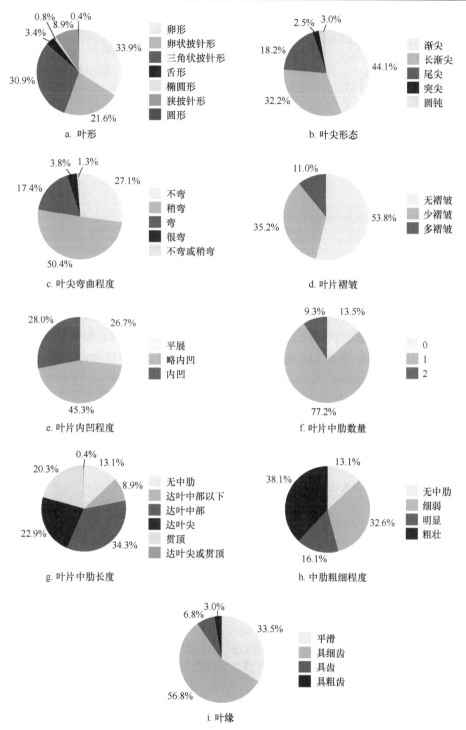

图 2-5　各类形态的苔藓植物叶片占比

程度（细弱：中肋纤细，且在叶片中的宽度仅占 1～2 列细胞；明显：中肋能清晰观察到；粗壮：中肋宽度占叶宽度的一定比例，且在非显微镜环境下可肉眼观察到）3 种类型。其中，绝大部分叶片具 1 条中肋（77.2%），且中肋长度以达叶中部的占比最大，为 34.3%，其次为达叶尖，占比为 22.9%，同时粗壮（38.1%）和细弱（32.6%）的中肋占比较大（2-5f～h）。将叶缘分为平滑、具细齿（由细胞的一部分或疣形成的稀疏突起）、具齿（由 1～2 个叶缘细胞构成的明显齿）、具粗齿（由多个细胞构成的锯齿或双齿）。其中，具细齿的叶片占比最大，为 56.8%，其次为边缘平滑的叶片，占比为 33.5%（图 2-5i）。

三、苔藓植株的形态特征

1. 生活型

参考范晓阳等（2019）划分苔藓植物生活型的依据以及对各生活型苔藓植物特征的描述（表 2-2），根据苔藓植物样本的单株形态及群落集群方式，共将 242 份苔藓植物样本划分为 7 种生活型（图 2-1a），分别为垫状型、悬垂型、扇型、粗平铺型、细平铺型、丛集型、交织型。由图 2-6a 可知，交织型占比最大（53.7%），其次为丛集型，占比为 15.3%，而垫状型占比最小，仅为 0.4%，可能与苔藓植物生长地小生境的温湿度和光照条件相关。

表 2-2　苔藓植物的生活型类型

序号	生活型	特征描述
1	垫状型	主茎直立或斜立，分枝从主茎基部向上呈辐射状
2	悬垂型	主茎附着在生长基质上或部分同分枝一起从上向下悬垂生长
3	扇型	生于坡度近于垂直的生长基质上，分枝在一个平面上
4	粗平铺型	主茎沿基质横生，不时伴生多数直立分枝和茎条
5	细平铺型	主茎沿基质横生，分枝与生长基质紧密相贴
6	丛集型	主茎直立，平行聚集生长，分枝少
7	交织型	主茎与分枝疏松交织
8	树型	主茎横走或直立，分枝呈树状展开

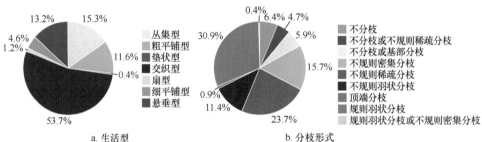

图 2-6　苔藓植物的生活型与分枝形式占比

2. 分枝形式

根据苔藓植物的形态确定其分枝形式。如图 2-1b 所示，将苔藓植物样本的分枝形式划分为不分枝、不分枝或不规则稀疏分枝、不分枝或基部分枝、不规则密集分枝、不规则稀疏分枝、不规则羽状分枝、顶端分枝、规则羽状分枝、规则羽状分枝或不规则密集分枝 9 类（除去叶状体苔类）。其中，规则羽状分枝占比最大（图 2-6b），为 30.9%；其次为不规则稀疏分枝，占比为 23.7%；规则羽状分枝或不规则密集分枝占比最小，仅为 0.4%。

四、苔藓植物观赏类群的划分

对 242 份苔藓植物样本的形态进行汇总，将同种苔藓植物的形态特征合并，统计出 75 种常见苔藓植物的形态特征，并进行了数量分类研究，为苔藓植物在园林中应用提供了理论参考。为便于统计，将上述苔藓植物的形态数据按照一定规律和范围进行赋值，详细结果见表 2-3。其中，苔藓植物的叶片长度、宽度与面积指标计算是将在显微镜下拍摄的带有比例尺的照片导入 ImageTool 软件中，分别测量茎叶和枝叶的长、宽和面积，并计算长宽比。

表 2-3　苔藓植物的形态及编码

编号	性状	数据类型	性状及编码
1	孢子体生长位置	多态	叶状体苔类，0；顶生，1；侧生，2
2	生活型	多态	垫状型，1；悬垂型，2；粗平铺型，3；细平铺型，4；丛集型，5；交织型，6；扇型，7
3	分枝形式	多态	不分枝，1；基部分枝，2；顶端分枝，3；不规则羽状分枝，4；规则羽状分枝，5；不规则稀疏分枝，6；不规则密集分枝，7
4	植株高度或长度	数值	
5	叶片排列方式	多态	簇生，1；疏松覆瓦状排列，2；覆瓦状排列，3；枝茎两侧排列，4；簇生或疏松覆瓦状排列，5；簇生或覆瓦状排列，6；疏松覆瓦状排列或枝茎两侧排列，7
6	枝叶/茎叶叶形	多态	无叶片，0；圆形，1；卵形，2；椭圆形，3；卵状披针形，4；三角状披针形，5；狭披针形，6；舌形，7；卵形或卵状披针形，8；卵形或三角状披针形，9；卵状披针形或三角状披针形，10；卵状披针形或狭披针形，11；卵形或卵状披针形或三角状披针形，12
7	枝叶/茎叶中肋数量	数值	
8	枝叶/茎叶中肋长度	多态	无叶片/无中肋，0；达叶中部以下，1；达叶中部，2；达叶尖，3；贯顶，4；达叶中部或达叶尖，5；达叶尖或贯顶，6
9	枝叶/茎叶中肋粗细程度	多态	无叶片/无中肋，0；细弱，1；明显，2；粗壮，3；细弱或明显，4
10	枝叶/茎叶叶尖形态	多态	无叶片，0；圆钝，1；突尖，2；钝尖，3；渐尖，4；长渐尖，5；尾尖，6；渐尖或长渐尖，7；渐尖或尾尖，8；长渐尖或尾尖，9；渐尖或长渐尖或尾尖，10

续表

编号	性状	数据类型	性状及编码
11	枝叶/茎叶叶尖弯曲度	多态	无叶片，0；不弯，1；稍弯，2；弯，3；很弯，4；不弯或稍弯，5；稍弯或弯，6；弯或很弯，7
12	枝叶/茎叶内凹程度	多态	无叶片，0；平展，1；略内凹，2；内凹，3；平展或略内凹，4；平展或内凹，5；略内凹或内凹，6；平展或略内凹或内凹，7
13	枝叶/茎叶褶皱数量	多态	无叶片，0；无褶皱，1；少褶皱，2；多褶皱，3；无褶皱或少褶皱，4；少褶皱或多褶皱，5；无褶皱或少褶皱或多褶皱，6
14	枝叶/茎叶边缘	多态	无叶片，0；平滑，1；具细齿，2；具齿，3；具粗齿，4；平滑或具细齿，5；具细齿或具粗齿，6；平滑或具粗齿，7
15	枝叶/茎叶长度	数值	
16	枝叶/茎叶宽度	数值	
17	枝叶/茎叶面积	数值	
18	枝叶/茎叶长宽比	数值	

1. R 型聚类分析

R 型聚类分析是通过对研究材料的形态指标进行分类，将具有共同特征的形态指标聚在一起，其结果可反映出各形态之间的关系，以及形态指标选取是否合理。利用 SPSS 25.0 软件对苔藓植物各个性状指标进行 R 型聚类分析，聚类方法选用组间连接，以 Pearson 相关性为度量标准，作出指标聚类谱系图。根据 R 型聚类分析结果，去除相关性较高的性状指标，通过主成分分析选出代表性较强的性状指标进行 Q 型聚类分析，聚类方法选用组间连接，以平方欧式距离为度量标准，绘制指标分类谱系。R 型聚类分析可为 Q 型聚类分析的形态指标选取提供参考，同时可以为物种选育和进一步的生物学研究提供依据。

将 75 种苔藓植物的性状指标（表 2-3）数据标准化后，进行 R 型聚类分析，并绘制聚类谱系图（图 2-7）。从中可以看出，谱系图分布较为分散，大部分性状指标之间的相关性不高，少数性状指标之间具有较高的相关性。其中，枝叶长度与枝叶宽度（$r=0.947$）、枝叶长度与枝叶面积（$r=0.881$）、枝叶中肋长度与枝叶中肋粗细程度（$r=0.838$）、茎叶长度与茎叶面积（$r=0.897$）、枝叶中肋数量与枝叶长宽比（$r=0.820$）、枝叶中肋数量与枝叶形态（$r=0.776$）、枝叶叶尖弯曲度与枝叶内凹程度（$r=0.815$）、枝叶叶尖弯曲度与枝叶叶形（$r=0.752$）、茎叶褶皱数量与枝叶褶皱数量（$r=0.797$）、茎叶中肋长度与茎叶中肋粗细程度（$r=0.791$）以及分枝形式与茎叶内凹程度（$r=0.708$）的相关性较强。以上相关性高的两个性状指标可选择其一进行 Q 型聚类分析。

2. 主成分分析

利用主成分分析，得出各个性状指标的贡献率，两个相关性高的指标可剔除贡献率低的一个，从而将多个性状指标转化为少数几个重要指标。主成分分析结

使用平均连接（组间）的谱系图
重新标度的距离聚类组合

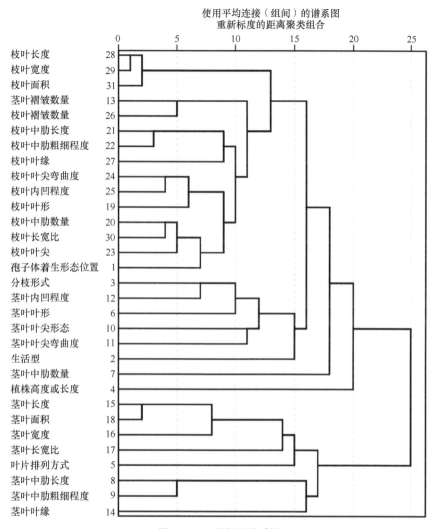

图 2-7　R 型聚类谱系图

果显示（图 2-8），前 6 个主成分的贡献率依次为 37.5%、14.8%、11.1%、5.9%、4.8%、3.4%，累计达 77.5%，大于 75%，基本上可反映指标的大部分信息。在主成分 1 中，枝叶叶尖形态、内凹程度、褶皱数量、叶形、叶尖弯曲度、长宽比、中肋粗细程度、叶缘、中肋数量、长度、中肋长度和孢子体着生位置的作用较明显（特征根绝对值≥0.74），主要反映苔藓植物枝叶和孢子体的特征。在主成分 2 中，茎叶长度、中肋长度、中肋粗细程度、长宽比的作用较大（特征根绝对值≥0.72），主要反映苔藓植物茎叶的大小和中肋的特征。主成分 3、主成分 4 各含一个特征根绝对值大于 0.70 的性状指标，分别为枝叶面积（0.73）和茎叶中肋数量（0.73）。主成分 1～4 主要反映苔藓植物的枝叶特征、茎叶特征以及孢子体特征，说明在苔藓植物的形态分类中，枝叶和茎叶的形态特征与孢子体的着生位置尤为重要。第 5、6 主成分占比较小，且没有反映作用明显的性状指标。

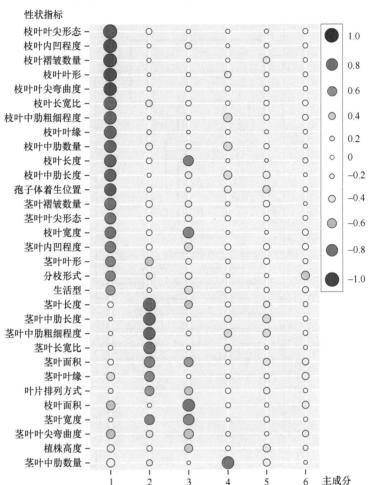

图 2-8　因子载荷矩阵图

3. Q 型聚类分析

根据 R 型聚类分析结果与主成分分析结果，剔除相关性较高的性状指标中贡献率低的一个，因此删除枝叶长度、枝叶褶皱数量、枝叶中肋粗细程度、枝叶叶尖形态、枝叶内凹程度、茎叶长度、茎叶中肋粗细程度、茎叶内凹程度 8 个指标，利用剩下各自独立的 20 个性状指标进行 Q 型聚类分析。

Q 型聚类分析结果显示，贵阳市公园常见的 75 种苔藓植物可分成 7 个类群（图 2-9）。第I类群均为苔类植物，包括 5 种叶状体苔类和 1 种茎叶体苔类。第II类群共计 13 种植物（图 2-9，表 2-4），且均为侧蒴藓，包括鳞叶藓（*Taxiphyllum taxirameum*）、美灰藓（*Eurohypnum leptothallum*）、细叶小羽藓、狭叶小羽藓（*Haplocladium angustifolium*）等，与其他类群相比，该类群的多数苔藓植物具有

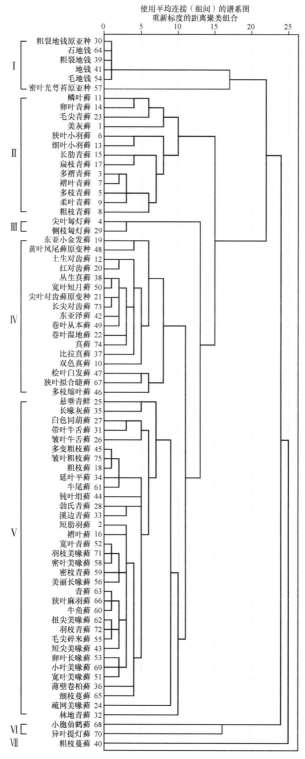

图 2-9　Q 型聚类谱系图

表 2-4　第II类群苔藓植物的部分性状

序号	种	是否有孢子体	生活型	分枝形式	茎叶叶形	枝叶叶形
1	鳞叶藓	有	悬垂型、细平铺型	不规则稀疏分枝、不规则密集分枝	卵形、卵状披针形、三角状披针形	卵形、卵状披针形
2	卵叶青藓	有	交织型	不规则稀疏分枝、不规则羽状分枝、规则羽状分枝	卵形、卵状披针形	卵形、卵状披针形
3	毛尖青藓	有	悬垂型、粗平铺型	不规则密集分枝、不规则稀疏分枝	狭披针形、卵状披针形	卵状披针形
4	美灰藓	无	交织型、悬垂型	不规则稀疏分枝、规则羽状分枝、不规则密集分枝、不规则羽状分枝	卵形、卵状披针形	卵形、卵状披针形
5	狭叶小羽藓	有	交织型、细平铺型	规则羽状分枝	三角状披针形	三角状披针形、卵状披针形
6	细叶小羽藓	有	细平铺型、交织型	规则羽状分枝	三角状披针形	卵形、卵状披针形
7	长肋青藓	有	交织型、粗平铺型	规则羽状分枝、不规则密集分枝	三角状披针形、卵状披针形	三角状披针形、卵状披针形
8	扁枝青藓	有	悬垂型、交织型	不规则密集分枝	卵状披针形、三角状披针形	卵状披针形、三角状披针形
9	多褶青藓	有	交织型、粗平铺型	规则羽状分枝、不规则羽状分枝、不规则稀疏分枝	三角状披针形、卵状披针形	三角状披针形、卵状披针形
10	褶叶青藓	有	交织型、粗平铺型	规则羽状分枝、不规则羽状分枝	三角状披针形、卵状披针形	三角状披针形、卵状披针形、卵形
11	多枝青藓	无	交织型	规则羽状分枝、不规则羽状分枝	三角状披针形、卵形、卵状披针形	三角状披针形
12	柔叶青藓	无	交织型、悬垂型	不规则羽状分枝、不规则稀疏分枝、不规则密集分枝、规则羽状分枝	三角状披针形、卵状披针形	卵形、三角状披针形、卵状披针形
13	粗枝青藓	有	交织型、粗平铺型	规则羽状分枝、不规则稀疏分枝、不规则密集分枝、不规则羽状分枝	卵状披针形	卵状披针形

多种生活型、分枝形式及叶形（枝叶和茎叶），形态结构较复杂；此外该类群有76.9%（10 种）的种类在研究期间生长有孢子体，说明其生长孢子体的频率较高，可用于营造孢子体景观。第III类群仅有 2 种苔藓植物，均隶属于提灯藓科匐灯藓属，分别为尖叶匐灯藓和侧枝匐灯藓（*Plagiomnium maximoviczii*），二者均具有直立的生殖枝和匍匐的营养枝，且生殖枝顶端叶片簇生，呈莲座状，具有较高的观赏价值。第IV类群共计有苔藓植物 17 种，以丛藓科和真藓科居多，大多数苔藓植物的孢子体顶生，且不分枝或基部分枝或不规则稀疏分枝而构成密集丛生的群集形式。第V类群共有苔藓植物 34 种，是物种最多的类群，与第II类群相似，均为侧蒴藓，但仅有 9 种产生孢子体，且形态结构较简单，每种苔藓植物仅有单一的生活型、分枝形式、茎叶与枝叶叶形。第VI类群分别为金发藓科仙鹤藓属的小胞

仙鹤藓（*Atrichum rhystophyllum*）、提灯藓科提灯藓属的异叶提灯藓（*Mnium heterophyllum*），两者均为无分枝的丛集型苔藓，同时叶缘具双齿。第Ⅶ类仅粗枝蔓藓（*Meteorium subpolytrichum*）一种（图 2-10），隶属于蔓藓科蔓藓属，植株长达 25.75cm，为 75 种苔藓植物中体量最大的。75 种苔藓植物的平均植株高度（或长度）为 3.75cm，排第二的细枝蔓藓（*Meteorium papillarioides*）株高仅 10.44cm，可见粗枝蔓藓的体型远大于其他 74 种苔藓。

a. 群落　　　　　　　　b. 植株　　　　　　　c. 枝叶

图 2-10　粗枝蔓藓（*M. subpolytrichum*）的群落、植株与枝叶

第四节　苔藓植物的群丛景观特征

　　群丛的色彩与质感是苔藓植物景观的首要观赏特性。本节从物种组合、色彩表现和质感三个方面探讨常见苔藓植物的群丛景观特征，即在物种鉴定的基础上分析苔藓植物群落的物种组成，利用色彩软件识别各种苔藓群丛色彩的色相（H）、饱和度（S）和明度（B），通过语义差异法（semantic differential，SD）评判各种苔藓植物的群丛景观质感。

一、苔藓植物的色彩特征

　　在冬季，环境中色彩较单一、杂草较少，采集苔藓植物色彩图片时受其他植物的颜色影响较小，采集到的图片颜色能更准确地反映苔藓植物原本的色彩，因此下文以冬季苔藓植物的色彩为例，讨论常见苔藓植物的色彩特征。因为部分苔藓植物在湿润和干燥两种状态下的形态差异较大，处于湿润状态下的苔藓植物枝、叶伸展，为其健康的生长状态，因此选择在雨后阴天采集苔藓植物的图片。

　　色彩提取过程中，在苔藓植物旁放置一张白纸，将具白纸的图片导入 Photoshop 2015 软件中，根据白纸来调节色差（Yang et al.，2022）。利用 ColorImpact

4.0 软件提取调节色差后的照片中优势苔藓植物的色彩值，选用基于人类视觉感受描述色彩效果的 HSB（或 HSV）模式，其中 H 表示色相，指在 0°～360° 的标准色相环上，0° 为红色、60° 为黄色、120° 为绿色、180° 为青色、240° 为蓝色等；S 表示饱和度，即纯度，指某种颜色色相感的明确程度，用百分比来表示；B（V）表示明度，指色彩的明亮程度，用百分比来度量（张元康等，2019）。本研究依据奥斯特瓦尔德系统的色相划分进行色彩区间划分，将色彩的色相（H）划分为 24 个等级（表 2-5），将色彩的明度（B）和饱和度（S）均分成 4 个等级（杨杰，2021）（表 2-6）。

表 2-5　色相（H）等级划分

色系编号	色系	色相范围（°）	色系编号	色系	色相范围（°）	色系编号	色系	色相范围（°）
H1	红色	0～15	H9	蓝调绿	121～135	H17	青紫色	241～255
H2	橙红色	16～30	H10	蓝绿色	136～150	H18	紫色	256～270
H3	橙黄色	31～45	H11	青绿色	151～165	H19	红调紫	271～285
H4	黄色	46～60	H12	绿调蓝	166～180	H20	红紫色	286～300
H5	黄绿色	61～75	H13	蓝色	181～195	H21	紫红色	301～315
H6	叶绿色	76～90	H14	蓝青色	196～210	H22	紫调红	316～330
H7	黄调绿	91～105	H15	青蓝色	211～225	H23	玫红色	331～345
H8	绿色	106～120	H16	青色	226～240	H24	品红色	346～360

表 2-6　饱和度（S）及明度（B）等级划分

编号	饱和度等级	饱和度（%）	编号	明度等级	明度（%）
S1	低饱和度	0～25	B1	低明度	0～25
S2	中饱和度	26～50	B2	中明度	26～50
S3	中高饱和度	51～75	B3	中高明度	51～75
S4	高饱和度	76～100	B4	高明度	76～100

1. 色彩分化概况

222 个苔藓植物群落色彩的色相范围为 46°～120°，有黄色、黄绿色、叶绿色、黄调绿和绿色 5 个色系（表 2-7）。其中，以黄绿色系苔藓植物群落的数量最多，有 153 个，占比达 68.92%，含 17 科 30 属 58 种苔藓植物，其中以青藓科种类（5 属 23 种）最多，其次为丛藓科（4 属 7 种）；叶绿色系苔藓植物群落的数量位列第 2，有 34 个，占比为 15.32%，也以青藓科种类（2 属 10 种）最多；绿色系苔藓植物群落的数量最少，仅 3 个，占比为 1.35%，为金发藓科、地钱科和毛地钱科的苔藓植物。

表 2-7　贵阳市公园常见苔藓植物冬季的色彩特征

色系（H 范围）	群落数量	占比（%）	优势种所属的科（属数/种数）
黄色（46°～60°）	23	10.36	8 科：青藓科（3/5）、羽藓科（1/2）、丛藓科（1/2）、锦藓科（1/1）、牛舌藓科（1/1）、碎米藓科（1/1）、真藓科（1/1）、灰藓科（1/1）

续表

色系（H 范围）	群落数量	占比（%）	优势种所属的科（属数/种数）
黄绿色（61°～75°）	153	68.92	17 科：青藓科（5/23）、丛藓科（4/7）、灰藓科（3/5）、羽藓科（3/4）、提灯藓科（2/3）、真藓科（2/3）、牛舌藓科（1/2）、蔓藓科（1/2）、柳叶藓科（1/1）、缩叶藓科（1/1）、平藓科（1/1）、绢藓科（1/1）、卷柏藓科（1/1）、光萼苔科（1/1）、珠藓科（1/1）、瘤冠苔科（1/1）、地钱科（1/1）
叶绿色（76°～90°）	34	15.32	8 科：青藓科（2/10）、羽藓科（2/3）、灰藓科（2/2）、真藓科（1/2）、丛藓科（1/2）、提灯藓科（1/1）、牛舌藓科（1/1）、白发藓科（1/1）
黄调绿（91°～105°）	9	4.05	6 科：金发藓科（2/2）、青藓科（1/2）、地钱科（1/2）、凤尾藓科（1/1）、灰藓科（1/1）、真藓科（1/1）
绿色（106°～120°）	3	1.35	3 科：金发藓科（1/1）、地钱科（1/1）、毛地钱（1/1）

　　222 个苔藓植物群落色彩的饱和度（S）范围为 9%～86%，分为低饱和度（S1）、中饱和度（S2）、中高饱和度（S3）和高饱和度（S4）4 个等级，其中以中高饱和度（S3）苔藓植物群落的数量最多（图 2-11），占比为 70.3%，其次为中饱和度（S2），占比为 22.5%。222 个苔藓植物群落色彩的明度（B）范围为 30%～85%，分为中明度（B2）、中高明度（B3）、高明度（B4）3 个等级，其中中高明度（B3）苔藓植物群落占据绝对优势，占比达 96.8%。

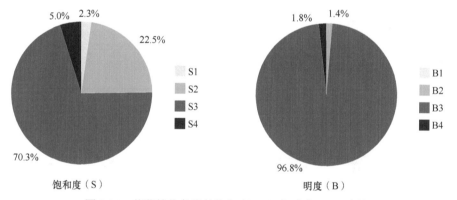

图 2-11　苔藓植物色彩的饱和度（S）与明度（B）占比

2. 各类群苔藓植物的色彩特征

　　由图 2-12 可知，不同类群的苔藓植物色系分化不同，同时不同色系的苔藓植物数量占比存在差异，且多数苔藓植物呈黄绿色。I类群（苔类）的苔藓植物分布在黄绿色、黄调绿和绿色系，黄绿色苔藓植物的数量最多，占比为 42.86%。II类群的苔藓植物分布在黄色、黄绿色、叶绿色和黄调绿色系，黄绿色苔藓植物的数量最多，占比为 69.83%，其次为叶绿色的苔藓植物，占比为 16.38%，黄调绿苔藓植物的数量最少，占比仅 0.86%。III类群的苔藓植物仅分布在黄绿色和叶绿色

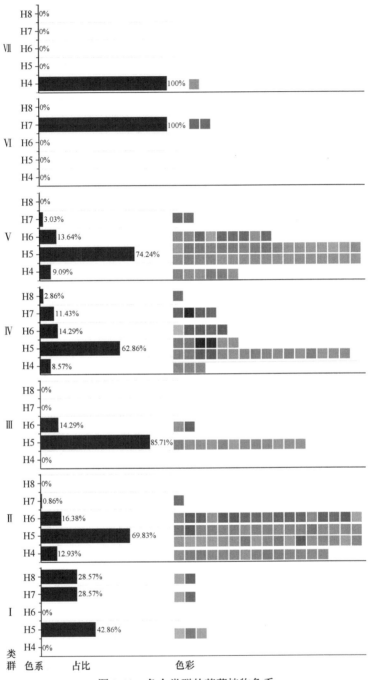

图 2-12　各个类群的苔藓植物色系

2 种色系，黄绿色苔藓植物的数量占比达 85.71%。Ⅳ类群的苔藓植物颜色分化广
泛，有黄色、黄绿色、叶绿色、黄调绿和绿色 5 个色系，其中黄绿色苔藓植物的
数量最多，占比为 62.86%，其次为叶绿色苔藓植物，占比为 14.29%。Ⅴ类群的苔

藓植物分布在黄色、黄绿色、叶绿色和黄调绿 4 个色系，也以黄绿色苔藓植物的数量占比最大（74.24%），其次为叶绿素苔藓植物（13.64%）。VI类群的两种苔藓植物（异叶提灯藓、小胞仙鹤藓）均分布在黄调绿色系。VII类群仅一种苔藓植物（粗枝蔓藓），且分布在黄色系。

由图 2-13 可知，色彩饱和度最低的苔藓植物分布在I类群，为石地钱（*Reboulia hemisphaerica*）（S=9%），饱和度较高的苔藓植物分布在IV类群和V类群，分别为红对齿藓（*Didymodon asperifolius*）和短肋羽藓（*Thuidium kanedae*），均为 86.00%。总体上多数苔藓植物的色彩呈中高饱和度，但不同类群的苔藓植物饱和度存在差异。I类群中共 7 份苔藓植物样本，其中有 4 份分布在低饱和度等级，且仅有I类群有低饱和度等级；II类群的苔藓植物多数分布在中高饱和度等级，116 份样本中仅有 4 份分布在高饱和度等级，18 份分布在中饱和度等级；III类群的多数苔藓植物也分布在中高饱和度等级；IV类群的苔藓植物色彩饱和度波动较大，但多数（66.67%）分布在中高饱和度等级；V类群苔藓植物分布在中高饱和度等级的占比达 63.64%；VI类群的两份苔藓植物样本呈现中饱和度的色彩特征；VII类群的粗枝蔓藓样本色彩呈中高饱和度。

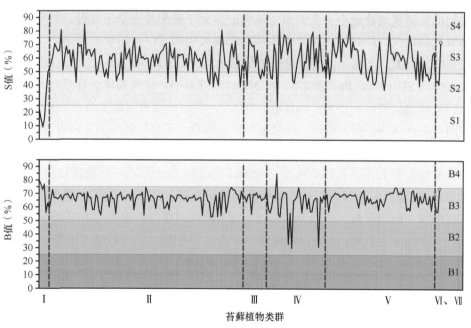

图 2-13　各类群的苔藓植物饱和度（S）和明度（B）

由图 2-13 可知，除I类群和IV类群外，其他类群的苔藓植物呈现中高明度的色彩。I类群的粗裂地钱原亚种（*Marchantia paleacea* subsp. *paleacea*）与粗裂地钱（*Marchantia paleace*）均分布在高明度等级。IV类群的苔藓植物色彩明度波动较大，明度最高（85%）的桧叶白发藓（*Leucobryum juniperoideum*）和最低的（30%）

卷叶湿地藓（*Hyophila involuta*）均属于该类群。以上现象的出现可能与苔藓植物生长地的光照条件有关，粗裂地钱原亚种、粗裂地钱和IV类群直立的苔藓植物可生长在光照较强的环境中，其较高的明度意味着色彩更浅，从而可反射更多的阳光，以避免受到光的迫害；相反，苔藓植物较低的色彩明度可能由色素沉积所导致，而这些色素在抵抗紫外线胁迫中起着重要的作用。

二、苔藓植物的质感特征

1. 质感评价方法

语义差异法（SD 法）是由 C.E. Osgood 提出的一种心理测定方法，也称为感受记录法，即选择与评价主体相关的正反义描述词对，基于被调查人群对这些词汇的打分，量化测试者对景观的第一感受（王鹏宇，2021）。本研究利用 SD 法判定苔藓植物的质感特征，SD 量表与问卷制定选择的表示质感的正反义形容词对有柔软的和坚硬的、细腻的和粗糙的、紧密的和疏松的、轻盈的和厚重的、规则的和粗犷的，依据这 5 对形容词来评判贵阳市公园常见苔藓植物的质感特征。由于人们能够清楚地处理小于 8 的感觉量级，因此 7 分制量表易于掌握，并有助于保持审美稳定性，同时正、负数表示法更符合人们的习惯，正数表示正面、喜欢，负数表示反面、不喜欢，所以选择分值依次为−3、−2、−1、0、1、2、3 的 7 分制量表作为 SD 评判词表（表 2-8，表 2-9）。研究证明，使用影像进行景观品质评估与实地评估结果差别不大（袁晨曦，2022），因此采用拍摄距离约 50cm 的苔藓植物图片进行质感评价，通过"问卷星"发放问卷。在分析处理调查问卷的数据前，须对样本数据的信度进行检验，确保所得数据的一致性和稳定性，从而保证问卷的可靠性和有效性。本研究利用 Cronbach's alpha（α）系数进行信度检验。α 系数代表信度，当 $\alpha < 0.60$ 时，问卷需要重新设计题项；当 $0.60 \leq \alpha < 0.70$ 时，问卷应进行修订，但仍有价值；当 $0.70 \leq \alpha < 0.80$ 时，问卷可以接受；当 $0.80 \leq \alpha < 0.90$ 时，问卷信度非常好；当 $\alpha \geq 0.90$ 时，问卷信度理想，信度极高（朱琳，2022）。

表 2-8　评价尺度表

非常	一般	稍微	既不也不	稍微	一般	非常
−3	−2	−1	0	1	2	3

表 2-9　SD 评判词表

序号	质感类型	反面形容词			尺度				正面形容词
1	柔软度	坚硬的	−3	−2	−1	0	1	2	3	柔软的
2	细腻感	粗糙的	−3	−2	−1	0	1	2	3	细腻的
3	紧密度	疏松的	−3	−2	−1	0	1	2	3	紧密的
4	轻盈度	厚重的	−3	−2	−1	0	1	2	3	轻盈的
5	规则感	粗犷的	−3	−2	−1	0	1	2	3	规则的

2. 评价对象

由于本次调研中城市绿地常见的苔藓植物种类丰富，且其形成的群落数量较多，若逐一研究每一种苔藓植物在不同季节的质感特征，工作量较大，无法在短时间内完成；此外苔藓植物体型矮小，多数物种之间的质感特征差别较小。因此，本研究选择不同类群中具有代表性的苔藓植物进行质感特征研究，以苔藓植物的形态类别、出现频次、群落和景观类型为依据，以基于 Q 型聚类分析结果划分的 7 个类群为研究对象，筛选每个类群中出现频次位列前 3 或形态与其他植物相差极大的物种，其中频次相同，则剔除同属内形态相似的物种，而≤2 种的类群则全部采用。经过筛选，最终确定以 20 种隶属于 12 科 18 属的苔藓植物（表 2-10）作为评判主体。为了避免其他混生苔藓植物影响评判主体的景观质感，尽量选择混生物种较少的群落图片进行判断。本次问卷是关于苔藓植物形态的感知研究，不是侧重行业和性别差异的比较研究，考虑到评价者对苔藓植物景观和所选形容词的了解程度，因此评价者多数为风景园林、生态学、林学类、植物学等专业的科研人员和从业人员。

表 2-10　用于质感特征评判的苔藓植物

序号	科	属	种	所属类群
1	地钱科	地钱属	粗裂地钱原亚种	I
2	光萼苔科	光萼苔属	密叶光萼苔原亚种	I
3	灰藓科	灰藓属	美灰藓	II
4		粗枝藓属	粗枝藓	V
5	白发藓科	白发藓属	桧叶白发藓	IV
6	金发藓科	小金发藓属	东亚小金发藓	IV
7		仙鹤藓属	小胞仙鹤藓	VI
8	蔓藓科	蔓藓属	粗枝蔓藓	VII
9	牛舌藓科	牛舌藓属	皱叶牛舌藓	V
10		青藓属	多褶青藓	II
11	青藓科		悬垂青藓	V
12		褶叶藓属	褶叶藓	V
13		美喙藓属	疏网美喙藓	V
14		匍灯藓属	尖叶匍灯藓	III
15	提灯藓科		侧枝匍灯藓	III
16		提灯藓属	异叶提灯藓	VI
17		小羽藓属	狭叶小羽藓	II
18	羽藓科	羽藓属	短肋羽藓	V
19	真藓科	真藓属	双色真藓	IV
20	丛藓科	对齿藓属	土生对齿藓	IV

3. 评价结果

通过"问卷星"发放问卷，回收到的春、夏、秋、冬季有效问卷分别为 33 份、36 份、32 份和 35 份。经检验，各个季节问卷的 α 系数分别为 0.95、0.94、0.93 和 0.98，均大于 0.9（表 2-11），说明问卷数据信度非常理想，信度极高，可利用该数据进行后续分析。

表 2-11　调查问卷的信度检验表

调查季节	α 系数	有效问卷数量
春季	0.95	33
夏季	0.94	36
秋季	0.93	32
冬季	0.98	35

首先对各类群苔藓植物的质感特征进行分析，发现不同类群之间的质感存在显著差异（图 2-14），整体上 II、III、IV、V 类群的 5 种质感（柔软度、紧密感、轻盈度、规则感和细腻感）均为正数，但其质感尺度均在 0~1.5，即这 4 个类群苔藓植物的质感为稍微柔软、紧密、轻盈、规则和细腻；I、VI、VIII 类群的 5 种质感尺度均低于其他类群，且部分质感尺度为负数，表现出稍微坚硬、疏松、厚重、粗犷、粗糙的质感，其中柔软度、轻盈度均显著低于其他类群（图 2-14a，c），且 I 类群（苔类植物）呈现稍微坚硬的质感，I、VIII 类群呈现稍微厚重的质感；VIII 类群（粗枝蔓藓）呈现稍微疏松的质感（图 2-14b）；I、VIII 类群均呈现稍微粗犷、粗糙的质感（图 2-14d，e）。

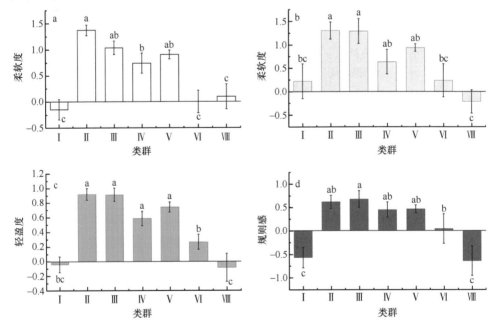

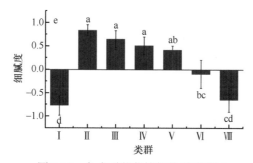

图 2-14 各类群苔藓植物的质感特征

纵轴表示质感尺度,正数表示偏向正义形容词所描述的质感,负数则表示偏向反义形容词所描述的质感;不同小
写字母表示不同处理间有显著差异;余同

其次对苔藓植物质感的季相变化进行分析,发现整体上质感尺度范围为
-0.4~1.2,等级在既不也不至一般,表明苔藓植物的质感差异较小(图 2-15)。
苔藓植物的 5 种质感尺度均随着春、夏、秋、冬季节的变更呈现先下降后上升的
趋势,且秋季最低,紧密感、规则感和细腻感尺度均小于 0(既不也不),呈现稍
微疏松、粗犷、粗糙的质感(图 2-15b,d,e);而在冬季呈现更加柔软、规则和
细腻的质感;在春季则呈现更加紧密和轻盈的质感。

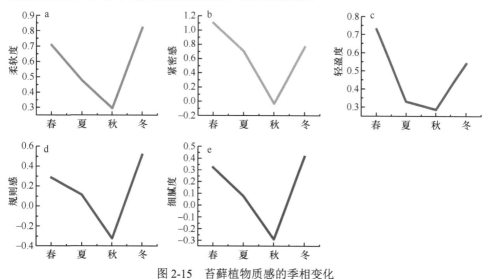

图 2-15 苔藓植物质感的季相变化

第五节 小 结

本章对贵阳市城市绿地的常见苔藓植物群落进行了调研(包括春、夏、秋、
冬 4 个季节),并对调研记录到的 222 个苔藓群落中的优势种(附表 1)进行了景
观特征分析,主要结论如下。

根据孢子体着生位置、植株形态及叶片特征将 75 种苔藓植物分为 7 个类群,

分别为类群I：苔类；类群II：同种苔藓分化出多种形态且易生长孢子体；类群III：植株具直立枝与匍匐枝；类群IV：丛集型顶蒴藓；类群V：形态分化单一的侧蒴藓；类群VI：叶缘具双齿的藓类；类群VII：植株高度超过25cm的藓类。其中，I类群均为苔类植物，叶状体苔类紧密地贴着生长基质生长，并向四周扩张，其老化和死亡的植物体与新生的植物体同时存在，造景时须考虑及时清理老化的植物体，以免影响景观效果；茎叶体苔类多呈扁平状，但对湿度要求极高，栽培难度较大。总体而言，苔类植物对环境较为敏感，在遭受干旱等胁迫后，难以恢复到初始状态。II类群的苔藓植物形态较复杂，同一苔藓植物可分化出多种形态，且较易生长孢子体，其景观效果更加丰富。III类群的苔藓植物同时具直立枝与匍匐枝，可形成紧密牢固的藓块，适于模块化生产。IV类群的苔藓植物多数呈丛集型，具有耐强光、保水能力较强的特性，可用于较干旱、光照较强区域的造景。V类群的苔藓植物形态较单一，且多数形态呈规则或不规则分枝、交织型或悬垂型，更喜湿润、光照较弱的环境，在应用时须根据栽培环境选择适合的种类，或营造适宜苔藓植物生长的环境。VI类群的两种苔藓植物叶缘均具双齿，可推测其生长在湿度较大的环境中，发达的叶缘齿有利于水分的疏导，可应用于水族箱、瓶景、罐景和河岸等水分充足或水分可控的景观场所。VII类群的苔藓植物体型较大且在岩石上悬垂或匍匐生长，对水分的要求较高（李星星等，2020），仅能应用于高湿环境中。

对苔藓植物的色彩特征进行分析，222个苔藓群落分布在黄色、黄绿色、叶绿色、黄调绿和绿色5个色系，其中有68.92%的苔藓群落呈黄绿色。I类群（苔类）主要为黄绿色、黄调绿和绿色；II类群69.83%为黄绿色；III类群85.71%为黄绿色；IV类群62.86%为黄绿色，色彩最为丰富，包括黄色、黄绿色、叶绿色、黄调绿和绿色；V类群74.24%为黄绿色；VI类群的两种苔藓植物（异叶提灯藓、小胞仙鹤藓）均为黄调绿；VII类群的粗枝蔓藓为黄色。

对苔藓植物的质感特征进行分析，质感等级分布在既不也不至一般，差异较小。II、III、IV、V类群苔藓植物的质感稍微柔软、紧密、轻盈、规则和细腻；I、VI、VIII类群苔藓植物呈稍微坚硬、疏松、厚重、粗犷、粗糙的质感。苔藓植物的柔软度、紧密感、轻盈度、规则感和细腻感尺度随着春、夏、秋、冬季节的变更呈先下降后上升的趋势，且秋季最低。

主要参考文献

安静, 张宗田, 刘荣辉, 等. 2014. 贵阳市园林植物种类初步调查[J]. 山地农业生物学报, 33(4): 59-62.

柴继红, 2018. 青苔的文化内涵及在园林绿化中的作用[J]. 甘肃林业科技, 43(4): 31-34, 9.

陈俊和, 蒋明, 张力. 2010. 苔藓植物园林景观应用浅析[J]. 广东园林, 32(1): 31-34.

陈云辉. 2017. 苔藓植物景观资源及其应用案例[D]. 上海师范大学硕士学位论文.

代丽华, 易武英, 湛天丽, 等. 2021. 喀斯特石漠化区苔藓植物物种多样性变化[J]. 亚热带植物
科学, 50(4): 301-308.

丁华娇, 冯玉. 2013. 苔藓植物的园林应用[J]. 浙江林业, (8): 34-35.

丁水龙, 张璐, 沈笑. 2016. 苔藓植物的园林造景应用[J]. 中国园林, 32(12): 12-15.

范晓阳, 刘文耀, 宋亮, 等. 2019. 哀牢山湿性常绿阔叶林地生、树干及树枝附生苔藓生活型组
成及其水分特性[J]. 广西植物, 39(5): 668-680.

郭云, 王智慧, 张朝晖. 2018. 白云岩洞穴洞口弱光带的苔藓群落特征: 以绥阳水洞为例[J]. 中
国岩溶, 37(3): 388-399.

黄若玲, 李丹丹, 吕金桥, 等. 2022. 物种和功能维度上贵州茂兰藓类植物多样性格局及其环境
因素[J]. 上海师范大学学报(自然科学版), 51(6): 750-761.

贾少华, 张朝晖. 2014. 喀斯特城市石漠苔藓植物多样性及水土保持[J]. 水土保持研究, 21(2):
100-105.

李劲廷. 2015. 苔藓植物在庭院景观中的应用分析[J]. 绿色科技, 17(10): 109-110.

李星星, 田桂泉, 红霞. 2020. 浑善达克沙地三个不同区域沙地云杉林地面生苔藓植物物种组成
及其在不同微生境中的变化研究[J]. 内蒙古师范大学学报(自然科学汉文版), 49(2):
156-164.

刘事成. 2021. 贵阳市城市公园绿地和道路绿地植物景观特征及其数据库构建研究[D]. 贵州大
学硕士学位论文.

娄红祥. 2006. 苔藓植物化学与生物学[M]. 北京: 北京科学技术出版社.

宋闪闪, 邵小明. 2012. 城市习见苔藓植物: 以北京为例[J]. 生物学通报, 47(3): 19-21.

唐录艳, 李飞, 夏红霞, 等. 2021. 黎平太平山自然保护区树附生藓类植物多样性[J]. 生物资源,
43(5): 461-466.

田悦, 赵正武, 刘艳. 2022. 西藏东部高寒草甸苔藓植物群落数量分类与排序[J]. 生态学报,
42(2): 755-765.

涂娜. 2022. 苔藓植物对石漠化坡地出露基岩间产流的影响[D]. 贵州大学硕士学位论文.

王静梅, 潘远珍, 陈玉兰, 等. 2018. 苔藓植物的生态应用[J]. 绿色科技, 20(9): 4-5.

王鹏宇. 2021. 基于BIB-LCJ法与SD法的成都武侯区综合公园空间景观评价与设计[D]. 成都理
工大学硕士学位论文.

吴鹏程. 1998. 苔藓植物生物学[M]. 北京: 科学出版社.

夏乔莉. 2015. 应用苔藓植物进行立体绿化的技术研究[D]. 上海师范大学硕士学位论文.

邢琳佳. 2019. 中国古代苔藓文学研究[D]. 南京师范大学硕士学位论文.

熊川, 邓舸, 金荷仙, 等. 2020. 日本枯山水嬗变过程及其在中国的发展与创新[J]. 中国园林,
36(7): 82-86.

熊源新. 2014. 贵州苔藓植物志[M]. 贵阳: 贵州科技出版社.

杨杰. 2021. 常色叶园林植物叶色色彩量化与景观评价[D]. 贵州大学硕士学位论文.

杨静慧. 2014. 植物学[M]. 北京: 中国农业大学出版社.

杨少博, 周瑞岭, 邹建城, 等. 2018. 苔藓植物在中日园林中的应用分析及建议[J]. 现代园艺,
(3): 94-97.

袁晨曦. 2022. 基于BIB-LCJ法的南丰县居住小区景观评价研究与设计[D]. 江西财经大学硕士

学位论文.

臧德奎. 2013. 园林植物造景[M]. 2 版. 北京: 中国林业出版社.

曾范星, 2016. 郑州市 216 种常用园林植物观赏性状属性特征的研究[D]. 东北林业大学硕士学
　　位论文.

张元康, 王秀荣, 杨婷, 等. 2019. 贵阳市常见园林植物春季新叶色彩属性变化特征研究[J]. 西
　　北林学院学报, 34(6): 208-213.

朱琳. 2022. 基于 SD 法的兰州市张掖路商业步行街空间感知研究[D]. 兰州交通大学硕士学位
　　论文.

左元彬, 艾应伟, 辜彬, 等. 2007. 道路边坡与自然边坡对苔藓植物空间变异性的影响[J]. 水土
　　保持通报, 27(6): 126-129, 141.

Coudert Y, Bell N E, Edelin C, et al. 2017. Multiple innovations underpinned branching form
　　diversification in mosses[J]. The New Phytologist, 215(2): 840-850.

Lara F, Miguel E S, Mazimpaka V. 2006. Mosses and other plants used in nativity sets: A sampling
　　study in northern Spain[J]. Journal of Bryology, 28(4): 374-381.

Lovelock C E, Robinson S A. 2002. Surface reflectance properties of Antarctic moss and their
　　relationship to plant species, pigment composition and photosynthetic function[J]. Plant, Cell &
　　Environment, 25(10): 1239-1250.

Mohanasundaram B, Pandey S. 2022. Effect of environmental signals on growth and development in
　　mosses[J]. Journal of Experimental Botany, 73(13): 4514-4527.

Pardow A, Gehrig-Downie C, Gradstein R, et al. 2012. Functional diversity of epiphytes in two
　　tropical lowland rainforests, French Guiana: Using bryophyte life-forms to detect areas of high
　　biodiversity[J]. Biodiversity and Conservation, 21(14): 3637-3655.

Patiño J, Vanderpoorten A. 2018. Bryophyte biogeography[J]. Critical Reviews in Plant Sciences,
　　37(2/3): 175-209.

Proctor M C F. 2000. The bryophyte paradox: Tolerance of desiccation, evasion of drought[J]. Plant
　　Ecology, 151(1): 41-49.

Wang Q H, Zhang J, Liu Y, et al. 2022. Diversity, phylogeny, and adaptation of bryophytes: Insights
　　from genomic and transcriptomic data[J]. Journal of Experimental Botany, 73(13): 4306-4322.

Yang J, Wang X R, Zhao Y. 2022. Leaf color attributes of urban colored-leaf plants[J]. Open
　　Geosciences, 14(1): 1591-1605.

第三章　喀斯特城市绿地常见苔藓植物
观赏价值综合评价

第一节　引　　言

随着园林绿地建设的快速发展，优异的观赏植物应用范围逐渐扩大，进而增加和丰富了城市的生态景观效果。但想要营造出既有丰富的景观效果，又与环境相协调的园林，丰富的植物材料是关键，因此需要对植物真正的适应性、观赏性进行对比分析和综合评价，从而筛选出观赏性极佳、抗性良好的种类（吴燕燕，2015）。而对现有的观赏植物资源进行筛选与评估，是一个细致、烦琐但具有积极意义的工作。植物的观赏特性构成了植物的美，而其美的特征主要体现在视觉所能把握的形、色、性和特有的意象（刘敏，2016）以及个体美与群体美上（臧德奎，2007）。以园林树木为例，其观赏特性通常包括树形、叶、花朵、果实、枝干等方面，不同方面又包括大小、形状、色彩、质感等不同特性（张茂钦，2004）。由于不同植物的观赏特性各异，其评价指标也就不同，因此针对园林植物的观赏性评价没有固定的方法。目前，多指标综合评价方法主要有层次分析法（analytic hierarchy process，AHP）、模糊数学法、灰色关联度法、百分制法等（刘丽，2016）。其中，层次分析法是一种定性与定量结合的运用多因素分级处理确定权重的分析决策方法，有着将复杂问题简单化、较为可靠、严谨且稳健的优点（Tavana et al.，2023），是园林植物观赏性评价中运用最多的方法。近年来，层次分析法在野生植物资源开发利用（鲜小林，2013）、植物观赏性状评价（廖美兰等，2018；曹晓栋，2021）、优良品种选育（蒋艾平等，2015）等方面有着广泛的应用。我国苔藓植物种类丰富，且应用历史悠久，早在古代就在盆景及庭院造景中应用，但至今苔藓植物造景仍未走进大众视野，且营造不同类型的苔藓植物景观时，尚没有明确的可供选择的苔藓植物名录。在园艺中常用的苔藓植物仅有桧叶白发藓、东亚砂藓、尖叶匐灯藓、大灰藓等（黄顺和赵德利，2019；付素静，2006），种类较少。此外，目前苔藓植物的人工栽培规模较小，供应不足，且缺少可替换的具同类观赏效果的植物。同时，目前关于苔藓植物观赏价值的评价研究较少，因此亟待筛选出更多观赏效果良好且适应能力强的苔藓植物种类，并规模化繁殖以供园艺应用。本章采用层次分析法对喀斯特城市绿地常见苔藓植物（附表 1）的观赏价值进行综合评价，以筛选出观赏效果良好、适应能力强的苔藓植物种类，从而丰富贵阳市园林植物材料库，为城市绿化提供新型植物材料，并为营建具有喀斯特特色的景观提供理论指导。

第二节　国内外研究概况

植物的观赏价值是指其与其他景观要素通过组合造景能够营造可观可赏可游的园林景观这一功能价值，以此增加园林环境的美化功能（陈小丽，2016）。园林植物是城市绿地的重要元素之一，其观赏价值直接影响绿地景观的整体美感。而植物的观赏性十分广泛，包括观花、观果、观叶、观茎、观株、观韵、观色等（王秘丹，2015）。目前国内外很多学者对植物的观赏性状做了研究，如刘青林和陈俊愉（1998）提出色、香、形是观赏植物的重要观赏性状；陈明（2006）对 6 种不同藤本月季品种的观赏性状进行了统计分析；李绅崇等（2007）对非洲菊切花的 6 个观赏性状在 F1 代的遗传表现进行了研究，发现所有观赏性状在 F1 代出现广泛分离；翟蕾等（2008）通过对郁金香的生长发育规律及观赏性状进行调查研究，筛选出 6 个在各方面表现都较好的优良品种，可以与其他品种搭配种植，以期达到最佳的观赏效果；唐道城等（2008）对 71 个万寿菊品种的主要观赏性状进行了调查，并进行了系统聚类分析；杜晓华等（2011）对三色堇的观赏性状进行了主成分分析，并对 33 个三色堇品种进行了观赏性综合评价；廖美兰等（2018）采用层次分析法从叶、花、株形、生态习性 4 个方面筛选出 15 个评价指标，对 42 种苦苣苔科植物的观赏性状进行了综合评价；温放（2008）采用层次分析法对苦苣苔科植物的观赏性状进行了综合评价；刘安成等（2017）采用层次分析法从花、叶、果的观赏性及植株抗性等方面筛选出 18 个评价因子，对 35 个野生原种（变种）及栽培园艺种的观赏性状进行了综合评价；苏梓莹等（2020）采用层次分析法从观花性状、观叶性状和观株性状 3 个方面筛选出 12 个评价指标，对广东省特有兰科植物的观赏价值进行了综合评价；余文迪等（2023）采用层次分析法对报春苣苔属 40 种植物的观赏性状进行了综合评价；王明荣（2005）选取了花、果、叶及其他共 13 个指标对山东地区引种的 33 个欧洲海棠品种进行了评价，其评价标准是观花、观果，花色艳丽、丰富，果色鲜艳，挂果期长的品种综合评价分值高；刘毅（2007）以树形、枝形、叶形、叶色及植株特异性等共 13 个指标对陕西主要栽培银杏品种的观赏性状进行了综合评价，并将其观赏应用价值分为 6 个等级。

植物观赏价值评价是一个典型的多因素综合评价问题，但由于不同植物的主要观赏性状不同，评价指标也就存在定量和定性差异，因此还未能形成公认、统一的评价方法和评价体系（王秘丹，2015）。植物景观评价最初起源于美国，当时针对的主要是景观视觉美学。20 世纪 70 年代前后，国外涌现出大批的景观评价方法，如比较评判法（LCJ）（Buhyoff and Leuschner，1978）与美景度评判法（SBE）。Akbar 等（2003）基于美景度调查法发现，道路使用者对以乡土植物为主、物种多样性高的植物群落及道路边缘多种植花草的群落喜爱度最大。Tyrväinen 和 Väänänen（1998）应用条件价值评估法探讨了城市绿地愉悦感跟经济价值的关系，提出绿地能提高城市生态、美学、经济与人文属性的主张。20 世纪 70 年代，美国学者提出层次分析法（AHP），其是运用多因素分级处理来确定因素权重的一种定量与定性相结合的分析方法，目前被广泛运用在植物景观的综合评价中（Jayawickrama et al.，2017）。1965 年，美国加利福尼亚大学 L.A. Zadeh 教授提出模糊集合理论概念，即以模糊数学为基础，把定性评价转化为定量评价的综合评价方法——模糊评价法（谭人华等，2019；张佳裔，2020），优点是具客观性、计算简单、结果明了、定量、可比，但不能全程评估，具有一定的局限性，研究对象必须为不确定的简单问题（刘静，2021）。

随着我国植物景观建设的发展，景观评价越来越受到重视，从简单地对植物观赏特性进行定性评价发展到运用多学科交叉方法评价植物景观综合效益的层次。目前，园林植物中应用较多的评价方法有语义差异法（SD）、审美评判测量法（BIB-LCJ）、美景度评价法、人体生理心理指标测试法和层次分析法等（陈小丽，2016）。例如，冯茂桓等（2023）采用美景度评价法和层次分析法对屋顶花园植物景观的艺术性及生态性进行了综合评价与分析，发现植物类型的组合、植物景观与环境的匹配度、植物的观赏性和健康度及植物景观的色彩对屋顶花园植物景观的艺术性有显著影响，其中植物景观与环境的匹配度可作为屋顶花园植物景观艺术性的特色评价因子；李伟成等（2023）采用层次分析法对杭州的木本观花植物资源进行了综合评价，发现观赏特性在评价体系中权重最高，其次为适应性；李宇泊等（2022）采用层次分析法构建了兰州乡土地被植物的综合评价体系，结果表明体系中指标权重值的排序为生态适应性＞园艺学特性＞园林观赏性＞开发新颖性，可见生态适应性最为重要，符合黄土高原地区生态环境的特点和绿化需求；武荣花等（2021）采用层次分析法从植株性状、花部性状、抗性 3 个层面对种植在北京市园林绿化科学研究院资源圃的 138 个月季品种进行了综合评价；刘本本等（2022）采用层次分析法从植物的生态适应性、生物学特性、观赏价值、生态效益、经济价值、社会文化价值和环保安全 7 个方面，构建了雄安新区公园绿地植物的综合评价体系；唐丽和刘友全（2007）采用模糊数学评判法，通过建立南天竹园林景观效果综合评价模型，从景观生态学、文化价值和资源价值等方面评价了观赏植物南天竹的园林景观效果；李素华等（2020）从观赏质量、生态质量、繁殖养护难度、市场潜力 4 个方面构建了景天科多肉植物品种的评价体系，以株形、叶形、叶色、呈彩期、抗热性、抗寒性、抗病虫性、存活度、繁殖难度、养护难度、频度、销量、价格和价格浮动为指标，运用层次分析法对 32 种景天科多肉植物品种进行了评价分析；于晓燕等（2020）采用层次分析法和综合模糊评判法对稀土污染城市的植物群落进行了综合评价，为轻稀土污染城市的植物景观改造和建设提供了参考。

苔藓植物作为一种新兴的园林景观植物，在园林绿化美化方面具有不可忽视的重要作用。但目前仅有少数针对苔藓植物观赏价值评价的相关研究，如王琦等（2018）、程军（2016）采用层次分析法建立了上海地区苔藓植物景观的评价体系，从定性角度对苔藓植物群落进行科学、合理评价；夏红霞等（2023）运用层次分析法，基于抗逆能力、易获得性、生态功能、繁殖能力、生物量积累和美观感 6 个方面构建了含 18 项筛选指标的评价体系，并根据综合评价得分将覆绿苔藓植物分为 4 个等级，最终筛选出适用于九寨沟震后覆绿的 5 种苔藓植物。

第三节 评价对象与评价方法

一、评价对象

同第二章，以公园绿地常见的 75 种苔藓植物（附表 1）及其群落为研究对象。

二、评价方法

本研究采用层次分析法（AHP）（杜栋等，2015），邀请 15 位风景园林、生态学以及园林植物应用方面的科研人员对约束层和准则层指标进行打分，然后采用 1~9 比例标度法对指标的相对重要程度进行两两比较，以此数据为基础构建判断矩阵并计算权重，最后进行一致性检验。将通过一致性检验的各专家权重结果进行算术平均，得出各因子的权重。

三、评价模型构建

1. 模型构建

参考相关文献以及咨询专家意见，结合苔藓植物的形态、生境、群落结构与景观特征，构建了苔藓植物观赏价值的评价模型（表 3-1），如下。

表 3-1 常见苔藓植物观赏价值综合评价模型

目标层 A	约束层 C	标准层 P	最底层 D
常见苔藓植物观赏价值	C1 苔藓植物形态特征	P1 植株高度或长度	D1, D2, D3,…, Dn（待测苔藓植物及其群落）
		P2 生活型	
		P3 孢子体密度	
	C2 苔藓植物景观特征	P4 群落面积	
		P5 群落色彩艳度	

续表

目标层 A	约束层 C	标准层 P	最底层 D
常见苔藓植物观赏价值	C2 苔藓植物景观特征	P6 群落色彩明度	D1, D2, D3, …, Dn（待测苔藓植物及其群落）
		P7 群落景观质感	
		P8 景观连续性	
		P9 孢子体景观连续性	
	C3 生态适应性	P10 苔藓植物生境幅度	
		P11 苔藓植物健康状况	
		P12 苔藓植物普遍性	
		P13 苔藓群落物种纯度	

目标层（A）：根据人们的观赏意识以及苔藓植物的形态特征、生态习性对贵阳市公园常见苔藓植物观赏价值进行全面、综合、客观评价。

约束层（C）：即限制贵阳市公园常见苔藓植物观赏价值的各种因素，设定苔藓植物形态特征、苔藓植物景观特征、生态适应性 3 个因子作为指标。

标准层（P）：苔藓植物形态特征包括植株高度或长度、生活型、孢子体密度 3 个指标；苔藓植物景观特征包括群落面积、群落色彩艳度、群落色彩明度、群落景观质感、景观连续性、孢子体景观连续性 6 个指标；生态适应性包括苔藓植物生境幅度、苔藓植物健康状况、苔藓植物普遍性、苔藓群落物种纯度 4 个指标。标准层各指标的说明见表 3-2。

最底层（D）：贵阳市公园常见的 75 种苔藓植物及其群落。

表 3-2 标准层指标说明

标准层（P）指标	描述	指标性质
P1 植株高度或长度	苔藓植物体量大小，直立型苔藓即为高度，匍匐型苔藓即为长度	定量
P2 生活型	包括交织型、悬垂型、丛集型、粗平铺型、细平铺型、扇型、垫状型 7 种	定性
P3 孢子体密度	苔藓群落孢子体的覆盖情况	定性
P4 群落面积	反映苔藓植物的覆盖能力	定量
P5 群落色彩艳度	即颜色的鲜艳程度，用 HSB 色彩模式的 S（饱和度）表示	定量
P6 群落色彩明度	即颜色的亮度，用 HSB 色彩模式的 B（明度）表示	定量
P7 群落景观质感	观赏距离为 50cm 时苔藓植物群体给人的质感，通过语义差别法（SD）判别，主要有细腻的或粗糙的、柔软的或坚硬的、轻盈的或厚重的等	定性
P8 景观连续性	即苔藓植物景观维持时间	定性
P9 孢子体景观连续性	即孢子体维持时间	定性
P10 苔藓生境幅度	反映苔藓植物对环境的适应能力，同时影响苔藓植物景观再建的难易程度；本研究用苔藓植物可生长的基质类型数量表示	定量
P11 苔藓植物健康状况	通过苔藓植物在各个季度是否死亡和发生病害进行评判	定性

标准层（P）指标	描述	指标性质
P12 苔藓植物普遍性	苔藓植物普遍性越高，则分布越广、越常见、数量越多，其形成的景观越容易复制；本研究用苔藓出现频次表示	定量
P13 苔藓群落物种纯度	即苔藓群落的苔藓植物种类，物种越少、纯度越高，表明优势苔藓植物的竞争力越强	定量

2. 判断矩阵构建

由专家对各层次第 n 个指标的相对重要性（两两指标之间）进行打分，相对重要性的比例标度取 1～9（表 3-3）。

表 3-3　判断矩阵的标度及描述

量化值	描述（指标 i 相比指标 j）
1	同等重要
3	稍微重要
5	明显重要
7	强烈重要
9	极端重要
2，4，6，8	量化等级的中值
倒数	如果指标 i 与 j 比较得 a_{ij}，则 j 与指标 i 比较得 $1/a_{ij}$

构建判断矩阵 A：

$$A = \left(a_{ij}\right)_{n \times n} \begin{Bmatrix} a_{11}, & a_{12} \ldots a_{1n} \\ a_{21}, & a_{22} \ldots a_{2n} \\ \vdots & \vdots \quad\; \vdots \\ a_{n1}, & a_{n2} \ldots a_{nn} \end{Bmatrix}$$

式中，a_{ij} 表示第 i 个指标相对于第 j 个指标的比较结果。

3. 权重计算

将矩阵 A 的各行向量进行几何平均（方根法）后进行归一化处理（唐惠玲，2022），得到各评价指标的特征向量 W 和权重 Wi。

计算判断矩阵 A 中每一行元素的乘积 M_i

$$M_i = \prod_{j=1}^{n} a_{ij} \quad i=1,2,\cdots,n$$

分别计算 M_i 的 n 次方根 $\overline{W}_j$：

$$W_j W = \sqrt[n]{M_i}$$

将方根向量 $\overline{W}_j$ 进行归一化处理：

$$W_i = \frac{W_i}{\sum_{j=1}^{n} W_j}$$

$W_i = [W_1, W_2, W_3, \cdots, W_n]^{\mathrm{T}}$，即所求的特征向量。

4. 一致性检验

为了验证专家打分结果的可靠性，需要进行一致性检验，一致性指标（CI）越接近 0，表明判断矩阵的一致性越好。如果一致性不通过，则需要调整判断矩阵。

计算最大特征根 $\lambda_{\max}$：

$$\lambda_{\max} = \sum_{i=1}^{n} \frac{(AW)_i}{nW_i}$$

式中，$(AW)_i$ 为向量 AW 的第 i 个元素。

计算一致性指标 CI：

$$CI = \frac{\lambda_{\max} - n}{n - 1}$$

对于不同阶的判断矩阵，一致性误差不同，对 CI 值的要求也就不同。因此衡量不同阶的判断矩阵是否具有较好的一致性，还需引入判断矩阵的平均随机一致性指标 RI。1~7 阶对应的 RI 如表 3-4 所示。

表 3-4　平均随机一致性指标 RI 标准值

指标	矩阵阶数						
	1	2	3	4	5	6	7
RI	0.00	0.00	0.58	0.90	1.12	1.24	1.32

5. 计算一致性比例 CR

$$CR = \frac{CI}{RI}$$

当 CR<0.1 时，认为该判断矩阵通过一致性检验，否则就不具有满意的一致性，须调整判断矩阵，直到具有满意的一致性。

6. 评分标准与综合得分计算

采用绝对选择评定法，根据苔藓植物的特征将标准层的每个指标均划分为 5 个等级，并制定各个指标的评分标准（表 3-5），然后根据评分标准对每种苔藓植物的各指标进行打分，再对各指标相对应的分值进行加权综合，最后计算出每种苔藓植物的综合得分（曹晓栋，2021），以此来确定贵阳市公园常见苔藓植物的综合观赏价值。综合得分计算公式如下：

$$B = \sum (X_i \times F_i)$$

式中，B 为贵阳市常见苔藓植物的综合得分；X_i 为第 i 个评价指标的评判得分；

F_i 为第 i 个评价指标的权重。

表 3-5　标准层各指标的评分标准

评价指标	得分				
	5	4	3	2	1
P1 植株高度或长度	>10cm	5~10cm	3~5cm	1~3cm	<1cm
P2 生活型	交织型或交织型+其他生活型	同时具 2 种生活型（不含交织型）	丛集型或粗平铺型或垫状型	扇型或悬垂型	细平铺型
P3 孢子体密度	密满	稍稀疏	团簇	星散	无孢子体
P4 群落面积	>10m²	5~10m²	3~5m²	1~3m²	≤1m²
P5 群落色彩艳度	>80%	60%~80%	40%~60%	20%~40%	0%~20%
P6 群落色彩明度	>80%	60%~80%	40%~60%	20%~40%	0%~20%
P7 群落景观质感	柔软或规则、细腻、轻盈、紧密（至少占 3 项）	稍柔软或规则、细腻、轻盈、紧密（至少占 3 项）	介于柔软、规则、细腻、轻盈、紧密和坚硬、粗犷、粗糙、厚重、稀疏之间	稍坚硬、粗犷、粗糙、厚重、稀疏（至少占 3 项）	坚硬、粗犷、粗糙、厚重、稀疏（至少占 3 项）
P8 景观连续性	4 个季节均景观良好	3 个季节景观良好	2 季节景观良好	1 个季节景观良好	各个季节景观均较差
P9 孢子体景观连续性	4 个季节均有孢子体产生	3 个季节有孢子体产生	2 季节有孢子体产生	1 个季节有孢子体产生	各个季节均无孢子体产生
P10 苔藓植物生境幅度	可在土壤、岩石、树皮、岩面薄土 4 种基质上生长	可在 3 种基质上生长	可在 2 种基质上生长	仅在岩石或土壤、岩面薄土上生长	仅在树皮上生长
P11 苔藓植物健康状况	4 个季节均叶色翠绿，无病虫害、无枯死	3 个季节苔叶色翠绿，无病虫害、无枯死	2 个季节叶色翠绿，无病虫害、无枯。	1 个季节叶色翠绿，无病虫害、无枯死	4 个季节均有部分叶呈棕褐色或枝茎干枯或叶卷曲
P12 苔藓植物普遍性	出现频次>15 次	出现频次 11~15 次	出现频次 6~10 次	出现频次 3~5 次	出现频次<小于 3 次
P13 苔藓群落物种纯度	物种数>6 种	物种数 5~6 种	物种数 3~4 种	物种数 2 种	物种数仅 1 种

第四节　城市绿地常见苔藓植物观赏价值综合评价

一、指标权重分析

采用 yaahp10.0 软件计算 15 位专家对筛选出的贵阳市公园常见苔藓植物观赏价值各层评价指标的权重检验其一致性，最后取各指标权重的算术平均值作为其综合权重。结果显示，每份问卷的 CR 均小于 0.1（表 3-6～表 3-9），一致性检验通过，可进行下一步的评价研究。在约束层 C 中，限制贵阳市公园常见苔藓植物观赏价值的主要因素为苔藓植物景观特征和生态适应性，其权重依次为 0.4406、0.4165（表 3-6），苔藓植物的生态适应性在其观赏价值评价及开发利用中占据重要地位。在标准层 C1（苔藓植物形态特征）中（表 3-7），与植株高度或长度、孢子体密度相比，生活型对苔藓植物观赏价值影响更大，其权重达 0.4836，而植株高度或长度的权重最小，仅 0.2087，可能是由于总体上苔藓植物的体量较小，其观赏特征常以群体景观为主。在标准层 C2（苔藓植物景观特征）中（表 3-8），权重位列前 3 的指标依次为景观连续性 P8（0.3144）、群落景观质感 P7（0.2589）和群落面积 P4（0.1325），景观连续性与群落景观质感为苔藓植物景观的主要观赏特征；孢子体景观连续性权重最低，仅为 0.0782，可能与苔藓孢子体微小、不易被注意到的形态有关。标准层 C3（生态适应性）中，影响最大的指标为苔藓植物健康状况 P11，权重为 0.4280，其次为苔藓植物生境幅度 P10，权重为 0.2588（表 3-9），说明苔藓植物的生长状况与景观再建难易程度是影响其观赏价值的重要因素。

表 3-6　约束层 C 指标权重及一致性检验

专家编号	指标					
	C1	C2	C3	λ_{max}	CI	CR
1	0.1692	0.4434	0.3874	3.0183	0.0102	0.0176
2	0.1692	0.3874	0.4434	3.0183	0.0102	0.0176
3	0.0914	0.6910	0.2176	3.0536	0.0299	0.0516
4	0.2493	0.5936	0.1571	3.0536	0.0299	0.0516
5	0.1220	0.3196	0.5584	3.0183	0.0102	0.0176
6	0.1140	0.4806	0.4054	3.0291	0.0102	0.0176
7	0.1020	0.7258	0.1721	3.0291	0.0162	0.0279
8	0.1085	0.3445	0.5469	3.0536	0.0299	0.0516
9	0.086	0.4995	0.4145	3.0349	0.0195	0.0336
10	0.0807	0.5125	0.4068	3.0536	0.0299	0.0516
11	0.2402	0.5499	0.2098	3.0183	0.0102	0.0176
12	0.1260	0.4579	0.4161	3.0092	0.0051	0.0088
13	0.0924	0.4232	0.4844	3.0183	0.0102	0.0176
14	0.2000	0.0734	0.7267	3.0092	0.0051	0.0088
15	0.1929	0.1061	0.7010	3.0092	0.0051	0.0088
综合权重	0.1429	0.4406	0.4165			

表 3-7　约束层中标准层 C1 指标权重及一致性检验

专家编号	指标					
	P1	P2	P3	λ_{max}	CI	CR
1	0.0265	0.1261	0.0167	3.0536	0.0299	0.0516
2	0.1692	0.3874	0.4434	3.0183	0.0102	0.0176
3	0.1378	0.7324	0.1297	3.0037	0.0021	0.0036
4	0.1562	0.6586	0.1852	3.0291	0.0162	0.0279
5	0.2081	0.6608	0.1311	3.0536	0.0299	0.0516
6	0.0769	0.3077	0.6154	3.0000	0.0000	0.0000
7	0.1210	0.7641	0.1149	3.0026	0.0015	0.0025

续表

专家编号	指标					
	P1	P2	P3	λ_{max}	CI	CR
8	0.5936	0.1571	0.2493	3.0536	0.0299	0.0516
9	0.1603	0.6908	0.1488	3.0055	0.0031	0.0053
10	0.1047	0.6370	0.2583	3.0385	0.0215	0.0370
11	0.1692	0.4434	0.3874	3.0183	0.0102	0.0176
12	0.4330	0.1005	0.4665	3.0055	0.0031	0.0053
13	0.4286	0.1429	0.4286	3.0000	0.0000	0.0000
14	0.1744	0.6941	0.1315	3.0803	0.0448	0.0772
15	0.1713	0.7504	0.0782	3.0999	0.0557	0.0961
综合权重	0.2087	0.4836	0.2523			

表 3-8　约束层中标准层 C2 指标权重及一致性检验

专家编号	指标								
	P4	P5	P6	P7	P8	P9	λ_{max}	CI	CR
1	0.0882	0.0529	0.1015	0.2390	0.4795	0.0390	6.5998	0.0552	0.0952
2	0.2535	0.0940	0.1582	0.2003	0.2154	0.0786	6.2454	0.0226	0.0390
3	0.0830	0.1194	0.1061	0.3667	0.2756	0.0492	6.3073	0.0283	0.0488
4	0.0663	0.0902	0.0566	0.3347	0.2809	0.1712	6.3592	0.0331	0.0570
5	0.1185	0.2248	0.1348	0.2074	0.2293	0.0852	6.3668	0.0338	0.0582
6	0.1181	0.1593	0.1304	0.2552	0.2863	0.0506	6.5849	0.0538	0.0928
7	0.1328	0.1175	0.0625	0.1867	0.4488	0.0517	6.6246	0.0575	0.0991
8	0.0396	0.1453	0.1155	0.2056	0.3314	0.1627	6.1806	0.0166	0.0287
9	0.0743	0.0953	0.0922	0.3436	0.3652	0.0295	6.3602	0.0332	0.0572
10	0.0512	0.0944	0.1090	0.3829	0.3226	0.0398	6.4254	0.0392	0.0675
11	0.1143	0.0886	0.1165	0.2535	0.1893	0.2378	6.3014	0.0277	0.0478
12	0.2601	0.0544	0.0898	0.2230	0.3148	0.0578	6.6237	0.0574	0.0990
13	0.1535	0.0872	0.0696	0.1892	0.4670	0.0336	6.6032	0.0555	0.0957
14	0.2432	0.1360	0.1882	0.2500	0.1446	0.0381	6.5734	0.0528	0.0910
15	0.1910	0.0625	0.0879	0.2455	0.3651	0.0481	6.5390	0.0496	0.0856
综合权重	0.1325	0.1081	0.1079	0.2589	0.3144	0.0782			

表 3-9　约束层中标准层 C3 指标权重及一致性检验

专家编号	指标						
	P10	P11	P12	P13	λ_{max}	CI	CR
1	0.2862	0.3924	0.2655	0.0558	40 786	0.0171	0.0294
2	0.3414	0.4439	0.1368	0.0779	41 874	0.0407	0.0702
3	0.3216	0.1949	0.3682	0.1153	41 855	0.0403	0.0695
4	0.2641	0.5068	0.1428	0.0863	40 211	0.0046	0.0079
5	0.2679	0.4123	0.2185	0.1013	40 968	0.0211	0.0363

续表

专家编号	指标						
	P10	P11	P12	P13	λ_{max}	CI	CR
6	0.4914	0.2086	0.2105	0.0896	40 455	0.0099	0.0170
7	0.1311	0.3675	0.0834	0.4180	42 459	0.0534	0.0921
8	0.3155	0.4346	0.1759	0.0739	41 949	0.0423	0.0730
9	0.2419	0.5143	0.1996	0.0442	41 766	0.0384	0.0662
10	0.3112	0.3439	0.2785	0.0665	40 690	0.0150	0.0259
11	0.1360	0.5294	0.1881	0.1465	42 199	0.0478	0.0824
12	0.1247	0.6750	0.1538	0.0466	42 551	0.0554	0.0955
13	0.1930	0.1818	0.5488	0.0763	40 756	0.0164	0.0283
14	0.3088	0.5220	0.0616	0.1076	41 855	0.0403	0.0695
15	0.1469	0.6929	0.0944	0.0658	42 188	0.0476	0.0820
综合权重	0.2588	0.4280	0.2084	0.1048			

二、层次加权总排序分析

用标准层指标的单排序权重值乘以其隶属的上一层指标的权重值，即可得到标准层指标相对于目标层 A 的总排序权重。由表 3-10 可知，影响贵阳市公园常见苔藓植物观赏价值（目标层 A）的指标权重由大到小为：苔藓植物健康状况＞景观连续性＞群落景观质感＞苔藓植物生境幅度＞苔藓植物普遍性＞生活型＞群落面积＞群落色彩艳度＞群落色彩明度＞苔藓群落物种纯度＞孢子体密度＞孢子体景观连续性＞植株高度或长度。以生态适应性中苔藓植物健康状况 P11 的权重最大，为 0.1783，即良好的观赏效果建立在苔藓植物健康生长的基础上，同时抗逆性（抗旱、抗寒、抗病虫害等）较强的苔藓植物生长更加健康良好。对于苔藓植物观赏特征（苔藓植物形态特征 C1 和苔藓植物景观特征 C2）而言，景观特征胜于单一的形态特征，表现为 C1 和 C2 指标中景观连续性与群落景观质感的权重较大，分别为 0.1385 和 0.1141。

表 3-10　各层指标相对于目标层 A 的总排序权重

目标层 A	约束层 C	约束层权重	标准层 P	标准层权重	总排序权重
常见苔藓植物观赏价值	C1 苔藓植物形态特征	0.1429	P1 植株高度或长度	0.2087	0.0298
			P2 生活型	0.4836	0.0691
			P3 孢子体密度	0.2523	0.0361
	C2 苔藓植物景观特征	0.4406	P4 群落面积	0.1325	0.0584
			P5 群落色彩艳度	0.1081	0.0476
			P6 群落色彩明度	0.1079	0.0475
			P7 群落景观质感	0.2589	0.1141

续表

目标层 A	约束层 C	约束层权重	标准层 P	标准层权重	总排序权重
常见苔藓植物观赏价值	C2 苔藓植物景观特征	0.4406	P8 景观连续性	0.3144	0.1385
			P9 孢子体景观连续性	0.0782	0.0344
	C3 生态适应性	0.4165	P10 苔藓植物生境幅度	0.2588	0.1078
			P11 苔藓植物健康状况	0.4280	0.1783
			P12 苔藓植物普遍性	0.2084	0.0868
			P13 苔藓群落物种纯度	0.1048	0.0436

三、约束层指标评价结果

苔藓植物形态特征（C1）、苔藓植物景观特征（C2）和生态适应性（C3）是影响苔藓植物观赏价值的主要因素。对于贵阳市公园常见的苔藓植物，苔藓植物景观特征（C2）评价得分最高（图 3-1），平均达 1.246 分，75 种供试苔藓植物的得分为 0.811～1.575 分，最高得分与最低得分之间相差 0.764 分；其次为生态适应性（C3），平均为 1.004 分，但每种苔藓植物的评价得分差别大，为 0.417～1.642 分，最高得分与最低得分之间相差 1.225 分；苔藓植物形态特征（C1）评价得分最低，平均仅 0.381 分，但每种苔藓植物的评价得分差别小，为 0.165～0.543 分，最高得分与最低得分之间仅相差 0.336 分。说明贵阳市公园常见苔藓植物的观赏效果以群体景观特征取胜，且不同苔藓植物的生态适应性即适应能力和景观再建难易程度不同。此外，苔藓植物植物形态对观赏价值影响较小，可能是由于其整体上体量微小，形态特征不易被观察到。

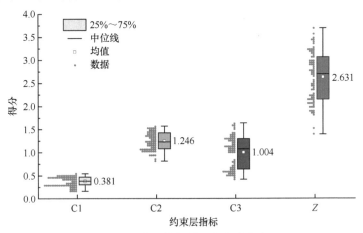

图 3-1　约束层指标的评价得分分布

Z 为苔藓植物观赏价值的综合得分

四、观赏价值综合评价

根据苔藓植物形态特征、苔藓植物景观特征和生态适应性对贵阳市公园常见的75种苔藓植物的观赏价值进行综合评价，结果显示：总体上不同苔藓植物的综合评价得分差异不大，为1.393～3.698分（表3-11）。其中，综合评价得分在2～3分的苔藓植物种类最多（图3-2），有42种，占比56.0%；其次为综合评价得分＞3分的苔藓植物种类，占比为30.7%；综合评价得分＜2分的苔藓植物种类最少，仅10种，占比13.3%。说明75种苔藓植物的观赏价值较为相似，且总体较高（Z＞2）。

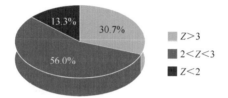

图 3-2 不同得分范围的苔藓植物种类占比

表 3-11 苔藓植物观赏价值综合评价结果

排名	种名	形态特征 C1	景观特征 C2	生态适应性 C3	综合得分 Z	苔藓类群
1	短肋羽藓	0.501	1.555	1.642	3.698	V
2	美灰藓	0.501	1.474	1.623	3.598	II
3	鳞叶藓	0.410	1.493	1.581	3.484	II
4	尖叶匐灯藓	0.333	1.554	1.593	3.480	III
5	细叶小羽藓	0.518	1.519	1.413	3.450	II
6	多褶青藓	0.476	1.432	1.526	3.434	II
7	疏网美喙藓	0.471	1.495	1.400	3.366	V
8	粗枝藓	0.501	1.473	1.324	3.298	V
9	悬垂青藓	0.294	1.493	1.460	3.247	V
10	柔叶青藓	0.471	1.352	1.424	3.247	II
11	扁枝青藓	0.483	1.460	1.297	3.240	II
12	长肋青藓	0.487	1.473	1.278	3.238	II
13	多枝青藓	0.471	1.348	1.410	3.229	II
14	卵叶青藓	0.491	1.425	1.296	3.212	II
15	粗枝青藓	0.483	1.408	1.316	3.207	II
16	长喙灰藓	0.471	1.367	1.343	3.181	V
17	毛尖青藓	0.444	1.539	1.178	3.161	II
18	狭叶小羽藓	0.498	1.380	1.268	3.146	II
19	溪边青藓	0.471	1.540	1.057	3.068	V
20	褶叶青藓	0.471	1.237	1.357	3.065	II
21	黄叶凤尾藓原变种	0.303	1.389	1.325	3.017	IV
22	东亚小金发藓	0.384	1.390	1.233	3.007	IV

续表

排名	种名	形态特征 C1	景观特征 C2	生态适应性 C3	综合得分 Z	苔藓类群
23	皱叶牛舌藓	0.501	1.151	1.352	3.004	V
24	真藓	0.330	1.542	1.103	2.975	IV
25	带叶牛舌藓	0.264	1.425	1.279	2.968	V
26	褶叶藓	0.501	1.252	1.207	2.960	V
27	双色真藓	0.308	1.306	1.306	2.920	IV
28	桧叶白发藓	0.204	1.575	1.130	2.909	IV
29	尖叶对齿藓原变种	0.309	1.427	1.163	2.899	IV
30	林地青藓	0.376	1.228	1.254	2.859	V
31	延叶平藓	0.294	1.473	1.057	2.824	V
32	小胞仙鹤藓	0.423	1.239	1.146	2.808	VI
33	异叶提灯藓	0.303	1.333	1.146	2.782	VI
34	勃氏青藓	0.471	1.228	1.076	2.775	V
35	红对齿藓	0.303	1.356	1.103	2.762	IV
36	多枝缩叶藓	0.348	1.297	1.103	2.748	IV
37	长尖对齿藓	0.303	1.265	1.146	2.714	IV
38	薄壁卷柏藓	0.333	1.356	1.012	2.701	V
39	侧枝匍灯藓	0.303	1.345	1.014	2.662	III
40	卷叶湿地藓	0.306	1.204	1.055	2.565	IV
41	东亚泽藓	0.273	1.021	1.237	2.531	IV
42	土生对齿藓	0.314	1.187	1.020	2.521	IV
43	丛生真藓	0.273	1.068	1.146	2.487	IV
44	宽叶青藓	0.480	1.228	0.746	2.454	V
45	密叶光萼苔原亚种	0.294	1.045	1.101	2.440	I
46	宽叶短月藓	0.300	1.273	0.860	2.433	IV
47	比拉真藓	0.333	1.021	1.012	2.366	IV
48	美丽长喙藓	0.537	1.127	0.699	2.363	V
49	羽枝青藓	0.450	1.207	0.638	2.295	V
50	皱叶粗枝藓	0.471	1.185	0.612	2.268	V
51	狭叶拟合睫藓	0.291	1.228	0.746	2.265	IV
52	粗枝蔓藓	0.323	1.093	0.833	2.249	VII
53	牛尾藓	0.543	1.172	0.504	2.219	V
54	羽枝美喙藓	0.501	1.079	0.612	2.192	V
55	宽叶美喙藓	0.342	1.159	0.682	2.183	V
56	密叶美喙藓	0.519	1.090	0.547	2.156	V
57	多变粗枝藓	0.471	1.068	0.612	2.151	V
58	卷叶丛本藓	0.273	1.170	0.703	2.146	IV
59	狭叶麻羽藓	0.441	1.079	0.612	2.132	V
60	短尖美喙藓	0.441	1.079	0.568	2.088	V

续表

排名	种名	形态特征 C1	景观特征 C2	生态适应性 C3	综合得分 Z	苔藓类群
61	青藓	0.441	0.973	0.655	2.069	V
62	毛尖碎米藓	0.504	1.055	0.504	2.063	V
63	细枝蔓藓	0.323	1.127	0.612	2.062	V
64	牛角藓	0.441	1.021	0.568	2.030	V
65	扭尖美喙藓	0.471	1.021	0.524	2.016	V
66	密枝青藓	0.441	1.021	0.524	1.986	V
67	白色同蒴藓	0.303	1.068	0.612	1.983	V
68	粗裂地钱原亚种	0.165	0.950	0.810	1.925	I
69	卵叶长喙藓	0.243	1.055	0.612	1.910	V
70	粗裂地钱	0.165	0.950	0.790	1.905	I
71	小叶美喙藓	0.234	1.079	0.568	1.881	V
72	钝叶绢藓	0.291	1.124	0.460	1.875	V
73	毛地钱	0.224	0.950	0.638	1.813	I
74	地钱	0.165	0.859	0.504	1.528	I
75	石地钱	0.165	0.811	0.417	1.393	I

　　75 种贵阳市公园常见的苔藓植物中,观赏价值综合评价得分位列前 5 的种类依次为短肋羽藓、美灰藓、鳞叶藓、尖叶匐灯藓和细叶小羽藓(图 3-3,表 3-11)。除了尖叶匐灯藓,其他 4 种的形态特征 C1 得分、景观特征 C2 得分和生态适应性 C3 得分均明显高于各指标的平均得分,表明其具有良好的观赏特性和较强的适应能力。尖叶匐灯藓的形态特征得分仅 0.333 分,稍低于 C1 的平均得分(0.381 分),可能是由于其生活型(粗平铺型)相对较杂乱和不易产生孢子体(本研究涉及的 12 个尖叶匐灯藓群落均未发现有孢子体产生)的特性,尽管如此,良好的景观效果和较强的生态适应性使其整体上仍具有较高的观赏价值和开发利用价值。桧叶白发藓虽然综合评价得分仅 2.909 分,但景观特征得分最高,达 1.575 分,表明其色彩淡雅、质感柔软、四季常青且不易受病虫害侵扰,景观效果良好,但本次调查发现其仅在马尾松树干基部生长,且未形成较大面积的群落景观,在一定程度上反映了桧叶白发藓生长缓慢、对生境条件要求较高的特性,说明重建桧叶白发藓景观的难度相对较大。类似的苔藓植物还有具特殊光泽且质感细腻的真藓、轻盈柔软的溪边青藓等,针对这类苔藓植物,建议适当开发利用,或适当保护其生境及植物资源。观赏价值综合评价得分<2 的苔藓植物有钝叶绢藓(*Entodon obtusatus*)、毛地钱、地钱(*Marchantia polymorpha*)、石地钱等,其形态特征、景观特征和生态适应性得分均相对较低,不适宜大面积地应用在园林绿化美化中。

短肋羽藓	美灰藓	鳞叶藓
（*Thuidium kanedae*）	（*Eurohypnum leptothallum*）	（*Taxiphyllum taxirameum*）

尖叶匐灯藓	细叶小羽藓	桧叶白发藓
（*Plagiomnium acutum*）	（*Haplocladium microphyllum*）	（*Leucobryum juniperoideum*）

图 3-3　部分苔藓植物图片

同样，根据苔藓植物形态特征、苔藓植物景观特征和生态适应性对 7 个类群的苔藓植物观赏价值进行综合评价，结果显示：各类群的苔藓植物观赏价值存在差异，整体上Ⅱ类群综合评价得分最高，Ⅰ类群综合评价得分最低，分别为 3.286 分和 1.834 分（图 3-4）。Ⅰ类群 6 种苔类植物的观赏价值普遍较低（图 3-5），C1、C2 和 C3 仅分别平均为 0.196 分、0.927 分、0.710 分（表 3-12）。其中，密叶光萼苔原亚种综合评价得分最高，为 2.440 分，其他 5 种叶状体苔类综合评价得分均低于 2 分，表明贵阳市公园常见的 6 种苔类植物观赏价值低于常见的藓类植物，且叶状体苔类的观赏价值不及茎叶体苔类。Ⅱ类群的 13 种苔藓植物观赏价值相差较小，综合评价得分为 3.065～3.598 分，最大值和最小值仅相差 0.533 分，C1、C2、C3 分别平均为 0.477 分、1.426 分和 1.382 分（表 3-12），说明其在形态特征、景观特征和生态适应性方面表现良好，具有较高的观赏价值。Ⅲ类群中尖叶匐灯藓和侧枝匐灯藓的综合评价得分分别为 3.480 分和 2.662 分，相差 0.818 分，二者植株形态和生活习性较为相似，均具直立的生殖枝和葡匐的营养枝，且喜生长在阴湿的林下土壤上。然而，尖叶匐灯藓分布较为普遍，本研究中其出现频次达 12 次，侧枝匐灯藓则仅出现 2 次。此外，尖叶匐灯藓常在林下形成大面积均匀的地被景观，覆地性较强，而侧枝匐灯藓所形成的景观面积较小，且呈斑块状（图 3-6），因此尖叶匐灯藓的综合评价得分高于侧枝匐灯藓。Ⅳ类群的苔藓植物综合评价得分为 2.146～3.017 分，C1、C2、C3 分别平均为 0.303 分、1.278 分、1.082 分（表

3-12），除 C1 外，C2、C3 平均得分均大于全部苔藓植物的均值，说明其总体上具有较高的景观效果和适应能力，但因植株多数矮小、分枝单一而不易被关注到。其中，综合评价得分排名前 3 的种类分别为黄叶凤尾藓原变种、东亚小金发藓和真藓（图 3-7）。其中，黄叶凤尾藓原变种植株呈凤尾状，形态奇特优美，但植株矮小无分枝，不易形成毯状、易获取的藓块；东亚小金发藓叶片顶端簇生伸展，孢子体明显、常见，且孢子体景观可维持 3 个季节，但植株生长稍稀疏，未完全覆盖生长基质；真藓植株生长紧密且具光泽，群体景观质感细腻，效果良好，然而以真藓为优势种的群落较少且面积较小，常作为混生种生长在以其他种类为优势种的苔藓群落中。V类群苔藓植物的观赏价值综合评价得分为 1.875～3.698 分，最高和最低得分之间相差 1.823 分，不同苔藓植物的观赏价值差异最大，综合评价得分最高的短肋羽藓属于该类群。从苔藓植物形态特征 C1、苔藓植物景观特征 C2、生态适应性 C3 的平均得分来看，V类群的 C3 平均得分仅 0.851 分（表 3-12），明显低于 75 种苔藓植物的均值 1.004 分，说明V类群多数苔藓植物的适应能力较弱，对生境条件的要求较高，抗逆性相对较差。VI类群中小胞仙鹤藓和异叶提灯藓观赏价值的综合评价得分分别为 2.808 分和 2.782 分，相差较小，景观类型与效果较为相似，且其群落景观均可维持 3 个季节（图 3-8a，b）。VII类群的粗枝蔓藓是 75 种苔藓植物中体量最大的种类，植株长度可达 25cm 以上，但观赏价值综合评价得分为 2.249 分（表 3-12），仅高于I类群的苔类植物，同时 C1、C2 和 C3 平均得分均小于 75 种苔藓植物的均值，虽体型占优势，但景观质感相对粗犷，同时景观连续性较差，表现为植株仅在冬季呈现鲜艳的黄绿色，在其他季节则主要呈黄褐色（图 3-8c）。

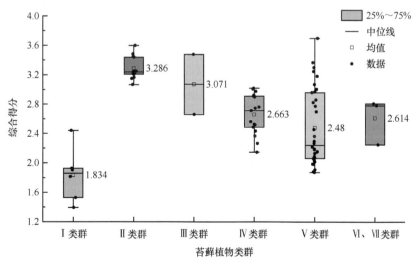

图 3-4 各类群苔藓植物的综合评价得分分布

密叶光萼苔原亚种　　　　　　石地钱　　　　　　　毛地钱　　　　　　粗裂地钱原亚种
（*Porella densifolia* subsp.　（*Reboulia hemisphaerica*）　（*Dumortiera hirsuta*）　（*Marchantia paleacea* subsp.
　　densifolia）　　　　　　　　　　　　　　　　　　　　　　　　　　　　　　　　*paleacea*）

图 3-5　部分苔类植物

尖叶匍灯藓　　　　　　　　　　　　　侧枝匍灯藓
（*Plagiomnium acutum*）　　　　　（*Plagiomnium maximoviczii*）

图 3-6　尖叶匍灯藓（a）与侧枝匍灯藓（b）的实景图
1、2 分别为观赏距离＜1m 和＞2m

黄叶凤尾藓原变种　　　　　　　　东亚小金发藓　　　　　　　　真藓
（*Fissidens zippelianus* var. *zippelianus*）　（*Pogonatum inflexum*）　　（*Bryum argenteum*）

图 3-7　黄叶凤尾藓原变种、东亚小金发藓和真藓的实景图

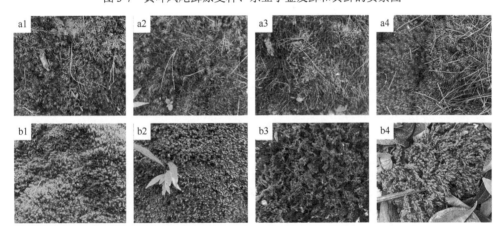

图 3-8　小胞仙鹤藓（a）、异叶提灯藓（b）和粗枝蔓藓（c）在各个季节的实景图

1 为春季，2 为夏季，3 为秋季，4 为冬季

表 3-12　各类群的约束层指标得分均值与综合评价得分均值

苔藓类群	苔藓植物形态特征 C1	苔藓植物景观特征 C2	生态适应性 C3	综合评价得分均值 $\overline{Z}$
I	0.196	0.927	0.710	1.834
II	0.477	1.426	1.382	3.286
III	0.318	1.449	1.303	3.071
IV	0.303	1.278	1.082	2.663
V	0.422	1.207	0.851	2.480
VI	0.363	1.286	1.146	2.796
VII	0.323	1.093	0.833	2.250
均值	0.381	1.246	1.004	2.631

第五节　小　　结

本章以贵阳市公园绿地常见的 75 种苔藓植物（附表 1）及其群落景观为研究对象，采用层次分析法（AHP）构建了苔藓植物观赏价值综合评价模型并进行了综合评价结构分析，结果表明以苔藓植物形态特征、苔藓植物景观特征和生态适应性为约束层指标建立的苔藓植物观赏价值综合评价模型中，景观特征的权重最高，为 0.4406，说明苔藓植物的观赏价值主要体现在群体景观上。标准层指标的权重以苔藓植物健康状况（0.1783）最高，植株高度或长度（0.0298）最低，表明苔藓植物生长状况在观赏价值综合评价中占据重要地位。综合评价结果显示：75 种苔藓的综合评价得分为 1.393~3.698 分，多数苔藓的观赏价值相差不大，综合评价得分在 2~3 分的苔藓种类占 56.0%，30.7% 的苔藓种类综合评价得分＞3 分。II 类群综合评价得分最高（3.286 分），I 类群综合评价得分最低（1.834 分）。短肋羽藓、美灰藓、鳞叶藓、细叶小羽藓和尖叶匐灯藓的综合评价得分较高，表明其利用价值较高。此外，黄叶凤尾藓原变种、真藓和东亚小金发藓等苔藓植物的景观效果与适应能力较好，但植株体型微小，不易形成大面积的景观，建议用于微景观营建。

主要参考文献

曹晓栋. 2021. 贵州省宽阔水国家级自然保护区野生草本观赏植物评价及物种多样性研究[D].

贵州大学硕士学位论文.

陈明. 2006. 几种新型藤本月季的观赏性状及园林应用[J]. 西南园艺, (4): 46-47.

陈小丽. 2016. 南京城市公园中观赏海棠资源园林价值的综合评价与优化应用研究[D]. 南京农业大学硕士学位论文.

程军. 2016. 上海地区苔藓群落生态及其景观利用[D]. 上海师范大学硕士学位论文.

杜栋, 庞庆华, 吴炎. 2015. 现代综合评价方法与案例精选[M]. 3版. 北京: 清华大学出版社.

杜晓华, 刘会超, 姚连芳. 2011. 三色堇观赏性状的主成分分析[J]. 西北农业学报, 20(6): 136-140.

冯茂桓, 麻书旗, 孙向丽, 等. 2023. 基于 SBE 和 AHP 的苏州屋顶花园植物景观综合评价[J]. 建筑与文化, (12): 248-251.

付素静. 2006. 五种观赏藓类植物的配子体发生与组织培养[D]. 南京林业大学硕士学位论文.

黄顺, 赵德利. 2019. 苔藓植物在江南园林中的应用[J]. 安徽农业科学, 47(2): 111-113.

蒋艾平, 刘军, 姜景民, 等. 2015. 基于层次分析法的乐东拟单性木兰优良种源选择[J]. 林业科学研究, 28(1): 50-54.

李绅崇, 李淑斌, 蒋亚莲, 等. 2007. 非洲菊品种间杂交主要观赏性状在 F_1 代的遗传表现[J]. 云南农业大学学报, 22(2): 197-201.

李素华, 韩浩章, 蒋亚华, 等. 2020. 基于层次分析法的景天科多肉植物品种评价体系构建与应用[J]. 河南农业科学, 49(8): 101-108.

李伟成, 赵安琳, 卢毅军, 等. 2023. 基于 AHP 的杭州冬季木本观花植物资源综合评价[J]. 中国野生植物资源, 42(3): 107-113.

李宇泊, 杨艳丽, 李永强, 等. 2022. 基于 AHP 的黄土高原乡土地被植物评价体系的建立与应用[J]. 草地学报, 30(7): 1846-1854.

廖美兰, 林茂, 周修任, 等. 2018. AHP 法对 42 种苦苣苔科植物观赏性状综合评价[J]. 农业研究与应用, 31(1): 9-15.

刘安成, 王庆, 李淑娟, 等. 2017. 西安地区忍冬属藤本植物观赏性状综合评价[J]. 西北林学院学报, 32(4): 274-278.

刘本本, 孙清琳, 柳鑫, 等. 2022. 基于群决策和层次分析法的雄安新区公园绿地植物综合评价体系构建与物种筛选[J]. 应用与环境生物学报, 28(3): 770-778.

刘静. 2021. 巴彦淖尔市常见植物景观价值评价研究[D]. 内蒙古农业大学硕士学位论文.

刘丽. 2016. 基于叶、枝特性的柳树观赏性评判及倍性鉴定研究[D]. 中国林业科学研究院硕士学位论文.

刘敏. 2016. 观赏植物学[M]. 北京: 中国农业大学出版社.

刘青林, 陈俊愉. 1998. 观赏植物花器官主要观赏性状的遗传与改良: 文献综述[J]. 园艺学报, 25(1): 81-86.

刘毅. 2007. 陕西主要栽培银杏的观赏性状评价研究[D]. 西北农林科技大学硕士学位论文.

苏梓莹, 李斓, 张茜莹, 等. 2020. 广东省特有兰科植物观赏性状综合评价[J]. 热带作物学报, 41(8):1560-1565.

谭人华, 王艳慧, 关鸿亮. 2019. 基于 GIS 与模糊层次分析法的景观视觉资源综合评价[J]. 地球信息科学学报, 21(5): 663-674.

唐道城, 唐楠, 唐新桥. 2008. 万寿菊资源观赏性状的遗传聚类分析[J]. 青海大学学报(自然科学版), 26(5): 45-47.

唐惠玲. 2022. 萱草品种观赏性评价与景观应用适宜性研究[D]. 上海应用技术大学硕士学位论文.

唐丽, 刘友全. 2007. 观赏植物南天竹园林景观效果的评价[J]. 安徽农业科学, 35(30): 9514-9515.

王秘丹. 2015. 秦皇岛市山杏观花资源调查及观赏价值评价[D]. 河北科技师范学院硕士学位论文.

王明荣. 2005. 引进 33 种欧洲海棠品种繁殖栽培研究及景观应用价值评价[D]. 南京林业大学硕士学位论文.

王琦, 申琳, 程军, 等. 2018. 应用层次分析法评价城市苔藓的景观价值——以上海市为例. 上海师范大学学报(自然科学版), (5): 565-572.

温放. 2008. 广西苦苣苔科观赏植物资源调查与引种研究[D]. 北京林业大学博士学位论文.

吴燕燕. 2015. 基于层次分析法的观赏荷花品种引种价值综合评价[D]. 福建农林大学硕士学位论文.

武荣花, 刘引, 卜燕华, 等. 2021. 北京地区 138 个月季品种夏秋观赏效果综合评价[J]. 中国园林, 37(10): 118-122.

夏红霞, 刘李岚, 周徐平, 等. 2023. 基于层次分析法的九寨沟震后裸岩边坡覆绿适用苔藓筛选[J]. 植物研究, 43(4): 540-549.

鲜小林, 陈睿, 万斌, 等. 2013. 西南地区野生春石斛资源搜集、保存与观赏利用价值评价[J]. 西南农业学报, 26(3): 1184-1189.

于晓燕, 宋宇辰, 魏光普, 等. 2020. 基于层次分析和模糊综合评判的尾矿库植物群落评价[J]. 稀土, 41(5): 70-79.

余文迪, 姜贵芸, 刘娟旭, 等. 2023. 40 种报春苣苔属植物观赏性状综合评价[J]. 热带作物学报, 44(10): 1986-1993.

臧德奎. 2007. 园林树木学[M]. 北京: 中国建筑工业出版社.

翟蕾, 马越, 张黎霞. 2008. 郁金香生长发育规律及观赏性状的调查研究[J]. 南方农业, 2(2): 5-8.

张佳裔. 2020. 基于 logistic 分析的杭州城市公园游憩满意度评价[D]. 浙江农林大学硕士学位论文.

张茂钦. 2004. 木本花卉 100 种[M]. 昆明: 云南民族出版社.

Akbar K F, Hale W H G, Headley A D. 2003. Assessment of scenic beauty of the roadside vegetation in northern England[J]. Landscape and Urban Planning, 63(3): 139-144.

Buhyoff G J, Leuschner W A. 1978. Estimating psychological disutility from damaged forest stands[J]. Forest Science, 24(3): 424-432.

Jayawickrama H M M M, Kulatunga A K, Mathavan S. 2017. Fuzzy AHP based plant sustainability evaluation method[J]. Procedia Manufacturing, 8: 571-578.

Tavana M, Soltanifar M, Santos-Arteaga F J. 2023. Analytical hierarchy process: Revolution and evolution[J]. Annals of Operations Research, 326(2): 879-907.

Tyrväinen L, Väänänen H. 1998. The economic value of urban forest amenities: An application of the contingent valuation method[J]. Landscape and Urban Planning, 43(1/2/3): 105-118.

第四章 喀斯特地区常见苔藓植物繁殖栽培技术

第一节 引　　言

苔藓植物拥有体型娇小、青翠常绿、质感细腻等优点，在园林植物造景中应用可充分展现出其细致秀丽的形态美、翠绿的色彩美和野趣盎然的意境美。如今已经有不少苔藓植物应用于园林景观之中，一些苔藓植物抗旱能力较强，能适应的温度范围较大，且其假根系统能够与基质紧密结合，因此没有风害和倒伏问题而被广泛应用于屋顶墙面等的立体绿化中；一些苔藓植物对水分需求较大，可应用于水族雨林缸中；也有一些苔藓植物因为拥有较好的景观效果，广泛应用于微景观以及庭院景观搭配中（丁水龙等，2016；刘莹等，2007；毛俐慧等，2020）。苔藓植物在维持生态系统结构和功能方面也具有非常重要的作用，目前主要应用在生物监测、水土保持、森林更新等方面（田维莉和孙守琴，2011；叶吉等，2004；吴玉环等，2003）。此外，苔藓植物的化学成分复杂，在工业、制药和环境保护等方面具有重大的生物技术应用潜力（Campos et al.，2020；Horn et al.，2021；Dziwak et al.，2022），其中一些苔藓植物是我国传统医学常用的药用植物，具有重要的医药价值。

苔藓植物虽然拥有广阔的应用前景，但目前关于其繁殖栽培技术的研究较少，掌握其繁殖栽培技术并具备批量生产能力的企业更少，目前市场出售的苔藓植物大多采摘于野外，但其在野外环境中不仅拥有保水固土的作用，而且可以为其他小型动物提供栖息地，大量野采会对自然环境造成严重的破坏，因此应该加强苔藓植物繁殖栽培和资源开发方面的研究。筛选出应用价值高的苔藓植物种类，并研究其生殖繁育机制和建立可提高其单位面积生物产量的生产模式，可为苔藓植物的推广应用提供基础材料。因此，本章以贵阳市常见的苔藓优势种为研究材料，探讨了苔藓植物的繁殖方式以及不同栽培环境对苔藓植物的影响，进而为其繁殖栽培提供理论依据和技术支持，为进一步开发苔藓在工业、药物和环境方面的生物技术应用潜力提供基础。

第二节 国内外研究概况

苔藓植物不仅具有体型娇小玲珑、色彩多样、光泽独特、质感细腻等美学特点，而且适应能力强、易于栽培，因此具有很高的观赏价值和造景功能。目前苔藓植物已在各类景观（如庭院景观、微景观、生态景观、盆景、屋顶花园、墙体绿化、苔藓主题园等）中有较为广泛的应用（曹受金，2006；李可等，2016；王铖，2011）。在国外，一些发达国家十分重视苔藓植物园林价值的开发利用，并形成了相应的技术体系。其中，苔藓植物在日本园林景观中应用最为广泛，且应用历史较久（汪庆等，1999），如京都西郊的许多大型苔藓公园、许多神社和寺庙庭院内建造的苔藓专类园（苔寺、苔庭）等已成为世界著名的旅游景点（沈阳，2016）。但在欧美国家的园林绿化中，苔藓植物的应用历史较短，如1987年美国开始有人拥有1英亩（1英亩=4046.86m²）以上的苔藓园；20世纪70年代英国开始建成有37种苔藓植物的庭院；1982年荷兰开始建成有57种苔藓的庭院。直至现代，欧美国家利用苔藓植物进行建园已经非常流行，并出现了专门种植出售苔藓植物的公司和网站（王铖，2011）。发达国家已经有专门的苔藓生产工厂，可以根据不同苔藓植物的适应能力进行生产，进而在不同气候带的城市中应用。国内苔藓植物应用较少，仅有少数景观利用苔藓植物进行造景，较为出名的如台湾的中山植物园利用苔藓植物建造了以苔藓专类园为特色的景点（夏乔莉等，2014）；深圳仙湖植物园建立了苔藓生产苗圃，并运用片植法、分株法、容器栽培法等多种人工繁殖方法对苔藓进行了人工繁育，在苔藓瓶园、苔藓盆景、苔藓小品等方面取得了很好的成效（陈俊和等，2010；黄顺和赵德利，2019）。

苔藓植物具有多种营养繁殖器官和很强的营养繁殖能力，通常以孢子进行繁殖，并具有世代交替现象，生活史中以单倍体的配子体占优势，孢子体寄生于配子体之上，因此有性繁殖能力会受到影响，而无性繁殖在生活史中占有重要地位（杜宝明，2011）。在自然状况下，藓类植物的无性繁殖比苔类植物更普遍。孢子是苔藓植物的有性繁殖器官，常见的苔藓植物体大多是由孢子萌发而长成的。鉴于孢子对苔藓植物繁殖有重要作用，已有不少学者对此开展研究。李敏等（2005）通过研究发现大帽藓（Encalypta ciliata）孢子萌发应属于新的类型，并将其拟确定为大帽藓型。王世冬等（2001）发现在沙坡头地区，组成结皮的藓类植物中丛藓科和真藓科种类常不产生孢子体，通常繁殖主要靠芽胞和植物体基部连续分枝。李琴琴等（2008）利用接近自然状态的土壤浸出液对12种藓类植物的孢子进行培养，最终确定了其孢子形态、萌发时间以及萌发类型。此外，在繁殖过程中孢子的萌发会受到湿度、光照和温度等因素影响。只有吸收足够的水分，孢子的原生质才能开始活跃的生命活动。在没有光照的情况下，苔藓植物的孢子一般不能萌发。苔类孢子萌发需要的温度一般比藓类低，但对温度的要求是因种而异的（杜宝明，2011）。此外，种植方式、撒播量、种植面积、种植密度等都会对苔藓植物的生长产生影响。较大的接种量导致更多的腐烂茎叶碎片分解，可为新生苔藓植株提供更多养分，从而促进苔藓植物生长（杨永胜，2015），如羽枝青藓（Brachythecium plumosum）切茎碎段在60~80g/m²播种量下长势最好，用量也较为节省（陈祥舟，2022）。配子体长度和铺植面积也影响苔藓植物的生长，如桧叶白发藓较长的配子体长度（＞0.5cm）比长度＜0.05cm处理的植株成活率更高

（王铖，2015）；尖叶匍灯藓在相同的初始种植面积下，2cm×2cm 处理的盖度显著大于 3cm×3cm 和 4cm×4cm 处理，但 3 个处理间的分枝平均长度和叶绿素含量差异不显著（冯伟文，2018）。苔藓植物的种植方式有孢子繁殖、片状移植、断茎法、分株法、组织培养法和粉碎撒播法，其中片状移植、断茎法、粉碎撒播法最为常见（杜宝明，2011），片状移植的处理方式最为简单，方便操作；断茎法的繁殖系数大，还可延长藓块利用年限；粉碎撒播法适合石材等硬质基质表面的苔藓植物种植，也适合大面积喷播种植（王铖，2015；陈祥舟等，2022）。种植方式也会影响苔藓植物的结构完整性，进而影响其营养分配，如匍枝青藓（*Brachythecium procumbens*）和细叶小羽藓在断茎与粉碎处理下的生物量均显著大于片状种植处理（高昕等，2017），主要与片状种植处理下两种苔藓植物结构完整导致更早的生殖活动以及断茎和粉碎处理导致更多的生长芽出现有关（陈祥舟，2022）。此外，种植方式不同还会影响苔藓植物对养分的吸收和转运，保留茎处理的泥炭藓（*Sphagnum*）植株 N 含量高于去茎处理，并且去茎处理的泥炭藓生物量和长度随着头状体结构 N 含量的增加而显著增加（Kim et al.，2014）。

除了繁殖方式会影响苔藓植物的生长繁殖效率，栽培环境也是影响苔藓植物生长的重要因素，其中土壤和基质栽培是苔藓植物较为传统的栽培方式。研究发现，苔藓植物的根具有吸收作用，因此不同类型的土壤和基质可能对苔藓植物的分布与生长造成影响（Ayres et al.，2006）。王晓莉（2020）研究发现，选用壤土或黏土、河沙、营养土（腐殖土）并按照一定比例混合掺拌作为基质，可以改善土壤肥力和结构，进而更有利于苔藓植物的生长。孙俊峰（2005）选用菜园土、黏土以及河沙作为栽培基质，发现菜园土上的苔藓植物不仅配子体成活率高，而且藓丛盖度较大。吴跃开等（2000）选用黄壤土等 5 种不同的基质培养湿地藓（*Hyophila javanica*），结果显示灰分含量高的基质上苔藓植物生物量最大，抗逆性也最强，而低肥土壤或人工施肥土壤均不适宜培养湿地藓。杜亚萍（2016）通过断茎繁殖试验发现，栽培基质对苔藓植物配子体种苗的成活率有显著影响：草炭及草炭与园土（1∶1）或草炭与山泥（1∶1）混合基质适合桧叶白发藓生长；园土及草炭与园土（1∶1）混合基质适合卷叶凤尾藓（*Fissidens dubius*）和尖叶对齿藓（*Didymodon constrictus*）生长。夏定久等（1989）通过实验表明，石渣土可以作为着生基质来繁殖美灰藓，而腐殖土较疏松且易滋生浓密的杂草，不利于苔藓植物生长。夏乔莉等（2014）利用 6 种藓类植物进行实验发现，棕榈垫可以作为苔藓植物的立体绿化载体。张楠等（2012）以 3 种土壤为基质对细叶小羽藓进行栽培，发现黄泥土更有利于其生长。陈兵红等（2014）通过对大羽藓（*Thuidium cymbifolium*）的液态和固态栽培基质进行研究，发现废菌糠浸出液为最佳液态基质，泥炭为最佳固态基质。田桂泉等（2005）在沙丘藓类植物结皮层的自然恢复及人工培养试验中发现，苔藓植物可直接在沙丘地带进行栽培管理。金时超等

（2015）利用6种建筑基质栽培苔藓植物，发现生态砼和裸露的红土砖块是比较良好的培育基质。梁书丰（2010）认为真藓在草炭土上生长最好，园土、蛭石次之。王铖（2013）曾报道在泥炭开采迹地种植泥炭藓不仅可以帮助泥炭地恢复，而且可以增加泥炭藓产量，具有较强的环境价值和经济技术可行性。杜宝明（2011）在实验中发现，大灰藓（*Hypnum plumaeforme*）的发枝总量在不同栽培基质上的高低顺序为：河沙＞锯末＞泥炭＞松皮＞菜园土＞黏土。杨柳青和刘莺（2021）将白发藓（*Leucobryum glaucum*）分别在5种苔垫及6种基质上进行断茎繁殖，发现适宜其生长的苔垫和基质分别为苔纤布和赤玉土。孙俊峰等（2006）采用泥土与细沙互相拌的方式来提高藓丛的绿色盖度。

此外，基质和土壤养分也是影响苔藓植物生长的关键因子。有研究表明，苔藓植物所需的养分元素与维管植物相似（游浩澜，2016），但由于其没有维管组织，缺乏真正的根系系统，因此其养分来源与维管植物又有所不同（吴玉环等，2001）。Schofield和Ahmadjian（1972）研究认为，苔藓植物体内的水分主要来自大气，只有少部分来自生长基质。但在苔藓植物的实际栽培过程中发现，不同基质上的苔藓植物生长状况往往存在差异，可能是因为基质自身的矿质元素、通气性、持水能力以及pH等理化因素对苔藓植物的生长产生影响。孙俊峰（2012）研究发现，土壤浸出液富含藓类植物孢子萌发与原丝体发育所需的营养成分。杜宝明（2011）发现大部分苔藓植物喜欢偏酸的环境，当基质pH偏高时可以加入少量的硫磺粉或杜鹃花肥料等进行改善。东主等（2018）研究发现，土壤pH、有效钾和有机质含量对色季拉山土生苔藓植物盖度有较大影响。汤国庆等（2018）研究认为，生长基质对苔藓植物N、P养分含量有显著影响，而高山森林林窗并不是主要影响因素。添加低、中浓度的N可丰富太岳山油松林的苔藓植物种类，但是高浓度N会导致一些苔藓植物种类濒临死亡或灭绝（董向楠，2016）。锦丝藓（*Actinothuidium hookeri*）和塔藓（*Hylocomium splendens*）为九寨沟的优势藓类，但前者比后者对高浓度氮的耐受能力更强，因此N沉降将会改变当地藓类群落结构进而影响生态系统（雷睿等，2023）。添加适当的营养可加快苔藓植物生长，并调控其体内代谢活动和营养元素含量，从而进一步提高苔藓植物的产量和品质（Hejcman et al.，2010；León et al.；2019），如对大灰藓喷施0～15kg N/hm^{2}浓度的NH_4NO_3能加快其生长且植株颜色明显转绿，可溶性糖、淀粉、总N含量均随着N浓度的升高而上升（刘滨扬等，2009）；桧叶白发藓在共同添加P和K的条件下长势显著优于N和P单独添加处理（王铖，2015）；添加P和K能降低高剂量N对泥炭藓生长的抑制作用（Chiwa et al.，2018）。

光照和水分也是影响苔藓植物生长的主要因素，同时是目前苔藓植物栽培研究的主要内容。多数苔藓植物的最适相对湿度在65%以上，最适温度在10～25℃（冯伟文，2018）。苔藓植物属典型的变水（poikilohydric）植物，强烈光照、高湿和高温均会导致多数苔藓植物变为黄褐色、皱缩休眠甚至死亡，极易影响其生长和观赏效果（玄雪梅等，2004），而较高的空气湿度有利于苔藓植物从大气沉降中获取养分（Wu and Blodau，2015）。水淹环境以及土壤含水量改变也会对苔藓植物的养分吸收产生影响，沼泽地的苔藓植物在水淹和高氮营养环境中会吸收大量养分，导致其解毒能力和生长发育受到抑制（Wu and Blodau，2015）。因此，保持空气和土壤湿润以及避免阳光直射是苔藓植物栽培与养护的重要环节，是苔藓植物进行人工培育的关键。苔藓植物的相对含水量与维管植物相似，但由于缺乏健壮的根系和控制水分蒸腾的气孔，苔藓植物受到环境（如气候）变化的影响较大，空气湿度微弱变化也会引起其含水量的变化（李佑稷，2004），反映出苔藓植物的生理生化功能对温湿度等变化极为敏感（Zhao et al.，2010）。在极端环境中，苔藓植物为保持细胞的完整性，会迅速失水进入休眠状态，从而避免自身细胞膜和代谢物质被破坏，一旦环境中水分增加，且自身含水量下降到干重的 10%～20% 时，植物细胞就会迅速吸收水分，恢复正常的生理代谢活动，尚可生存并进一步恢复到正常生长状态（Schonbeck and Bewley，1981）。吴楠等（2009）研究发现，耐旱藓类（刺叶赤藓 Syntrichia caninervis）在脱水初期 6h 内配子体的相对含水量降低 50%，12h 后小于 10%，14h 后基本维持在 5% 以内，而喀斯特地区的鳞叶藓在脱水 20h 后相对含水量能够维持在 8.8% 的低水平（张显强等，2018），说明在极低的相对含水量情况下鳞叶藓仍能存活。

有研究表明，光和水的变化对不同种类苔藓植物的影响程度不同，如影响砂藓（Racomitrium canescens）和真藓的主次因素为温度＞湿度＞光照强度，影响齿肋赤藓的主次因素为湿度＞光照强度＞温度（李天宇，2017）。同时，苔藓植物在不同生长阶段对环境因素的响应也不同，土壤水分对稀土尾矿不同发育阶段的苔藓植物群落影响最大，而光照强度在苔藓植物群落发育中后期才有显著作用（沈发兴等，2022），表明长期的动态观测对苔藓植物栽培研究有极为重要的作用。光对苔藓植物生长的影响主要与其光合作用和蒸腾作用变化有关（丁华娇等，2012；孙杰等，2022）。光照强度是影响苔藓植物正常生长发育的一个重要因素，适宜的光照强度下苔藓植物原丝体呈深绿色，分枝较多，且芽数最多（陈静文，2006）。大灰藓的栽培试验表明，全光照条件下大灰藓的盖度、发枝长度和发枝数量与遮光条件下差异显著，全光照条件下的大灰藓发枝长度最短，并随着遮光强度的增加呈上升趋势（杜宝明，2011）。在环境温度与湿度相同的条件下，无遮光的高光照强度使除大灰藓外，的大羽藓（Thuidium cymbifolium）和金发藓（Polytrichum commune）在环境温度与湿度相同的条件下，无遮光的高光照强度使其无法正常生长（刘伟才，2010），所以人工栽培苔藓植物时须做遮光处理（孙俊峰，2005）。光照强度较低的情况下，对齿藓的结皮发育速度会加快，但光照过强会抑制苔藓植物生长（杨永胜等，2015）。多数苔藓属于阴生植物，可以在较低的光照条件下进行光合作用（莫惠芝，2018），与高等植物相比，其饱和光照强度明显较低（Alpert and Oechel，1987）。高光、高温条件会抑制苔藓植物的光合生理活性，而较弱的光照和低温则相对有利（许书军，2007）。因此，人工栽培苔藓植物时须进行适当的遮光处理（孙俊峰，2005），通过对光强进行控制，可以为不同发育阶段的苔藓植物提供最适宜的光照条件，从而促进其健康生长。进一步研究光照条件对苔藓植物生长栽培的调节作用，有助于完善苔藓植物的繁殖栽培理论，从而能够明确合理的光强、光周期和光质，提高苔藓植物的光合作用效率，同时对研发节能、优质、高产的生物效能光源，并将其应用于苔藓等植物的设施栽培中具有巨大的潜在价值。

第三节　苔藓植物的繁殖栽培方式

苔藓植物是高等植物中最低等的类群，其繁育系统较原始，受精过程依赖水分，且雌雄异株的比例偏高，因此有性生殖能力受到限制（王中生等，2003）。但苔藓植物能通过离体的器官如叶、叶尖、嫩枝、分枝、珠芽等，以及特化的无性繁殖体如胚芽、原丝体繁殖细胞、块茎等进行生殖（Frey and Kürschner，2011），使得其实现大规模扩繁成为可能。但不同类型的繁殖体繁殖能力不同，研究发现苔藓植物的茎叶碎片具有极强的繁殖能力（陈圆圆等，2008），如侧枝匐灯藓藓枝尖端和藓枝中下部相比老枝的发枝能力更强（邱明生和赵志模，1999）。然而，实际栽培中从矮小的苔藓植物中分离出繁殖能力较强的茎叶和老枝难度较大，不利于实现经济高效的大规模栽培。目前，人工栽培苔藓植物的常用方法有片状移植、切茎繁殖和分株栽植 3 种（汪庆等，1999）。有研究证明，切茎繁殖是苔藓植物最常用的繁殖方法，繁殖系数较高，且形成的藓块具有较长的利用年限（康宁等，1995），适于大规模的生产繁殖与低成本的园林绿化。在苔藓植物的切茎繁殖过程中，原藓段不会继续生长，而是在新枝萌发后逐渐死亡（李琴琴等，2008）。但藓段的长度会影响苔藓植物的发枝数与长势，且不同苔藓植物的适宜切茎长度不同，因此利用切茎繁殖法提高苔藓植物的繁殖效率还有待进一步研究。本小节以贵阳市常见的且具有较高观赏价值的尖叶美喙藓（*Eurhynchium eustegium*）作为繁殖材料，采用切茎繁殖法探讨不同切茎长度对其生长的影响，以期筛选出利于尖叶美喙藓生长的处理，并为其扩繁提供理论基础与实践依据。

一、试验材料与方法

1. 试验材料

植物材料为健康且长势均一的尖叶美喙藓，采自贵州省贵阳市花溪区花溪公园。栽培基质为购买的通用营养土，其理化性质为：全氮 0.27g/kg、全磷 0.73g/kg、全钾 5.93g/kg、容重 0.62g/cm、总孔隙度 61.89%、通气空隙度 14.83%、持水能力 175.95%。

2. 试验时间及试验地概况

试验于 2021 年 3 月 14 日至 7 月 19 日在贵州省贵阳市花溪区贵州大学西校区（106°65′~107°17′E，26°45′~27°22′N）进行，该区域属亚热带湿润温和型气候，兼有高原性和季风性气候的特点。年平均气温 15.3℃、相对湿度 77%、降水量 1129.5mm、日照时数 1148.3h。试验地采用两层 4 针遮阳网进行遮荫，遮光率为 65%~75%。栽培期间及时清除杂草，适当浇水保持基质湿润。试验期间气温变化见图 4-1。

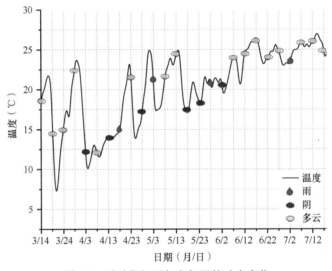

图 4-1　试验期间天气和气温的动态变化

3. 试验设计

将尖叶美喙藓洗净去杂后，用剪刀除去假根及茎（图 4-2a），保留藓枝，记为 A_1 类；待藓枝表面水分沥干后分别剪为 0~1mm（L_1）、1~3mm（L_2）、3~5mm（L_3）、5~10mm（L_4）4 个长度的藓段，依次记为 A_1L_1、A_1L_2、A_1L_3、A_1L_4 并分别混匀备用。同时，将尖叶美喙藓洗净去杂，此时藓段包含假根、茎、藓枝，记为 A2 类；待沥干表面水分后，用剪刀剪为 0~1mm（L_1）、1~3mm（L_2）、3~5mm（L_3）、5~10mm（L_4）4 个长度的藓段（图 4-2b），依次记为 A_2L_1、A_2L_2、A_2L_3、A_2L_4 并分别混匀备用。最后称取各个处理的藓段 4.00g 铺植于 42cm × 42cm × 5cm 的种植盆中，铺植面积为 6cm × 6cm，每个处理重复 3 次。

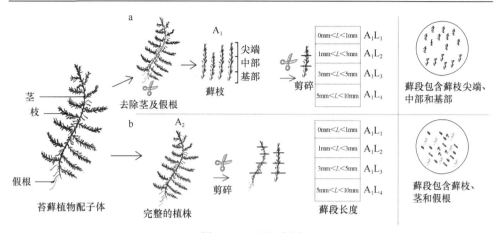

图 4-2　处理示意图

4. 指标测定

（1）生长指标测定

发枝数：种植后每天观察藓枝萌发情况，从藓枝开始萌发之日起，每 5 天记录一次，当藓枝长度增长至掩盖其他新枝时结束观测。记录至藓枝萌发的第 25 天时结束，共记录 4 次。

长度测定：从藓枝开始萌发的第 30 天开始测量植株长度，此次试验中栽培第 7 天新的藓枝开始萌发，因此从栽培第 37 天起至栽培结束（第 127 天），每 15 天从各处理中随机抽取 10 株苔藓测量植株长度（精度 0.1cm），共测量记录 7 次。

盖度测定：测定时间与苔藓植株长度的测定时间相同，从藓枝开始萌发的第 30 天开始，每 15 天测量一次。测量时在盆中放置比例尺，用同一手机在同一拍摄模式下水平拍摄，避免在阳光直射时拍摄。在 Photoshop 2015 软件中设置画布为种植盆大小，将拍摄的照片导入画布中，参照比例尺把照片缩放为实际大小，将苔藓以外的部分填充为白色，随后将照片导入 ColorImpact 软件，绿色部分占比之和即藓块盖度（杨磊等，2021）（图 4-3）。

（2）生理指标

光合色素含量：采用 95%乙醇浸提法测定叶绿素总含量（Chl a+b）、叶绿素 a 含量（Chl a）、叶绿素 b 含量（Chl b）和类胡萝卜素含量（Car）（史秉洋等，2022）。

可溶性糖含量（T）与可溶性蛋白含量（D）：采用蒽酮比色法测定可溶性糖含量；采用考马斯亮蓝 G-250（Bradford 法）测定可溶性蛋白含量（王学奎和黄见良，2018）。

5. 苔藓植物生长状况综合评价

采用模糊隶属函数法对苔藓植物的生长状况进行综合评价，计算公式为

$$F_1(X_i)=(X_i-X_{min})/(X_{max}-X_{min})$$

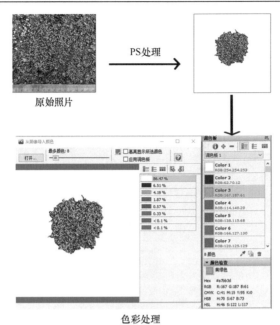

原始照片

PS处理

色彩处理

图 4-3　苔藓植物盖度测量过程

$$F_2(X_i)=1-(X_i-X_{min})/(X_{max}-X_{min})$$

式中，X_i 表示第 i 个指标的测定值；X_{min} 表示第 i 个指标的最小测定值；X_{max} 表示第 i 个指标的最大测定值（周福平等，2022）。

　　植物的养分吸收、代谢和元素积累等状况常通过外观形态表现出来，因此采用 Pearson 相关系数分析尖叶美喙藓生长指标（平均长度 AL、平均盖度 AC 和平均发枝数 AG）与生理指标（Chl a+b、Chl a、Chl b、Chl a/b、Car、T、D）间的相关性，当某一生理指标与 2 个及以上生长指标呈正相关且相关系数的绝对值≥0.4 时，采用公式 F_1 计算其隶属函数值，若呈负相关且相关系数的绝对值≥0.4 时，则采用公式 F_2 计算其隶属函数值；若某一生理指标与多数生长指标的相关系数绝对值低于 0.4 则剔除该指标。利用式（3）计算不同处理的平均隶属函数值，即得到植株生长状况的综合评价指数，该值越大说明该处理下生长状况越好。

6. 数据处理

　　利用 Excel 2010、SPSS 25.0 软件进行数据处理，利用 Origin 2021 和 Photoshop 2015 软件绘图。

二、繁殖体类型与藓段长度对苔藓生长指标的影响

1. 发枝情况

　　A_1 类繁殖体在栽培第 7 天，除 L_1 外其他处理均开始萌发新的藓枝，且栽培

17 天后发枝速率加快，栽培第 22 天各处理的发枝数由多至少为 L_4（87 个）、L_1（49 个）、L_2（37 个）、L_3（31 个）。A_2 类繁殖体在栽培第 7 天，L_1 处理也未萌发新的藓枝，其他处理均有新的藓枝萌发，发枝速率也在栽培 17 天后加快，栽培第 22 天发枝数由多至少为 L_2（73 个）、L_4（60 个）、L_3（41 个）、L_1（11 个）（图 4-4）。

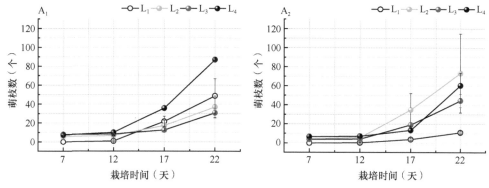

图 4-4　不同处理的尖叶美喙藓发枝趋势

为进一步了解各处理的尖叶美喙藓发枝情况，比较栽培第 7~22 天各处理的发枝速率（图 4-5）。结果显示，发枝速率最快的为 A_1L_4 处理，其次为 A_2L_2 处理，最慢的为 A_2L_1 处理，但仅 A_1L_4 和 A_2L_1 处理的差异达到显著水平（$P<0.05$）。可见藓枝长度为 5~10mm（A_1L_4）时尖叶美喙藓发枝速率较高，苔藓更容易成活。

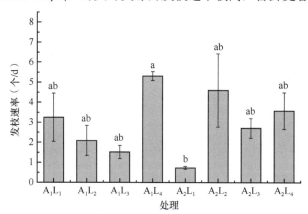

图 4-5　不同处理的尖叶美喙藓发枝速率
不同小写字母表示不同处理间在 0.05 水平差异显著（$P<0.05$），下同

2. 新发枝长度变化

A_1 和 A_2 两类繁殖体的新发枝长度增长趋势相似（图 4-6），呈现从快到慢再到快并趋于平稳的趋势，在栽培第 37~52 天和第 67~112 天快速增长，在栽培第 52~67 天和第 112~127 天增长量较小，可能是因为受到环境温度与湿度的影响，其中栽培第 52~67 天温差较大（14~32℃），且降水较少，湿度相对较低；而栽

培第 67~82 天温度在 15~27℃，且均为阴雨天，湿度相对较高。

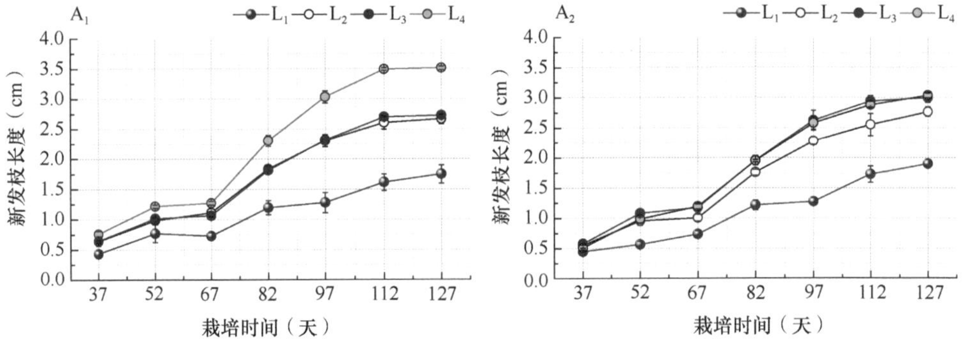

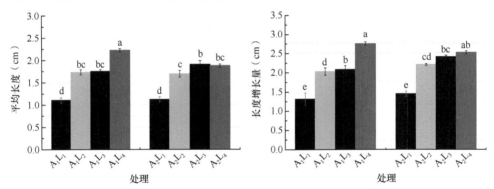

图 4-6　栽培期间尖叶美喙藓的新发枝长度变化

对各处理的平均长度与长度增长量做进一步分析（图 4-7），结果显示 A_1L_4 处理的平均长度显著高于其他处理，A_1L_1 和 A_2L_1 处理间差异不显著且显著较短；A_1L_4 处理的长度增长量最大，其次为 A_2L_4 处理，A_1L_1 和 A_2L_1 处理间差异不显著且显著较少。说明长度为 5~10mm 的处理（A_1L_4）新发枝生长势较强，藓枝过短（$L<1$mm）不利于尖叶美喙藓的生长。

图 4-7　栽培期间尖叶美喙藓新发枝的平均长度与长度增长量

3. 藓块盖度变化

A_1 和 A_2 两类繁殖体萌发的藓块盖度变化趋势不同。A_1 类繁殖体各处理的盖度在栽培第 37~52 天增长缓慢，在第 52~67 天呈负增长，A_2 类繁殖体各处理的盖度在栽培 82 天内缓慢增加（图 4-8），可能由栽培环境和繁殖体特征不同所导致。尖叶美喙藓无导水组织，叶片为单层细胞，水分主要来自空气与基质，而栽培第 52~67 天降水较少、温差较大，因此空气湿度较低，基质的水分不足以维持尖叶美喙藓正常生长，因此其干燥卷缩或死亡，导致藓块盖度增长缓慢或降低。但 A_2 类繁殖体萌发的藓块盖度仍能增加，而 A_1 繁殖体萌发的藓块盖度在环境改善后快速增加，表明由藓枝、茎、假根混合（A_2）萌发的苔藓植物耐旱性较强，而由藓枝（A₁）萌发的苔藓植物具有较强的恢复能力。另外，不同切茎长度处理的藓块盖度存在差异，A₁类繁殖体各长度处理之间差异较大，表现为 A₁L₃＞A₁L₄＞A₁L₂＞A₁L₁；A₂繁殖体除 L₁ 处理外，其他处理相差不大（图 4-8）。

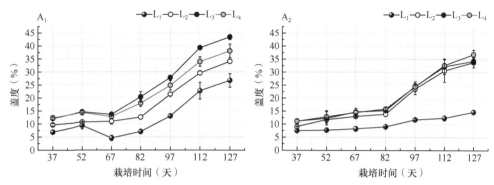

图 4-8　栽培期间尖叶美喙藓藓块的盖度变化

对各处理的藓块平均盖度与盖度增长量进行比较（图 4-9），结果显示 A₁L₃ 处理的平均盖度显著较高，其次为 A₁L₄ 处理，A₂L₁ 处理的平均盖度最低；A₁L₃ 处理的盖度增长量最大，其次为 A₂L₄ 处理，A₂L₁ 处理的盖度增长量最小。表明长度为 3～5mm 的处理（A₁L₃）苔藓生长蔓延能力较强，藓枝过短（＜1mm）时苔藓蔓延能力较弱。

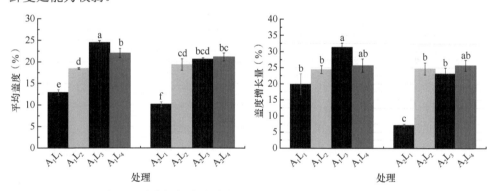

图 4-9　栽培期间尖叶美喙藓藓块的平均盖度与盖度增长量

4. 尖叶美喙藓生长指标的双因素方差分析

对繁殖体类型和切茎长度进行双因素方差分析，结果显示（表 4-1）繁殖体类型对尖叶美喙藓的平均发枝数（AG）、新发枝平均长度（AL）和长度增长量（ΔL）影响不显著，对藓块平均盖度（AC）影响显著，对藓块盖度增长量（ΔC）影响极显著。切茎长度对 5 个生理指标具有显著或极显著的影响。繁殖体类型与切茎长度的交互作用除了对平均发枝数（AG）影响不显著外，对其他生理指标的影响达到显著或极显著水平。

表 4-1　　尖叶美喙藓生长指标的双因素方差分析

指标	F 值		
	繁殖体类型	切茎长度	繁殖体类型×切茎长度
自由度 df	1	3	3
AG	0.476	3.371*	2.417
AL	1.753	92.805**	6.54**
ΔL	3.104	79.041**	3.987*
AC	8.595*	81.755**	3.634*
ΔC	15.198**	22.479**	5.866**

**表示 $P<0.01$，*表示 $P<0.05$，下同

三、繁殖体类型与藓段长度对苔藓生理指标的影响

光合色素参与植物的光合作用，色素的含量和比例与植物对外界光照强度的适应能力密切相关，如叶绿素 a/b 值大于 3 时为阳生植物，类胡萝卜素在光合作用中保护细胞器免受强光热量的伤害等（王忠，2009）。从表 4-2 可看出，各处理间的生理指标总体差异显著（$P<0.05$），其中 A_1L_1 处理的叶绿素总含量（Chl a+b）、叶绿素 a 含量（Chl a）、叶绿素 b 含量（Chl b）均最高，而类胡萝卜素含量（Car）最低；A_1L_2 与 A_1L_3 处理的叶绿素 a/b 值显著高于其他处理，并大于 3，Car 也显著较高。可溶性糖可为植物生命活动提供能量，其含量可反映植物的代谢能力。可溶性蛋白参与维持植物的渗透压与代谢，有助于提高植物的抗逆性。表 4-2 显示，A_1L_4 处理的可溶性糖含量（T）最高，而 A_2L_1 处理最低；可溶性蛋白含量（D）最高和最低的分别为 A_2L_4 和 A_2L_2 处理。综上，对尖叶美喙藓的繁殖材料进行处理可影响其新生植株的光适应能力、代谢能力与抗逆性，但不同生理指标并未表现出一致的变化规律，因此单一的指标不能反映苔藓植物的生长状况。由表 4-3 可看出，繁殖体类型仅对光合指标中叶绿素 a 含量、叶绿素 a/b 值和类胡萝卜素含量的影响显著或极显著；切茎长度除对叶绿素 a 含量无显著影响外，对其他生理指标的影响达到显著或极显著水平；繁殖体类型与切茎长度的交互作用对 Chl b、Chl a/b、Car、T 和 D 有显著或极显著的影响。

表 4-2　　不同处理对苔藓植物生理指标的影响

处理	Chl a+b	Chl a	Chl b	Chl a/b	Car	T	D
A_1L_1	0.99±0.09a	0.61±0.06a	0.38±0.03a	1.59±0.03b	0.07±0.02c	2.10±0.16bc	3.17±0.12c
A_1L_2	0.64±0.06b	0.51±0.04ab	0.13±0.02d	4.20±0.46a	0.16±0.01a	2.77±0.15ab	4.51±0.09b
A_1L_3	0.64±0.05b	0.49±0.03ab	0.15±0.03d	3.72±0.79a	0.17±0.01a	2.16±0.23bc	5.58±0.37a
A_1L_4	0.80±0.05ab	0.48±0.03ab	0.32±0.02ab	1.54±0.05b	0.09±0.00c	3.18±0.36a	2.17±0.13d
A_2L_1	0.81±0.05ab	0.50±0.03ab	0.31±0.02ab	1.61±0.02b	0.08±0.00c	1.78±0.30c	4.62±0.26b
A_2L_2	0.82±0.12ab	0.48±0.08ab	0.33±0.04a	1.44±0.05b	0.07±0.01c	2.94±0.18a	1.92±0.12d

续表

处理	Chl a+b	Chl a	Chl b	Chl a/b	Car	T	D
A₂L₃	0.65 ± 0.01b	0.45 ± 0.00b	0.20 ± 0.00cd	2.28 ± 0.05b	0.12 ± 0.00b	3.07 ± 0.16a	4.27 ± 0.53b
A₂L₄	0.63 ± 0.05b	0.39 ± 0.03b	0.25 ± 0.02bc	1.57 ± 0.02b	0.09 ± 0.00c	2.91 ± 0.16a	5.91 ± 0.37a

注：不同小写字母表示不同处理间在 0.05 水平差异显著（$P < 0.05$），下同

表 4-3 尖叶美喙藓生理指标的双因素方差分析

指标	F 值		
	繁殖体类型	切茎长度	繁殖体类型×切茎长度
自由度 df	1	3	3
Chl a+b	0.719	5.096*	2.963
Chl a	5.610*	2.733	0.422
Chl b	2.472	15.722**	12.290**
Chl a/b	20.424**	11.339**	8.515**
Car	18.254**	22.235**	12.695**
T	0.579	9.163**	3.257*
D	2.461	11.801**	47.750**

四、尖叶美喙藓生长状况综合评价

1. 生长生理指标间的 Pearson 相关性分析

由图 4-10 可知，在尖叶美喙藓的生理指标中，Car 与 Chl a/b 呈显著正相关关系；D 与 Chl a+b、Chl a、Chl b 呈负或极显著负相关关系，与 Chl a/b 和 Car 呈显著正相关关系；T 与其他生理指标间相关性较弱（相关性系数的绝对值≤0.4）。

生长指标与生理指标间，T 除了与藓块盖度增长量（ΔC）无显著相关性外，与其他生长指标间呈显著或极显著正相关关系，其含量越高表明苔藓植物长势越好，因此可作为尖叶美喙藓生长状况的综合评价指标，并采用式（1）计算其隶属函数值。D 仅与平均发枝数（AG）显著负相关，与其他生长指标间相关性较弱，不能反映苔藓植物的生长状况，因此不能用于评价尖叶美喙藓的生长状况。光合色素中，Chl a+b、Chl b 与多数生长指标呈负相关关系，因此采用式（2）计算其隶属函数值；Chl a、Chl a/b 和 Car 与多数生长指标相关性较弱，不能准确反映尖叶美喙藓的长势，因此不作为评价尖叶美喙藓生长状况的指标。

2. 尖叶美喙藓生长状况隶属函数综合评价

植物的形态特征与内在营养特征综合反映了其生长状况，因此本研究采用生长指标与生理指标对其生长状况进行综合评价，并通过模糊隶属函数法计算综合得分（各项指标的平均隶属函数值）。结果显示（表 4-4）：平均隶属函数值最高的

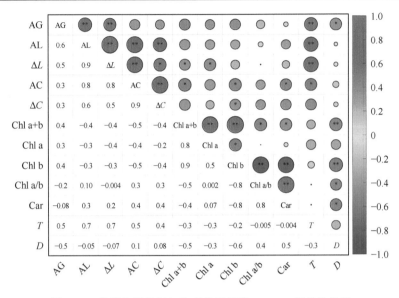

图 4-10　苔藓生长指标与生理指标间的 Pearson 相关性分析

*和**分别表示显著相关（$P<0.05$）和极显著相关（$P<0.01$）；AG 为平均发枝数，AL 为长度平均值，ΔL 为栽培第 37~127 天新发枝长度增长量，AC 为藓块平均盖度，ΔC 为栽培第 37~127 天藓块盖度增长量，Chl a+b 为叶绿素总含量，Chl a 为叶绿素 a 含量，Chl b 为叶绿素 b 含量，Chl a/b 为叶绿素 a/b 值，Car 为类胡萝卜素含量，T 为可溶性糖含量，D 为可溶性蛋白含量

处理为 A_1L_4（0.708）、最低的处理为 A_2L_1（0.183），即采用长度为 5~10mm 的藓枝（A_1L_4）进行栽培时尖叶美喙藓的生长状况较好。此外，综合评价结果总体呈现藓枝长度越长，平均隶属函数值越高；藓枝长度为 5~10mm（L_4）、0~1mm（L_1）、1~3mm（L_2）时苔藓生长状况 A_1 类优于 A_2 类繁殖体，而藓枝长度为 3~5mm（L_3）时表现为 A_2 类优于 A_1 类繁殖体。

表 4-4　尖叶美喙藓生长状况的综合评价

处理	各项指标隶属函数值								平均隶属函数值	排序
	AG	AL	ΔL	AC	ΔC	Chl b	Chl a+b	T		
A_1L_4	0.58	0.96	0.96	0.79	0.70	0.32	0.53	0.84	0.708	1
A_2L_4	0.33	0.68	0.84	0.74	0.70	0.52	0.80	0.72	0.666	2
A_2L_3	0.26	0.71	0.77	0.70	0.60	0.67	0.78	0.79	0.660	3
A_1L_3	0.21	0.59	0.59	0.94	0.90	0.82	0.79	0.39	0.654	4
A_1L_2	0.24	0.57	0.56	0.57	0.65	0.88	0.78	0.66	0.612	5
A_2L_2	0.47	0.54	0.66	0.63	0.66	0.27	0.50	0.73	0.557	6
A_1L_1	0.26	0.08	0.16	0.22	0.48	0.12	0.21	0.37	0.239	7
A_2L_1	0.00	0.09	0.23	0.05	0.02	0.33	0.51	0.23	0.183	8

第四节　苔藓植物的栽培环境

随着苔藓植物的价值逐渐被重视，部分苔藓植物如地钱（*Marchantia polymorpha*）、砂藓（*Racomitrium canescens*）、大灰藓、白发藓（*Leucobryum glaucum*）等逐渐成为园林中常见的造景植物，可用于室内、墙体、绿地等绿化项目（陈云辉，2017），而较大规模的应用使得苔藓植物栽培研究越发重要。但苔藓植物的生长受到多方面因素的影响，如水分、光照强度、温度、湿度、土壤养分和 pH 以及生物因素等，只有对其进行筛选和调控，才能为苔藓植物的快速繁殖提供适宜条件。本小节以贵阳市常见的苔藓植物为研究材料，从栽培环境（基质、养分、光照、水分及植物互作）探讨适宜苔藓植物生长的最适宜条件，从而为其繁殖栽培提供理论基础与实践依据。

一、栽培基质对苔藓植物生长生理的影响

苔藓植物栽培大多采用传统的土壤基质，繁殖速率较低，不能快速满足市场应用的需求，因此寻找一种适于苔藓植物生长的成本低、绿色环保的栽培基质是其实现产业化栽培的关键。研究表明，森林倒木上的苔藓植物生长较好（Dittrich et al.，2014），其中倒木基质会影响苔藓植物的 N 和 P 含量（汤国庆等，2018），苔藓植物的多样性及其组合空间结构的复杂程度随着倒木的腐解逐渐增加（刘凌等，2020），配子体的生长和生活性状也受倒木腐解类型的影响（Fukasawa and Ando，2018；Żarnowiec et al.，2021）。因此，倒木对苔藓植物生长的影响为寻找新型栽培基质提供了新的思路，但其是否可以作为栽培基质且能更有效地促进苔藓植物生长，以及其影响苔藓植物生长的机理是什么，都有待进一步考证。基于此，本小节以贵阳市常见以及观赏应用价值较高的尖叶匐灯藓作为栽培材料，以森林中常见的II、III、IV腐解等级的马尾松倒木和常见的栽培土壤作为基质，探讨栽培基质对尖叶匐灯藓生长和生理指标的影响以及关键影响因子，以期为苔藓繁殖栽培提供新的途径和思路。

1. 材料与方法

（1）试验地概况

试验地位于贵州省贵阳市花溪区贵州大学西校区（106°65′～107°17′E，26°45′～27°22′N），海拔 1137.76m，属于亚热带湿润温和型气候，兼有高原性和季风性气候的特点。年平均气温 15.3℃、相对湿度 77%、降水量 1129.5mm、日照时数 1148.3h，夏无酷暑，冬无严寒，雨量充沛，空气湿润。试验期间于每天 8:00～9:00、12:00～13:00 和 17:00～18:00 用温湿度计记录温湿度变化（图4-11）。

苔藓植物喜阴湿环境，且有文献报道尖叶匐灯藓的适宜光照为遮光率 70%～90%
（丁华娇等，2012），故栽培区域做三层遮阳网处理，保证遮光率在 70%以上。每
天根据实际情况进行喷雾保湿，见干浇水，不干不浇，同时进行杂草清除处理。

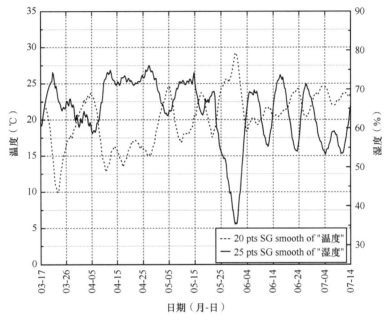

图 4-11　栽培期间空气温湿度的动态变化

（2）试验材料

尖叶匐灯藓的采集：采摘于贵州省贵阳市观山湖公园。

栽培基质的选择：颗粒土、通用营养土以及草炭土从网上购买；马尾松倒木
采集于贵州省贵阳市贵州大学西校区马尾松林，参照闫恩荣等（2005）、刘凌等
（2020）对森林粗木质残体腐解等级的划分及判定标准，确定Ⅱ、Ⅲ、Ⅳ腐解等
级倒木的标准（表 4-5），树皮、边材和心材混合取样。

表 4-5　倒木等级分类表

判定指标	腐解等级		
	Ⅱ	Ⅲ	Ⅳ
针叶	无	无	无
树皮	少部分脱落	仅在粗大树枝上残存	无
树枝	中等树枝存在	粗大树枝存在	仅粗大树枝基部存在
主干形状	圆形	圆形	圆形至卵形
间接手段	开始腐解，刀片可刺进 3mm 到 1cm	刀片可刺进约 2cm	严重腐烂，刀片可刺进 2～5cm
结构完整性	边材腐烂，心材完好	边材消失，心材完好	心材已腐烂
木质	坚实	半坚实	部分变软
木质颜色	原色	原色至褪色	原色至褪色

（3）试验设计

分别将Ⅱ、Ⅲ、Ⅳ腐解等级的马尾松倒木粉碎混匀，分别制成 W_{II}、W_{III}、W_{IV} 3 种倒木基质，加上常用的颗粒土（S_G）、通用营养土（S_N）以及草炭土（S_C），试验共设置 6 种栽培基质。取相同体积的 6 种栽培基质均匀平铺于垫有无纺布的种植盆中，移栽前用水浇透。借鉴孙俊峰（2005）的混合播种法（面积法+重量法），用粉碎机把苔藓植物配子体粉碎后称取 1.40g，然后以 4cm×4cm 面积均匀平铺于基质上，每个处理重复 3 次。

（4）指标测定

栽培前对各基质的理化和养分指标进行测定。理化指标借鉴赵婧等（2020）的测定方法，主要包括容重、持水能力、总孔隙度、通气孔隙度、持水孔隙度、大小孔隙比。养分指标包括全氮、全磷和全钾，采用 H_2SO_4-$HClO_4$ 消煮法制备待测液，利用 CleverChem 全自动间断化学分析仪测定全氮含量、钼黄比色法测定全磷含量、火焰光度计法测定全钾含量（Shi et al., 2022；鲍士旦, 2000）。

长度测定：栽培 30 天后，每隔 10 天从每个处理中随机挑选 10 株苔藓测量长度（精度 0.1cm）。盖度测定：栽培 30 天后，每隔 10 天拍照，之后用 AutoCAD 2016 软件描图测量苔藓面积，并用如下公式计算苔藓盖度：

$$C=(A/B)×100\%$$

式中，C 表示苔藓盖度；A 表示苔藓面积；B 表示种植区面积。

参考包维楷和冷俐（2005）、王学奎和黄见良（2018）的方法测定尖叶匐灯藓的叶绿素含量，但稍有改动。在不同栽培基质上生长 120 天后，将尖叶匐灯藓清洗干净并沥干水分，称取 0.2g 置于 10mL 离心管中，加入 8mL 的 95%乙醇，黑暗条件下浸提 24h 后，过滤并定容至 25mL。然后以 95%乙醇作为空白对照，用分光光度计测定 665nm 和 649nm 波长下的吸光度。最后根据 Arnon 法计算叶绿素 a 含量、叶绿素 b 含量、叶绿素 a/b 值和叶绿素总含量。可溶性糖含量采用蒽酮比色法测定，可溶性蛋白含量采用考马斯亮蓝 G-250（Bradford 法）法测定（王学奎和黄见良，2018）。

（5）尖叶匐灯藓生长状况综合评价

采用模糊隶属函数法对尖叶匐灯藓生长状况进行综合评价，计算公式如下：

$$F_1(X_i)=(X_i-X_{min})/(X_{max}-X_{min})$$
$$F_2(X_i)=1-(X_i-X_{min})/(X_{max}-X_{min})$$

式中，X_i 表示第 i 个指标的测定值；X_{min} 表示第 i 个指标的最小测定值；X_{max} 表示第 i 个指标的最大测定值。

对尖叶匐灯藓的生长和生理指标进行 Pearson 相关性分析，若某生理指标与生长指标呈负相关关系，则采用反隶属函数公式 F_2 计算其隶属函数值。将不同栽培基质处理尖叶匐灯藓生长和生理指标的隶属函数值进行累加后求平均值，即得综合评价指数，指数越大说明该栽培基质处理的植株生长越好（艾娟娟等，2018）。

（6）数据处理

采用 Excel 2010 和 SPSS 19.0 软件对数据进行单因素方差分析，采用新复极差法（$P<0.05$）进行多重比较，各指标间相关性采用 Pearson 相关系数进行分析，并用 Excel 2010 和 Origin 2021 绘图。

2. 不同栽培基质的理化性质分析

不同栽培基质间的理化性质存在显著差异（表 4-6）。其中，S_G 基质的容重显著高于其他基质，而总孔隙度和通气孔隙度最低；W_{IV} 基质的总孔隙度和通气孔隙度最高，大小孔隙比最大；W_{III} 基质的持水孔隙度最高，大小孔隙比最小；W_{II} 基质的持水能力最大（661.26%），而 S_G 基质最低；S_C 基质的全氮含量最高（6.57g/kg），并显著高于其他基质，S_G 基质最低，仅为 0.02g/kg；S_G 基质的全磷含量最高，且显著高于其他基质；S_N 基质的全钾含量最高，而 S_C 基质最低。可见，倒木基质（W_{II}、W_{III} 和 W_{IV}）的总孔隙度、持水能力显著高于 S_G 和 S_N 基质，而 S_G 和 S_N 基质的容重、全磷含量和全钾含量显著高于倒木基质；而 S_C 基质除总孔隙度、持水孔隙度和全氮含量与倒木基质有显著差异，其他指标与 S_G 和 S_N 基质较为接近。

表 4-6　不同栽培基质的基本理化性质

处理	容重 BD (g/cm^3)	总孔隙度 TP (%)	通气孔隙度 AFP (%)	持水孔隙度 WFP (%)	大小孔隙比 AFP/WFP	持水能力 θf (%)	全氮 TN (g/kg)	全磷 TP (g/kg)	全钾 TK (g/kg)
S_G	0.91± 0.00a	43.89± 3.78d	9.33± 1.37d	34.55± 2.88c	0.27± 0.03bc	138.15± 3.20e	0.02± 0.00c	1.66± 0.02a	2.35± 0.06b
S_C	0.11± 0.01e	45.56± 3.46d	11.92± 1.76bcd	33.64± 2.31c	0.35± 0.05b	406.23± 31.15d	6.57± 0.93a	0.47± 0.03c	0.35± 0.01e
S_N	0.62± 0.01b	61.89± 3.62c	14.83± 1.51b	47.06± 4.33b	0.32± 0.06b	175.62± 8.59e	0.27± 0.05bc	0.73± 0.03b	5.93± 0.15a
W_{II}	0.12± 0.01de	82.47± 4.13b	13.82± 1.76bc	68.61± 3.80a	0.20± 0.03cd	661.26± 28.96a	0.63± 0.09bc	0.24± 0.03e	0.71± 0.01d
W_{III}	0.15± 0.00c	83.14± 4.67b	10.64± 1.52cd	72.50± 6.19a	0.15± 0.03d	569.96± 25.17b	0.52± 0.21bc	0.27± 0.00e	0.77± 0.22d
W_{IV}	0.13± 0.01d	91.89± 1.89a	43.24± 2.58a	48.65± 1.12b	0.89± 0.07a	469.23± 22.77c	0.84± 0.09b	0.33± 0.04d	1.39± 0.04c

3. 栽培基质对尖叶匐灯藓长度和盖度的影响

尖叶匐灯藓的长度在不同栽培基质间有显著差异（图 4-12a，图 4-13）。其中，栽培第 30 天，W_{IV} 基质的尖叶匐灯藓长度最长（0.72cm），而 S_G 基质最短，仅 0.36cm；栽培第 70 天后，S_G 基质的尖叶匐灯藓长度增长速率减慢，可能是因为栽培第 70～80 天空气湿度经历先急剧下降后又迅速上升的过程，且 S_G 基质的持水能力最差，从而影响尖叶匐灯藓长度增加，与其他基质开始出现明显差距。栽培第 90～120 天，所有基质的尖叶匐灯藓长度在达到最大值后增长速率均减慢，可能的原因是温度回升且湿度较前期有所下降，导致长度增加减缓；而长度出现负增长的原因可能是尖叶匐灯藓为应对高温环境出现叶片卷缩而导致测量误差。在整个栽培期间，W_{III} 基质的尖叶匐灯藓长度在栽培第 100 天达到最大值（2.81cm），也是所有基质中尖叶匐灯藓所能达到的最大长度。同时，为更确切地判断不同栽培基质中尖叶匐灯藓的生长差异，计算不同栽培基质中尖叶匐灯藓的平均长度（图 4-12b）。其中，W_{III} 基质中尖叶匐灯藓的平均长度最大，但与 W_{II} 和 W_{IV} 基质无显著差异，而 S_G 基质的平均长度最小，尖叶匐灯藓生长状况最差，且与其他基质差异明显。在整个栽培期间，尖叶匐灯藓的平均长度由大到小依次为 $W_{III} > W_{IV} > W_{II} > S_N > S_C > S_G$，可见倒木基质（$W_{II}$、$W_{III}$ 和 W_{IV}）的尖叶匐灯藓长度优于其他基质。

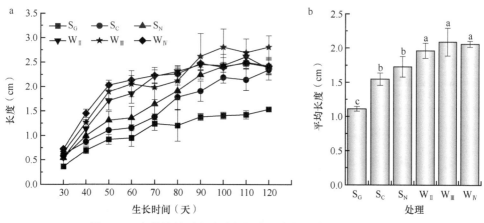

图 4-12　各栽培基质上尖叶匐灯藓长度的动态变化和平均值

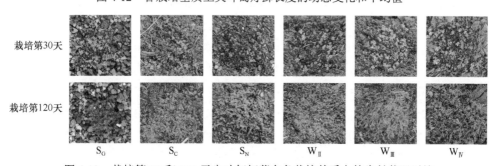

图 4-13　栽培第 30 和 120 天尖叶匐灯藓在各栽培基质上的生长状况对比

尖叶匐灯藓盖度在不同栽培基质间也差异显著（图 4-14a，图 4-13）。其中，栽培第 30 天，W_{IV} 基质的尖叶匐灯藓盖度最大（2.59%），而 S_G 基质最小（0.52%）。

在整个栽培期间，S_G 基质中尖叶匍灯藓的盖度始终处于最小，W_{III} 基质在栽培第 100 天达到最大（15.43%），且是所有基质中尖叶匍灯藓所达到的最大盖度。栽培第 100～120 天，所有基质的尖叶匍灯藓盖度在达到最大后增加速率均减慢，甚至出现负增长，可能是因为在此期间温度回升且空气湿度明显下降，影响了尖叶匍灯藓的生长蔓延。同样，由不同栽培基质中尖叶匍灯藓的平均盖度（图 4-14b）可以看出，W_{II} 基质最大，但与 S_N、W_{III} 和 W_{IV} 基质无显著差异，S_G 基质最小，且显著低于其他基质，尖叶匍灯藓生长状况最差。在整个栽培期，尖叶匍灯藓的平均盖度由大到小依次为 $W_{II} > W_{III} > W_{IV} > S_N > S_C > S_G$，可见倒木基质（$W_{II}$、$W_{III}$ 和 W_{IV}）的尖叶匍灯藓盖度优于其他基质。

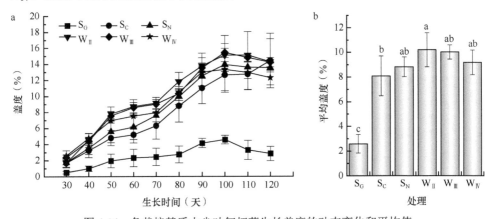

图 4-14　各栽培基质上尖叶匍灯藓生长盖度的动态变化和平均值

4. 栽培基质对尖叶匍灯藓部分生理指标的影响

尖叶匍灯藓的部分生理指标在不同栽培基质间存在显著差异（表 4-7）。其中，叶绿素可以在一定程度上反映植物的光合能力，从而反映植株积累有机物的能力。尖叶匍灯藓的叶绿素 a、叶绿素 b 以及总叶绿素含量均以 S_C 基质最高，且与其他基质间存在显著差异，而 S_N 基质最低，并与其余基质大多差异显著。同时，尖叶匍灯藓的叶绿素 a/b 值以 S_G 基质最大，且与除 S_C 和 W_{II} 外的其他基质均差异显著，说明 S_C 基质中尖叶匍灯藓的生长代谢能力最强，有利于体内代谢产物的积累。可溶性糖可以提供植株生长所需的绝大部分能量，而可溶性蛋白含量在一定程度上代表植株体内酶的活性水平，较高的可溶性糖和可溶性蛋白含量有助于提高植物的抗逆性。表 4-7 显示，S_G 基质的尖叶匍灯藓可溶性糖含量显著高于其余基质；可溶性蛋白含量也最高，虽与 S_C 基质无显著差异，但与其他基质均存在显著差异。可见，S_G 和 S_C 基质最有利于促进尖叶匍灯藓生长和增加其抗性。

表4-7 不同栽培基质中尖叶匐灯藓部分生理指标的变化

处理	叶绿素a含量（mg/g）	叶绿素b含量（mg/g）	叶绿素a/b值	叶绿素总含量（mg/g）	可溶性糖含量（%）	可溶性蛋白含量（mg/g）
S_G	0.52±0.02cd	0.32±0.01de	1.63±0.03a	0.84±0.03c	1.07±0.18a	7.68±0.60a
S_C	0.78±0.07a	0.49±0.04a	1.61±0.05a	1.26±0.10a	0.64±0.10b	7.34±0.38a
S_N	0.43±0.03e	0.29±0.01e	1.50±0.07bc	0.72±0.04c	0.59±0.07b	6.28±0.55b
W_{II}	0.59±0.04bc	0.37±0.02c	1.59±0.02ab	0.97±0.06b	0.74±0.13b	5.79±0.23b
W_{III}	0.49±0.06de	0.34±0.03cd	1.47±0.06c	0.83±0.09c	0.67±0.10b	6.25±0.47b
W_{IV}	0.64±0.02b	0.43±0.02b	1.50±0.03bc	1.07±0.04b	0.70±0.13b	6.38±0.32b

5. 栽培基质理化性质与尖叶匐灯藓生长生理指标的相关性

表4-8显示，栽培基质的容重与尖叶匐灯藓的可溶性糖含量呈显著正相关，与尖叶匐灯藓的平均长度、平均盖度和叶绿素b含量呈极显著负相关，与尖叶匐灯藓的叶绿素总含量和叶绿素a含量呈显著负相关。栽培基质的总孔隙度和持水孔隙度与尖叶匐灯藓的可溶性蛋白含量呈极显著负相关，与尖叶匐灯藓的平均长度和平均盖度呈极显著正相关；栽培基质的持水能力与尖叶匐灯藓的平均长度和平均盖度呈极显著正相关，与可溶性蛋白含量呈显著负相关，进一步说明倒木基质（W_{II}、W_{III}和W_{IV}）因较大的总孔隙度、持水孔隙度和持水能力而有利于尖叶匐灯藓的生长，所以其长度和盖度较其他基质大。栽培基质的总孔隙度与尖叶匐灯藓的叶绿素a/b值呈显著负相关。同时，栽培基质的全氮含量与尖叶匐灯藓的叶绿素a、叶绿素b和叶绿素总含量呈极显著正相关，也说明可能是由于S_C基质含有较多的氮，因此其上生长的尖叶匐灯藓叶绿素含量丰富。栽培基质的全钾含量与尖叶匐灯藓的叶绿素a、叶绿素b和叶绿素总含量呈极显著负相关。栽培基质的全磷含量与尖叶匐灯藓的平均长度和平均盖度呈极显著负相关，而与尖叶匐灯藓的可溶性糖含量和可溶性蛋白含量呈极显著正相关。

表4-8 栽培基质理化性质与尖叶匐灯藓生长生理指标的 Pearson 相关系数

指标	叶绿素a含量	叶绿素b含量	叶绿素a/b值	叶绿素总含量	可溶性糖含量	可溶性蛋白含量	平均长度	平均盖度
容重	-0.548*	-0.645**	0.229	-0.587*	0.542*	0.455	-0.740**	-0.774**
总孔隙度	-0.151	-0.026	-0.525*	-0.105	-0.347	-0.745**	0.872**	0.675**
通气孔隙度	0.215	0.328	-0.319	0.258	-0.217	-0.259	0.454	0.249
持水孔隙度	-0.352	-0.284	-0.406	-0.328	-0.263	-0.725**	0.732**	0.645**
大小孔隙比	0.320	0.413	-0.200	0.357	-0.145	-0.039	0.238	0.067
持水能力	0.305	0.373	-0.172	0.332	-0.329	-0.581*	0.742**	0.710**
全氮含量	0.799**	0.787**	0.277	0.799**	-0.262	0.343	-0.158	0.087
全磷含量	-0.278	-0.397	0.433	-0.324	0.687**	0.660**	-0.866**	-0.915**
全钾含量	-0.651**	-0.653**	-0.256	-0.655**	-0.094	-0.058	-0.209	-0.152

**和*分别表示在 0.01 和 0.05 水平显著相关，下同

6. 不同栽培基质中尖叶匍灯藓生长发育状况的综合评价

判断植物生长状况的优劣应该对其生长形态特征及内在营养成分进行综合分析，单一的指标不能反映植物的本质属性，因此利用模糊隶属函数法对尖叶匍灯藓的生长发育状况进行综合分析。表 4-9 显示，尖叶匍灯藓的生长指标与叶绿素 a/b 值、可溶性糖含量和可溶性蛋白含量呈显著或极显著负相关关系，而与叶绿素 a、叶绿素 b、叶绿素总含量呈正相关关系，所以对尖叶匍灯藓的生长发育状况进行综合评价时，采用公式 F_2 计算叶绿素 a/b 值、可溶性糖含量和可溶性蛋白含量的隶属函数值，采用函数公式 F_1 计算叶绿素 a、叶绿素 b、叶绿素总含量的隶属函数值。结果表明（表 4-10），W_{IV} 基质的综合评价指数最高（0.7522），而 S_G 基质最低（0.0797），并与其余基质差异明显；从尖叶匍灯藓生长发育状况的综合评价指数来看，各栽培基质的表现由优到差为 $W_{IV} > S_C > W_{III} > W_{II} > S_N > S_G$。

表 4-9　尖叶匍灯藓各项生长和生理指标间的 Pearson 相关系数

指标	叶绿素 a 含量	叶绿素 b 含量	叶绿素 a/b 值	叶绿素 总含量	可溶性糖 含量	可溶性蛋白 含量	平均 长度	平均 盖度
叶绿素 a 含量	1.000							
叶绿素 b 含量	0.977**	1.000						
叶绿素 a/b 值	0.453	0.257	1.000					
叶绿素总含量	0.997**	0.991**	0.383	1.000				
可溶性糖含量	−0.060	−0.156	0.464	−0.096	1.000			
可溶性蛋白含量	0.335	0.214	0.645**	0.292	0.570*	1.000		
平均长度	−0.021	0.122	−0.603**	0.032	−0.565*	−0.762**	1.000	
平均盖度	0.095	0.227	−0.556*	0.145	−0.653**	−0.745**	0.866**	1.000

表 4-10　不同栽培基质的尖叶匍灯藓生长发育状况综合评价

处理	各项指标隶属函数值								综合评价 指数	排序
	叶绿素 a 含量	叶绿素 b 含量	叶绿素 a/b	叶绿素 总含量	可溶性蛋 白含量	可溶性 糖含量	平均 长度	平均 盖度		
S_G	0.2557	0.1608	0.0000	0.2214	0.0000	0.0000	0.0000	0.0000	0.0797	6
S_C	1.0000	1.0000	0.1239	1.0000	0.1836	0.8894	0.4456	0.7222	0.6706	2
S_N	0.0000	0.0000	0.8431	0.0000	0.7423	1.0000	0.6293	0.8185	0.5041	5
W_{II}	0.4611	0.4306	0.2589	0.4501	1.0000	0.6867	0.8707	1.0000	0.6448	4
W_{III}	0.1764	0.2361	1.0000	0.1979	0.7607	0.8344	1.0000	0.9768	0.6478	3
W_{IV}	0.5976	0.6968	0.7903	0.6335	0.6895	0.7746	0.9694	0.8661	0.7522	1

二、施肥对苔藓植物生长生理的影响

氮（N）、磷（P）、钾（K）是苔藓植物生长发育所必需的大量元素，而合理的养分管理可以改善苔藓植物体内的养分含量与生理状况，从而提高产量，辅助提升其绿度（刘滨扬等，2009）。目前关于苔藓植物对施肥响应的研究多以自然苔藓群落为研究对象，如施肥会减少瑞典高寒草甸的苔藓群落盖度（Alatalo et al.，2015），但并未减少美国加利福尼亚草原的苔藓群落盖度（Virtanen et al.，2017）。但苔藓群落在施肥、环境、周边植物以及内部不同苔藓相互作用的综合影响下对施肥表现出复杂多变的响应（Jägerbrand et al.，2006），从而难以估计群落中单一种类苔藓对施肥的真实响应，因此难以进一步指导苔藓植物人工栽培中的施肥管理。目前，N 肥对苔藓植物生长影响的研究较多，因为可以基于 N 肥喷施模拟大气氮沉降来研究 N 肥对苔藓群落和苔藓植物生长生理的影响，进而通过比较不同种类苔藓的高浓度氮耐受能力差异来预测自然苔藓群落的结构变化（Bergamini and Pauli，2001；王铖等，2015）；而有关 P、K 肥的研究较少。肥料种类和用量对不同种类苔藓的影响有差异，如硝酸铵和尿素能提高弯叶青藓（*Brachythecium reflexum*）的盖度，而异叶裂萼苔（*Chiloscyphus profundus*）的盖度在硝酸铵的作用下有所增加（Dirkse and Martakis，1992）。肥料配施对苔藓植物生长的影响与施用单种肥料不同，如在氮肥添加试验中增施磷钾肥会导致弯叶青藓和金发藓（*Polytrichum commune*）的丰度呈现相反变化（Dirkse and Martakis，1992）；而 P、K 肥的同时添加在一定程度上可缓解氮沉降对泥炭藓生长的抑制作用（Fritz et al.，2012；Chiwa et al.，2018）。综上，虽然有学者开展了肥料配施对苔藓植物生长影响的研究，但是由于研究对象和配施肥料不同，因此研究结果不具备普遍性。基于此，本小节以贵阳市常见以及观赏应用价值较高的短肋羽藓作为栽培材料，设置不同的施肥种类和水平，探究不同施肥方案对短肋羽藓生长的影响，从而为其栽培应用和养护提供支撑，也能为其他苔藓的施肥提供参考，还能为丰富苔藓栽培研究提供理论支撑。

1. 材料与方法

（1）试验地概况

试验地位于贵州省贵阳市花溪区贵州大学西校区（106°65′～107°17′E、26°45′～27°22′N），海拔 1137.76m，属于亚热带湿润温和型气候，兼有高原性和季风性气候的特点。年平均气温 15.3℃、降水量 1129.5mm。试验期间于每天 8:00～9:00、12:00～13:00 和 17:00～18:00 用温度计记录环境温度变化（图 4-15）。在种植地用两层 4 针遮阳网进行遮荫处理（遮光率 65%～75%），以模拟短肋羽藓采集地的遮荫条件。

（2）试验材料

短肋羽藓采集于贵州省贵阳市观山湖公园。参考史秉洋等（2022）的苔藓播种法，取短肋羽藓配子体进行粉碎处理，称取 1.1g 铺植于营养土表面，铺植面积为 5cm×5cm。

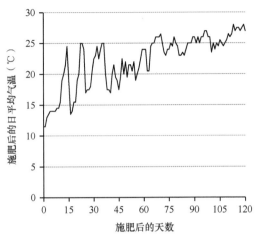

图 4-15　施肥后的日平均气温变化

（3）试验设计

施肥试验采用尿素、过磷酸钙和硫酸钾分别作为 N 肥、P 肥和 K 肥，以不施肥为对照（CK），不同肥料种类组合配施，共设计 7 种施肥方案（表 4-11），每个处理 3 次重复。施肥量参考前人（van Tooren et al.，1990；顾峰雪等，2016）的试验，设置 N 肥的 3 个水平分别为 13kg N/(hm^2·a)、26kg N/(hm^2·a)、39kg N/(hm^2·a)，P肥的 3 个水平分别为 7kg P/(hm^2·a)、14kg P/(hm^2·a)、21kg P/(hm^2·a)，K 肥的 3个水平分别为 14kg K/(hm^2·a)、28kg K/(hm^2·a)、42kg K/(hm^2·a)，施肥水平从低到高分别用 1、2、3 表示。

表 4-11　施肥方案

肥料搭配	处理	肥料搭配	处理
对照	CK	两种肥	N_1P_1、N_2P_2、N_3P_3
单种肥	N_1、N_2、N_3		N_1K_1、N_2K_2、N_3K_3
	P_1、P_2、P_3		P_1K_1、P_2K_2、P_3K_3
	K_1、K_2、K_3	三种肥	$N_1P_1K_1$、$N_2P_2K_2$、$N_3P_3K_3$

将 N、K 肥溶解于 1L 水中进行喷施（董向楠，2016）；由于过磷酸钙微溶于水，P 肥均匀撒施；每隔 15 天施一次，共 5 次；因栽培初期苔藓碎段发育迟缓且需要时间恢复伤口（孙会等，2018；陈祥舟等，2022），故在种植 30 天后开始施肥。试验于 2021 年 3 月 10 日至 8 月 10 日进行。

（4）指标测定

种植后定期观察植株生长状况，当所有处理的短肋羽藓均开始形成藓丛时，记录生长指标，每 30 天记录一次，共记录 4 次，具体如下。

苔藓盖度：用手机在相同环境、相同高度下水平拍照，然后用 Autocad 2019软件勾出照片中苔藓的覆盖范围，并计算覆盖范围与种植盆面积的比值即盖度。

苔藓长度：从每个处理随机抽取 10 株苔藓测量长度，精度 0.1cm。

植株颜色和占比：先用 AutoCAD 2019 软件勾出照片中的苔藓部分，然后将图片导入 Adobe Photoshop CS6 软件，选中苔藓部分导入 Colorimpact 软件，设置可识别的最多颜色为 8 后提取颜色（排除非苔藓颜色），记录苔藓群块占比最大的 4 种颜色。

植株绿度：先通过目视解译法观察照片中的苔藓植株呈色，剔除呈黄褐色的施肥方案；然后通过软件分析法（王安和蔡建国，2022）比较剩余施肥方案的不同植株颜色占比，选出绿度最好的施肥方案和施肥处理。

生理生化指标：种植 160 天后取样，测定苔藓植物色素（叶绿素和类胡萝卜素）含量、可溶性蛋白含量和可溶性糖含量。色素含量采用 95%乙醇浸提法测定，可溶性糖含量采用蒽酮比色法测定，可溶性蛋白含量采用考马斯亮蓝 G-250（Bradford 法）法测定（王学奎和黄见良，2018）。

（5）统计分析

采用 SPSS 19.0 软件进行数据分析，采用 Excel 2007 和 Origin 2021 软件绘图。

2. 施肥对短肋羽藓生长的影响

由表 4-12 可知，在短肋羽藓的生长初期（种植后 60 天内），所有施肥处理对植株长度增加没有明显的促进作用；从第 90 天开始，N_1、N_2、P_2、N_2K_2 和 $N_2P_2K_2$ 处理的植株长度均大于 CK；第 150 天，$N_1P_1K_1$ 处理的植株长度也大于 CK。盖度方面，从第 60 天起，N_1、P_2、$N_2P_2K_2$ 处理的植株盖度大于 CK；从第 90 天开始，N_1K_1、N_2K_2、$N_3P_3K_3$ 处理的植株盖度也高于 CK，说明施肥后苔藓植物首先完成盖度的增加，然后是长度增长；第 150 天时（图 4-16），N_1 和 $N_2P_2K_2$ 处理的植株盖度显著大于 CK，$N_3P_3K_3$ 处理的植株盖度略微高于 CK 处理，而植株长度以 N_1 处理最大，说明有助于促进短肋羽藓生长的施肥水平总体上应不超过 3 水平。

表 4-12　施肥处理与 CK 在不同时间节点的植株长势差异

施肥方案	施肥天数及苔藓指标							
	60 天	90 天	120 天	150 天	60 天	90 天	120 天	150 天
	长度				盖度			
氮肥	/	1、2	1、2	1、2	1	1、2、3	1、2、3	1
磷肥	/	2	2	2	1、2	1、2、3	1、2、3	2
钾肥	/	/	/	/	/	1、2	/	/
氮磷配施	/	/	/	/	/	1、2、3	1、2	2
氮钾配施	/	2	2	/	/	1、2	1、2	1、2
磷钾配施	/	/	/	/	3	1、2、3	2	/
氮磷钾配施	/	2	2	1、2	2	1、2、3	1、2、3	2、3

注：/表示施肥方案的植株长势都比 CK 差；1、2、3 分别表示不同施肥方案的植株长势优于 CK

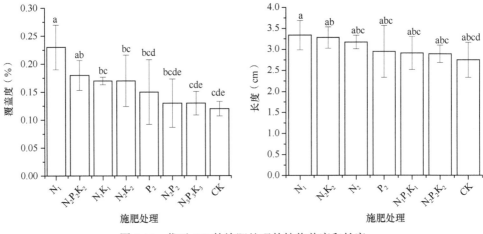

图 4-16 优于 CK 的施肥处理的植物盖度和长度

基于 Colorimpact 软件最终统计出深绿色（或深褐色）、黄绿色（或黄褐色）、绿色、褐色 4 类植株颜色（生长过程中部分植株的深绿、黄绿色逐渐变为深褐、黄褐色）。由图 4-17 可知，对照和单一肥料种类处理的短肋羽藓植株均随着时间

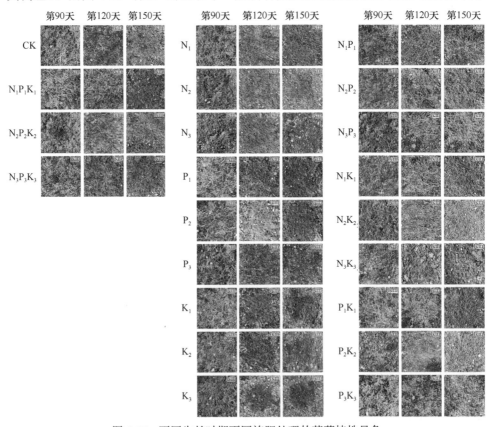

图 4-17 不同生长时期不同施肥处理的苔藓植株呈色

逐渐变为黄褐色，而肥料配施处理的植株绿度较好，说明肥料配施更有利于提高短肋羽藓的植株绿度。配施方案中（图 4-18），NK、PK 组合会增加植株黄褐或黄绿色占比，NPK 和 NP 组合可显著增加植株绿色占比，NP、PK、NPK 配施方案可显著降低植株褐色占比，以 NPK 配施方案的植株绿色占比最大、褐色占比最小。由此可得，NPK 配施方案促进植株绿度增加的作用最好。NPK 配施方案中（图 4-19），$N_2P_2K_2$ 处理的植株绿色占比最大、深绿或深褐色占比最小，$N_3P_3K_3$ 处理的植株黄褐或黄绿色占比和褐色占比最小。

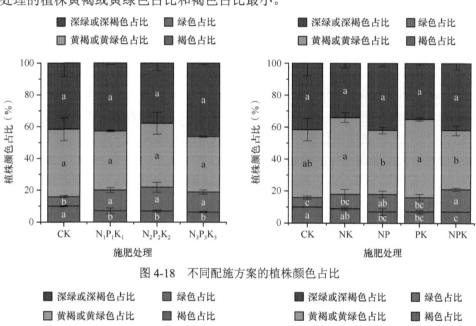

图 4-18　不同配施方案的植株颜色占比

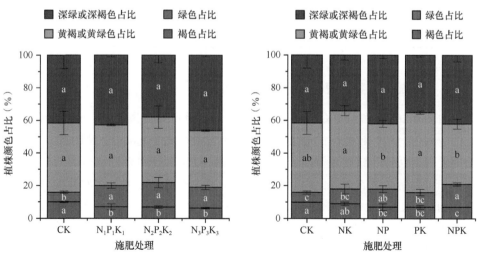

图 4-19　不同 NPK 配施处理的植株颜色占比

相关性分析显示，在整个生长期，植株绿色占比与盖度（极显著）、长度均呈正相关，植株褐色占比与盖度、长度均呈负相关（表 4-13），说明植株绿色和褐色占比可在一定程度上反映短肋羽藓的生长状况，植株颜色越绿、褐色越少，则盖度越大。

表 4-13　短肋羽藓生长指标间的相关性

指标	盖度	长度
绿色占比	0.324**	0.083
褐色占比	−0.058	−0.078

注：根据短肋羽藓植株不同颜色变化的特点，将褐色和绿色（这两种颜色在整个生长期变化小）占比与其他指标进行相关性分析

3. 短肋羽藓生长状况的综合分析

由表 4-14 可得，N_1 处理短肋羽藓的长度和盖度最大，N_2K_2 和 $N_2P_2K_2$ 处理促进植株长度、盖度增加的作用分别最好，且 $N_2P_2K_2$ 处理植株绿度最高。综合考虑，能同时促进植株盖度增加、增强其绿度维持能力的最适处理为 $N_2P_2K_2$。总之，N、NK、NPK 施肥方案均对植株长度、盖度增长有较好的促进作用，而 NPK 施肥方案促进植株绿度增加的作用最好。

表 4-14　短肋羽藓长势好的施肥处理的生长指标

指标	不同施肥处理与 CK 数值的倍数关系					
长度	N_1	N_2K_2	N_2	P_2	$N_1P_1K_1$	$N_2P_2K_2$
	1.21	1.19	1.16	1.07	1.06	1.05
盖度	N_1*	$N_2P_2K_2$*	N_1K_1	N_2K_2	P_2	$N_3P_3K_3$
	1.86	1.49	1.39	1.35	1.19	1.02
绿色占比	$N_2P_2K_2$*		$N_1P_1K_1$*		$N_3P_3K_3$*	
	2.52		2.19		2.13	

注：*表示与 CK 差异显著

4. 优选施肥方案对短肋羽藓生理指标的影响

由图 4-20 可得，NPK 配施处理的短肋羽藓叶绿素含量均高于 CK，NK 配施方案中 N_1K_1 和 N_3K_3 处理的短肋羽藓叶绿素含量均高于 CK，而 N 肥方案中仅 N_3 处理的短肋羽藓叶绿素含量高于 CK；N 肥和 NPK 配施对短肋羽藓类胡萝卜素含量增加可起到显著的促进作用，除 N_2K_2 外，其余施肥处理的短肋羽藓类胡萝卜素含量均高于 CK；除 $N_1P_1K_1$ 外，其他处理都能降低短肋羽藓的可溶性蛋白含量，且 N_1K_1、N_2K_2、$N_2P_2K_2$、$N_3P_3K_3$ 处理显著低于 CK；除 N_3、$N_3P_3K_3$ 外，其余处理都能增加短肋羽藓的可溶性糖含量，但与 CK 无显著差异。

综上所述，所有施肥处理总体上均可增加短肋羽藓的叶绿素、类胡萝卜素和可溶性糖含量，降低可溶性蛋白含量，这些生理变化可能是 N 肥、NK 和 NPK 配施促进短肋羽藓盖度、长度增长和增强其绿度维持能力的内在因素。

相关性分析显示（表 4-15），植株盖度及绿色和褐色占比均与 4 项生理指标无

显著的相关关系。植株长度与叶绿素含量呈极显著负相关，说明叶绿素含量高不代表短肋羽藓植株长，其他生理指标与植株长度间的相关性均不显著。

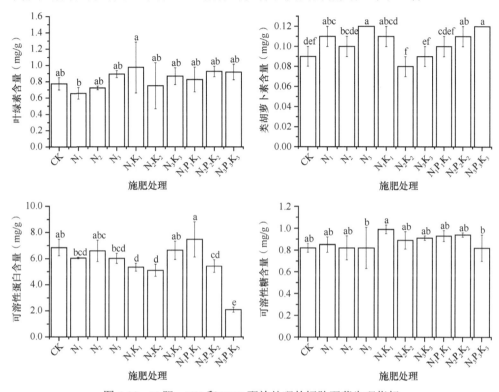

图 4-20　N 肥、NK 和 NPK 配施处理的短肋羽藓生理指标

表 4-15　短肋羽藓生长指标与生理指标的相关性

指标	类胡萝卜素含量	叶绿素含量	可溶性蛋白含量	可溶性糖含量
盖度	0.146	−0.243	−0.123	0.082
长度	−0.298	−0.503**	0.158	−0.347
绿色占比	0.189	0.146	−0.355	0.306
褐色占比	0.078	−0.065	0.354	−0.317

三、光环境调控对苔藓植物形态及生理特征的影响

光是植物进行光合作用所必需的关键因素，是植物生长发育的主要能量来源，光照强度作为重要的生态环境因子，直接影响植物的形态结构发育和生理活动代谢。在低光环境中，可利用的光能有限，植物通过提高叶绿素的含量、捕光色素分子的光能吸收能力等方式提高光能利用效率（Wang et al.，2021）；而在高光环境中，植物通过调节叶片结构、抗氧化酶系统、渗透调节物质等一系列生理过程，保护光合机构免受过量光能的损害（Heyneke et al.，2013）。自然环境中，大部分苔藓植物

的生长发育对光照强度要求较低，其进行光合作用所需的饱和光照强度通常低于其他高等植物（Green et al.，1998），但苔藓植物对不同光强的敏感性与响应不同且存在明显的物种差异（van der Wal et al.，2005；Gecheva et al.，2020；Chen et al.，2019）。过高的光照强度会导致苔藓植物胞内损伤，引起叶绿素降解（Chen et al.，2021；Tang et al.，2015）、光抑制、光胁迫（Anderson et al.，1997），对其光合系统造成损伤，从而抑制苔藓植物的生长。因此，当苔藓植物面临不同的光照强度时，其可能会采取不同的生理形态和防御性策略来适应并最大限度地利用当前的光照强度或减少其带来的影响。基于此，本小节以观赏价值较高的尖叶对齿藓（*Didymodon constrictus*）和大灰藓为材料，设置 6 个光照梯度，探讨苔藓植物对光环境变化的反应效果，以深化我们对苔藓植物对不同光环境适应性的理解，同时为尖叶对齿藓和大灰藓在园林方面的开发利用提供理论参考。

1. 材料和方法

（1）试验地概况

试验地位于贵州省贵阳市花溪区贵州大学林学院（117°18′33″E，31°52′45″N），年平均气温 15.7℃、降水量 1215.7mm。

（2）试验材料及设计

尖叶对齿藓和大灰藓均采自贵州省花溪区，取样时尽可能保证在类似生境中采集的藓类个体大小、颜色等一致，将苔藓在温棚中统一培养待用。将藓块裁剪为 10cm×10cm 大小后植入 21cm×16cm×3cm 的装有营养土的种植盒中，然后移入人工气候箱内进行光处理试验，摆放时确保彼此之间不互相遮挡。试验前使用气象站测量贵阳市野外日均光照强度，选取晴天无遮挡的空地连续测量一个月，根据野外日均光照强度（图 4-21），设置人工气候箱光照强度为 21 000lux，光周期

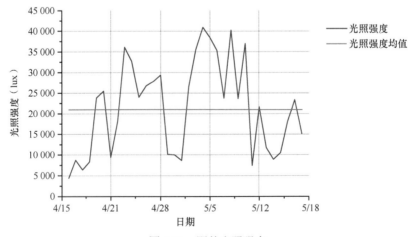

图 4-21　野外光照强度

为 12h/d，温度为 25℃/20℃（昼/夜），相对湿度为 80%。利用黑色遮阳网（6 针型）叠加设置 6 个光照梯度处理：L0-无遮阳网（透光率 100%）、L1-无遮阳网（透光率 75%）、L2-无遮阳网（透光率 50%）、L3-单层遮阳网（透光率 25%~30%）、L4-双层遮阳网（透光率 10%~15%）、L5-全遮光（透光率 0%），每个处理 6 个重复，在处理第 0 天、7 天、14 天、21 天、28 天取样并进行相关指标测定。

（3）测定指标与方法

盖度：种植第 28 天用相机离桌面 20cm 平行对苔藓进行拍照，然后利用 Adobe Photoshop 2020 软件描绘照片中的苔藓面积，并用以下公式计算盖度：

$$C = (a/S) \times 100\%$$

式中，C 表示苔藓盖度；a 表示苔藓面积；S 表示种植区面积。

鲜重和干重：选取每个处理长势均匀、面积为 3cm×3cm 的苔藓，将植株清洗干净吸干水分后测定鲜重，然后于烘箱中在 105℃杀青 15min，最后于 80℃烘至恒重称干重。

色彩：选择 ColourImpact 和 Adobe Photoshop 软件作为色彩选取工具，先运用 Photoshop 软件对照片中的苔藓植物部分进行处理，再通过 ColourImpact 软件进行整体植株取色，同时对植物叶片色块进行提取，随后系统自动拟合范围相近的色彩，最终每种苔藓各拟合为 4 种色彩，并显示各色彩占比，其中尖叶对齿藓色彩构成为深绿色、绿色、浅绿色、棕色，大灰藓为深棕色、棕色、黄色、绿色。

显微结构：剪取苔藓相同部位叶片，压制成水封片后采用光学显微镜（奥林巴斯 BX53+DP74 显微镜及高清数码成像系统）于高倍镜下观察叶细胞形态变化，并拍照记录。

生理指标：可溶性糖含量采用蒽酮比色法测定；可溶性蛋白含量采用考马斯亮蓝 G-250（Bradford 法）测定；丙二醛（MDA）、脯氨酸（PRO）、过氧化氢酶（CAT）、过氧化物酶（POD）、超氧化物歧化酶（SOD）使用试剂盒测定，试剂盒购买自苏州格锐思生物科技有限公司。

光合色素：参照史秉洋等（2022）的方法，根据 Arnon 方程计算叶绿素 a 含量、叶绿素 b 含量、叶绿素 a/b 值和叶绿素总含量。

叶绿素荧光参数：先将苔藓进行 15min 以上的暗适应，后利用 FluorCam 荧光成像系统进行叶绿素荧光成像图拍摄，并测定初始荧光（Fo）和最大荧光（Fm），据此计算最大光量子产量（Fv'/Fm'）、光适应下 PSII 光化学猝灭（qP）和光适应下非光化学猝灭（NPQ）系数，最后参照 Demmig-Adams 等（1996）的方法计算相关参数：

$$天线热耗散 Hd=(1-Fv'/Fm') \times 100\%$$

$$光化学反应耗散 Pc=qP \times Fv'/Fm' \times 100\%$$

$$非光化学反应耗散 Ex=(1-qP) \times Fv'/Fm' \times 100\%$$

（4）统计与分析

采用 Excel 2010 和 SPSS 19.0 软件对实验数据进行统计分析，采用 Adobe Photoshop 2020 和 Origin 2021 软件绘图。

2. 光照强度对两种苔藓植物生长的影响

由图 4-22 可知，光照强度对两种苔藓植物盖度及干重的影响存在明显差异，而对鲜重并无显著影响。L0 梯度的两种苔藓植物干重均显著高于 L5 梯度，且随着透光率的降低，其干重逐渐减少，L5 梯度达到最低，相较于 L0 梯度分别下降 55.18%和 52.5%。两种苔藓植物的盖度均在 L4 梯度达到最大。

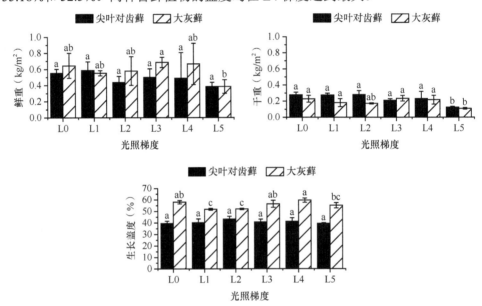

图 4-22　不同光强处理的两种苔藓植物盖度、干鲜重

不同光照强度下两种苔藓的叶片细胞结构存在差异明显。L4 梯度细胞大小均匀，叶绿体鲜绿色并均匀分布于细胞内，胞内无空隙（图 4-23e，k）。L3、L5 梯度细胞大小、形状不规则，叶绿体缩小成球状且被挤到细胞边缘（图 4-23j，l），部分细胞中叶绿体出现解体，并呈现由叶缘逐渐向中肋过渡的趋势（图 4-23d）。L0、L5 梯度细胞出现变形、破损，细胞壁木质化明显，叶绿体进一步缩小成球状

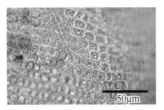

a. L0 尖叶对齿藓　　　　　b. L1 尖叶对齿藓　　　　　c. L2 尖叶对齿藓

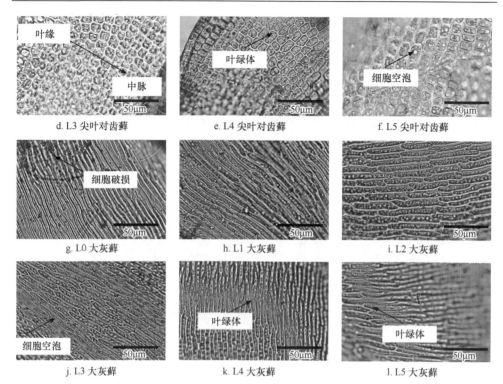

图 4-23 不同光照强度处理的尖叶对齿藓和大灰藓显微结构

颗粒并聚集成团，且细胞空泡化严重（图 4-23a，f）。结果表明，L4 梯度细胞完整性及细胞器健康状态表现较好，而 L0 梯度细胞失活、叶绿素分解等，不利于苔藓植物生长。

通过对两种苔藓植物的色彩拟合提取及对其构成变化（图 4-24）进行分析发现，尖叶对齿藓色彩构成偏向绿色，而大灰藓偏向棕黄色。随着处理时间的延长和光照强度的降低，尖叶对齿藓的色彩构成变化主要是棕色和深绿色占比上升，而大灰藓为绿色占比显著下降，棕色占比上升。然而，L5 梯度各阶段两种苔藓植物的色彩构成都能维持较高的绿色占比。由此可见，降低光照强度能够明显提高两种苔藓植物的绿色占比，使其更偏向于绿色。

3. 光照强度对苔藓植物抗氧化酶活性的影响

由图 4-25 可知，大灰藓 MDA 含量明显高于尖叶对齿藓，且 L0 梯度的大灰藓 MDA 含量在处理第 0~7 天急剧增长，随后逐渐下降。由图 4-26 可知，随着处理时间延长，大灰藓和尖叶对齿藓的 CAT 活性总体呈下降趋势，且分别在 L4 梯度处理第 14 天、L5 梯度处理第 21 天达到最大值。大灰藓的 POD 活性相对较高，但 SOD 活性受光照强度变化的影响较小。

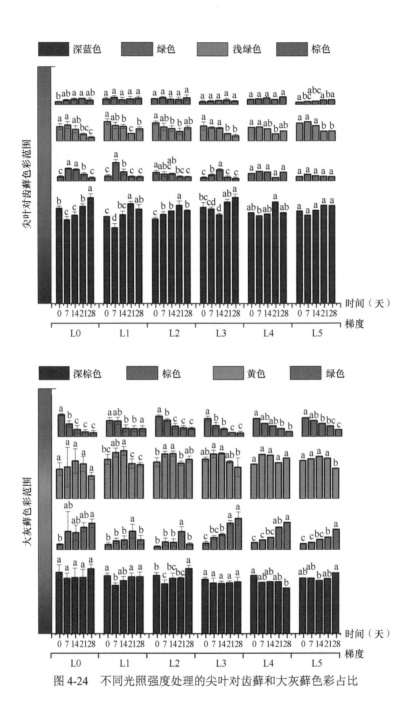

图 4-24　不同光照强度处理的尖叶对齿藓和大灰藓色彩占比

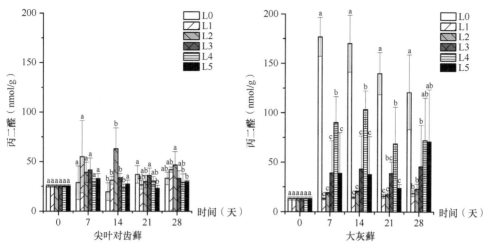

图 4-25　不同光照强度处理的尖叶对齿藓和大灰藓丙二醛含量

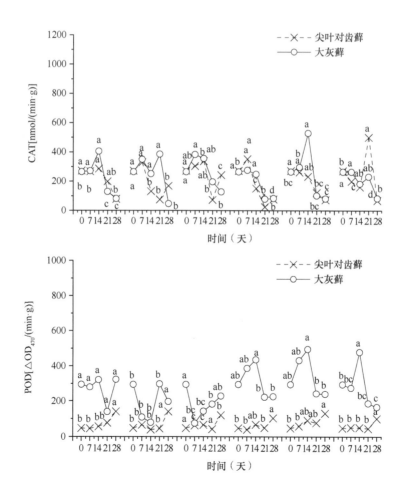

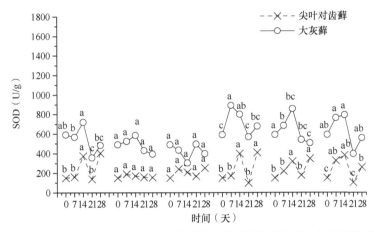

图 4-26　不同光照强度处理的尖叶对齿藓和大灰藓过氧化氢酶、过氧化物酶、
超氧化物歧化酶含量

4. 光照强度对苔藓植物渗透调节物质的影响

由图 4-27 可知，各梯度两种苔藓植物的可溶性糖含量随处理时间延长呈单峰变化趋势。其中，遮光处理后 L0 梯度的可溶性糖含量显著高于其他梯度，同时 L5 梯度两种苔藓植物的可溶性糖含量始终维持在较低水平。L1 和 L2 梯度的尖叶对齿藓可溶性蛋白含量始终维持在较低水平，除 21 天外 L1 和 L2 梯度的大灰藓可溶性蛋白含量也维持在较低水平。脯氨酸含量随光照强度的降低总体上上升趋势明显，L0 梯度的尖叶对齿藓和大灰藓脯氨酸含量最高可分别达 43.38μg/g、22.57μg/g。

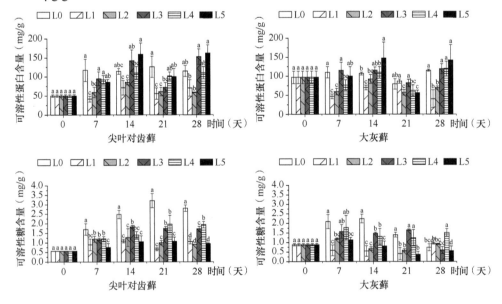

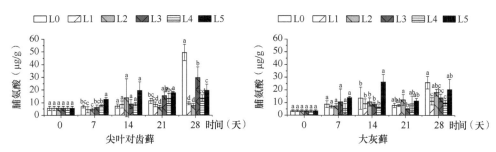

图 4-27　不同光照强度处理的尖叶对齿藓和大灰藓可溶性糖、可溶性蛋白、脯氨酸含量

5. 光照强度对两种苔藓植物光合色素的影响

由图 4-28 可知，随着光照强度的减弱，两种苔藓植物的叶绿素总含量和类胡萝卜素含量呈波动趋势，并在 L4 梯度达到峰值。随处理时间延长，两种苔藓植物的叶绿素总含量和类胡萝卜素含量先上升后下降的趋势，均在处理第 7 天达到峰值。

6. 光照强度对两种苔藓植物叶绿素荧光参数及荧光成像的影响

由图 4-29 可知，不同光照强度处理两种苔藓植物的最小荧光 Fo 与最大光量子产量 Fv'/Fm'均存在明显差异。随着光照强度降低，尖叶对齿藓的 Fo 逐渐下降，表现为红色斑块面积逐渐减少，而 Fv'/Fm'逐渐增大；而大灰藓各梯度间差异不明显。

两种苔藓植物的最大光量子产量 Fv'/Fm'和非光化学猝灭系数 NPQ 随着处理时间延长及光照强度降低呈动态变化的趋势（图 4-30）。随着处理时间的延长，两

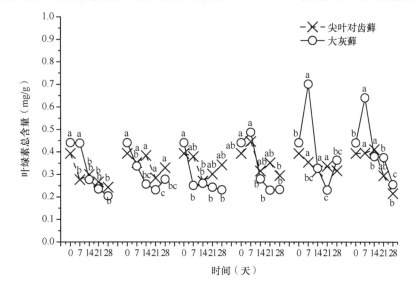

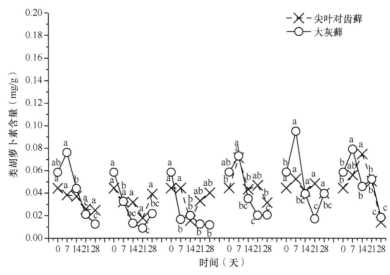

图 4-28　不同光照强度处理的尖叶对齿藓和大灰藓叶绿素总含量、类胡萝卜素含量

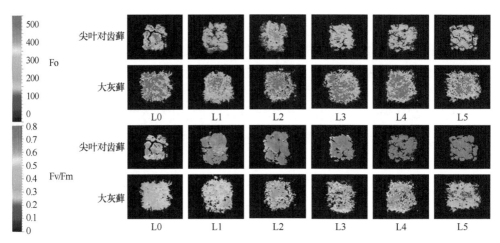

图 4-29　不同光照强度处理的尖叶对齿藓和大灰藓 Fo、Fv'/Fm'、叶绿素荧光成像

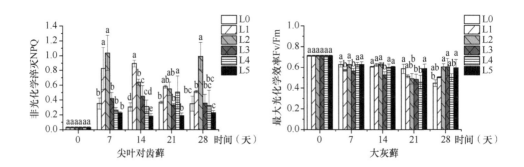

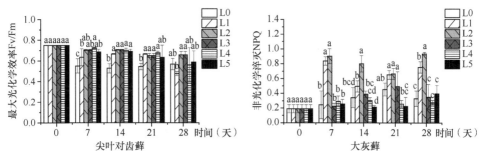

图 4-30　不同光强处理的尖叶对齿藓和大灰藓 Fv′/Fm′、NPQ

种苔藓植物的 Fv′/Fm′总体呈下降趋势，NPQ 呈上升趋势；随着光照强度的降低，两种苔藓植物的 Fv′/Fm′总体呈先升高后降低的趋势，NPQ 呈先升后降的趋势，表明热能消散被激活以消散多余的光能。

7. 光照强度对两种苔藓植物光化学反应、非光化学反应耗散和天线热耗散分配比例的影响

由图 4-31 可知，两种苔藓植物在不同光照强度下的光能分配比例不同。高光处理的两种苔藓植物天线热耗散（Hd）占比明显高于其他处理，且随着光照梯度的降低而下降；L4 梯度的光化学反应耗散（Pc）占比较高。在饱和光强 [PAR=2000μmol/(m²·s)]下，大灰藓的 Hd 是 Pc 的 2.17 倍，尖叶对齿藓的 Hd 则是 Pc 的 1.27 倍，表明尖叶对齿藓较大灰藓拥有更高的光化学反应耗散，表现出更强的光照适应性，而大灰藓则通过提高天线热耗散来适应高光条件。

四、干旱复水对苔藓植物生长生理的影响

苔藓植物虽然体量较小，但耐旱性强，储水能力高，并具有截留雨水、稳固土壤和修复生态等功能，是植被恢复中的先锋植物，在各类环境中出现频率极高，成为自然植被资源的重要组成部分（Ruklani et al.，2021；Rosentreter，2020）。此外，苔藓植物生活型丰富，对基质要求低，能在其他陆生植物生存困难的环境中生长繁衍，如高寒、高温、极度干旱等环境（衣艳君和刘家尧，2007），并影响森林植被的水分平衡，在物质循环、环境监测和水土保持等方面都发挥着重要作用（吴玉环等，2004），独特的生理生态适应机制使苔藓植物在高温和干旱等极端环境中仍然可以茁壮成长。尽管已有部分关于苔藓植物抗旱性的相关报道，但以往的研究主要集中于植物荧光特性与抗性的简单比较（曹弈璘等，2014；胡浩和王娟，2020），针对干旱胁迫和复水干扰环境中常见优势苔藓植物在不同干旱时间下表型和生理生化等动态过程的系统研究尚未明晰。此外，苔藓植物属于变水植物，对水分环境变化极为敏感，在吸水保水方面拥有巨大优势，但其适应极端干旱环

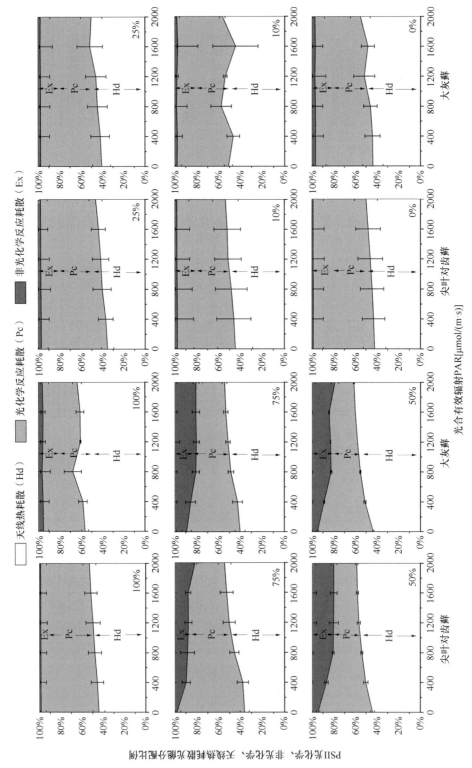

图 4-31　不同光强处理的尖叶对齿藓和大灰藓光化学、非光化学耗散和天线热耗散分配比例

境的作用机制仍不清晰。基于此，本小节以贵阳市常见优势苔藓植物（大灰藓和尖叶匍灯藓）为研究材料，探讨干旱胁迫与复水干扰环境中苔藓植物的生长动态，从而为指导苔藓植物的维护提供有益见解，为大灰藓和尖叶匍灯藓的高效栽培及推广应用提供一定的理论参考。

1. 材料与方法

（1）试验地概况与试验材料

试验地位于贵州省贵阳市花溪区贵州大学西校区（106°65′～107°17′E，26°45′～27°22′N），海拔 1137.76m，属亚热带湿润温和型气候，兼有高原性和季风性气候的特点。大灰藓采于贵阳市花溪区茨凹村皂角实验田林下，尖叶匍灯藓采于观山湖公园，种植盆为 18cm×13cm×6.5cm 规格的打孔塑料容器。

（2）试验设计

干旱处理：将采回的两种苔藓植物种植在大棚的盆中，养护一个月后进行干旱胁迫试验。试验开始前选取长势良好的苔藓浸泡在水中，使其充分吸水 1h 后取出。除去植株表面多余水分后，称取 150g 平铺于种植盒中，平铺面积为 10cm×9cm。预试验发现苔藓植物在干旱一周后体内水分和外部形态变化明显，因此以 8 天为一个时间段设置 5 个干旱梯度，干旱时间分别为 8 天、16 天、24 天、32 天、40天。每个干旱梯度种植 10 盆，并在每个干旱梯度处理结束当天取 15 株（3 盆）样本测定相关指标。

复水处理：在干旱胁迫后进行复水处理，对相应的干旱处理补水，按照称重补水法于每天下午 17:00-19:00 对盆栽称重并补水（150mL），并分别在复水第 5天、10 天、15 天取 15 株（3 盆）样本测定相关指标。

（3）指标测定

颜色和叶面卷曲：使用佳能 EOS R7 相机拍摄记录。株高：每个处理选 5 盆，每盆取 5 株用直尺测量取平均值。生物量：每个处理选 5 盆，分别称取盆内苔藓重量。相对含水量（RWC）（邹琦，2000）：选取新鲜的苔藓植株迅速放入已知重量的铝盒，称鲜重（Wf）后放入 105℃的烘箱中杀青 15min，最后于 80℃烘至恒重称干重（Wd），随后根据以下公式进行计算：

$$相对含水量(RWC)=(Wf-Wd)/Wd×100\%$$

参考王学奎和黄见良（2018）的方法测定叶绿素、可溶性糖及可溶性蛋白含量：叶绿素含量用分光光度法测定，可溶性糖含量用蒽酮比色法测定，可溶性蛋白含量用考马斯亮蓝测定。相对电导率采用电导法测定（路文静和李奕松，2012）。脯氨酸含量和超氧化物歧化酶、过氧化氢酶、过氧化物酶活性均采用试剂盒测定，试剂盒源于贵州明涵生物科技有限公司。每个处理设置 3 次技术重复。

（4）数据分析

采用 Excel 2021 和 SPSS 19.0 软件对全程试验数据进行统计分析；然后采用单因素方差分析（one-way ANOVN）检验各处理间的差异显著性，采用 Duncan's 法（$P<0.05$）进行方差齐性检验和独立样本 t 检验（$P<0.05$），以分析两种苔藓植物间的差异；最后用 Origin 2021 软件绘图。

2. 干旱复水对大灰藓和尖叶匐灯藓生长形态的影响

（1）对颜色和叶片卷曲的影响

经过 40 天的干旱胁迫处理，两种苔藓植物展现出不同的形态变化（图 4-32，图 4-33）。随着干旱时间的延长，苔藓叶片卷曲程度逐渐加剧，颜色发生显著变化，特别是尖叶匐灯藓的颜色变化更为显著。在干旱处理第 8～16 天，两种苔藓植物的茎干开始扭曲，叶片卷曲并紧密贴合在茎上，叶尖向下弯曲，茎顶端的颜色开

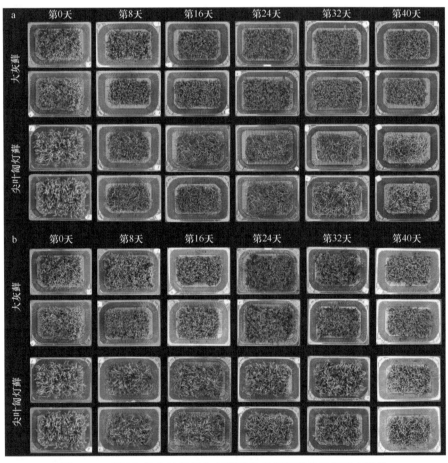

图 4-32　干旱和复水处理后大灰藓和尖叶匐灯藓的外部形态变化

a. 干旱处理；b. 复水处理

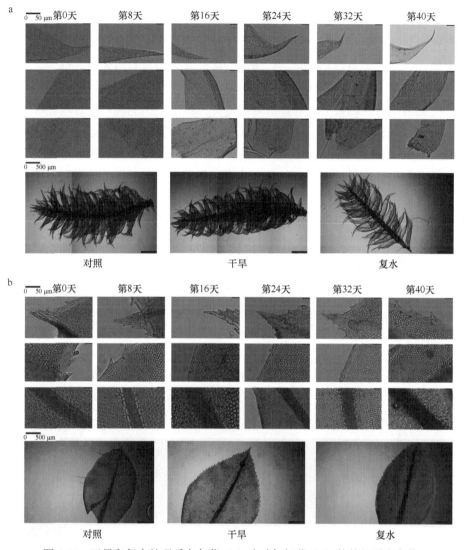

图 4-33 干旱和复水处理后大灰藓（a）尖叶匍灯藓（b）的外部形态变化

始轻微泛黄或发白。进入干旱处理第 24 天，大灰藓叶尖翘起的现象变得更为明显，而尖叶匍灯藓的叶尖泛出棕黄色，并逐渐蔓延至叶片下部。到干旱处理第 32 天，大灰藓的植株开始泛黄，叶片整体呈现黄绿色，叶尖部分的叶绿体流失严重，导致翘起现象更加突出，而尖叶匍灯藓的植株出现大面积的发黄发白和卷曲现象，叶片的叶绿体严重流失，仅在中肋部分还有少量分布。最后到干旱处理第 40 天，大灰藓的叶片持续变黄绿色，而尖叶匍灯藓的叶片不见绿色，几乎完全透明，中肋呈现黑褐色，显示其受到的干旱胁迫更严重。这些形态变化不仅反映了两种苔藓植物对干旱胁迫的不同响应机制，也为我们深入研究其生态适应性和抗逆性提供了重要的线索。

复水后，干旱处理第 8 天、16 天和 24 天的两种苔藓植物均迅速恢复，其叶片均逐渐复绿且呈现出饱满舒展的状态（图 4-32，图 4-33）。持续干旱 32 天进行复水处理后，虽大灰藓和尖叶匐灯藓的叶片舒展且颜色有所恢复，但与对照相比仍有明显变化。持续干旱 40 天进行复水处理后，虽大灰藓和尖叶匐灯藓的叶片舒展，但颜色未恢复，且尖叶匐灯藓持续变黄，可能是因为丙二醛含量在干旱处理第 32 天达到最高峰，引发膜脂过氧化，细胞膜受损更加严重，因此尖叶匐灯藓在持续干旱 32 天或更长时间时细胞因受损严重而无法恢复，也有可能是由类胡萝卜素含量上升和体内保护机制启动及叶黄素积累所致，表明在生长过程中处于严重缺水状态时，苔藓植物叶片的水分流失，叶绿体逐渐降解。综上说明，两种苔藓植物耐旱性均较高，但相对于大灰藓，尖叶匐灯藓在干旱胁迫下更为敏感，耐旱性较弱。

（2）对株高和生物量的影响

干旱胁迫抑制了大灰藓和尖叶匐灯藓的生长（图 4-34）。干旱处理第 8 天，两种苔藓植物的生物量均急速下降，分别比对照显著降低了 78.27% 和 81.52%，此后变化逐渐趋于平缓。干旱胁迫导致大灰藓的株高逐渐下降，干旱处理第 32 天与对照的差异达到显著水平，反之，尖叶匐灯藓所有处理均与对照无显著差异。复水处理后，大灰藓和尖叶匐灯藓的株高、生物量均有所恢复（图 4-35，图 4-36）。其中，持续干旱 8 天、16 天、24 天进行复水处理后，两种苔藓植物的生物量和株高均能恢复至对照水平，且大灰藓的生物量高于对照（$P>0.05$）。

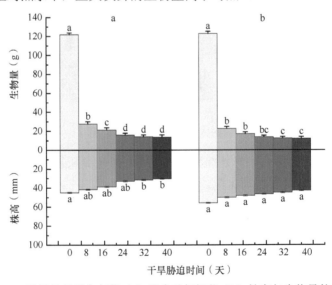

图 4-34　干旱处理后大灰藓（a）和尖叶匐灯藓（b）株高与生物量的变化

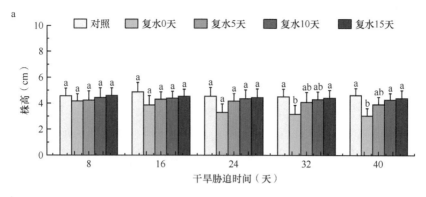

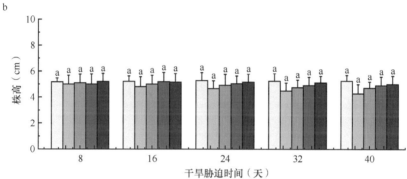

图 4-35 复水处理后大灰藓（a）和尖叶匍灯藓（b）株高的变化

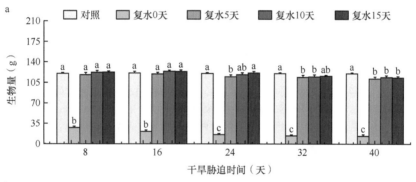

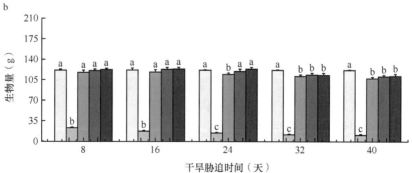

图 4-36 复水处理后大灰藓（a）和尖叶匍灯藓（b）生物量的变化

（3）对相对含水量的影响

由图 4-37 可见，在持续干旱条件下，大灰藓和尖叶匐灯藓植株的相对含水量呈持续下降趋势，均显著低于对照（$P < 0.05$）。在干旱处理第 8 天、16 天、24 天、32 天和 40 天，大灰藓分别较对照下降 71.5%、85.2%、85.8%、86.4%、86.9%，而尖叶匐灯藓分别下降 75.5%、81.7%、86.9%、88.3%、89.1%。表明干旱持续时间对两种苔藓植物的 RWC 有显著影响，且随着干旱持续时间的延长，RWC 显著下降，尤其是干旱处理第 8 天大灰藓和尖叶匐灯藓的 RWC 均下降更明显，且大灰藓的 RWC 显著高于尖叶匐灯藓，当干旱持续时间超过 24 天时，RWC 变化缓慢，两种苔藓植物间无显著差异。

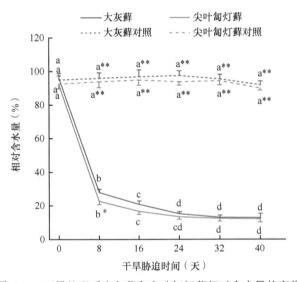

图 4-37　干旱处理后大灰藓和尖叶匐灯藓相对含水量的变化

图中数据为平均值±标准差；*、**分别表示两种苔藓植物与对照的差异分别达到 0.05 和 0.01 显著水平（紫色表示干旱处理下两种苔藓间存在差异）；下同

复水处理后，大灰藓和尖叶匐灯藓快速吸水，相对含水量均呈现上升的趋势（图 4-38）。持续干旱 8～16 天进行复水 15 天处理后，两种苔藓植物的 RWC 均迅速回升，且高于对照但不显著。而持续干旱 32 天和 40 天进行复水处理后，大灰藓和尖叶匐灯藓的 RWC 上升但显著低于对照，其中大灰藓上升幅度大于尖叶匐灯藓，可见大灰藓的保水能力更强，在长期干旱胁迫后进行复水处理更具恢复迹象。综上表明，大灰藓和尖叶匐灯藓持续干旱 8～24 天后进行复水处理均可迅速恢复，但在长期胁迫条件下，由于苔藓植物受到严重的负面影响，即使进行复水处理也无法缓解干旱胁迫造成的影响。

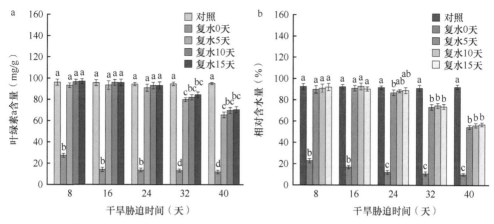

图 4-38　复水处理后大灰藓（a）和尖叶匐灯藓（b）相对含水量的变化

3. 干旱复水对大灰藓和尖叶匐灯藓生理的影响

（1）对叶绿素的影响

干旱胁迫对大灰藓和尖叶匐灯藓的叶绿素 a（Chl a）含量均有显著影响。其中，大灰藓的叶绿素 a 含量随干旱持续时间延长呈逐渐下降的趋势，而尖叶匐灯藓呈先升后降的趋势（图 4-39）。干旱处理第 8 天，尖叶匐灯藓的叶绿素 a 含量较干旱处理第 0 天增加 1.8%，而大灰藓下降 3.5%，但尖叶匐灯藓高于大灰藓（$P<$ 0.05）。干旱处理第 16 天后，尖叶匐灯藓与大灰藓叶绿素 a 含量的差异显著（$P<$ 0.05）。复水处理后（图 4-40），干旱处理第 8 天、16 天、24 天的大灰藓和尖叶匐灯藓叶绿素 a 含量增加并恢复至对照水平；干旱处理第 32 天两种苔藓植物的叶绿素 a 含量虽有所上升，但显著低于对照。

两种苔藓植物的叶绿素 b（Chl b）含量随干旱持续时间延长总体均呈下降的趋势（图 4-39）。干旱处理第 0 天、8 天、16 天，两种苔藓植物的 Chl b 含量在 0.20～0.23mg/L，变化幅度较小；干旱处理第 24 天、32 天和 40 天，大灰藓和尖叶匐灯藓的 Chl b 含量显著下降（$P<0.05$）。复水处理后（图 4-40），大灰藓和尖叶匐灯藓的

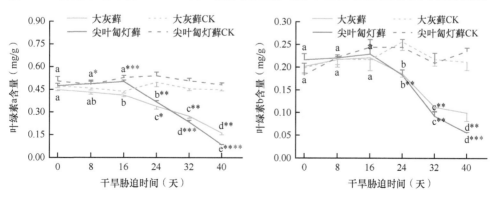

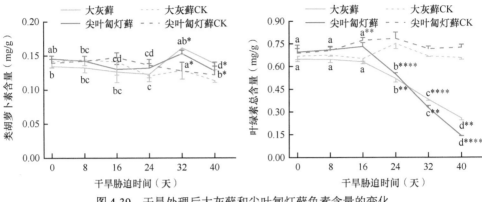

图 4-39 干旱处理后大灰藓和尖叶匐灯藓色素含量的变化

Chl b 含量上升。其中，持续干旱 8 天、16 天、24 天进行复水处理后，大灰藓和尖叶匐灯藓的 Chl b 含量增加并恢复到对照水平，且大灰藓持续干旱 24 天进行复水处理后显著高于对照。持续干旱 32 天和 40 天进行复水处理后，大灰藓和尖叶匐灯藓的 Chl b 含量均有所上升，但显著低于对照，表明此时进行复水处理对大灰藓和尖叶匐灯藓的 Chl b 含量均无显著影响。

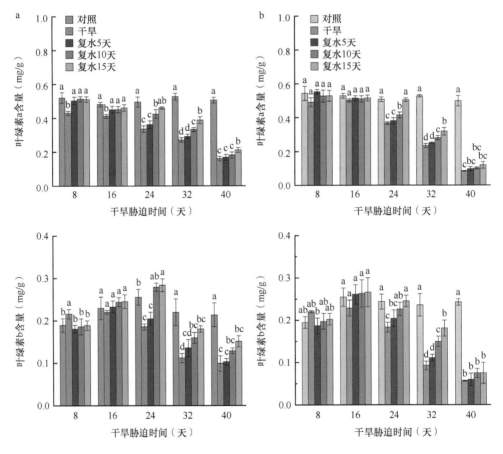

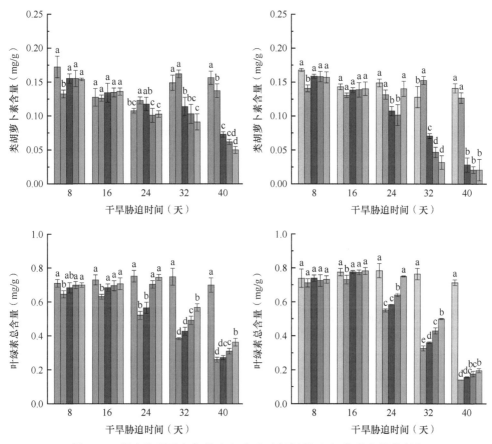

图 4-40　复水处理后大灰藓（a）和尖叶扭灯藓（b）色素含量的变化

　　两种苔藓植物的类胡萝卜素含量随干旱持续时间延长均呈先降后升再降的趋势（图 4-39）。在干旱处理第 8 天、16 天，两种苔藓植物的类胡萝卜素含量下降。干旱处理第 32 天，尖叶扭灯藓和大灰藓的类胡萝卜素含量均急速上升，分别达 0.153mg/L 和 0.162mg/L。干旱处理第 40 天，大灰藓和尖叶扭灯藓的类胡萝卜素含量又呈现下降。复水处理后（图 4-40），大灰藓和尖叶扭灯藓的类胡萝卜素含量总体呈现下降趋势。持续干旱 8 天、16 天、24 天进行复水处理后，两种苔藓植物的类胡萝卜素含量上升并恢复至对照水平；而持续干旱 32 天和 40 天进行复水 15 天处理后均未恢复至对照水平，说明此时进行复水处理对大灰藓和尖叶扭灯藓的类胡萝卜素含量均无显著影响。

　　干旱处理对大灰藓和尖叶扭灯藓的叶绿素总含量有显著影响（4-39）。干旱处理下，大灰藓的 Chl a+b 含量随干旱持续时间的延长呈下降趋势，尖叶扭灯藓呈先升后降的趋势。干旱处理第 24 天、32 天、40 天，大灰藓和尖叶扭灯藓的叶绿素总含量均显著下降，且与对照差异极显著，分别较干旱处理第 0 天下降 19.5%、21.4%，40.1%、53.3%，59.8%、95.7%，可见尖叶扭灯藓 Chl a+b 含量的下降幅度高于大灰藓。干旱处理第 40 天，尖叶匐灯藓的 Chl a+b 含量极显著低于大灰藓（P<0.01）。复水处理后（图 4-40），大灰藓和尖叶匐灯藓的 Chl a+b 含量呈现上升趋势。持续干旱 8 天和 16 天进行复水处理后，大灰藓的 Chl a+b 含量增加并恢复至对照水平，而尖叶匐灯藓迅速增加并高于对照水平。持续干旱 24 天进行复水处理后，大灰藓的 Chl a+b 含量进行复水 10 天处理后恢复至对照水平，而尖叶匐灯藓需复水 15 天才能恢复至对照水平。持续干旱 32 天进行复水处理后，两种苔藓植物的 Chl a+b 含量虽有所上升，但与对照差异显著。表明短时间的干旱后进行复水处理，两种苔藓植物均有极好的恢复能力，干旱持续时间延长后大灰藓的耐旱性较好，更易于恢复，但长时间的干旱胁迫后进行简单的复水处理并不能使其快速恢复至正常水平。

（2）对渗透调节物质的影响

干旱处理下，大灰藓和尖叶匐灯藓的可溶性糖、可溶性蛋白和脯氨酸（PRO）含量均高于对照，且随干旱持续时间延长均呈先升后降的趋势（图 4-41）。两种苔

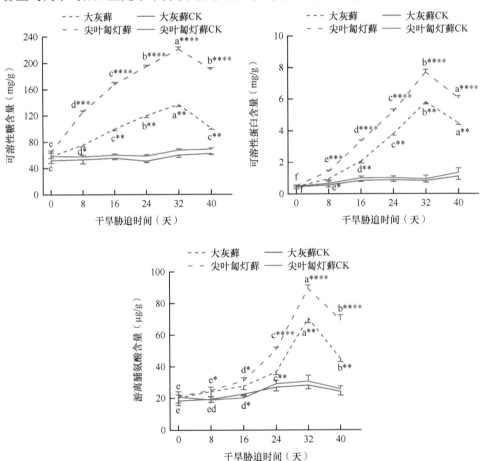

图 4-41 干旱处理后大灰藓和尖叶匐灯藓渗透调节物质含量的变化

薄植物三种渗透调节物质的含量在干旱处理第 8 天显著上升并于干旱处理第 32
天达到峰值，其中大灰藓的可溶性糖、可溶性蛋白和脯氨酸含量较干旱处理第 0
天分别上升 132.3%、117.1%、248.9%，尖叶匐灯藓上升 246%、137.7%、318.7%。
干旱处理第 8～40 天，尖叶匐灯藓的可溶性糖和可溶性蛋白含量显著或极显著
高于大灰藓，干旱处理第 24～40 天尖叶匐灯藓的脯氨酸含量极显著高于大灰藓，
可见三种渗透调节物质的含量在大灰藓和尖叶匐灯藓间存在显著差异（$P<$
0.05）。

　　复水处理后，大灰藓和尖叶匐灯藓的三种渗透调节物质含量总体上较复水前
均有不同程度的降低（图 4-42）。持续干旱 8 天、16 天、24 天进行复水处理后，
两种苔藓植物的可溶性糖、可溶性蛋白和脯氨酸含量均能恢复至对照水平，同时
均在持续干旱 8 和 16 天进行复水 5 天处理后迅速下降并恢复至对照水平，但持
续干旱 24 天尖叶匐灯藓需复水 15 天才能恢复至对照水平，而大灰藓需复水 10
天才能恢复至对照水平，表明大灰藓耐旱性和恢复能力较好。持续干旱 32 天和
40 天进行复水处理后，两种苔藓植物的可溶性糖和可溶性蛋白含量均在复水 5 天

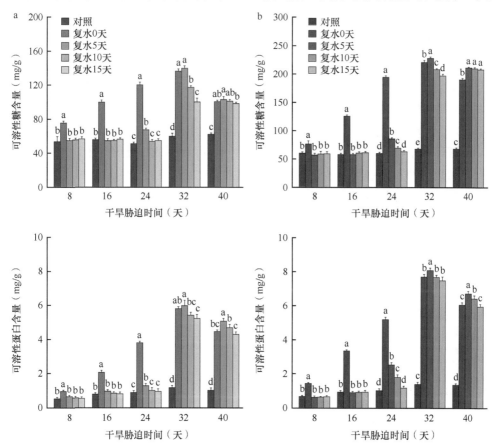

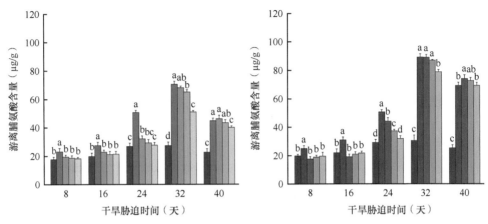

图 4-42　复水处理后大灰藓（a）和尖叶匍灯藓（b）渗透调节物质含量的变化

处理出现上升趋势，复水 10～15 天处理虽有所降低，但仍显著高于对照，说明干旱后期（第 32 天和 40 天），植物受到严重的负面影响，复水处理对长时间干旱所导致的损伤没有有效的恢复作用。

（3）对抗氧化酶活性的影响

干旱处理下，大灰藓和尖叶匍灯藓的超氧化物歧化酶（SOD）、过氧化氢酶（CAT）、过氧化物酶（POD）活性均高于对照，且随干旱持续时间的延长逐渐上升，并均在干旱处理第 32 天达到峰值后下降（图 4-43）。干旱处理第 8 天、16 天，大灰藓的 SOD、CAT、POD 活性上升较为缓慢，第 24 天极显著高于对照（$P<0.01$），第 32 天达到最大值，分别比干旱处理第 0 天增加 158.4%、97.8%、140.3%；而尖叶匍灯藓在干旱处理第 8 天后开始迅速上升，并显著或极显著高于对照，第 32 天达到最大值，分别较干旱处理第 0 天增加 202.2%、133.1%、199%，可见尖叶匍灯藓不仅上升节点早于大灰藓，上升幅度也高于大灰藓。

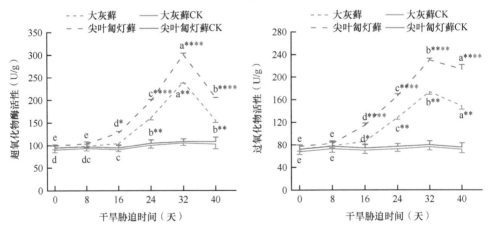

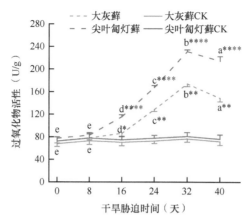

图4-43　干旱处理后大灰藓和尖叶匐灯藓酶活性的变化

复水处理后，大灰藓和尖叶匐灯藓的 SOD、CAT、POD 活性总体呈下降趋势（图4-44）。持续干旱 8 天、16 天进行复水处理后，大灰藓的 SOD、CAT、POD 与复水前相比出现不同程度的下降，且均能在复水 5 天处理恢复至对照水平。尖叶

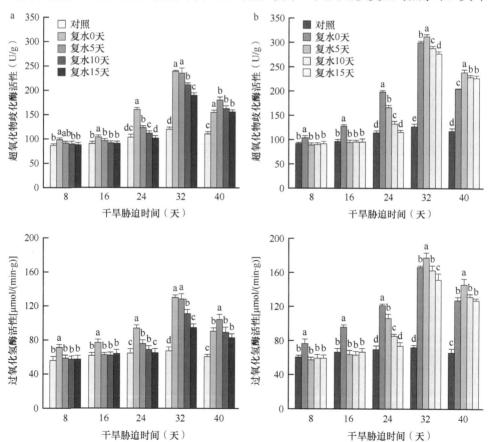

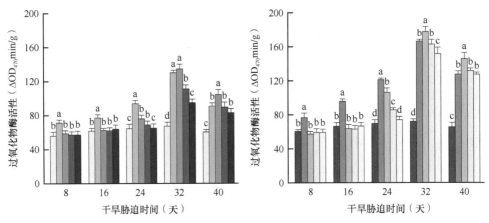

图 4-44　复水处理后大灰藓（a）和尖叶匐灯藓（b）酶活性的变化

匐灯藓的 SOD、CAT、POD 活性也均低于复水前，且均在持续干旱 8 天、16 天进行复水 5 天处理后恢复至对照水平，而持续干旱 24 天需复水 15 天才能恢复至对照水平。持续干旱 32 天进行复水 5 天处理后，尖叶匐灯藓的 SOD、CAT、POD 活性和大灰藓的 POD 活性均出现上升趋势，虽复水 10～15 天处理有所下降，且大灰藓下降幅度大于尖叶匐灯藓，但二者仍显著高于对照。表明大灰藓和尖叶匐灯藓均有一定的恢复能力，但有一定阈值。

（4）对细胞膜透性和膜脂过氧化的影响

干旱处理下，大灰藓和尖叶匐灯藓的丙二醛含量均随干旱持续时间的延长逐渐上升，并在干旱处理第 32 天达到峰值后下降（图 4-45）。大灰藓的 MDA 含量在干旱处理第 16 天后急速上升，且极显著高于对照；而尖叶匐灯藓在干旱处理第 8 天后急速上升，并与对照差异显著或极显著。干旱处理第 16～40 天，尖叶匐灯

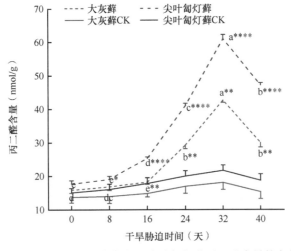

图 4-45　干旱处理后大灰藓和尖叶匐灯藓丙二醛含量的变化

藓的 MDA 含量极显著高于大灰藓（$P<0.01$），且二者均在干旱处理第 32 天达到最高值，较干旱处理第 0 天大灰藓上升 168%，而尖叶匐灯藓上升 244%，可见大灰藓比尖叶匐灯藓更耐旱。

复水处理后，大灰藓和尖叶匐灯藓的 MDA 含量总体呈下降趋势（图 4-46）。持续干旱 8 天、16 天、24 天进行复水后，两种苔藓植物的 MDA 含量较复水前均有不同程度的降低并恢复到对照水平。持续干旱 32 天和 40 天后进行复水 5 天处理后，两种苔藓植物的 MDA 含量均出现上升趋势，虽复水 10～15 天处理有所下降，但仍显著高于对照。说明在持续干旱 8 天、16 天、24 天进行复水处理后，两种苔藓植物均可迅速吸水而恢复生长，同时尖叶匐灯藓的 MDA 含量明显高于大灰藓，表明其在干旱胁迫下累积了更多的 MDA。

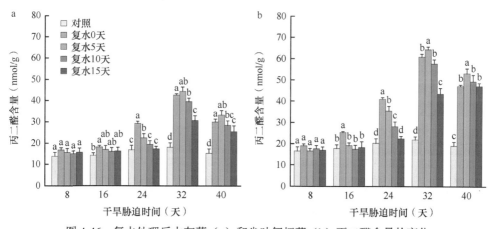

图 4-46 复水处理后大灰藓（a）和尖叶匐灯藓（b）丙二醛含量的变化

由图 4-47 可见，随着干旱持续时间的延长，大灰藓和尖叶匐灯藓的相对电导率（EC）呈现逐渐增加直至峰值的趋势。在干旱胁迫的各个时期，两种苔藓植物的 EC 变化幅度不同。干旱处理第 0～32 天，尖叶匐灯藓的 EC 逐渐上升，大灰藓上升相对较缓，其中第 8 天和 32 天上升幅度较大，较对照大灰藓分别上升 58.14%、192%，尖叶匐灯藓分别上升 66.73%、233.6%；大灰藓在干旱处理第 24 天与对照差异极显著，而尖叶匐灯藓在干旱处理第 8 天与对照差异极显著，并显著高于大灰藓（$P<0.05$）。干旱处理第 40 天，两种苔藓植物的 EC 变化趋于平缓，且尖叶匐灯藓的上升幅度大于大灰藓。

复水处理后，两种苔藓植物的 EC 均出现不同程度的下降（图 4-48）。持续干旱 8 天、16 天进行复水 5 天处理后，两种苔藓植物的 EC 迅速下降并恢复至对照水平；持续干旱 24 天，大灰藓在复水 10 天处理恢复至对照水平，尖叶匐灯藓则需复水 15 天才能恢复至对照水平；持续干旱 32 天进行复水处理后，两种苔藓植物的 EC 均显著高于对照，其中大灰藓和尖叶匐灯藓在复水 5～15 天处理均表现为逐渐下降的趋势。

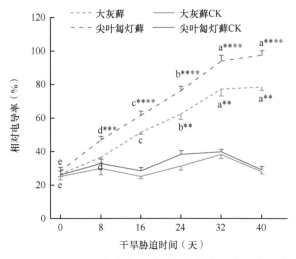

图 4-47　干旱处理后大灰藓和尖叶匐灯藓相对电导率的变化

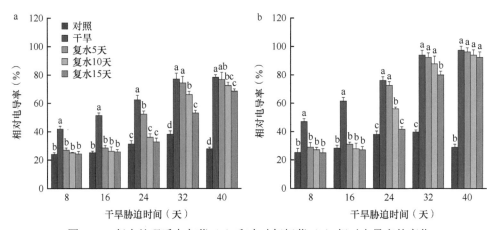

图 4-48　复水处理后大灰藓（a）和尖叶匐灯藓（b）相对电导率的变化

（5）干旱胁迫下两种苔藓植物生长指标与生理指标的相关性分析

由表 4-16 和表 4-17 可知，大灰藓和尖叶匐灯藓在干旱胁迫下的生长指标和生理指标具有显著相关性。其中，两种苔藓植物的 RWC、Chl a、Chl a+b 与株高呈显著正相关，RWC 与生物量均呈极显著正相关。两种苔藓植物的可溶性糖（T）、可溶性蛋白（D）、脯氨酸（PRO）、丙二醛（MDA）含量及超氧化物歧化酶（SOD）、过氧化氢酶（CAT）、过氧化物酶（POD）活性和相对电导率（EC）与株高、生物量均呈负相关，表明干旱胁迫下 SOD、CAT、POD、MDA、EC 的上升对大灰藓和尖叶匐灯藓有一定的负面影响，均显著抑制了其生长发育。

表 4-16　大灰藓生长指标和生理指标的相关性分析

生理指标	株高	生物量
RWC	0.552*	0.999**
Chl a	0.490*	0.419
Chl b	0.456	0.394
Car	0.191	0.322
Chl a+b	0.483*	0.413
T	−0.557*	−0.865**
D	−0.555*	−0.684**
PRO	−0.504*	−0.539*
SOD	−0.463	−0.522*
CAT	−0.479*	−0.586*
POD	−0.527*	−0.590**
MDA	−0.505*	−0.561*
EC	−0.569*	−0.763**

表 4-17　尖叶匍灯藓生长指标和生理指标的相关性分析

生理指标	株高	生物量
RWC	0.552*	0.999**
Chl a	0.490*	0.419
Chl b	0.456	0.394
Car	0.191	0.322
Chl a+b	0.483*	0.413
T	−0.557*	−0.865**
D	−0.555*	−0.684**
PRO	−0.504*	−0.539*
SOD	−0.463	−0.522*
CAT	−0.479*	−0.586*
POD	−0.527*	−0.590**
MDA	−0.505*	−0.561*
EC	−0.569*	−0.763**

五、混种模式下苔藓和园林植物的生长生理变化

苔藓植物植株矮小，能够营造微景观，同时覆盖面大、生长缓慢、基质重量轻、营养要求极低，且假根系能够与基质紧密结合，没有风害和倒伏问题，在水土保持、水源涵养、养分循环、生物固沙、植被重建等方面都发挥着不可替代的作用（吴玉环等，2003）。基于生态习性，苔藓适宜与其他园林植物进行合理混种，组成复合生态系统，从而提高土地利用率、美化环境。园林植物配置形式多样，但有限的生长空间会导致植物间发生竞争（丁水龙等，2016；贾海丽等，2022），最终影响

整体的景观效果。研究发现，自然环境下苔藓群落生长会受到周围植物的影响，如长白山哈泥泥炭地的桧叶金发藓（*Polytrichum juniperinum*）与黄花落叶松（*Larix olgensis*）等植物形成的种对呈显著正关联，而喙叶泥炭藓（*Sphagnum recurvum*）和尖叶泥炭藓（*Sphagnum acutifolium*）与维管植物形成的种对呈负关联（陈旭等，2009）。同时，植物混种后的土壤养分含量往往高于单一植物种植（Kakeh et al.，2018），自然环境中的北沙柳（*Salix psammophila*）和黑沙蒿（*Artemisia ordosica*）与苔藓结皮混种后土壤有机质、全氮、全磷、速效钾等含量显著高于无苔藓结皮的土壤，土壤稳定性更好（周小泉等，2014）；以长叶纽藓（*Tortella tortuosa*）和山赤藓（*Syntrichia ruralis*）为主的苔藓层可以改善土壤水分与养分，为植物的定居和生长提供有利条件，促进更多物种发展，在资源有限的石灰岩环境中发挥关键作用（Sand-Jensen and Hammer，2012）。综上可见，苔藓与其他植物混种可以营造出有益的生态环境，但关于在园林建设过程中适宜与苔藓搭配的植物尚不清晰。因此，为寻求适宜的苔藓-园林植物混种模式，本小节以贵阳市优势苔藓大灰藓和园林绿化中常见植物作为试验材料，探讨混种下的植物生长生理变化以及混种对基质养分的影响，以期为苔藓植物栽培及相关植物造景应用提供新的途径和思路。

1. 材料和方法

（1）试验地概况

试验地位于贵州省贵阳市花溪区贵州大学西校区（106°65′～107°17′E，26°45′～27°22′N），海拔 1137.8m，属于亚热带湿润温和型气候，兼有高原性和季风性气候的特点。年平均气温 15.3℃、相对湿度 77%、降水量 1129.5mm、日照时数 1148.3h。试验在大棚内开展，每天记录大棚内平均温度（16～36.2℃）、平均湿度（55.5%～86%）的变化（图 4-49）。

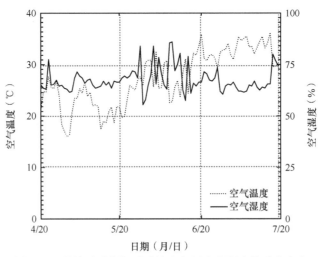

图 4-49　栽培试验期间试验地空气温度和湿度的动态变化

（2）试验材料

大灰藓和 5 种园林植物（金盏菊 Calendula officinalis、黄金菊 Euryops pectinatus、红花酢浆草 Oxalis corymbosa、葱莲 Zephyranthes candida、韭莲 Zephyranthes carinata）从网上购买，均为生长一年左右的幼苗。基质采用草木发酵过的混合土（全氮 10.84g/kg、全磷 0.97g/kg、全钾 3.36g/kg、有机碳 13.98g/kg、pH 7.53），种植盆为塑料盆（上底直径 20cm，下底直径 14cm，高 17cm）。

（3）试验设计

2022 年 4 月 20 日至 7 月 20 日，在贵州大学试验基地进行大灰藓和 5 种园林植物的混种试验，以每种植物的单独种植为各自对照；大灰藓种植采用片状移植方式，每盆大灰藓重量为 200g±5g，均匀铺植于基质表面（每盆土重 1600g±50g）。共 12 个处理（表 4-18），每个处理重复 10 次。根据试验地的气候特点和苔藓正常生长对光的需求，采用两层 6 针遮阳网对大棚进行遮荫（遮光率 75%～85%），由于试验期间处于夏季，定为每天浇一次水，实际情况结合天气变化调整，控制各个处理的浇水量一致，并定期清除盆内杂草，将棚内盆栽交换位置。

表 4-18　试验处理和植物种植量

种植模式	植物	处理	种植量
混种	大灰藓+黄金菊 H. plumaeforme + E. pectinatus	J1	200g+3 株
	大灰藓+金盏菊 H. plumaeforme + C. officinalis	J2	200g+1 株
	大灰藓+韭莲 H. plumaeforme + Z. carinata	J3	200g+3 株
	大灰藓+葱莲 H. plumaeforme + Z. candida	J4	200g+3 株
	大灰藓+红花酢浆草 H. plumaeforme + O. corymbosa	J5	200g+3 株
单种（CK）	大灰藓 H. plumaeforme	CK-J	200g
	黄金菊 E. pectinatus	CK-1	3 株
	金盏菊 C. officinalis	CK-2	1 株
	韭莲 Z. carinata	CK-3	3 株
	葱莲 Z. candida	CK-4	3 株
	红花酢浆草 O. corymbosa	CK-5	3 株
裸土（CK）	无	CK-0	无

（4）测定指标及方法

植物形态指标和盆面遮荫度：参试植物的株高（H）和地径（D）分别用直尺、游标卡尺总共测定 9 次，前 42 天每隔 7 天测定一次，42 天后每隔 15 天测定一次；生物量于种植前测定一次，试验结束时（90 天）测定一次，将根叶洗净，用吸水纸吸尽表面水分，于根茎处将苗剪断分为地上部与地下部称鲜重，再置于 105℃的烘箱中进行 30min 的杀青处理，然后于 80℃烘干至恒重称干重。盆面遮荫度使用照度计（希玛 AS803）测定。

各指标计算公式（周鹏等，2015）：

$$R / S = BDW \times / ADW^{-1}$$
$$SI = H / D^{-1}$$
$$BI = D^2 \times H$$
$$DQI = TDW / \left[\left(H \times / D^{-1} \right) + \left(ADW \times / BDW^{-1} \right) \right]^{-1}$$

式中，R/S 为根冠比；SI 为纤弱指数；BI 为体积指数；DQI 为质量指数；BDW 为地下部干重（g）；ADW 为地上部干重（g）；TDW 为总干重（g）；H 为株高（cm）；D 为地径（mm）。

采用相对邻体效应（relative neighbor effect，RNE）指数比较混种条件下两植物间的相互作用，用生物量干重计算不同植物的相对邻体效应指数：

$$RNE = \left(X_t - X_c \right) / x$$

式中，X 为植物存在邻体（t）或单独生长（c）时的干重；x 是 X_t 和 X_c 的最大值。

本研究将结果做了转换，即乘以−1，则 REN 的值域为−1～1，正值表示促进作用，负值表示抑制作用。

植物生理指标：在种植后 30 天、60 天、90 天采集植物样品进行测定。参考王学奎和黄见良（2018）的方法测定植物色素、可溶性糖（T）含量：色素含量用分光光度法测定；可溶性糖含量用蒽酮比色法测定。

植物养分指标：在种植前和试验结束时（90 天）测定，包括全氮（TN）、全磷（TP）、全钾（TK）和全碳（TC）。称取烘干至恒重的植物样品 0.1000g，用 H_2SO_4-H_2O_2 消煮，TN 含量采用扩散法测定，TP 含量采用钼黄比色法测定，TK 含量采用火焰光度计法测定；TC 含量测定采用重铬酸钾-硫酸氧化（油浴）法测定（彭懿等，2009）。

基质养分指标和相对湿度：基质养分指标包括 TN、TP、TK 和有机碳（SOC），于试验开始前和试验结束时（90 天）各测定一次。称取烘干至恒重并过 0.25mm 孔径筛的基质样品 1.000g，采用 H_2SO_4-$HCLO_4$ 消煮法制备待测液，TN 含量采用扩散法测定，TP 含量采用钼黄比色法测定，TK 含量采用火焰光度计法测定，SOC 含量采用重铬酸钾氧化-外加热（油浴）法测定。相对湿度使用湿度计（希玛 pH328）测定（鲍士旦，2000）。

混种时植物生长发育状况的综合评价：采用模糊隶属函数法对不同植物的生长发育状况进行综合评价，计算公式如下：

$$F_1 X_i = \left(X_i - X_{min} \right) / \left(X_{max} - X_{min} \right)$$
$$F_2 \left(X_i \right) = 1 - \left(X_i - X_{min} \right) / \left(X_{max} - X_{min} \right)$$

式中：X 表示第 i 个指标的测定值；X_{min} 表示第 i 个指标的最小值；X_{max} 表示第 i 个指标的最大值。

对不同混种处理下 6 种植物的生长生理指标进行 Pearson 相关性分析，若某指标与其他生长生理指标呈正相关关系，采用公式 F_1 计算其隶属函数值，若呈负相关关系，则采用公式 F_2 计算其隶属函数值。将不同植物生长生理指标的隶属函数值进行累加后求平均值，即得到综合评价指数，指数越大说明该处理的植物生长越好（史秉洋等，2022）。

（5）数据处理

采用 Excel 2021 和 SPSS 19.0 软件对大灰藓生长、生理、基质养分、盆面遮荫度等数据进行单因素方差分析（One-way ANOVA），采用 Duncan's 法（$P<0.05$）进行多重比较；通过正态分布检验、独立样本 t 检验（$P<0.05$）分析混种对园林植物生长生理指标影响的显著性；各指标间的相关性采用 Pearson 相关系数进行分析；采用 Origin 2021、Adobe Photoshop 2021 软件绘图。

2. 混种对园林植物生长生理指标和相对邻体效应指数的影响

（1）对基本生长指标的影响

研究结果显示（图 4-50，图 4-51），5 种园林植物的株高均呈现随种植天数增加而逐渐增加的趋势，且在种植第 87 天后基本达到最大值（一年生金盏菊开花后植株顶端开始腐烂变质，因此无后续株高测量值，在种植第 21 天后基本达到最大值）。此时，J1、J2、J3、J4 处理的园林植物株高分别比单种提高 17.71%、14.24%、4.23%、3.25%，而 J5 处理则比单种降低 36.8%。说明混种大灰藓后可促进黄金菊、金盏菊、韭莲、葱混莲的纵向生长。

对 5 种园林植物的形态指标和评价指数进行分析（表 4-19），发现 J1 处理的黄金菊 D、BI、DQI 均显著或极显著高于单种，R/S 极显著低于单种（$P<0.01$）；

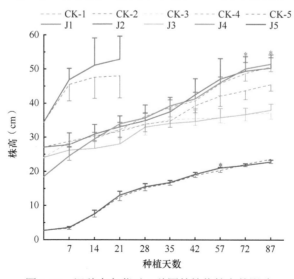

图 4-50　混种大灰藓对 5 种园林植物株高的影响

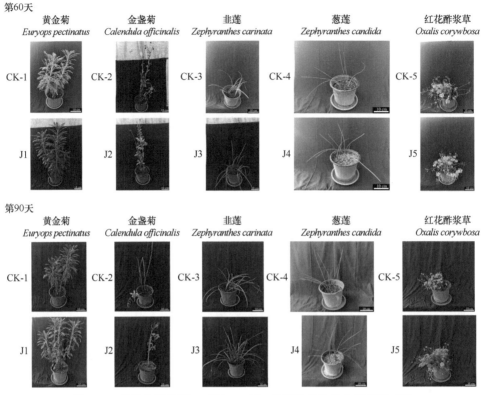

图 4-51　单种和混种第 60 天与 90 天 5 种园林植物的生长状况对比

J4 处理的葱莲 DQI 极显著高于单种（P＜0.01），R/S 显著低于单种（P＜0.05）；5 种园林植物的 SI 在两处理间均无显著差异。混种大灰藓对黄金菊（J1）的形态指标和综合评价指数影响最大，对葱莲的影响次之。

表 4-19　混种大灰藓对 5 种园林植物形态指标和评价指数的影响

处理	地径 D	根冠比 R/S	纤弱指数 SI	体积指数 BI	质量指数 DQI
CK-1	6.54±0.38	0.42±0.02**	6.82±0.31	1.91±0.25	1.12±0.02
J1	7.40±0.10*	0.32±0.03	6.89±0.27	2.79±0.03*	2.32±0.18**
CK-2	5.12±0.33	0.28±0.06	9.60±1.39	1.27±0.06	0.23±0.02
J2	4.47±0.68	0.25±0.05	12.44±2.06	1.11±0.35	0.20±0.03
CK-3	8.00±0.30	17.12±0.54	6.32±0.15	3.24±0.31	2.24±0.14
J3	8.43±0.95	17.01±0.60	6.24±0.91	3.72±0.76	2.69±0.30
CK-4	5.83±0.55	7.43±1.53*	6.44±0.64	1.28±0.23	0.19±0.04
J4	6.37±0.26	2.66±0.15	5.93±0.37	1.53±0.12	0.51±0.02**
CK-5	1.77±0.35	1.05±0.07	13.84±3.50	0.07±0.03	0.14±0.05
J5	2.33±0.25	1.04±0.13	9.87±0.99	0.13±0.03	0.22±0.03

5 种园林植物的生物量在单、混种处理间存在显著差异（图 4-52）。J1、J3、J4

处理的园林植物 AFW、BFW、ADW、BDW、TFW、TDW 均显著或极显著高于单种，表现出较好的一致性；而 J2、J5 处理与单种无显著差异。说明混种大灰藓可促进黄金菊、韭莲、葱莲的生物量积累，但对金盏菊、红花酢浆草无明显影响。

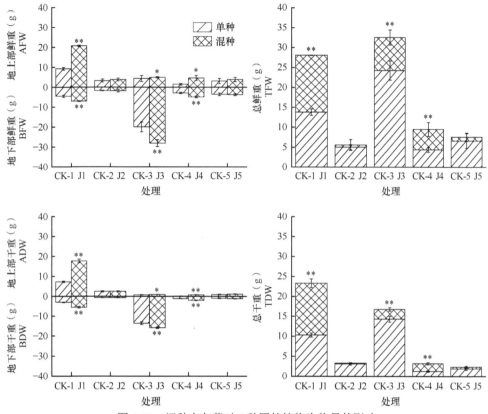

图 4-52　混种大灰藓对 5 种园林植物生物量的影响

（2）对相对邻体效应的影响

混种大灰藓对 5 种园林植物相对邻体效应指数（RNE）的影响存在显著差异（图 4-53）。5 种园林植物混种大灰藓后的相对邻体效应指数均为正值，说明其均受到正相互作用。其中，混种大灰藓对 J1、J3、J4 处理园林植物具有显著或极显著的促进作用，但对 J2、J5 处理园林植物的促进作用不显著，说明大灰藓混种对黄金菊、韭莲、葱莲的生长均具促进作用。

（3）对生理指标的影响

5 种园林植物的 Chl a+b 含量在单、混种处理间存在显著差异（图 4-54）。5 种园林植物的 Chl a+b 含量在三个时期多数为混种高于单种，J5 处理的红花酢浆草 Chl a+b 含量在三个时期均极显著高于单种，相较于单种分别提高 12.11%、20.66%、7.92%；J2 处理的金盏菊 Chl a+b 含量在种植第 90 天显著高于单种（$P<0.05$）；J3 处理的韭莲 Chl a+b 含量在种植第 30 天、60 天极显著高于单种（$P<0.01$）；

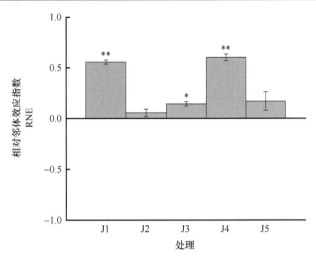

图 4-53　混种大灰藓对 5 种园林植物相对邻体效应指数的影响

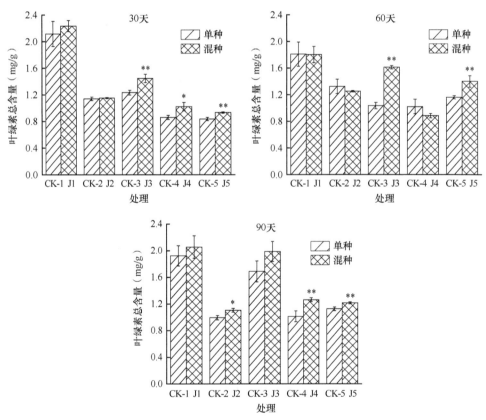

图 4-54　混种大灰藓对 5 种园林植物叶绿素总含量的影响

J4 处理的葱莲 Chl a+b 含量在种植第 30 天、90 天显著或极显著高于单种；J1 处理的黄金菊 Chl a+b 含量在三个时期与单种无显著差异。可见，与大灰藓混种有利于提高韭莲、葱莲、红花酢浆草的叶绿素总含量。

5 种园林植物的可溶性糖含量在单、混种处理间存在显著差异（图 4-55）。种植第 30 天，J1、J3、J4、J5 处理的园林植物可溶性糖含量均极显著大于单种（P <0.01），相较于单种分别提高 57.78%、123%、24.26%、25.57%；种植第 60 天，J1、J2、J3、J4 处理的园林植物可溶性糖含量均显著或极显著大于单种，相较于单种分别提高 34.09%、488%、51%、258%；种植第 90 天，J1、J4 处理的园林植物可溶性糖含量均极显著大于单种（P <0.01），相较于单种分别提高 21.57%、98.63%，J3、J5 处理的园林植物可溶性糖含量显著或极显著低于单种，相较于单种分别降低 15.35%、14.06%。可见，混植大灰藓均能够提高 5 种园林植物的可溶性糖含量。

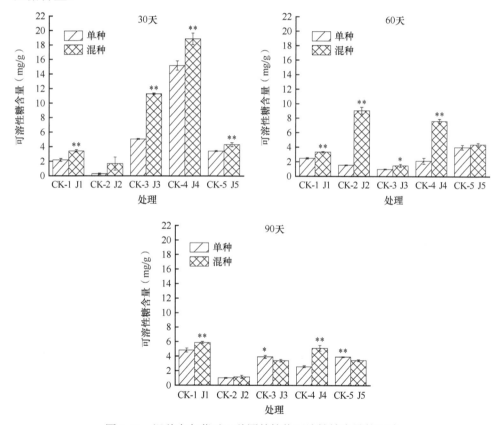

图 4-55 混种大灰藓对 5 种园林植物可溶性糖含量的影响

（4）对 N、P、K、C 的影响

5 种园林植物的 TN、TP、TK、TC 含量在单、混种处理间存在显著差异（图 4-56）。J1 和 J3 处理的园林植物 TN、TP、TK、TC 含量均显著或极显著大于单种；J4 处理的园林植物 TP、TK、TC 含量均显著或极显著大于单种；J2 处理的园林植物只有 TP、TK 含量显著或极显著高于单种；J5 处理的园林植物只有 TP、TC 含量极显著高于单种（$P<0.01$）。表明除金盏菊、红花酢浆草的 TN 含量显著或极显著低于单种外，5 种园林植物的 TN、TP、TK、TC 含量均表现为混种高于单种，与叶绿素总含量、可溶性糖含量的表现近乎一致，进一步说明混种大灰藓有利于园林植物的生长。

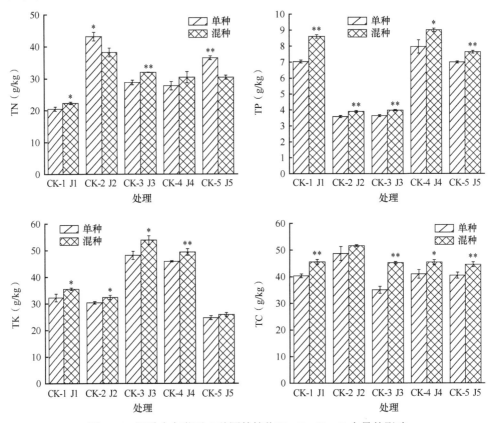

图 4-56　混种大灰藓对 5 种园林植物 N、P、K、C 含量的影响

3. 混种对大灰藓生长生理指标和相对邻体效应指数的影响

（1）对生物量的影响

大灰藓的生物量在不同混种处理间存在显著差异（图 4-57，图 4-58）。J1、J3、J4 处理的大灰藓鲜重和干重均显著高于对照（$P<0.05$），相较于对照分别提高 53.57%、32.66%、20.05%，J2、J5 处理相比对照无显著变化。可见，黄金菊、韭莲、葱莲分别与大灰藓混种均可显著促进其生物量积累。

（2）对相对邻体效应指数的影响

大灰藓的 RNE 在不同混种处理间存在显著差异（图 4-59）。混种黄金菊对大灰藓（J1）生长的促进作用最大（0.48），韭莲、葱莲（J3、J4）次之；混种金盏菊、红花酢浆草对大灰藓（J2、J5）生长有抑制作用。

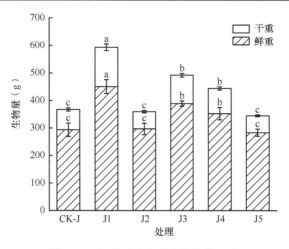

图 4-57　混种对大灰藓生物量的影响

第60天

| CK-J | J1 | J2 | J3 | J4 | J5 |

第90天

| CK-J | J1 | J2 | J3 | J4 | J5 |

图 4-58　种植第 60 天与 90 天的大灰藓生长状况对比

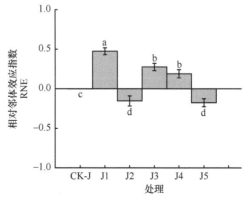

图 4-59　混种对大灰藓相对邻体效应指数的影响

（3）对生理指标的影响

大灰藓的 Chl a+b 含量在不同混种处理间存在显著差异（图 4-60）。J4、J3、J1 处理的大灰藓 Chl a+b 含量分别在种植第 30 天、60 天、90 天处于最高水平，而 J2、J5 处理在三个时期均保持较低水平。说明黄金菊、韭莲、葱莲与大灰藓混种均可在不同时期维持其叶绿素总含量处于较高水平，而红花酢浆草、金盏菊则抑制大灰藓总叶绿素的积累。

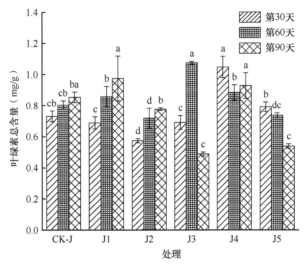

图 4-60　混种对大灰藓叶绿素总含量的影响

大灰藓的可溶性糖含量在不同混种处理间存在显著差异（图 4-61）。所有处理的大灰藓可溶性糖含量在三个时期均呈现先增后降的趋势，J5 处理在三个时期均

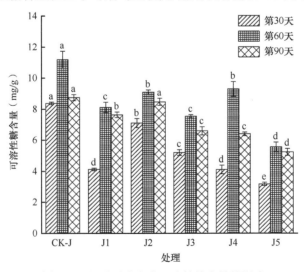

图 4-61　混种对大灰藓可溶性糖含量的影响

最低（分别为 3.18mg/g、5.56mg/g、5.24mg/g）并显著低于对照（$P<0.05$）。三个时期中，CK-J 处理的大灰藓可溶性糖含量均最高，其中种植第 30 天和 60 天显著高于其他处理（$P<0.05$）。可见在相同的环境中，大灰藓单种时可溶性糖含量处于最高水平，与红花酢浆草混种时处于最低水平。

（4）对 N、P、K、C 的影响

大灰藓的 TN、TP、TK、TC 含量在不同混种处理间存在显著差异（图 4-62）。J1 处理的大灰藓 TN、TP、TC 含量均最高（分别为 12.27g/kg、1.40g/kg、45.66g/kg）并显著高于对照（$P<0.05$）；J5 处理的大灰藓 TK 含量最高（4.92g/kg）并显著高于对照（$P<0.05$）；J2 处理的大灰藓 TN、TK、TC 含量均最低（分别为 5.88g/kg、2.28g/kg、38.62g/kg）并显著低于对照（$P<0.05$）。说明大灰藓和不同植物混种时其养分变化是不同的，与黄金菊混种有更适合的生长环境，利于养分积累，而与金盏菊、红花酢浆草混种则不利于生长。

4. 混种对基质 N、P、K、C 的影响

基质的 TN、TP、TK、SOC 含量在不同处理间存在显著差异（图 4-63）。除

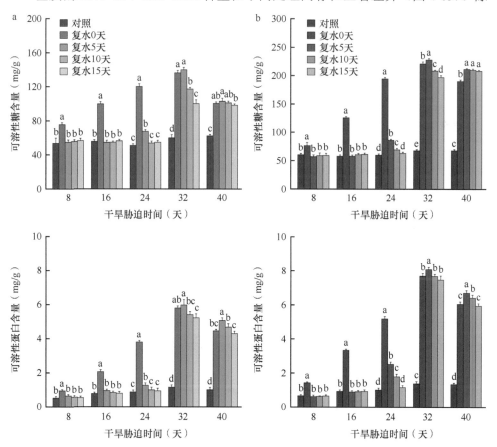

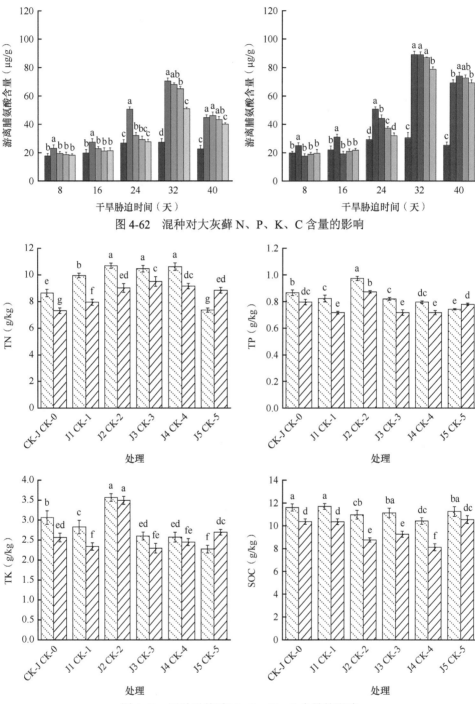

图 4-62　混种对大灰藓 N、P、K、C 含量的影响

图 4-63　混种对基质 N、P、K、C 含量的影响

红花酢浆草（J5）外，种植有大灰藓的基质 TN、TP、SOC 含量均显著高于未种植大灰藓的基质。J2 处理的基质 TN、TP 含量均最高（分别为 10.70g/kg、0.97g/kg）

并显著高于 CK-0、CK-2、CK-J 处理（$P<0.05$）。J1 处理的基质 SOC 含量最高（11.70g/kg）并显著高于 CK-0、CK-1 处理（$P<0.05$）。以上结果说明种植大灰藓有利于土壤养分的积累。

5. 混种对盆面遮荫度和基质相对湿度的影响

基质相对湿度和盆面遮荫度在不同处理间存在显著差异（表 4-20）。种植第 30 天，J2 处理的盆面遮荫度最高，J3 处理最低；种植第 60 天和 90 天，J5 处理的盆面遮荫度均最高。基质相对湿度表现为混种高于单种，CK-J 相较于 CK-0 提高 11.66%～21.35%，J1、J2、J3、J4、J5 处理相较于对应单种分别提高 12.55%～18.55%、5.97%～13.12%、9.34%～17.49%、7.60%～16.64%、12.56%～18.74%。不同园林植物与大灰藓混种对盆面遮荫度产生了不同的影响，且随着种植时间延长而变化；而基质相对湿度的变化说明混种苔藓植物能够增加基质水分，与不同园林植物混种也呈现不同的变化。

表 4-20　混种对盆面遮荫度和基质相对湿度的影响

处理	盆面遮荫度（%）			基质相对湿度（%）		
	第 30 天	第 60 天	第 90 天	第 30 天	第 60 天	第 90 天
CK-J	0.00±0.00e	0.00±0.00e	0.00±0.00d	65.43±1.27dc	63.53±0.55ba	67.63±0.68cb
CK-0				58.60±2.50gf	52.50±2.62f	55.73±2.00e
J1	67.67±2.52b	74.00±4.36c	71.67±3.51c	67.73±0.42cb	61.27±0.71cb	68.20±0.36cba
CK-1				58.73±1.19gf	54.43±0.76fe	57.53±1.10ed
J2	75.67±3.21a	67.33±3.06d	0.00±0.00d	61.23±2.49fe	56.97±2.38ed	58.07±2.94ed
CK-2				54.13±2.18h	53.23±2.23fe	54.80±1.35ed
J3	0.00±0.00e	79.00±2.65cb	89.33±2.08b	70.27±0.97ba	65.63±3.48a	71.47±3.02a
CK-3				64.27±2.72ed	59.27±1.70dc	60.83±1.50d
J4	14.33±2.52c	82.00±3.61b	71.33±3.06c	72.87±1.34a	65.37±2.74a	70.30±1.35ba
CK-4				63.60±2.21ed	60.77±2.22cb	60.27±1.47d
J5	5.33±2.52d	95.67±2.52a	98.00±0.58a	66.87±1.86dc	63.73±1.01fe	65.17±2.41c
CK-5				56.93±1.39hg	53.67±2.51fe	57.90±2.20ed

6. 基质性状和植物生长生理的关系

（1）基质养分、相对湿度和园林植物生长生理指标的相关性

表 4-21 显示，园林植物地径、生物量、叶绿素总含量与基质全磷、全钾含量呈负相关，园林植物可溶性糖含量与基质全氮、全磷、全钾含量呈负相关，而基质相对湿度与株高、地径、生物量、叶绿素总含量、可溶性糖含量均呈正相关，表明基质养分是影响植物性能的主要因素，基质相对湿度是影响植株生长的关键因子。

表 4-21　基质养分、相对湿度和园林植物生长生理指标的 Pearson 相关系数

指标	株高	地径	总鲜重	总干重	叶绿素总含量	可溶性糖含量
全氮	0.614	0.498	0.331	0.277	0.055	-0.040
全磷	0.469	-0.107	-0.123	-0.060	-0.271	-0.515

续表

指标	株高	地径	总鲜重	总干重	叶绿素总含量	可溶性糖含量
全钾	0.456	−0.156	−0.286	−0.167	−0.405	−0.640*
有机碳	−0.026	−0.090	0.404	0.415	0.440	0.441
基质相对湿度	0.027	0.420	0.605	0.469	0.419	0.561

（2）基质养分、相对湿度及盆面遮荫度和大灰藓生长生理指标的相关性

表 4-22 显示，大灰藓生物量与基质全磷、全钾含量呈负相关，大灰藓叶绿素总含量、可溶性糖含量与基质全氮、全磷、全钾、有机碳含量均呈正相关，但与基质相对湿度、盆面遮荫度呈负相关，而盆面遮荫度、基质相对湿度与大灰藓生物量呈正相关，表明大灰藓生物量的积累主要受到基质 P、K 含量的影响，大灰藓的生理变化则与盆面遮荫度、基质相对湿度有关。

表 4-22　基质养分、相对湿度及盆面遮荫度和大灰藓生长生理指标的 Pearson 相关系数

指标	鲜重	干重	叶绿素总含量	可溶性糖含量
全氮	0.491	0.397	0.321	0.352
全磷	−0.183	−0.204	0.262	0.800
全钾	−0.171	−0.163	0.381	0.868*
有机碳	0.198	0.306	0.031	0.413
基质相对湿度	0.540	0.557	−0.018	−0.327
盆面遮荫度	0.429	0.366	−0.417	−0.845*

7. 植物生长发育状况综合评价

（1）混种大灰藓时 5 种园林植物生长发育状况综合评价

从表 4-23 可以看出，5 种园林植物的大部分形态指标与 Chl a+b、T、TP、TK 呈正相关关系，采用公式 F_1 计算其隶属函数值；与 TN、TC 呈负相关关系，采用公式 F_2 计算其隶属函数值。结果表明（表 4-24），5 种园林植物单、混种间比较，

表 4-23　园林植物生长与生理指标间的 Pearson 相关系数

指标	叶绿素总含量 Chl a+b	可溶性糖含量 T	全氮含量 TN	全磷含量 TP	全钾含量 TK	全碳含量 TC
株高 H	0.426	−0.173	−0.013	−0.004	0.433	0.266
地径 D	0.681*	0.301	−0.443	0.249	0.801**	−0.185
地上部鲜重 AFW	0.625	0.634*	−0.589	0.472	−0.094	0.090
地下部鲜重 BFW	0.625	0.192	−0.158	0.644*	0.689*	−0.330
总鲜重 TFW	0.856**	0.503	−0.450	0.792**	0.528	−0.243
地上部干重 ADW	0.536	0.521	−0.533	0.368	−0.207	0.134
地下部干重 BDW	0.685*	0.245	−0.235	0.670*	0.677*	−0.379
总干重 TDW	0.866**	0.543	−0.540	0.734*	0.350	−0.177
根冠比 R/S	0.368	0.022	−0.102	0.395	0.782**	−0.489
纤弱指数 SI	−0.551	−0.459	0.632*	−0.180	−0.770**	0.332
体积指数 BI	0.764*	0.299	−0.379	0.474	0.737*	−0.213
质量指数 DQI	0.861**	0.473	−0.467	0.750*	0.559	−0.294

表 4-24　五种园林植物生长发育状况综合评价

处理	株高	地径	地上部鲜重	地下部鲜重	总鲜重	地上部干重	地下部干重	总干重	根冠比	纤弱指数	体积指数	质量指数	总叶绿素	可溶性糖	全氮	全磷	全钾	全碳	综合评价指数	排序
J1	0.95	1.00	0.17	1.00	1.00	0.05	1.00	0.70	0.99	0.04	1.00	1.00	0.94	0.50	0.49	0.07	1.00	0.39	0.685	1
J3	0.92	0.86	1.00	0.20	0.83	1.00	0.33	1.00	0.00	0.12	0.75	0.86	0.87	1.00	0.92	0.92	0.37	0.37	0.682	2
CK-3	0.93	0.93	0.11	0.69	0.71	0.04	0.85	0.59	1.00	0.05	0.87	0.83	0.70	0.60	0.64	0.01	0.80	1.00	0.630	3
CK-1	0.76	0.73	0.40	0.11	0.33	0.42	0.16	0.41	0.01	0.11	0.50	0.38	1.00	0.79	1.00	0.64	0.26	0.68	0.483	4
J4	0.51	0.68	0.16	0.12	0.18	0.04	0.09	0.07	0.14	0.00	0.40	0.13	0.25	0.86	0.56	1.00	0.85	0.37	0.356	5
CK-4	0.48	0.61	0.00	0.05	0.00	0.00	0.03	0.00	0.39	0.06	0.33	0.02	0.02	0.33	0.68	0.81	0.73	0.64	0.288	6
CK-5	0.03	0.00	0.08	0.07	0.08	0.05	0.02	0.03	0.05	1.00	0.00	0.00	0.12	0.60	0.30	0.63	0.00	0.67	0.207	7
J2	1.00	0.41	0.12	0.00	0.04	0.15	0.00	0.09	0.00	0.82	0.28	0.02	0.16	0.03	0.22	0.06	0.26	0.00	0.205	8
J5	0.00	0.08	0.13	0.08	0.11	0.06	0.04	0.05	0.05	0.50	0.01	0.03	0.21	0.50	0.56	0.75	0.04	0.45	0.203	9
CK-2	0.84	0.47	0.10	0.00	0.02	0.13	0.00	0.08	0.00	0.44	0.32	0.04	0.00	0.00	0.00	0.00	0.19	0.18	0.156	10

除红花酢浆草（J5）外，黄金菊、金盏菊、韭莲、葱莲混种大灰藓（J1、J2、J3、J4）的综合评价指数均高于单种。J1（黄金菊混种）和 J3（韭莲混种）处理的排名较高，CK-2（金盏菊单种）处理最低。可见，从多项指标综合来看，仅有红花酢浆草的生长表现为单种优于混种，其余 4 种园林植物则为混种优于单种。

（2）不同混种处理下大灰藓生长发育状况综合评价

表 4-25 显示，大灰藓的生物量与 Chl a+b、T、TN、TP、TK、TC 含量呈正相关关系，用公式 F_1 计算其隶属函数值。结果表明（表 4-26），J1 处理的大灰藓综合评价指数最高（0.93），J2 处理的大灰藓综合评价指数最低（0.18），不同混种处理下大灰藓的生长发育表现由高到低为 J1＞J3＞J4＞CK-J＞J5＞J2。可见，大灰藓与黄金菊混种时生长最好，与金盏菊混种时生长最差。

表 4-25　大灰藓生物量与生理指标间的 Pearson 相关系数

指标	叶绿素总含量 Chl a+b	可溶性糖含量 T	全氮含量 TN	全磷含量 TP	全钾含量 TK	全碳含量 TC
干重 DW	0.296	0.096	0.680	0.962**	0.019	0.770
鲜重 FW	0.401	0.171	0.749	0.979**	0.072	0.796

表 4-26　不同混种处理下大灰藓生长状况综合评价

处理	干重 DW	鲜重 FW	总叶绿素 Chl a+b	可溶性糖 SS	全氮 TN	全磷 TP	全钾 TK	全碳 TC	综合评价指数	排序
J1	1.00	1.00	1.00	0.89	1.00	1.00	0.58	1.00	0.93	1
J3	0.51	0.63	0.00	1.00	0.77	0.43	0.45	0.99	0.60	2
J4	0.38	0.41	0.90	0.27	0.90	0.51	0.44	0.90	0.59	3
CK-J	0.16	0.06	0.75	0.81	0.77	0.10	0.45	0.68	0.47	4
J5	0.00	0.00	0.10	0.00	0.41	0.04	1.00	0.31	0.23	5
J2	0.02	0.08	0.59	0.74	0.00	0.00	0.00	0.00	0.18	6

第五节　小　　结

本章以贵阳市常见的苔藓优势种为研究材料，探讨了苔藓植物的繁殖方式以及不同栽培环境（基质、养分、光照、水分及植物互作）对苔藓植物的影响，主要结论如下。

在苔藓繁殖方式研究方面，繁殖体类型与切茎长度均能影响尖叶美喙藓的生长状况，长度为 5～10mm 的处理（A_1L_4）尖叶美喙藓长度增加较快；而长度为 3～5mm 的处理（A_1L_3）苔藓盖度增长较快。其中，繁殖体类型仅对光合指标中叶绿素 a 含量、叶绿素 a/b 值和类胡萝卜素含量的影响显著或极显著；切茎长度除对叶绿素 a 含量无显著影响外，对其他生理指标的影响均达到显著或极显著水平；繁殖体类型与切茎长度的交互作用对叶绿素 b 含量、叶绿素 a/b 值、类胡萝卜素含量、可溶性糖和可溶性蛋白含量均有显著或极显著影响。综合评价结果显示，5～

10mm 长的处理（A_1L_4）尖叶美喙藓植株生长最好，且整体表现出藓枝越长，综合评价结果越优。在采用切茎繁殖法扩繁尖叶美喙藓时，推荐选用藓枝（A_1）作为栽培材料，切茎长度以 5～10mm（L_4）为宜。

在苔藓植物栽培基质研究方面，通过对比马尾松倒木基质和常用苔藓栽培土壤的栽培效果发现，倒木基质（W_{II}、W_{III} 和 W_{IV}）的总孔隙度、持水能力显著高于颗粒土（S_G）和通用营养土（S_N），而 S_G 和 S_N 基质的容重、全磷含量和全钾含量显著高于倒木基质；草炭土基质（S_C）除总孔隙度、持水孔隙度和全氮含量与倒木基质有显著差异外，其他指标与 S_G 和 S_N 基质较为接近。可见，倒木基质可以更有效地提高尖叶匍灯藓的长度和盖度；草炭土基质可以提高尖叶匍灯藓的叶绿素含量和光合能力；颗粒土基质可以提高尖叶匍灯藓的可溶性糖和可溶性蛋白含量，进而增强其抗性。通过模糊隶属函数评价可知，W_{IV}基质综合评价指数最高，其上尖叶匍灯藓生长发育最好，可以作为栽培尖叶匍灯藓的最优基质。基质的总孔隙度、持水孔隙度、持水能力与尖叶匍灯藓的形态指标呈极显著正相关关系；基质的全氮含量与尖叶匍灯藓的叶绿素含量呈极显著正相关关系，而容重、全磷含量与尖叶匍灯藓的形态指标呈极显著负相关关系。综上结果表明，适当增大基质的总孔隙度、持水能力和全氮含量有利于尖叶匍灯藓的生长发育。

在苔藓植物施肥试验方面，N_1 [13kg/($hm^2 \cdot a$)]、N_2K_2 [氮和钾的施肥量依次为26kg/($hm^2 \cdot a$)、28kg/($hm^2 \cdot a$)] 和 $N_2P_2K_2$ [氮、磷和钾的施肥量依次为 26kg/($hm^2 \cdot a$)、14kg/($hm^2 \cdot a$)、28kg/($hm^2 \cdot a$)]处理促进短肋羽藓的长度和盖度增加、可溶性糖含量提高、可溶性蛋白含量降低的效果较好，其中 N_1 处理促进短肋羽藓盖度和长度增加的作用最好，N_2K_2 处理的植株长度和 $N_2P_2K_2$ 处理的盖度仅次于 N_1 处理；$N_3P_3K_3$ 和 $N_2P_2K_2$ 处理的植株绿度维持效果较好，还能提高植株叶绿素和类胡萝卜素含量。综合来看，以粉碎繁殖方式种植短肋羽藓时的最佳施肥组合是 $N_2P_2K_2$ 处理。

在苔藓植物光环境调控方面，不同光照强度对两种苔藓植物生长生理与荧光特性的影响显著不同。其中，低光环境中两种苔藓植物均具有良好的光能有效利用能力和适应能力，通过增大光量子产量、降低热耗散，使更多的光能分配到光化学反应耗散途径，以增强光合效率，从而有利于植物生长且使其表现出较高的绿色占比；相比之下，高光环境中两种苔藓植物通过积累可溶性糖和脯氨酸，以及提高抗氧化酶活性和天线热耗散比例来减缓过剩光能对光合单元的破坏，尖叶对齿藓的高光能有效利用能力与大灰藓的高抗氧化酶活性，使其能够更好地适应高光环境。

在苔藓植物干旱复水试验方面，干旱抑制了两种苔藓植物的正常生长发育。在干旱前三个时段（第 8 天、16 天、24 天），首先两种苔藓植物的叶片微微发黄，叶面卷曲，生物量和相对含水量迅速下降。其次两种苔藓植物的主要生理生化指标出现明显响应：除类胡萝卜素外，色素（叶绿素 a、叶绿素 b、叶绿素 a+b）总含量体下降，叶片膜透性（相对电导率和丙二醛含量）和渗透调节物质含量均上升，抗氧化酶活性明显上升，尤其是干旱处理第 24 天，两种苔藓植物的渗透调节物质含量、抗氧化酶活性和丙二醛含量均迅速上升。总体来看，尖叶匐灯藓的生理生化指标变化幅度大于大灰藓，说明其对干旱胁迫更敏感。在干旱后期（第 32 天和 40 天），首先大灰藓和尖叶匐灯藓的形态变化明显，叶片均严重卷曲，其中大灰藓叶片发黄，而尖叶匐灯藓叶片大面积泛黄泛白，叶绿体严重流失，中肋呈现黑褐色，总体上两种苔藓植物的生物量和相对含水量均保持相对稳定。其次两种苔藓植物的色素含量均下降至较低点，在干旱处理第 32 天渗透调节物质含量、抗氧化酶活性和膜透性上升至峰值，而第 40 天三种指标出现下降。表明未来引种栽培苔藓植物时，可适当维持干旱环境，但应避免极度干旱超过 24 天且相对含水量低于 13% 的情况。

　　在苔藓植物混种试验方面，大灰藓与不同园林植物混种后各指标均呈现不同的变化，其中大灰藓与黄金菊、葱莲、韭莲混种能够相互促进生长，而混种红花酢浆草和金盏菊对大灰藓的生长不利，但大灰藓对这两种植物的生长仍有一定促进作用。大灰藓与金盏菊、黄金菊、韭莲、葱莲混种后能够提高基质 C、N、P、K 含量，有利于提升土壤质量。综合来看，黄金菊、韭莲、葱莲均适宜与大灰藓混种，两者既能相互促进生长，又能提高基质养分含量，其中以大灰藓和黄金菊混种的效果最好。可见大灰藓参与的植物混种模式能够有效促进植物相互间的生理活动，实现互利共生，提高土壤相对湿度，同时改善土壤养分。上述结果对筛选合适的苔藓植物与园林植物进行混种来提升园林景观效果及改善土壤等具有重要意义。

主要参考文献

艾娟娟, 厚凌宇, 邵国栋, 等. 2018. 不同林业废弃物配方基质的理化性质及其对西桦幼苗生长效应的综合评价[J]. 植物资源与环境学报, 27(2): 66-76.

包维楷, 冷俐. 2005. 苔藓植物光合色素含量测定方法: 以暖地大叶藓为例[J]. 应用与环境生物学报, 11(2): 235-237.

鲍士旦. 2000. 土壤农化分析[M]. 3 版. 北京: 中国农业出版社.

曹受金. 2006. 苔藓植物在园林中的应用[J]. 安徽农业科学, 34(22): 5851-5852.

曹弈璘, 曾春蕴, 刘小波, 等. 2014. PEG 模拟干旱胁迫下 4 种苔藓植物的生理指标变化及其耐旱性评价[J]. 西北林学院学报, 29(4): 33-39.

陈兵红, 李秋萍, 汤鹏, 等. 2014. 不同栽培基质对大羽藓生长的影响[J]. 甘肃农业大学学报, 49(4): 143-146, 153.

陈静文. 2006. 苔藓植物的组织培养——小立碗藓、真藓、小蛇苔[D]. 上海师范大学硕士学位论文.

陈俊和, 蒋明, 张力. 2010. 苔藓植物园林景观应用浅析[J]. 广东园林, 32(1): 31-34.

陈祥舟, 卜崇峰, 王春, 等. 2022. 羽枝青藓切茎繁殖及其生长影响因子[J]. 中南林业科技大学学报, 42(6): 117-126.

陈旭, 卜兆君, 王升忠, 等. 2009. 长白山哈泥泥炭地两种生境苔藓与维管植物种间联结[J]. 草
　　业学报, 18(2): 108-114.

陈圆圆, 郭水良, 曹同. 2008. 藓类植物的无性繁殖及其应用[J]. 生态学杂志, 27(6): 993-998.

陈云辉. 2017. 苔藓植物景观资源及其应用案例[D]. 上海师范大学硕士学位论文.

丁华娇, 莫亚鹰, 张鹏翀. 2012. 3 种苔藓植物耐阴性试验[J]. 浙江农业科学, 53(10): 1410-1412.

丁水龙, 张璐, 沈笑. 2016. 苔藓植物的园林造景应用[J]. 中国园林, 32(12): 12-15.

东主, 石玉龙, 马和平. 2018. 基于 CCA 分析土壤因子对苔藓植物分布的影响[J]. 高原农业,
　　2(4): 411-418, 353.

董向楠. 2016. 氮素添加对山西太岳山苔藓植物的影响[D]. 北京林业大学硕士学位论文.

杜宝明. 2011. 大灰藓(*Hypnum plumaeforme*)的栽培和抗旱性研究[D]. 浙江农林大学硕士学位论
　　文.

杜亚萍. 2016. 几种藓类植物繁殖栽培及园林造景应用研究[D]. 华南农业大学硕士学位论文.

冯伟文. 2018. 观赏藓类尖叶匐灯藓的栽培技术研究[D]. 仲恺农业工程学院硕士学位论文.

高昕, 沈吉祥, 娄玉霞, 等. 2017. 青藓(*Brachythecium procumbens*)和细叶小羽藓(*Haplocladium
　　microphyllum*)人工栽培方案的优化[J]. 上海师范大学学报(自然科学版), 46(5): 662-667.

顾峰雪, 黄玫, 张远东, 等. 2016. 1961-2010 年中国区域氮沉降时空格局模拟研究[J]. 生态学报,
　　36(12): 3591-3600.

胡浩, 王娟. 2020. 干旱胁迫及复水对 3 种苔藓植物生理指标的影响[J]. 贵州农业科学, 48(9):
　　11-15.

黄顺, 赵德利. 2019. 苔藓植物在江南园林中的应用[J]. 安徽农业科学, 47(2): 111-113.

贾海丽, 杨艳敏, 刘慧聪. 2022. 植物种群生态理论在园林植物优化配置中的应用[J]. 分子植物
　　育种, 20(20): 6926-6929.

金时超, 付茂, 郝钰斌, 等. 2015. 两种苔藓植物在建筑材料基质上的生长情况研究[J]. 绿色科
　　技, 17(5): 50-53, 56.

康宁, 武显维, 丁朝华. 1995. 角倍蚜冬寄主: 湿地匐灯藓繁殖技术研究[J]. 经济林研究, 13(3):
　　16-19.

雷睿, 邹佳城, 杜杰, 等. 2023. 九寨沟两种常见藓类植物对模拟氮沉降的生理响应[J]. 广西植
　　物, 43(9): 1578-1587.

李可, 李晓东, 黄颖博, 等. 2016. 苔藓植物在园林绿化中的应用与实践[J]. 园艺与种苗, 36(10):
　　33-36.

李敏, 范庆书, 黄士良, 等. 2005. 大帽藓(*Encalypta ciliata* Hedw.)原丝体发育特征的实验研究[J].
　　武汉植物学研究, 23(1): 58-62.

李琴琴, 白学良, 任向宇. 2008. 沙漠区生物结皮层中藓类植物繁殖体发育实验研究[J]. 中国沙
　　漠, 28(2): 289-293, 400.

李天宇. 2017. 冀北地区适用于边坡修复的苔藓植物筛选研究[D]. 北京林业大学硕士学位论文.

李佑稷, 李菁, 陈军, 等. 2004. 不同含水量下尖叶拟船叶藓光合速率对光温的响应及其模型[J].
　　应用生态学报, 15(3): 391-395.

梁书丰. 2010. 三种藓类的快速繁殖研究[D]. 华东师范大学硕士学位论文.

刘滨扬, 刘蔚秋, 雷纯义, 等. 2009. 三种苔藓植物对模拟 N 沉降的生理响应[J]. 植物生态学报,
　　33(1): 141-149.

刘凌, 樊英杰, 宋晓彤, 等. 2020. 色季拉山不同腐解等级华山松倒木上的苔藓植物组合[J]. 植物生态学报, 44(8): 842-853.

刘伟才. 2010. 不同环境条件下 3 种药用苔藓生长情况比较[J]. 湖南环境生物职业技术学院学报, 16(2): 9-13.

刘莹, 刘永英, 牛俊英, 等. 2007. 苔藓植物资源应用价值及展望[J]. 安徽农业科学, 35(28): 9000-9001.

路文静, 李奕松. 2012. 植物生理学实验教程[M]. 北京: 中国林业出版社.

毛俐慧, 温从发, 丁华侨, 等.2020. 苔藓植物景观价值[J]. 中国野生植物资源, 39(7): 30-32, 38.

莫惠芝, 骆华容, 刘建华, 等. 2018. 不同光照条件对三种苔藓植物光合特性的影响[J]. 北方园艺, (15): 85-91.

彭懿, 陈秋波, 王春燕. 2009. 烘箱加热法测定橡胶树不同器官有机碳含量[J]. 热带农业科学, 29(10): 13-16.

邱明生, 赵志模. 1999. 角倍蚜冬寄主侧枝匐灯藓的生长特性研究[J]. 生态学杂志, 18(2): 10-12.

沈发兴, 郑太辉, 段剑, 等. 2022. 赣南稀土尾矿人工培育苔藓植物的可行性[J]. 中国水土保持科学(中英文), 20(4): 136-144.

沈阳. 2016. 清凉峰国家级自然保护区苔藓群落生态及其景观资源评价[D]. 上海师范大学硕士学位论文.

史秉洋, 王秀荣, 陈洪梅, 等. 2022. 尖叶匐灯藓对不同栽培基质的生长和生理响应[J]. 西北植物学报, 42(7): 1208-1218.

孙会, 赵允格, 高丽倩, 等. 2018. 黄土丘陵区 6 种侧蒴藓类植物营养繁殖特征[J]. 西北植物学报, 38(12): 2284-2292.

孙杰, 何欣, 王东博, 等. 2022. 苔藓植物光合作用的研究进展[J]. 现代园艺, (15): 58-59, 62.

孙俊峰, 杨江山, 陈其兵, 等. 2006. 基质和遮荫对真藓群落栽培成活率的影响研究初报[J]. 四川农业大学学报, 24(1): 123-124.

孙俊峰. 2005. 基质和遮荫与真藓群落繁殖效果的关系研究[D]. 四川农业大学硕士学位论文.

孙俊峰. 2012. 苔藓植物规模化栽培瓶颈及其对策[J]. 西南民族大学学报(自然科学版), 38(5): 776-779.

汤国庆, 吴福忠, 杨万勤, 等. 2018. 高山森林林窗和生长基质对苔藓植物氮和磷含量的影响[J]. 应用生态学报, 29(4): 1133-1139.

田桂泉, 白学良, 徐杰, 等. 2005. 腾格里沙漠固定沙丘藓类植物结皮层的自然恢复及人工培养试验研究[J]. 植物生态学报, 29(1): 164-169.

田维莉, 孙守琴. 2011. 苔藓植物生态功能研究新进展[J]. 生态学杂志, 30(6): 1265-1269.

汪庆, 张光宁, 贺善安. 1999. 苔藓植物在园林中的应用前景[J]. 中国园林, 15(6): 25-26.

王安, 蔡建国. 2022. 植物景观色彩量化研究进展[J]. 中国城市林业, 20(4): 134-139.

王铖. 2011. 苔藓植物在园林绿化中的应用[J]. 园林, 28(9): 48-53.

王铖. 2013. 泥炭藓种植与泥炭开采迹地生态恢复的技术进展[J]. 园林, 30(3): 44-47.

王铖. 2015. 桧叶白发藓的引种与繁殖栽培研究[D]. 华东师范大学博士学位论文.

王世冬, 白学良, 雍世鹏. 2001. 沙坡头地区苔藓植物区系初步研究[J]. 中国沙漠, 21(3): 244-249.

王晓莉. 2020. 苔藓植物室外栽植养护施工方法探讨[J]. 绿色科技, 22(7): 79-80.

王学奎, 黄见良. 2018. 植物生理生化实验原理与技术[M]. 3 版. 北京: 高等教育出版社.

王中生, 安树青, 方炎明. 2003. 苔藓植物生殖生态学研究[J]. 生态学报, 23(11): 2444-2452.

王忠. 2009. 植物生理学[M]. 2 版. 北京: 中国农业出版社.

吴楠, 魏美丽, 张元明. 2009. 生物土壤结皮中刺叶赤藓质膜透性对脱水、复水过程的响应[J]. 自然科学进展, 19(9): 942-951.

吴玉环, 程国栋, 高谦. 2003. 苔藓植物的生态功能及在植被恢复与重建中的作用[J]. 中国沙漠, 23(3): 215-220.

吴玉环, 程佳强, 冯虎元, 等. 2004. 耐旱藓类的抗旱生理及其机理研究[J]. 中国沙漠, 24(1): 23-29.

吴玉环, 黄国宏, 高谦, 等. 2001. 苔藓植物对环境变化的响应及适应性研究进展[J]. 应用生态学报, 12(6): 943-946.

吴跃开, 普照, 李晓红, 等. 2000. 湿地藓在不同基质上的生长效果试验报告[J]. 贵州林业科技, 28(3): 18-21.

夏定久, 李志国, 吴昊, 等. 1989. 美灰藓繁殖栽培技术的研究[J]. 林业科学研究, 2(5): 495-500.

夏乔莉, 汪先军, 于晶, 等. 2014. 6 种观赏藓类在立体绿化载体上再生能力的比较研究[J]. 上海师范大学学报(自然科学版), 43(3): 251-258.

许书军. 2007. 典型荒漠苔藓人工繁殖特征与抗御干热环境胁迫的生理生化机制研究[D]. 上海交通大学博士学位论文.

玄雪梅, 王艳, 曹同, 等. 2004. 上海地区藓类环境生理学特性的初步研究[J]. 应用生态学报, 15(11): 2117-2121.

闫恩荣, 王希华, 黄建军. 2005. 森林粗死木质残体的概念及其分类[J]. 生态学报, 25(1): 158-167.

杨磊, 王秀荣, 李宇其, 等. 2021. 贵阳市观山湖公园植物群落景观色彩定量分析[J]. 西南林业大学学报(自然科学), 41(4): 152-161.

杨柳青, 刘莺. 2021. 不同苔垫和基质对白发藓断茎繁殖的影响[J]. 湖南农业大学学报(自然科学版), 47(5): 530-534.

杨永胜, 冯伟, 袁方, 等. 2015. 快速培育黄土高原苔藓结皮的关键影响因子[J]. 水土保持学报, 29(4): 289-294, 299.

叶吉, 郝占庆, 于德永, 等. 2004. 苔藓植物生态功能的研究进展[J]. 应用生态学报, 15(10): 1939-1942.

衣艳君, 刘家尧. 2007. 毛尖紫萼藓(*Grimmia pilifera* P.Beauv)PSII 光化学效率对脱水和复水的响应[J]. 生态学报, 27(12): 5238-5244.

游浩澜. 2016. 苔藓植物的化学元素含量及其特点分析[J]. 化工管理, (35): 89.

张楠, 杜宝明, 季梦成. 2012. 不同土壤栽培对细叶小羽藓(*Haplocladium microphyllum*)生长发育的影响[J]. 浙江大学学报(理学版), 39(5): 576-581, 605.

张显强, 龙华英, 刘天雷, 等. 2018. 贵州喀斯特地区 5 种石生藓类的持水性能及吸水特征比较[J]. 中国岩溶, 37(6): 835-841.

赵婧, 仪泽会, 毛丽萍. 2020. 番茄有机栽培基质配方筛选试验[J]. 山西农业科学, 48(7): 1098-1101, 1151.

赵允格, 许明祥, Jayne Belnap. 2010. 生物结皮光合作用对光温水的响应及其对结皮空间分布格局的解译: 以黄土丘陵区为例[J]. 生态学报, 30(17): 4668-4675.

周福平, 史红梅, 张海燕, 等. 2022. 应用模糊隶属函数法对高粱种质资源的农艺性状和品质性状进行综合评价[J]. 种子, 41(1): 94-98.

周鹏, 翁殊斐, 柯羽, 等. 2015. 6 种园林花灌木幼苗生长及生物量的分配[J]. 西北林学院学报, 30(6): 134-138.

周小泉, 刘政鸿, 杨永胜, 等. 2014. 毛乌素沙地三种植被下苔藓结皮的土壤理化效应[J]. 水土保持研究, 21(6): 340-344.

邹琦. 2000. 植物生理学实验指导[M]. 北京: 中国农业出版社.

Alatalo J M, Jägerbrand A K, Molau U. 2015. Testing reliability of short-term responses to predict longer-term responses of bryophytes and lichens to environmental change[J]. Ecological Indicators, 58: 77-85.

Alpert P, Oechel W C. 1987. Comparative patterns of net photosynthesis in an assemblage of mosses with contrasting microdistributions[J]. American Journal of Botany, 74(12): 1787.

Anderson J M, Park Y I, Chow W S. 1997. Photoinactivation and photoprotection of photosystem II in nature[J]. Physiologia Plantarum, 100(2): 214-223.

Ayres E, van der Wal R, Sommerkorn M, et al. 2006. Direct uptake of soil nitrogen by mosses[J]. Biology Letters, 2(2): 286-288.

Bergamini A, Pauli D. 2001. Effects of increased nutrient supply on bryophytes in montane calcareous fens[J]. Journal of Bryology, 23(4): 331-339.

Campos M L, Prado G S, Dos Santos V O, et al. 2020. Mosses: Versatile plants for biotechnological applications[J]. Biotechnology Advances, 41: 107533.

Chen X J, Zhou Y, Cong Y D, et al. 2021. Ascorbic acid-induced photosynthetic adaptability of processing tomatoes to salt stress probed by fast OJIP fluorescence rise[J]. Frontiers in Plant Science, 12: 594400.

Chen Y E, Wu N, Zhang Z W, et al. 2019. Perspective of monitoring heavy metals by moss visible chlorophyll fluorescence parameters[J]. Frontiers in Plant Science, 10: 35.

Chiwa M, Sheppard L J, Leith I D, et al. 2018. Long-term interactive effects of N addition with P and K availability on N status of *Sphagnum*[J]. Environmental Pollution (Barking, Essex), 237: 468-472.

Demmig-Adams B, Adams W W, Barker D H, et al. 1996. Using chlorophyll fluorescence to assess the fraction of absorbed light allocated to thermal dissipation of excess excitation[J]. Physiologia Plantarum, 98(2): 253-264.

Dirkse G M, Martakis G F P. 1992. Effects of fertilizer on bryophytes in Swedish experiments on forest fertilization[J]. Biological Conservation, 59(2/3): 155-161.

Dittrich S, Jacob M, Bade C, et al. 2014. The significance of deadwood for total bryophyte, lichen, and vascular plant diversity in an old-growth spruce forest[J]. Plant Ecology, 215(10): 1123-1137.

Dziwak M, Wróblewska K, Szumny A, et al. 2022. Modern use of bryophytes as a source of secondary metabolites[J]. Agronomy, 12(6): 1456.

Frey W, Kürschner H. 2011. Asexual reproduction, habitat colonization and habitat maintenance in bryophytes[J]. Flora-Morphology, Distribution, Functional Ecology of Plants, 206(3): 173-184.

Fritz C, van Dijk G, Smolders A J P, et al. 2012. Nutrient additions in pristine Patagonian *Sphagnum* bog vegetation: Can phosphorus addition alleviate (the effects of) increased nitrogen loads[J]. Plant Biology, 14(3): 491-499.

Fukasawa Y, Ando Y. 2018. Species effects of bryophyte colonies on tree seeding regeneration on coarse woody debris[J]. Ecological Research, 33(1): 191-197.

Gecheva G, Mollov I, Yahubyan G, et al. 2020. Can biomarkers respond upon freshwater pollution? — A moss-bag approach[J]. Biology, 10(1): 3.

Green T G A, Schroeter B, Kappen L, et al. 1998. An assessment of the relationship between chlorophyll a fluorescence and CO_2 gas exchange from field measurements on a moss and lichen[J]. Planta, 206(4): 611-618.

Hejcman M, Száková J, Schellberg J, et al. 2010. The rengen grassland experiment: Bryophytes biomass and element concentrations after 65 years of fertilizer application[J]. Environmental Monitoring and Assessment, 166(1/2/3/4): 653-662.

Heyneke E, Luschin-Ebengreuth N, Krajcer I, et al. 2013. Dynamic compartment specific changes in glutathione and ascorbate levels in *Arabidopsis* plants exposed to different light intensities[J]. BMC Plant Biology, 13: 104.

Horn A, Pascal A, Lončarević I, et al. 2021. Natural products from bryophytes: From basic biology to biotechnological applications[J]. Critical Reviews in Plant Sciences, 40(3): 191-217.

Jägerbrand A K, Lindblad K E M, Björk R G, et al. 2006. Bryophyte and lichen diversity under simulated environmental change compared with observed variation in unmanipulated alpine tundra[J]. Biodiversity & Conservation, 15(14): 4453-4475.

Kakeh J, Gorji M, Sohrabi M, et al. 2018. Effects of biological soil crusts on some physicochemical characteristics of rangeland soils of Alagol, Turkmen Sahra, NE Iran[J]. Soil and Tillage Research, 181: 152-159.

Kim S, Kim Y, Kim Y, et al. 2014. Effects of planting method and nitrogen addition on *Sphagnum* growth in microcosm wetlands[J]. Paddy and Water Environment, 12(1): 185-192.

León C A, Neila-Pivet M, Benítez-Mora A, et al. 2019. Effect of phosphorus and nitrogen on *Sphagnum* regeneration and growth: An experience from Patagonia[J]. Wetlands Ecology and Management, 27(2): 257-266.

Rosentreter R. 2020. Biocrust lichen and moss species most suitable for restoration projects[J]. Restoration Ecology, 28(S2): S67-S74.

Ruklani S, Rubasinghe S C K, Jayasuriya G. 2021. A review of frameworks for using bryophytes as indicators of climate change with special emphasis on Sri Lankan bryoflora[J]. Environmental Science and Pollution Research International, 28(43): 60425-60437.

Sand-Jensen K, Hammer K J. 2012. Moss cushions facilitate water and nutrient supply for plant species on bare limestone pavements[J]. Oecologia, 170(2): 305-312.

Schofield E, Ahmadjian V. 1972. Antarctic Research Series[M]. Washington: American Geophysical Union: 97-142.

Schonbeck M W, Bewley J D. 1981. Responses of the moss *Tortula ruralis* to desiccation treatments.

I. Effects of minimum water content and rates of dehydration and rehydration[J]. Canadian Journal of Botany, 59(12): 2698-2706.

Shi B Y, Wang X R, Yang S Y, et al. 2022. Addition *Pinus massoniana* fallen wood improved the growth of *Plagiomnium acutum* in a substrate cultivation[J]. Scientific Reports, 12(1): 17755.

Shi Q, Bao Z, Zhu Z, et al. 2006. Effects of different treatments of salicylic acid on heat tolerance, chlorophyll fluorescence, and antioxidant enzyme activity in seedlings of *Cucumis sativa* L.[J]. Plant Growth Regulation, 48(2): 127-135.

Tang X L, Mu X M, Shao H B, et al. 2015. Global plant-responding mechanisms to salt stress: Physiological and molecular levels and implications in biotechnology[J]. Critical Reviews in Biotechnology, 35(4): 425-437.

van der Wal R, Pearce I S K, Brooker R W. 2005. Mosses and the struggle for light in a nitrogen-polluted world[J]. Oecologia, 142(2): 159-168.

van Tooren B F, Dam D V, During H J. 1990. The relative importance of precipitation and soil as sources of nutrients for *Calliergonella cuspidata* (Hedw.) Loeske in chalk grassland[J]. Functional Ecology, 4(1): 101.

Virtanen R, Eskelinen A, Harrison S. 2017. Comparing the responses of bryophytes and short-statured vascular plants to climate shifts and eutrophication[J]. Functional Ecology, 31(4): 946-954.

Wang Y B, Huang R D, Zhou Y F. 2021. Effects of shading stress during the reproductive stages on photosynthetic physiology and yield characteristics of peanut (*Arachis hypogaea* Linn.)[J]. Journal of Integrative Agriculture, 20(5): 1250-1265.

Wu Y Q, Blodau C. 2015. Vegetation composition in bogs is sensitive to both load and concentration of deposited nitrogen: A modeling analysis[J]. Ecosystems, 18(2): 171-185.

Żarnowiec J, Staniaszek-Kik M, Chmura D. 2021. Trait-based responses of bryophytes to the decaying logs in Central European mountain forests[J]. Ecological Indicators, 126: 107671.

Zhao Y G, Xu M X, Belnap J. 2010. Response of biocrusts' photosynthesis to environmental factors: A possible explanation of the spatial distribution of biocrusts in the Hilly Loess Plateau region of China[J]. Acta Ecologica Sinica, 30(17): 4668-4675.

第五章　贵阳市绿地苔藓植物物种特征

第一节　引　言

苔藓植物作为一类起源和发育较为古老的高等类群，经历了地球上不同时期的地质变化和环境变化。在长期的进化过程中，苔藓植物虽然结构简单，但形成了一些特有的结构来适应地质环境和自然环境的变化。贵州省作为我国苔藓植物种类最多的省份之一，拥有丰富的苔藓植物资源，目前已知有藓类植物56科281属1034种，占全国苔藓植物总数的53.33%（熊源新，2014）。其中，《贵州苔藓植物志》（熊源新，2014）记载了藓类植物57科282属1035种及5亚种和29变种。据记载，最早在贵州采集苔藓植物标本的法国传教士Bodiniier和Martin于1879～1899年在贵阳市黔灵山、安平（今平坝市）采集了一些标本，后经法国苔藓植物学家Cardot和Theriot研究后于1904年首次发表了关于贵州苔藓植物的系统报道（熊源新，1999）。20世纪50年代，我国著名的苔藓植物学家吴鹏程、黎兴江、高谦、张满祥等均在贵州采集过苔藓植物标本。贵州苔藓植物研究的开拓者和奠基人是贵州师范大学的钟本固与姜守忠教授，两人于1983年发表了本省研究者首篇关于苔藓植物的报道——《梵净山苔藓植物初步研究》，并培育了一批优秀的学生从事苔藓植物研究。后在钟本固教授的带领下，《贵州藓类植物名录》（钟本固和熊源新，1989）问世，《黔渝湘鄂交界地区苔藓植物物种多样性研究》（熊源新，2007）、《贵州苔藓植物图志-习见种卷》（熊源新，2011）和《梵净山苔藓》（熊源新和石磊，2014）相继出版。贵阳市位于贵州省中部的云贵高原东斜坡地带，属东部平原向西部高原过渡的地带，地形地貌多样，海拔高，纬度低，具有亚热带湿润温和型气候的特点，植物资源丰富，自然环境得天独厚，但关于其苔藓植物资源的调查研究较少。本章以贵阳市的绿地苔藓植物群落为研究对象，通过实地调查、室内鉴种等方法，统计苔藓植物科、属、种的数量并进行分析，并对其地理区系进行划分，以便为贵阳市绿地苔藓植物的保护、栽培和应用提供基础，为城市苔藓植物多样性保护、园林绿化提供理论支撑。

第二节　国内外研究概况

植物区系（flora）是指某一地区或者某一时期、某一分类群、某类植被等所有植物种类的总称。植物区系是自然形成物，是植物界在一定的自然地理环境，特别是自然和历史条件的综合作用下长期发展演化的结果。研究植物区系的目的是探究植物生命的起源、演化、时空分布规律及其与地球历史变迁的关系。我国的植物区系起源古老，具有丰富的植物种类，且分布类型多样，地理成分复杂（程丽媛，2017）。而想要研究一个地区的植物区系，就必须具备该地区的全部植物名录，并对其科、属、种进行统计分析。因此在研究苔藓植物的区系成分之前，必须先了解其物种组成。

国外学者研究苔藓植物分类的历史较为悠久，早在 18 世纪欧洲就已开始兴起（赵建成，1993）。18世纪20年代，意大利Micheli在其所著的 *Nova Plantarum Genera* 中最早记录苔藓植物的图绘（Micheli，1729）。随后 Hedwig 于 80 年代先后编撰两本著作——*Fundamentum Historiae Naturalis Muscorum Frondosorum* 及 *Descriptio et Adumbratio Microscopico-Analytica Muscorum Frondosorum*，奠定了苔藓植物分类研究的基础。1801 年，Hedwig 在 *Species Muscorum Frondosorum* 中建立了首个藓类分类系统（胡人亮，1987）。1841 年，Endlicher 在 *Enchiridion Botanicum* 中发表了最早的苔类分类系统。从 19 世纪开始，有关苔藓植物的区系地理研究拉开了序幕，各种区域性苔藓植物志纷纷问世，如由 Crum 和 Anderson 编写的《北美东部藓类志》（Crum and Anderson，1981）；1977 年出版的 *Moss Flora of the Pacific Northwest Nichinan*（Lawton，1997）；1976 年出版的 *The Mosses of Southern Australia*，表明澳大利亚板块由于气候温暖，热带成分占比高达 70%（Scott and Stoue，1976）；1994 年发表的 *Moss Flora of Central America. Pt.1. Sphagnaceae-Calymperaceae*，介绍了中南美洲的安第斯山系和亚马孙河热带丛林，这个地区拥有世界上最丰富的特有属（近 60 个），其中加勒比海周围和中美洲约拥有 1/6 的苔藓植物特有属，南美洲南端及南部地区拥有40多个藓类植物特有属（Schmid and Allen，1994）。随着苔藓植物研究趋于成熟，全球创办了一些关于苔藓的国际性学术期刊，如美国创办的 *The Bryologist*、英国的 *New Phytologist*、德国的 *Nova Hedwigia*、法国的 *Cryptogamie Bryologie* 等（李婷婷，2022）。为揭示全球苔藓植物的多样性，现各国都已对苔藓植物各方面开展了深入研究（田晔林，2011），研究内容涉及苔藓植物分类、分布、化学成分、生物多样性保护措施，甚至涉及分子生物学、生物医药等领域，且在方法与技术手段上已取得大量成果（董耀祖，2016），其中美国、英国、德国为苔藓植物研究发表文献较多的国家，也是全球苔藓植物研究的核心区域。

苔藓植物的名称"苔"早在我国古代便出现在典籍之上："苔花如米小，亦学牡丹开。"表达了即使环境恶劣也不丧失生发勇气的精神。但是相比于西方一些国家，我国苔藓植物相关研究起步较晚（程前，2020），最早可追溯到 19 世纪中叶，一些西方的传教士和学者来到我国香港、西南、东北及沿海地区采集苔藓植物标本并发表相关文献。20 世纪 40 年代以前，欧洲人和日本人几乎垄断了我国的苔藓植物研究（胡人亮，1987）。我国最早采集苔藓植物标本的是著名的植物学家秦仁昌，19 世纪 20 年代其在东南沿海采集了部分标本，后经英国狄克逊（Dixon）研究于 1928 年发表。直到 20 世纪 40 年代后，我国本土学者才开始对我国苔藓植物进行调查，其中贡献最大的当属被誉为"中国苔藓之父"的陈邦杰教授。在陈邦杰教授的带领下，我国早期的苔藓植物研究工作取得了长足的发展并出版了一系列对苔藓植物研究有参考价值的学习书，如《中国藓类植物属志》（上下册）（陈邦杰，1963，1978）、《中国高等植物图鉴》（中国科学院植物研究所，1982）、《苔藓植物学》（胡人亮，1987）、《苔藓植物生物学》（吴鹏程，1998）、《中国苔藓植物图鉴》（高谦和赖明洲，2003）、《中国苔纲和角苔纲植物属志》（高谦和吴玉环，2010）等。与此同时，许多地方性、区域性苔藓专著如同雨后春笋般涌现，如《东北苔类植物志》（高谦和张光初，1981）、《秦岭植物志　第三卷：苔藓植物门（第一册）》（中国科学院西北植物研究所，1978）、《梵净山苔藓》（熊源新和石磊，2014）、《内蒙古苔藓植物志》（白学良，1997）、《山东苔藓植物志》（赵遵田和曹同，1998）、《横断山区苔藓志》（吴鹏程，2000）、《贵州苔藓植物图志习见种卷》（熊源新，2011）、《中国苔藓植物孢子形态》（张玉龙和吴鹏程，2006）、《广东苔藓志》（吴德邻和张力，2013）及《贺兰山苔藓植物彩图志》（白学良，2014）等。这些地方性及全国性苔藓专著的问世为我国今后的苔藓植物研究奠定了深厚的根基。

　　随着苔藓植物研究的深入，为了更好地研究其地理分布，我国学者还对苔藓植物进行了分区研究。最早，陈邦杰（1958）在对我国各省区苔藓植物初步调查研究的基础上将我国苔藓植物分成 7 个区——岭南区、华中区、华北区、东北区、云贵区、青藏区和蒙新区。之后，吴鹏程和贾渝（2006）重新对我国苔藓植物进行分区，在原来的基础上重新分出华东区、华西区以及横断山区，自此我国苔藓植物分区增加到 10 个。与此同时，吴鹏程和贾渝提出我国的苔藓植物分布大致可以分成三条路线：第一条是从喜马拉雅地区经滇西北、川西沿长江流域到东南部；第二条位于喜马拉雅、横断山区和台湾间；第三条是从喜马拉雅地区通过秦岭直至长白山区。此外，吴鹏程等（2001）对我国与北美洲苔藓植物的区系关系进行了探讨，认为二者苔类和藓类的种间关系疏远。随后越来越多的学者对不同地区苔藓植物的区系成分进行了研究，如华北地区（包括北京、天津、河北、山西、内蒙古）。任娜和徐杰（2024）对 2012～2022 年国内外公开发表的内蒙古地区苔藓植物新种及新记录种进行了区系统计分析，发现在 11 年间共发表的苔藓植物新种及新变种有 11 种，亚洲新记录种 1 种，中国新记录种及变种 23 种，内蒙古新记录科 1 科、新记录属 3 属、新记录种 30 种。宋晓彤等（2018）对北京东灵山苔藓植物的区系成分及特点进行了研究，发现以北温带成分为主（占 36.7%），东亚成分次之（占 18.0%）。王挺杨等（2015）对额尔古纳国家级自然保护区苔藓植物区系进行了调查研究，发现以北温带成分为主，占到 73.2%，其次为东亚成分和东亚-北美成分，分别占到 8.9% 和 5.1%。王桂花和谢树莲（2008）对山西省苔藓植物区系进行了统计分析，发现以北温带分布类型为主，其次为东亚分布类型。近年关于华中地区（包括河南、湖北、湖南）苔藓植物区系的研究报道较多。范新宇等（2020）对白云山国家森林公园苔藓植物区系组成进行了分析，发现以北温带成分和东亚成分为主。胡章喜等（2007）对黄冈大崎山苔藓植物区系进行了研究，表明以北温带、东亚和热带成分为主，分别占该地区总数的47.4%、14.1%和12.8%。此外，也有学者对华东地区（包括山东、江苏、安徽、浙江、上海、福建、江西）（程慧等，2022；王琪，2021；花壮壮等，2021；蔡奇英等，2014）、华南地区（包括广西、广东、海南）（钟琳，2019；唐霞，2019）、西北地区（包括宁夏、新疆、青海、陕西、甘肃）（地力胡马尔·阿不都克热木等，2023；王诚吉等，2005）和东北地区（包括辽宁、吉林、黑龙江）（冯超，2013；宋丽，2016；于晶等，2001）苔藓植物区系成分开展了分析。由于本章涉及的研究区域位于西南地区，因此主要对西南地区苔藓植物区系成分进行论述。关于西南地区（包括云南、贵州、四川、重庆、西藏）苔藓植物区系的研究近年主要集中在贵州、云南和西藏。例如，李晓娜等（2015）对云南省罗平转长河戈维段喀斯特河谷区与相邻3个地区的苔藓植物区系进行了对比分析，发现以东亚成分、热带成分和北方温带成分为主。东主等（2018）将色季拉山苔藓植物区系划分为13个分布区类型，北温带分布最多。邓坦等（2017）将贵州乌江东风水库库区消落带苔藓植物区系划分为12个分布区类型，其中温带成分最多。肖志等（2024）对贵州省仁怀市苔藓植物进行了调查分析，发现以东亚成分占主要优势，且温带特征明显并与热带成分联系密切。李飞等（2022）将贵州赤水桫椤国家级自然保护区苔类植物区系划分为13个类型，其中优势成分为东亚分布，其次是北温带分布。而彭涛等（2018）将贵州赤水桫椤国家级自然保护区苔类植物区系划分为16个类型，优势成分为东亚分布，其次是北温带分布。李婷婷（2022）将贵州习水国家级自然保护区苔藓植物区系地理成分划分为18个类型，北温带成分占比最高，其次是东亚成分。高敏等（2022）将花江石漠化地区花江大峡谷两岸岩表苔藓植物划分为7个区系，其中北温带分布最多。综上可见，关于贵州苔藓植物区系划分的相关研究较为充实丰富，但关于贵阳市苔藓植物物种调查的相关研究较为薄弱。

第三节　贵阳市绿地苔藓植物群落物种组成

一、物种分类特征

对贵阳市绿地苔藓植物群落（共1325个样地）调查的结果显示，研究范围内共有苔藓植物251种，隶属39科94属（附表2），其中藓类植物25科76属223种，苔类植物14科18属28种（表5-1）。藓类植物平均每科含有3.04属8.92种，苔类植物平均每科含有1.29属2种，从分类多样性来看，藓类植物的分化程度明显高于苔类植物。此外，本次调查所统计的贵阳市绿地苔藓植物科、属、种数分别占贵州省的41.49%、25.68%和15.28%，其中藓类植物分别占43.86%、26.95%和21.55%，苔类植物分别占37.84%、21.43%和4.61%。可见贵阳市苔藓植物群落物种组成相对较为丰富。

表5-1　贵州省苔藓植物群落物种组成

植物类群	贵阳市绿地			贵州省		
	科数	属数	种数	科数	属数	种数
藓类植物	25	76	223	57	282	1035
苔类植物	14	18	28	37	84	608
总计	39	94	251	94	366	1643

二、科、属组成特征

根据种数，将调查得到的贵阳市39科绿地苔藓植物划分为较大科（≥10种）、中等科（6～9种）、小型科（2～5种）、单种科（1种）4个等级，其统计信息如表5-2所示。

表5-2　贵阳市绿地苔藓植物科的统计分析

分类	科数	科数占比（%）	种数	种数占比（%）	主要科名
较大科（≥10种）	7	17.95	171	68.13	青藓科、丛藓科、灰藓科、真藓科、羽藓科、绢藓科、提灯藓科
中等科（6～9种）	1	2.56	8	3.19	凤尾藓科
小型科（2～5种）	21	53.85	62	24.70	毛锦藓科、锦藓科、蔓藓科、柳叶藓科、牛舌藓科、细鳞苔科、光萼苔科等
单种科（1种）	10	25.64	10	3.98	珠藓科、卷柏藓科、小曲尾藓科、牛毛藓科、缩叶藓科、薄罗藓科、蔓藓科、牛舌藓科、魏氏苔科、地钱科
合计	39	100.00	251	100.00	

39科绿地苔藓植物中，种数最高的科是较大科，分别为青藓科（Brachytheciaceae）（9属55种）、丛藓科（Pottiaceae）（16属41种）、灰藓科（Hypnaceae）（7属20种）、真藓科（Bryaceae）（3属21种）、羽藓科（Thuidiaceae）（4属12种）、绢藓科（Entodontaceae）（1属12种）、提灯藓科（Mniaceae）（3属10种）共7科，占总科数的17.95%，占总种数的68.13%。中等科仅有凤尾藓科（Fissidentaceae）（1属8种）1科，占总科数的2.56%、总种数的3.19%。大部分科属于小型科，有齿萼苔科（Lophocoleaceae）（2属5种）、碎米藓科（Fabroniaceae）

（1 属 3 种）等 21 科，占总科数的 53.85%、总种数的 24.70%。单种科有珠藓科（Bartramiaceae）、卷柏藓科（Racopilaceae）、小曲尾藓科（Dicranellaceae）等共 10 科，占总科数的 25.64%、总种数的 3.98%。从科数占比来看，贵阳市绿地苔藓植物主要由小型科构成。

同样，根据种数，将属划分为较大属（≥10 种）、中等属（6~9 种）、小型属（2~5 种）、单种属（1 种）4 个等级，其统计信息如表 5-3 所示。94 属城市绿地苔藓植物中，较大属有 4 属，分别是青藓属（Brachythecium）、真藓属（Bryum）、美喙藓属（Eurhynchium）和绢藓属（Entodon），占总属数的 4.26%、总种数的 27.49%。中等属有凤尾藓属（Fissidens）、对齿藓属（Didymodon）、小石藓属（Weissia）、匐灯藓属（Plagiomnium）、灰藓属（Hypnum）共 5 属，占总属数的 5.32%、总种数的 15.54%。小型属有小墙藓属（Weisiopsis）、毛口藓属（Trichostomum）、扭口藓属（Barbula）、湿地藓属（Hyophila）等 35 属，占总属数的 37.23%、总种数的 37.05%。单种属有陈氏藓属（Chenia）、锯齿藓属（Prionidium）、丛藓属（Pottia）等 50 属，占总属数的 53.19%、总种数的 19.92%，说明贵阳市绿地苔藓植物主要由小型属构成。

表5-3　贵阳市绿地苔藓植物属的统计分析

分类	属数	属数占比(%)	种数	种数占比(%)	主要属名
较大属（≥10 种）	4	4.26	69	27.49	青藓属、真藓属、美喙藓属、绢藓属
中等属（6~9 种）	5	5.32	39	15.54	凤尾藓属、对齿藓属、小石藓属、匐灯藓属、灰藓属
小型属（2~5 种）	35	37.23	93	37.05	小墙藓属、毛口藓属、扭口藓属、湿地藓属、小羽藓属、羽藓属、麻羽藓属、粗疣藓属、裂萼苔属、异萼苔属、光萼苔属、耳叶苔属等
单种属（1 种）	50	53.19	50	19.92	陈氏藓属、锯齿藓属、丛藓属、链齿藓属、青毛藓属、绿片苔属、光萼苔属等
合计	94	100.00	251	100.00	

第四节　贵阳市绿地苔藓植物群落物种区系成分

一、区系成分划分

植物区系是指某一地区或者某一时期、某一分类群、某类植被等所有植物种类的总称。一个地区的物种组成是生物在一定生态环境、自然历史条件的综合作用下长期发展演化的产物（王荷生，1992）。分布区是一个种系或任何分类单位（科、属、种等）在地表分布的区域（武吉华，2004）。一个特定区域的植物区系不仅反映了该区域植物与环境的关系，而且反映了植物区系在古地理或区域地理自然历史中的演化脉络。通过对植物区系进行分区，在理论上能为区域植物的起源和演化研究奠定基础，在实践中能为植物的引种、驯化以及生物多样性的保护提供科学依据。

大量研究表明，苔藓植物与种子植物一样有其地理分布规律，而且与区域种子植物的分布区域类型密切相关，因此参照程丽媛（2017）、程前（2020）、余夏君（2019）等的相关文献书籍，结合贵州省贵阳市苔藓植物区系的地理成分特点分析，将贵阳市苔藓植物的地理分布类型划分为世界广布、北温带分布、泛热带分布、旧世界温带分布、旧世界热带分布、热带亚洲分布、温带亚洲分布、东亚-北美分布、中国特有分布和东亚分布 10 种，其中东亚分布又划分为东亚广泛分布、中国-日本分布、中国-喜马拉雅分布和喜马拉雅-日本分布和 4 种（表 5-4）（种的分布资料参考贾渝的《中国生物物种名录》（第一卷：苔藓植物）、《中国苔藓志》1～8 卷、《贵州苔藓植物志》1～2 卷等）。

表 5-4　贵阳市绿地苔藓植物科的分布区类型

分布区类型	科数	占比（%）
1. 世界广布*	16	
2. 北温带分布	20	51.28
3. 泛热带分布	10	25.64
4. 旧世界温带分布	3	7.69
5. 旧世界热带分布	3	7.69
6. 热带亚洲分布	15	38.46
7. 温带亚洲分布	7	17.95
8. 东亚-北美分布	6	15.38
9. 中国特有分布	11	28.21
10. 东亚分布		
东亚广泛分布	14	35.90
中国-日本分布	6	15.38
中国-喜马拉雅分布	3	7.69
喜马拉雅-日本分布	5	12.82

注：*不计入百分比

1. 世界广布

世界广布种是指几乎遍及世界各大洲而没有特殊分布中心的种类，或是虽有一个或数个分布中心但遍布世界各地的类群。在贵阳市苔藓植物中，世界广布类型有 32 种，隶属 16 科 19 属。由于世界广布种的分布范围很广，对环境也没有特殊的要求，在区系成分分析中无法体现出某个地区的植物区系特性，因此我们在统计各区系成分时不考虑计入总数加以分析。常见的种有尖叶匐灯藓、细叶真藓（*Bryum capillare*）、鳞叶凤尾藓（*Fissidens taxifolius*）、扭口藓（*Barbula unguiculata*）、小石藓（*Weissia controversa*）、卵叶真藓（*Bryum calophyllum*）、狭叶小羽藓、地钱等。

2. 北温带分布

北温带分布种是指广泛分布于欧、亚、北美洲大陆温带地区的种类，由于地理和历史原因，虽然有些种沿山脉向南延伸到热带地区，甚至远达南半球温带，但其原始类型或分布中心仍在北温带。在贵阳市苔藓植物中，北温带分布类型有62种，隶属20科39属，占总数的24.70%，为第二大区系成分，占有重要地位。常见的种有卷叶凤尾藓（*Fissidens dubius*）、长叶纽藓（*Tortella tortuosa*）、鳞叶藓、灰白青藓（*Brachythecium albicans*）、卵叶青藓（*Brachythecium rutabulum*）、芽胞裂萼苔（*Chiloscyphus minor*）、毛口大萼苔（*Cephalozia lacinulata*）等。

3. 泛热带分布

泛热带分布种是指普遍分布于东、西两半球热带地区的种类，最远可分布到亚热带(甚至温带)，但分布中心或原始类型仍在热带范围的种类也属于这一成分。在贵阳市苔藓植物中，泛热带分布类型有11种，隶属10科10属，占总数的4.38%。常见的种有薄壁卷柏藓（*Racopilum cuspidigerum*）、小扭口藓（*Barbula indica*）、羽叶锦藓（*Sematophyllum subpinnatum*）、绿片苔（*Aneura pinguis*）、异叶细鳞苔（*Lejeunea anisophylla*）等。

4. 旧世界温带分布

旧世界温带分布种是指广泛分布于欧洲、亚洲中-高纬度的温带和寒温带，或最多有个别种延伸到北非及亚洲-非洲热带山地甚至澳大利亚的种类。在贵阳市苔藓植物中，旧世界温带分布类型有5种，隶属3科5属，占总数的1.99%。常见的种有狭叶麻羽藓（*Claopodium aciculum*）、绒叶青藓（*Brachythecium velutinum*）、短尖美喙藓（*Eurhynchium angustirete*）、深绿褶叶藓（*Palamocladium euchloron*）等。

5. 旧世界热带分布

旧世界热带分布种（也称古热带分布种）是指分布于亚洲、非洲和大洋洲热带地区及邻近岛屿的种类，与美洲新大陆、新热带分布种相区别。与泛热带分布类群相比本类群具有更强烈的热带性质，且具有古老和保守的色彩。印度-马来西亚是旧大陆热带的中心区域，也是世界上植物地理区系成分最丰富的地区之一，保存了大量的第三纪古热带植物区系的后裔或残遗。分布范围包括印度、斯里兰卡、中南半岛、印度尼西亚、加里曼丹岛、菲律宾及新几内亚岛等，东可到斐济等南太平洋岛屿，但不到大洋洲大陆，北缘到我国西南、华南及台湾甚至更北的地区。在贵阳市苔藓植物中，旧世界热带分布类型有6种，隶属3科3属，占总数的2.39%。常见的种有南京凤尾藓（*Fissidens teysmannianus*）、小墙藓（*Weisiopsis* plicata）、短月藓（*Brachymenium nepalense*）、宽叶短月藓（*Brachymenium capitulatum*）、尖叶短月藓（*Brachymenium acuminatum*）等。

6. 热带亚洲分布

热带亚洲被视为旧世界热带的中心区域。这一分布类型的属种主要分布在亚洲的低纬度地区，即通常分布于印度、中南半岛、印度尼西亚、菲律宾等热带亚洲国家，往东可一直延伸到南太平洋的一些岛屿，如斐济，但不涉及大洋洲大陆，向北通常能够抵达我国台湾、西南诸省区以及华南等地区，甚至能向更北的地区延伸。在贵阳市苔藓植物中，热带亚洲分布类型有 18 种，隶属 15 科 16 属，占总数的 7.17%。常见的种有大凤尾藓（*Fissidens nobilis*）、橙色锦藓（*Sematophyllum phoeniceum*）、粗枝蔓藓、粗蔓藓（*Meteoriopsis squarrosa*）、桧叶白发藓、广叶绢藓（*Entodon flavescens*）、狭尖叉苔（*Metzgeria consanguinea*）等。

7. 温带亚洲分布

温带亚洲分布种主要是指局限在亚洲温带区域的种类。分布区域主要包括南俄罗斯、东西伯利亚到亚洲的东北部，以喜马拉雅山区—中国西南、华北、东北—朝鲜以及日本北部为南部边界，有少数属种可能延伸到亚热带地区乃至亚洲的热带地区，甚至涉及新几内亚岛。在贵阳市苔藓植物中，温带亚洲分布类型有 9 种，隶属 7 科 8 属，占总数的 3.59%。常见的种有多褶青藓（*Brachythecium buchananii*）、狭叶拟合睫藓（*Pseudosymblepharis angustata*）、阔边匐灯藓（*Plagiomnium ellipticum*）、黄灰藓（*Hypnum pallescens*）、平叶异萼苔（*Heteroscyphus planus*）等。

8. 东亚-北美分布

东亚-北美分布种是指分布在东亚以及北美洲的中-低纬度地区即温带、亚热带的种类。在贵阳市苔藓植物中，东亚-北美分布类型有 9 种，隶属 6 科 7 属，占总数的 3.59%。常见的种有扭口红叶藓（*Bryoerythrophyllum inaequalifolium*）、短叶对齿藓（*Didymodon tectorus*）、长柄绢藓（*Entodon macropodus*）、长柄绢藓（*Entodon macropodus*）、薄壁大萼苔（*Cephalozia otaruensis*）等。

9. 中国特有分布

中国特有分布种是指以中国整体的自然植物区为分布中心且分布界限不越出国境很远的种类，主要以云南或西南诸省区为分布中心，向东北、向东或向西北辐射并逐渐减少，主要集中在秦岭—山东以南的亚热带和热带地区，个别科突破国界到邻近各国。中国特有成分是评价具体植物区系的重要指标。在贵阳市苔藓植物中，中国特有分布类型有 30 种，隶属 11 科 18 属，占总数的 11.95%。常见的种有卷叶毛口藓（*Trichostomum hattorianum*）、密枝青藓（*Brachythecium* amnicola）、绿枝青藓（*Brachythecium viridefactum*）、狭叶美喙藓（*Eurhynchium coarctum*）、亮叶绢藓（*Entodon schleicheri*）、锦叶绢藓（*Entodon pylaisioides*）、小叶美喙藓（*Eurhynchium filiforme*）等。

10. 东亚分布

东亚分布种是指从喜马拉雅地区一直分布到日本地区的种类，向东北一般不超过俄罗斯境内的阿穆尔州，并从日本北部至俄罗斯萨哈林州，向西南不超过越南北部和喜马拉雅东部，向南最远达菲律宾、苏门答腊岛和爪哇，向西北一般以中国各类森林边界为界。和温带亚洲的一些种类有时很难区分，但本类群一般分布区较小，几乎都有森林区系成分，并且分布中心不超过喜马拉雅至日本的范围。东亚分布种除广泛分布于东亚地区的东亚广泛分布成分外，还包括偏于西南部的中国-喜马拉雅成分，偏于东北部的中国-日本成分和从东北到西南均有分布的喜马拉雅-日本成分三种变型。在贵阳市苔藓植物中，东亚分布类型有 71 种，隶属21 科 40 属，占总数的 32.13%，是贵阳地区的最主要区系成分。

（1）东亚广泛分布

贵阳市有 43 种，隶属 14 科 26 属，占总种数的 17.13%，占东亚成分种数的62.32%。常见的种有东亚小羽藓（*Haplocladium strictulum*）、狭叶缩叶藓（*Ptychomitrium linearifolium*）、圆枝青藓（*Brachythecium garovaglioides*）、亚灰白青藓（*Brachythecium subalbicans*）、短肋羽藓、日本细喙藓（*Rhynchostegiella japonica*）、长叶绢藓（*Entodon longifolius*）等。

（2）中国-日本分布

分布中心集中于日本至我国华东，虽然有时可分布到我国云南西北部，但不见于喜马拉雅地区。贵阳市有 15 种，隶属 6 科 12 属，占总种数的 5.98%，占东亚成分种数的 21.74%。常见的种有美灰藓、细枝蔓藓、扭尖美喙藓（*Eurhynchium kirishimense*）、毛尖青藓（*Brachythecium piligerum*）、无疣同蒴藓（*Homalothecium laevisetum*）、牛尾藓（*Struckia argentata*）等。

（3）中国-喜马拉雅分布

分布中心集中于东亚西南部至喜马拉雅地区，虽有时可分布于我国东北或台湾，但不见于日本。贵阳市有 3 种，隶属 3 科 3 属，占总种数的 1.20%，占东亚成分种数的 4.35%。包括粗枝藓（*Gollania clarescens*）、小粗疣藓（*Fauriella tenerrima*）和黄边孔雀藓（*Hypopterygium flavolimbatum*）。

（4）喜马拉雅-日本分布

指广泛分布于东亚地区的种类。贵阳市有 8 种，隶属 5 科 8 属，占总种数的3.19%，占东亚成分种数的 11.59%。常见的种有尖叶青藓（*Brachythecium coreanum*）、斜枝长喙藓（*Rhynchostegium inclinatum*）、东亚砂藓、南亚瓦鳞苔（*Trocholejeunea sandvicensis*)、皱叶粗枝藓（*Gollania ruginosa*）等。

二、区系成分特点

　　根据苔藓植物地理区系成分划分，对贵阳市的 39 科 94 属 251 种绿地苔藓植物的科（表 5-4）、属（表 5-5）和种（表 5-6）分布类型进行统计。从科的分布类型来看（表 5-4），贵阳市绿地苔藓植物主要属于东亚分布类型，主要包括青藓科、灰藓科、丛藓科和羽藓科等；其次是北温带分布类型，占比为 51.28%，主要包括青藓科、灰藓科、丛藓科等。从属的分布类型来看（表 5-5），贵阳市绿地苔藓植物主要属于东亚分布类型，主要包括青藓属、美喙藓属、灰藓属和粗枝藓属等；其次是北温带分布类型，占比为 41.49%，主要包括青藓属、灰藓属和对齿藓属等。从种的分布类型来看（表 5-6），贵阳市绿地苔藓植物主要属于东亚分布类型，占比为 27.49%，是贵阳地区的最主要区系成分；其次为北温带分布类型，占比为 24.70%。此外，从气候类型来看（表 5-6），热带分布类型（泛热带分布、旧世界热带分布和热带亚洲分布）有 35 种，占比为 13.94%，主要隶属真藓科和丛藓科；温带分布类型（北温带分布、旧世界温带分布、温带亚洲分布和东亚-北美分布）有 85 种，占总数的 33.86%，主要隶属青藓科和丛藓科。

表 5-5　贵阳市绿地苔藓植物属的分布区类型

分布区类型	属数	占比（%）
1. 世界广布*	19	
2. 北温带分布	39	41.49
3. 泛热带分布	10	10.64
4. 旧世界温带分布	5	5.32
5. 旧世界热带分布	3	3.19
6. 热带亚洲分布	16	17.02
7. 温带亚洲分布	8	8.51
8. 东亚-北美分布	7	7.45
9. 中国特有分布	18	19.15
10. 东亚分布		
东亚广泛分布	26	27.66
中国-日本分布	12	12.77
中国-喜马拉雅分布	3	3.19
喜马拉雅-日本分布	8	8.51

注：*不计入百分比

表 5-6　贵阳市绿地苔藓植物种的分布区类型

分布区类型	种数	占比（%）
1. 世界广布*	32	
2. 北温带分布	62	24.70
3. 泛热带分布	11	4.38
4. 旧世界温带分布	5	1.99
5. 旧世界热带分布	6	2.39
6. 热带亚洲分布	18	7.17
7. 温带亚洲分布	9	3.59
8. 东亚-北美分布	9	3.59
9. 中国特有分布	30	11.95
10. 东亚分布		
东亚广泛分布	43	17.13
中国-日本分布	15	5.98
中国-喜马拉雅分布	3	1.20
喜马拉雅-日本分布	8	3.19

注：*不计入百分比

第五节　小　　结

　　贵州省作为我国苔藓植物种类最多的省份之一，拥有丰富的苔藓植物资源。贵阳市地处云贵高原的东斜坡上，湿热的小气候环境有利于苔藓植物的生长。本章对贵阳市不同绿地类型的苔藓植物群落进行了调查，对研究区域苔藓植物的物种组成、优势科属及植物区系划分进行了分析，主要结论如下。

　　从科、属、种的组成来看，研究范围共有苔藓植物 251 种，隶属 39 科 94 属，其中藓类植物 25 科 76 属 223 种，苔类植物 14 科 18 属 28 种；科、属、种数分别占贵州省总数的 41.49%、25.68%和 15.28%，说明贵阳市绿地苔藓植物群落物种组成相对较为丰富。对优势科进行统计，贵阳市种数较高的科分别是青藓科（9属 55 种）、丛藓科（16 属 41 种）、灰藓科（7 属 20 种）、真藓科（3 属 21 种）、羽藓科（4 属 12 种）、绢藓科（1 属 12 种）、提灯藓科（3 属 10 种）。对优势属进行统计，贵阳市种数最高的属为青藓属（17 种）。

　　从苔藓植物群落物种区系成分来看，贵阳市绿地苔藓植物的地理分布类型包括世界广布、北温带分布、泛热带分布、旧世界温带分布、旧世界热带分布、热带亚洲分布、温带亚洲分布、东亚-北美分布、中国特有分布和东亚分布 10 种，可见贵阳市绿地苔藓植物的地理分布类型较为复杂。从科、属和种的分布类型来看，贵阳市绿地苔藓植物主要属于东亚分布，其次是北温带分布类型。其中，东亚分布类型有 69 种，隶属 21 科 39 属，占比为 27.49%，反映了贵阳市绿地苔藓植物区系具有浓厚的东亚色彩。从气候类型来看，热带分布类型（泛热带分布、旧世界热带分布和热带亚洲分布）有 35 种，占比为 13.94%；温带分布类型（北温带分布、旧世界温带分布、温带亚洲分布和东亚-北美分布）有 85 种，占比为 33.86%。一方面贵阳地处亚热带地区，海拔较高，年均气温适中，雨水多，因而苔藓植物区系呈现出温带成分占主体，并从亚热带向温带过渡的典型区域特点，另一方面这种苔藓植物地理区系成分的复杂性反映了该地区苔藓植物与世界各地区苔藓植物有着广泛的不同程度的关联。

此外，贵阳市绿地苔藓植物的中国特有种成分非常丰富，共有 30 种，占比高达 11.95%，不仅体现了贵阳地区绿地苔藓植物区系较高的特有性，在我国苔藓植物物种多样性研究中占有重要地位，而且特有成分是区系形成的必然规律，说明了贵阳是西南地区特有古老、孑遗苔藓植物的主要分布地区之一，体现了贵阳区系地理成分的古老性。

主要参考文献

白学良. 1997. 内蒙古苔藓植物志[M]. 呼和浩特: 内蒙古大学出版社.

白学良. 2014. 贺兰山苔藓植物彩图志[M]. 银川: 阳光出版社.

蔡奇英, 赵帆, 刘以珍, 等. 2014. 南昌市城区苔藓植物区系[J]. 南昌大学学报(理科版), 38(2): 182-186.

陈邦杰. 1958. 中国苔藓植物生态群落和地理分布的初步报告[J]. 植物分类学报, 7(4): 271-294.

陈邦杰, 万宗玲, 高谦, 等. 1963. 中国藓类植物属志(上册)[M]. 北京: 科学出版社.

陈邦杰, 万宗玲, 高谦, 等. 1978. 中国藓类植物属志(下册)[M]. 北京: 科学出版社.

程慧, 陶靖文, 张慧, 等. 2022. 安徽省岳西县苔藓植物区系特征[J]. 植物资源与环境学报, 31(5): 81-91.

程丽媛. 2017. 浙江省清凉峰国家级自然保护区苔藓植物区系及地理分布研究[D]. 上海师范大学硕士学位论文.

程前. 2020. 皖南地区苔类植物区系[D]. 安徽师范大学硕士学位论文.

地力胡马尔·阿不都克热木, 王晓蕊, 买买提明·苏来曼. 2023. 新疆吉木萨尔县国家森林公园苔藓植物多样性研究[J]. 华中师范大学学报(自然科学版), 57(3): 393-403.

邓坦, 何林, 邓伟. 2017. 贵州乌江东风水库库区消落带苔藓植物区系分析[J]. 植物资源与环境学报, 26(1): 97-103.

东主, 石玉龙, 马和平. 2018. 色季拉山地面生苔藓植物地理区系研究[J]. 高原农业, 2(5): 512-518, 511.

董耀祖. 2016. 内蒙古黄河岸边苔藓植物多样性、生境适应性分析及小立碗藓分类验证和组织培养[D]. 内蒙古师范大学硕士学位论文.

范新宇, 王楠, 周紫羽, 等. 2020. 白云山国家森林公园不同人为干扰强度的森林群落中苔藓植物多样性研究[J]. 河南农业大学学报, 54(6): 978-984.

冯超. 2013. 黑龙江五大连池火山苔藓植物多样性及分类学研究[D]. 内蒙古大学博士学位论文.

高敏, 吴娇娇, 赵鑫, 等. 2022. 贵州花江石漠化区石生苔藓植物多样性及区系关系[J]. 现代园艺, (10): 10-13.

高谦, 赖明洲. 2003. 中国苔藓植物图鉴[M]. 台北: 南天书局.

高谦, 吴玉环. 2010. 中国苔纲和角苔纲植物属志[M]. 北京: 科学出版社.

高谦, 张光初. 1981. 东北苔类植物志[M]. 北京: 科学出版社.

胡人亮. 1987. 苔藓植物学[M]. 北京: 高等教育出版社.

胡章喜, 项俊, 方元平, 等. 2007. 黄冈大崎山森林公园苔藓植物区系研究[J]. 安徽农业科学, 35(10): 3034-3035.

花壮壮, 芦建国, 周贝宁. 2021. 紫金山国家森林公园苔藓植物多样性及其与环境关系研究[J]. 亚热带植物科学, 50(2): 133-139.

李飞, 彭涛, 唐录艳, 等. 2022. 贵州赤水桫椤国家级自然保护区苔类植物研究[J]. 西南林业大学学报(自然科学), 42(1): 61-67.

李婷婷. 2022. 贵州习水国家级自然保护区苔藓植物多样性研究[D]. 贵州师范大学硕士学位论文.

李晓娜, 龙明忠, 张朝晖. 2015. 云南罗平转长河谷喀斯特地区苔藓植物研究[J]. 湖北农业科学, 54(2): 336-341.

彭涛, 李飞, 梁盛, 等. 2018. 贵州赤水桫椤国家级自然保护区藓类植物区系分析[J]. 分子植物育种, 16(22): 7541-7549.

任娜, 徐杰. 2024. 2012-2022年内蒙古苔藓植物区系研究新进展[J]. 内蒙古师范大学学报(自然科学版), 53(2): 129-139.

宋丽. 2016. 黑龙江省五大连池火山地区青藓科 Brachytheciaceae 和羽藓科 Thuidiaceae 植物系统分类及区系地理研究[D]. 内蒙古大学硕士学位论文.

宋晓彤, 邵小明, 孙宇, 等. 2018. 北京东灵山苔藓植物区系研究[J]. 植物科学学报, 36(4): 554-561.

唐霞. 2019. 华东黄山—天目山脉及仙霞岭—武夷山脉苔类和角苔类植物多样性研究[D]. 华东师范大学硕士学位论文.

田晔林. 2011. 北京百花山自然保护区苔藓植物多样性研究[D]. 北京林业大学博士学位论文.

王诚吉, 李登武, 党坤良. 2005. 陕西天华山自然保护区苔藓植物区系研究[J]. 西北植物学报, 25(12): 2472-2477.

王桂花, 谢树莲. 2008. 山西省苔藓植物区系及分布特点研究[J]. 武汉植物学研究, (2): 153-157.

王荷生. 1992. 植物区系地理[M]. 北京: 科学出版社.

王琪. 2021. 闽南及粤北部分岛屿苔藓植物物种多样性及其与环境关系的研究[D]. 上海师范大学硕士学位论文.

吴德邻, 张力. 2013. 广东苔藓志[M]. 广州: 广东科技出版社.

吴鹏程. 1998. 苔藓植物生物学[M]. 北京: 科学出版社.

吴鹏程. 2000. 横断山区苔藓志[M]. 北京: 科学出版社.

吴鹏程, 贾渝. 2006. 中国苔藓植物的地理分区及分布类型[J]. 植物资源与环境学报, 15(1): 1-8.

吴鹏程, 贾渝, 汪楣芝. 2001. 中国与北美苔藓植物区系关系的探讨[J]. 植物分类学报, 39(6): 526-539.

武吉华. 2004. 植物地理学[M]. 4版. 北京: 高等教育出版社.

肖志, 向以红, 吴莎莎, 等. 2024. 仁怀市苔藓植物物种多样性调查[J]. 山地农业生物学报,

43(1): 1-7.

熊源新. 1999. 贵州藓类植物研究回顾[J]. 山地农业生物学报, 18(6): 431-440.

熊源新. 2007. 黔渝湘鄂交界地区苔藓植物物种多样性研究[M]. 贵阳: 贵州科技出版社.

熊源新. 2011. 贵州苔藓植物图志-习见种卷[M]. 贵阳: 贵州科技出版社.

熊源新. 2014. 贵州苔藓植物志[M]. 贵阳: 贵州科技出版社.

熊源新, 石磊. 2014. 梵净山苔藓[M]. 贵阳: 贵州科技出版社.

于晶, 曹同, 郭水良, 等. 2001. 医巫闾山自然保护区苔藓植物区系成分与地理分布特征研究[J]. 植物研究, 21(1): 38-41.

余夏君. 2019. 湖北七姊妹山国家级自然保护区苔藓植物区系及多样性研究[D]. 湖北民族大学硕士学位论文.

张玉龙, 吴鹏程. 2006. 中国苔藓植物孢子形态[M]. 青岛: 青岛出版社.

赵建成. 1993. 苔藓植物的分类历史简介[J]. 植物学通报, 28(4): 23-26, 31.

赵遵田, 曹同. 1998. 山东苔藓植物志[M]. 济南: 山东科学技术出版社.

中国科学院西北植物研究所. 1978. 秦岭植物志 第三卷: 苔藓植物门(第一册)[M]. 北京: 科学出版社.

中国科学院植物研究所. 1982. 中国高等植物图鉴 第一册: 补编[M]. 北京: 科学出版社.

钟本固, 姜守忠. 1983. 梵净山苔藓植物的初步研究[J]. 贵州林业科技, (4): 10-37.

钟本固, 熊源新. 1989. 贵州藓类植物名录(Ⅰ)[J]. 贵州师范大学学报(自然科学版), 7(1): 41-51.

钟琳. 2019. 康禾自然保护区森林苔藓植物资源及园林利用潜力[D]. 华南农业大学硕士学位论文.

Crum H, Anderson L E. 1981. Mosses of Eastern North America[M]. New York: Columbia University Press.

Lawton E. 1997. Moss flora of the Pacific Northwest Nichinan[M]. Nichinan: The Hattori Botanical Laboratory.

Micheli P A. 1729. Nova Plantarum Genera[M]. Florentiae: Typis Bernardi Paperinii.

Schmid R, Allen B. 1994. Moss flora of central America. Pt.1. Sphagnaceae-Calymperaceae[J]. Taxon, 43(3): 513.

Scott G A M, Stoue I G. 1976. The mosses of Southern Australia[M]. London: Academic Press.

第六章　贵阳市公园和道路绿地苔藓植物群落特征

第一节　引　言

植物群落由一些能适应一定区域复杂环境且个体间相互影响的植物组成，具有一定的结构和外貌特征（方精云等，2009）。成群聚集生长是植物的自然属性，正常情况下，在自然环境中生长的植物，既不会单体独立生长，也不会单个物种完全独立组合（王叶，2017）。占据一定空间的植物群落时刻经历时间上的演替交换，最后形成自然群落。在经历时间上的演替交换过程中，植物群落因长期适应外部环境而展现出来的特征称作植物群落特征，是区分植物群落的唯一依据（陈国庆，2016）。无论何种植物群落类型，其群落学研究一般都从分析物种组成开始，以了解群落的物种构成及其在群落中的地位和作用。根据苔藓植物普遍的生长环境和周边的生态环境，参照相关学者对中国苔藓植物群落的传统划分方法，结合野外考察中实际苔藓植物的真实生长情况，可将苔藓植物群落划分成 4 个类型，即土生群落、石生群落、树附生群落和水生群落（舒勇和刘扬晶，2008）。

生物多样性一词由 Williams 于 1943 年首次提出，之后世界各国学者发表了大量的论文和专著来讨论生物多样性的概念及其相关内容。生物多样性（biodiversity）是生物及其环境形成的生态复合体以及与此相关的各种生态过程的总和，其内容包括自然界各种动物、植物、微生物及其所拥有的基因，以及其与生存环境形成的复杂生态系统（马克平，1994）。一般认为生物多样性包括 4 个主要层次：遗传多样性、物种多样性、生态系统多样性和景观多样性（马克平，1993）。物种多样性研究是遗传多样性和生态系统多样性研究的基础，是生物多样性的重要组成部分（马克平，1993）。植物作为构建城市的自然生境和其他生物生存环境不可或缺的元素，其多样性研究一直备受关注（张心欣等，2018）。而苔藓植物作为植物界的一个重要门类，对其物种多样性进行研究有着十分重要的意义。

公园绿地和道路绿地作为城市绿地的重要组成部分，是连接人与自然的纽带，是城市居民放松身心、贴近自然的重要载体，是城市居民重要的户外休闲游憩空间，也是城市植物多样性最集中的区域，可提供丰富多样的生态系统文化服务产品，具有重要价值。贵阳市作为西南地区重要的中心城市之一，适宜的气候条件更有利于植物的生存，但关于城市绿地苔藓植物多样性的调查研究还相对滞后。因此，本章对贵阳市 8 个城市公园绿地和 30 条道路绿地的苔藓植物群落数据进行了分析，以了解贵阳市的苔藓植物多样性水平，并分析了道路绿地和公园绿地苔藓植物群落多样性的内在差异。通过全面了解苔藓植物在城市绿地空间中的多样性，可为未来城市地区的苔藓植物保护和应用提供理论支持。

第二节　国内外研究概况

国外苔藓植物系统分类研究起源于 18 世纪的欧洲（胡人亮，1978），最早由 Dillen 于 1741 年在 *Historia Muscorum* 中提到，18 世纪中叶植物学家林奈、Hedwig 和其他学者相继编撰了苔藓植物种类及其分布的相关专著，为后期开展苔藓植物研究打下了良好的基础（赵建成，1993）。英国植物学家格雷在 18 世纪末前创建了苔藓植物门，并将其划分为苔类和藓类（吴鹏程等，2001）。19～20 世纪国外陆续发表了许多关于苔藓植物的著作（Scott and Stoue，1976；Ireland，1980）。早在 20 世纪 50 年代一些发达国家的苔藓植物区系分类研究已经基本完成，之后又从生态学、繁殖生物学、分子生物学、遗传学等方面进行了更深入、全面的研究（Tsegmed，2010）。

我国的苔藓植物种类繁多、分布广泛。在过去数十年中，我国的苔藓植物研究已取得显著成果。国内的苔藓植物研究始于 1842 年，最早一篇关于苔藓植物的文章于 1846 年发表。1982 年高谦和敖志文（1982）对东北林区的苔藓植物群落类型进行调查，并划分了 4 个类型：土生苔藓群落、树附生苔藓群落、石生苔藓群落、水生和沼生苔藓群落，可使我们更清晰地了解苔藓群落的组成。尽管这段时期我国的苔藓植物研究尚不充分，但为此后国内学者的研究打下了基础，也开启了我国苔藓植物开发与研究的新篇章。20 世纪初是我国苔藓植物研究的萌芽期，陈邦杰教授的贡献最为突出，发表了我国首部苔藓植物专著（陈邦杰，1963，1978）。此后，我国陆续发表了大量关于苔藓植物的著作（白学良，1997；吴鹏程，2018；黎兴江，2006；熊源新，2014）。其中《中国苔藓志》已出版 10 册，资料翔实，为国内最具参考价值的苔藓植物工具书。随后越来越多的学者致力于苔藓植物分类学研究。例如，肖志等（2024）对贵州省仁怀市苔藓植物的物种多样性进行了调查，发现现有苔藓植物种类丰富，并发现了大量的新分布类群。王鹏军等（2023）对巴尔鲁克山国家级自然保护区的苔藓植物进行了野外样方调查，将苔藓植物群落分为水生群落、石生群落、土生群落和木生群落 4 种生态类型，其中石生群落的生物多样性最高，其次是土生群落和木生群落，水生群落生物多样性最低。洪柳等（2021）对鄂西南国家级自然保护区群的苔藓植物群落进行了调查，发现共有苔藓植物 77 科 197 属 601 种，物种数分别占我国和湖北苔藓总数的 19.89% 和 71.46%。宋晓彤等（2018）研究了北京东灵山的苔藓植物，并统计出所有种类，发现此地区的多个新记录种。吴珠媛等（2020）对小兴安岭平顶山的苔藓植物进行了调查，发现苔藓植物 107 种，其中藓类 90 种 1 变种，占黑龙江省藓类的 31.60%；苔类 16 种，占黑龙江省苔类的 12.21%。罗奕杏等（2020）对广西穿洞天坑的苔藓植物进行了实地调查研究，发现共有苔藓植物 96 种，物种多样性丰富，优势类群明显。

20 世纪 40 年代 Williams 第一次提出生物多样性的概念后，Wilson 和 Peters在 1988 年发表了 *Biodiversity*，介绍了生物多样性的概念，并引起了科学界和国际社会的重视，越来越多的人开始投入生物多样性评价及其指标体系研究。国外的城市植物多样性研究多集中于欧洲、北美洲等国家，所研究的对象包含从大范围的城市绿地系统格局到特定类型的绿地、生境或物种分布及丰富度（宋爱春，2014）。由于苔藓植物个体较小，易被忽视，因此在多样性研究方面晚于种子植物类群。以往苔藓植物学家的苔藓植物多样性研究多限于区系资料的分析、物种数目的统计以及新分布类群的命名等方面（曹同等，1997）。20 世纪 80 年代以前，苔藓植物多样性研究以定性研究为主，之后才转为定量研究，主要对某一个地区进行研究，并注重群落与种间关系，把物种多样性与环境因子结合起来来分析环境因子对苔藓植物分布的影响。对于苔藓植物分布与环境的关系，国外研究比较早并达到定量程度。90 年代，有学者发现附生于树干的苔藓植物生长受到湿度、光照的影响（Nakanishi，2019）。陆生苔藓植物因有特殊的生理和生态适应机制而能在各种各样的陆地环境中成功繁衍（Shaw and Goffinet，2000；Frahm，2018）。Draper 等（2003）在应用 GIS 研究植物保护时比较了一种濒危苔藓——小烛藓（*Bruchia vogesiaca*）在两种不同景观尺度上的生态分布，环境模型包括的数据有海拔、坡向、经纬度、年均降水量、温度。苔藓植物的分布会受到海拔、湿度、光照等影响（Grytnes et al.，2006；Arróniz-Crespo et al.，2004）。不同森林间腐木的数量差异是决定苔藓植物组成和分布的主要因素（Söderström，1988）。在罗马尼亚 Ariesului Mic 盆地发现有 106 种苔藓主要分布在腐木上（Goia and Schumacher，1999）。个体呈紧密聚集生长的苔藓物种可有效削弱其他物种的竞争影响（Mälson and Rydin，2009），当两个具有较强竞争力的物种（即优势种）同时出现在一个较小的调查样方内时，势必导致其他苔藓植物的繁殖体很难在这样的竞争环境中获得萌发和生长的机会。

国内学者对不同环境中的苔藓植物多样性进行了较多研究，但目前相对较为单一，没有在大环境背景下进行系统研究，主要是由于同一个省份或地区的地质环境背景可能比较单一。例如，何林（2006）对渝东南地区的苔藓物种多样性进行了研究，结果表明有苔藓植物 62 科 159 属 448 种，灰藓科、青藓科等 17 科为优势科，凤尾藓属等 23 属为优势属，通过优势科、属分析，得知该地区苔藓植物总体性质是温带的。李粉霞等（2006）研究浙江西天目山苔藓物种多样性时发现，海拔 1100m 处落叶阔叶林下的苔藓植物种类最多，物种丰富度最高；而海拔 800～1100m 的苔藓植物 β 多样性最高，表明这一区段苔藓植物的物种变化速率最快，种类更替最明显。孙悦（2011）对海南尖峰岭的苔藓植物多样性研究后指出，共有苔藓植物40科93属238种，其中包括尖峰岭新记录科2科、新记录属11属、新记录种21种，并发现海南新记录属2属、新记录种10种。王挺杨等（2015）研究祁连山不同景观类型的苔藓植物多样性时发现，5种景观类型中针叶林带和高山灌丛带分布的苔藓物种相似性最高，河岸带和高山草甸带分布的苔藓物种相似性最低，反映出祁连山地区苔藓植物分布的丰富性和复杂性；高山灌丛带的苔藓物种多样性指数最高，但针叶林带苔藓植物最为丰富。王玮等（2018）对喀斯特城市墙壁苔藓植物的种类和多样性进行了研究，为园林绿化、生物多样性保护和景观建设的科学开展提供了基础支持。曾洪等（2024）通过探讨人为干扰对四川金马河沿岸次生林苔藓植物群落的影响发现，过度干扰会显著降低苔藓物种丰富度指数、Shannon-Wiener多样性指数，导致林地内生态环境和苔藓植物群落结构遭受破坏。包崇银等（2023）调查分析了江城县思茅区苔藓植物和蕨类植物的科属组成及类型组成，表明苔藓植物的多样性指数、丰富度指数均高于蕨类植物，为江城县植物资源可持续利用提供了一定的参考依据。艾尼瓦尔·吐米尔等（2023）对乌鲁木齐市30个样地264个样点的苔藓植物进行了调查，发现人为干扰程度、土壤湿度等对苔藓植物的分布都有显著影响。Wang等（2019）对西藏干旱半干旱地区真藓形态特征与环境的关系进行了研究，发现苔藓植物的形态特征与环境变异密切相关，不同基质下环境变化对苔藓植物的影响差异较大，表明苔藓植物的各种功能性状密切相关，这些性状综合响应环境的变化。此外，朱瑞良等（2022）通过综述2017年以来我国学者在苔藓植物多样性与环境关系、苔藓植物对气候变化响应等研究领域取得的进展，提出应该加强对重要生态系统、国家公园和关键类群物种多样性调查的建议，对保护和探讨苔藓植物多样性具有重要意义。

第三节　贵阳市公园和道路绿地苔藓植物群落物种组成

一、物种分类特征

对贵阳市8个城市公园绿地和30条道路绿地的苔藓植物群落调查显示，研究范围共有苔藓植物145种，隶属29科59属，其中藓类植物23科52属132种，苔类植物6科7属13种（表6-1，附表3）。进一步对研究范围内苔藓植物群落区系组成进行比较显示，公园样地苔藓植物的科、属、种数分别占科、属、种总数的86.21%、83.05%、84.14%，道路样地分别占44.83%、45.76%、38.62%，可以看出城市公园绿地苔藓植物的物种丰富度明显高于道路绿地。就公园和道路绿地整体的苔藓植物组成而言，藓类植物平均每科含有2.26属5.74种，苔类植物平均每科含有1.17属2.17种，从分类多样性来看，藓类植物的分化程度明显高于苔类植物。

表 6-1　贵阳市公园和道路绿地苔藓群落物种组成

植物类群	公园样地			道路样地			公园和道路样地		
	科数	属数	种数	科数	属数	种数	科数	属数	种数
藓类植物	22	45	115	11	25	53	23	52	132
苔类植物	3	4	7	2	2	3	6	7	13
总计	25	49	122	13	27	56	29	59	145

　　根据种数，将城市公园和道路绿地分布的 29 科苔藓植物划分为较大科（≥10
种）、中等科（6～9 种）、小型科（2～5 种）、单种科（1 种）4 个等级，并分析每
科的属数和种数。从表 6-2 可以看出，29 科苔藓植物中，10 种以上的较大科有青
藓科（7 属 35 种）等 4 科，共计 25 属 77 种，分别占科、属、种总数的 13.79%、
42.37% 和 53.10%；中等科有羽藓科（4 属 9 种）等 4 科，共计 8 属 32 种，分别
占总科、属、种的 13.79%、13.56% 和 22.07%；小型科有碎米藓科（1 属 3 种）等
9 科，共计 14 属 24 种，分别占科、属、种总数的 31.03%、23.73% 和 16.55%；单
种科有珠藓科等 12 科，共计 12 属 12 种，分别占科、属、种总数的 41.38%、20.34%
和 8.28%。说明贵阳市城市公园和道路绿地苔藓植物主要由单种科构成。

表 6-2　贵阳市公园和道路绿地苔藓植物科、属、种排序表

种数（科数）	科名（属数/种数）	科、属、种占比（%）
≥10（4）	青藓科（7/35）、丛藓科（10/20）、灰藓科（5/11）、真藓科（3/11）	13.79、42.37、53.10
6～9（4）	羽藓科（4/9）、绢藓科（1/9）、提灯藓科（2/8）、凤尾藓科（1/6）	13.79、13.56、22.07
2～5（9）	碎米藓科（1/3）、鳞藓科（1/2）、金发藓科（2/2）、白发藓科（2/2）、毛锦藓科（2/2）、锦藓科（2/3）、地钱科（1/3）、大萼苔科（1/2）、齿萼苔科（2/5）	31.03、23.73、16.55
1（12）	珠藓科、卷柏藓科、小曲尾藓科、牛毛藓科、缩叶藓科、薄罗藓科、蔓藓科、柳叶藓科、牛舌藓科、魏氏苔科、拟大萼苔科、绿片苔科	41.38、20.34、8.28

二、科的组成特征

　　同样根据种数，分别将贵阳市城市公园和道路绿地的 25 科和 13 科苔藓植物
划分为较大科（≥10 种）、中等科（6～9 种）、小型科（2～5 种）、单种科（1 种）
4 个等级，其统计信息分别如表 6-3 和表 6-4 所示。

表 6-3　贵阳市城市公园绿地苔藓植物科的统计分析

分类	科数	科数占比（%）	种数	种数占比（%）	科名
较大科（≥10 种）	3	12.00	58	47.54	青藓科、丛藓科、真藓科
中等科（6～9 种）	4	16.00	31	25.41	灰藓科、绢藓科、提灯藓科、羽藓科

续表

分类	科数	科数占比（%）	种数	种数占比（%）	科名
小型科（2~5种）	8	32.00	23	18.85	凤尾藓科、齿萼苔科、碎米藓科、鳞藓科、金发藓科、白发藓科、毛锦藓科、锦藓科
单种科（1种）	10	40.00	10	8.20	珠藓科、卷柏藓科、小曲尾藓科、牛毛藓科、缩叶藓科、薄罗藓科、蔓藓科、牛舌藓科、魏氏苔科、地钱科
合计	25	100.00	122	100.00	

表 6-4　贵阳市城市道路绿地苔藓植物科的统计分析

分类	科数	科数占比（%）	种数	种数占比（%）	科名
较大科（≥10种）	2	15.38	26	46.43	青藓科、丛藓科
中等科（6~9种）	1	7.69	7	12.50	羽藓科
小型科（2~5种）	7	53.85	20	35.71	真藓科、灰藓科、提灯藓科、碎米藓科、绢藓科、锦藓科、地钱科
单种科（1种）	3	23.08	3	5.36	凤尾藓科、柳叶藓科、齿萼苔科
合计	13	100.00	56	100.00	

25 科城市公园绿地苔藓植物中，种数最高的科是较大科，分别是青藓科（6属 30 种）、丛藓科（8 属 18 种）、真藓科（2 属 10 种）共 3 科，占总科数的 12.00%、总种数的 47.54%。中等科有灰藓科（5 属 9 种）、绢藓科（1 属 8 种）、提灯藓科（2 属 7 种）、羽藓科（2 属 7 种）共 4 科，占总科数的 16.00%、总种数的 25.41%。小型科有凤尾藓科（1 属 5 种）、齿萼苔科（2 属 5 种）、碎米藓科（1 属 3 种）等 8 科，占总科数的 32.00%、总种数的 18.85%。大部分科属于单种科，占总科数的 40.00%，但种数占比最低，仅 8.20%。从科数占比来看，贵阳市城市公园绿地苔藓植物主要由单种科构成。

13 科城市道路绿地苔藓植物中，种数最高的科是较大科，分别是青藓科（3属 16 种）和丛藓科（6 属 10 种）共 2 科，占总科数的 15.38%、总种数的 46.43%。中等科仅有羽藓科（4 属 7 种）1 科，占总科数的 7.69%、总种数的 12.50%。大部分科属于小型科，包括真藓科（2 属 4 种）、灰藓科（4 属 5 种）等 7 科，占总科数的 53.85%、总种数的 35.71%。单种科共 3 科，占总科数的 23.08%，但种数占比最低，仅 5.36%。表明贵阳市城市道路绿地苔藓植物群落种的构成与公园绿地相似，较大科在两类绿地类型中占据绝对优势。

三、属的组成特征

根据种数，分别将贵阳市城市公园和道路绿地的 48 属和 26 属苔藓植物划分为较大属（≥10 种）、中等属（6～9 种）、小型属（2～5 种）、单种属（1 种）4个等级，其统计信息分别如表 6-5 和表 6-6 所示。

表 6-5　贵阳市城市公园绿地苔藓植物属的统计分析

分类	属数	属数占比（%）	种数	种数占比（%）	主要属名
较大属（≥10 种）	1	2.04	17	13.93	青藓属
中等属（6～9 种）	3	6.12	23	18.85	真藓属、绢藓属、匐灯藓属
小型属（2～5 种）	18	36.73	56	45.90	凤尾藓属、小石藓属、对齿藓属、小墙藓属、毛口藓属、裂萼苔属等
单种属（1 种）	27	55.10	26	21.31	陈氏藓属、锯齿藓属、丛藓属、泽藓属、银藓属、锦藓属、粗蔓藓属、羊角藓属、毛地钱属、地钱属等
合计	49	99.99	122	100.00	

注：数据因修约，加和不足 100%

表 6-6　贵阳市城市道路绿地苔藓植物属的统计分析

分类	属数	属数占比（%）	种数	种数占比（%）	主要属名
较大属（≥10 种）	1	3.70	12	21.42	青藓属
中等属（6～9 种）	0	0	0	0	
小型属（2～5 种）	13	48.15	33	58.93	美喙藓属、湿地藓属、对齿藓属、小羽藓属、匐灯藓属等
单种属（1 种）	13	48.15	11	19.64	鼠尾藓属、陈氏藓属、扭口藓属等
合计	27	100.00	56	100.00	

48 属城市公园绿地苔藓植物中，较大属仅有 1 属，为青藓属（17 种），占总属数的 2.04%、总种数的 13.93%。中等属有真藓属（9 种）、绢藓属（8 种）、匐灯藓属（6 种）共 3 属，占总属数的 6.12%、总种数的 18.85%。小型属有凤尾藓属（5 种）、小石藓属（5 种）、对齿藓属（2 种）等 18 属，占总属数的 36.73%、总种数的 45.90%。单种属有陈氏藓属、锯齿藓属、丛藓属等 27 属，占总属数的 55.10%、总种数的 21.31%。说明贵阳市城市公园绿地苔藓植物主要由小型属构成。

26 属城市道路绿地苔藓植物中，不存在中等属，仅有一个较大属，即青藓属（12 种），占总属数的 3.70%、总种数的 21.42%。种数最高的是小型属，有美喙藓属（3 种）、湿地藓属（3 种）、对齿藓属（2 种）等 14 属，占总属数的 48.15%、总种数的 58.93%。单种属有陈氏藓属、锯齿藓属、丛藓属等 13 属，占总属数的 48.15%，占总种数的 19.64%。表明小型属在贵阳市城市公园和道路绿地两类绿地苔藓植物群落种的构成中占据绝对优势。

第四节　贵阳市公园和道路绿地苔藓植物群落类型

一、苔藓植物群落类型

根据样地生境类型将调研得到的苔藓植物群落划分为 3 种类型：土生苔藓、石生苔藓和树附生苔藓群落。对贵阳市 8 个公园绿地（包括三种类型的公园：山地公园、湿地公园和森林公园，下同）和 30 条道路绿地苔藓植物群落调查显示（表6-7），研究范围的土生苔藓植物有 106 种，占总数的 73.10%；石生苔藓植物有 94 种，占总数的 64.83%；树附生苔藓植物有 68 种，占总数的 46.90%。可见贵阳市城市公园和道路绿地苔藓植物群落以土生苔藓植物为主。在城市公园样地中，土生苔藓植物有 95 种，占总数的 77.87%；石生苔藓植物有 89 种，占总数的 72.95%；树附生苔藓植物有 63 种，占总数的 51.64%。可见石生苔藓和土生苔藓植物占比较高，可能是由于受到贵阳市山地丘陵地貌的影响，公园中土生和石生类型苔藓植物占比大，则群落更稳定健康；公园区域虽然树木种类多，但树附生苔藓植物占比少，原因是大部分树种为景观树，定期养护修剪导致苔藓植物生境遭到破坏，不能为苔藓植物提供稳定的生存环境。在城市道路样地中，土生苔藓植物有 36 种，占总数的 64.29%；石生苔藓植物有 9 种，占总数的 16.07%；树附生苔藓植物有 11 种，占总数的 11.94%。在本次调研中，有一些苔藓植物在土生苔藓、石生苔藓和树附生苔藓植物群落中均有出现，如侧枝匐灯藓、东亚拟鳞叶藓（*Pseudotaxiphyllum pohliaecarpum*）、灰白青藓等，可见其适应能力较强，具有更广泛的分布。

表 6-7　贵阳市城市公园和道路绿地苔藓植物群落类型划分

群落类型	公园样地		道路样地		公园和道路样地	
	种数	占比（%）	种数	占比（%）	种数	占比（%）
土生苔藓	95	77.87	36	64.29	106	73.10
石生苔藓	89	72.95	9	16.07	94	64.83
树附生苔藓	63	51.64	11	19.64	68	46.90

二、苔藓植物生活型

根据 Mägdefrau 对苔藓植物生活型的定义，以及不同生态环境中苔藓植物的集群和生长特征，将陆生苔藓划分为 10 个生活型，本研究涉及的苔藓植物生活型有以下 7 种。

1）丛集型：通常直立生长，具有分枝。按照植株高度分为高丛集型和矮丛集型 2 种，高丛集型高 1cm 以上，可达 4cm；矮丛集型一般高不超过 1cm。

2）交织型：通常匍匐生长，植株相互交织，易从基质上取下。

3）平铺型：通常匍匐生长，难以从基质上取下，长在岩石表面或树干上。

4）垫状型：植株密集生长，集群成圆顶形，从外表难以区分植株，不易从基质上取下，长在岩石表面或树干上。

5）尾型：叶径向匍匐生长，分枝脱离基质，如鼠尾藓（*Myuroclada maximowiczii*）。

6）倾斜型：植物"倒立"生长，呈倾斜状，植株短小，茎单一或分枝，或扁平。

7）扇型：生长于垂直基质上，分枝位于同一平面。

对贵阳市 8 个公园绿地和 30 条道路绿地苔藓植物群落调查显示（表 6-8），研究范围的 145 种苔藓植物生活型以交织型为主，共有 54 种，占总种数的 37.24%，主要为青藓科、绢藓科和羽藓科；其次为丛集型，共有 40 种，占总种数的 27.59%，主要为丛藓科、真藓科和凤尾藓科；平铺型共有 33 种，占总种数的 22.76%，主要为提灯藓科和灰藓科；垫状型共有 15 种，占总种数的 10.34%，主要为苔类；尾型、倾斜型和扇型均仅有一种，分别为鼠尾藓、南京凤尾藓和拟小凤尾藓（*Fissidens tosaensis*）。公园绿地中苔藓植物的生活型同样以交织型为主，共有 45 种，占公园绿地种数的 36.89%，随后依次分别是丛集型、平铺型、垫状型、尾型和倾斜型，没有扇型。道路绿地中苔藓植物的生活型以交织型和平铺型为主，两者共占道路绿地种数的 64.28%，随后依次分别是丛集型、垫状型、尾型和扇型，没有倾斜型。

表 6-8　贵阳市城市公园和道路绿地苔藓植物生活型划分

生活型	公园样地		道路样地		公园和道路样地	
	种数	占比（%）	种数	占比（%）	种数	占比（%）
丛集型	37	30.33	15	26.79	40	27.59
交织型	45	36.89	18	32.14	54	37.24
平铺型	29	23.77	18	32.14	33	22.76
垫型	9	7.38	3	5.36	15	10.34
尾型	1	0.82	1	1.79	1	0.69
倾斜型	1	0.82	0	0	1	0.69
扇型	0	0	1	1.79	1	0.69

第五节　贵阳市公园和道路绿地苔藓植物多样性特征

一、苔藓植物的相对频度和重要值

苔藓植物的频度是指研究区域中某种苔藓植物出现频率与全部苔藓植物出现频率之和的比值，计算公式为：频度=某种苔藓植物出现频率/全部苔藓植物出现频率之和，可以反映苔藓植物分布的均匀程度（刘艳等，2008）。对贵阳城市公园和道路绿地苔藓植物的频度进行统计并依此将其划分为 4 个等级（表 6-9），结果显示，145 种苔藓植物中，相对频度（*f*）≥5%的仅有细叶小羽藓 1 种，占总数的 0.69%。相对频度为 3%～5%的有青藓（*Brachythecium pulchellum*）、悬垂青藓（*Brachythecium pendulum*）、狭叶小羽藓、短肋羽藓、小粗疣藓、真藓共 6 种，占总数的 4.14%。相对频度为 1%～3%的有侧枝匐灯藓、土生对齿藓、美灰藓、匐灯藓（*Plagiomnium cuspidatum*）、绿叶青藓等 21 种，占总数的 14.48%。而相对频度低于 1%的有亚灰白青藓、皱叶青藓（*Brachythecium kuroishicum*）、绿枝青藓、尖叶青藓、灰羽藓等 117 种，占总数的 80.69%。综上可见，在贵阳市城市公园绿地和道路绿地中细叶小羽藓的相对频度最高，分布最为广泛。

表 6-9　贵阳市城市公园绿地和道路绿地苔藓植物相对频度统计

划分标准	城市公园和道路样地	
	种数	主要种名
f≥5%	1	细叶小羽藓
3%≥*f*>5%	6	青藓、悬垂青藓、狭叶小羽藓、短肋羽藓、小粗疣藓、真藓
1%≥*f*>3%	21	侧枝匐灯藓、土生对齿藓、美灰藓、匐灯藓、绿叶青藓、疏网美喙藓、东亚小羽藓等
f<1%	117	亚灰白青藓、皱叶青藓、绿枝青藓、尖叶青藓、灰羽藓等

　　同样，根据植物相对频度将城市公园绿地的 122 种和道路绿地的 56 种苔藓植物划分为 4 个等级，统计信息分别如表 6-10 和表 6-11 所示。在城市公园样地中，相对频度≥5%的苔藓植物仅有细叶小羽藓和短肋羽藓共 2 种，占总数的 1.64%；而在城市道路样地中，相对频度≥5%的苔藓植物有真藓、土生对齿藓、长尖对齿藓（*Didymodon ditrichoides*）、狭叶小羽藓共 4 种，占总数的 7.14%，两种绿地类型中频度≥5%的苔藓物种并不一致，可能与苔藓植物的生境偏好相关，道路绿地因为处于交通干道，土壤中富集有一定的重金属，可能影响苔藓植物的生存，因此公园绿地与道路绿地苔藓物种出现差异。在城市公园样地中，相对频度为 3%～5%的苔藓植物有小粗疣藓、悬垂青藓、青藓、侧枝匐灯藓、绿叶青藓、美灰藓共 6 种，占总数的 4.92%；相对频度为 1%～3%的苔藓植物有 16 种，占总数的 13.11%；而相对频度低于 1%的苔藓植物有 98 种，占总数的 80.33%。在城市道路样地中，相对频度为 3%～5%的苔藓植物有丛生真藓、小石藓、勃氏青藓（*Brachythecium brotheri*）、圆枝青藓、青藓、细尖鳞叶藓（*Taxiphyllum aomoriense*）共 6 种，占总数的 10.71%；相对频度为 1%～3%的苔藓植物有 17 种，占总数的 30.36%；而相对频度低于 1%的苔藓植物有 29 种，占总数的 51.79%。综上可见，城市公园和道路绿地的苔藓植物都是相对频度较低的物种占大多数，但不同频度等级的苔藓物种存在一定差异，与苔藓植物的生境偏好相关。

表 6-10　贵阳市城市公园绿地苔藓植物相对频度统计

划分标准	城市公园样地	
	种数	主要种名
$f \geqslant 5\%$	2	细叶小羽藓、短肋羽藓
$3\% \geqslant f > 5\%$	6	小粗疣藓、悬垂青藓、青藓、侧枝匐灯藓、绿叶青藓、美灰藓
$1\% \geqslant f > 3\%$	16	多枝青藓、狭叶小羽藓、密枝青藓、疏网美喙藓、匐灯藓、真藓、亚灰白青藓
$f < 1\%$	98	密叶青藓、东亚拟鳞叶藓、灰羽藓、土生对齿藓、卷叶凤尾藓等

表 6-11　贵阳市城市道路绿地苔藓植物相对频度统计

划分标准	城市道路样地	
	种数	主要种名
$f \geqslant 5\%$	4	真藓、土生对齿藓、长尖对齿藓、狭叶小羽藓
$3\% \geqslant f > 5\%$	6	丛生真藓、小石藓、勃氏青藓、圆枝青藓、青藓、细尖鳞叶藓
$1\% \geqslant f > 3\%$	17	密叶美喙藓、皱叶青藓、羽枝美喙藓、卵叶真藓、绿枝青藓、细叶小羽藓等
$f < 1\%$	29	粗枝藓、湿地藓、东亚碎米藓、褶叶青藓、弯叶灰藓、侧枝匐灯藓等

优势种（dominant species）是指在一个植物群落中占据重要地位或发挥重要作用的一种或几种植物，通常表现出个体数量多、投影面积大以及适应环境能力强的特性。而重要值（I_v）作为表示某个种在群落中地位和作用的综合指标，可用于确定群落内的优势种。由于苔藓植物特殊的生物学特性，其个体数量较难测量，因此利用相对盖度和相对频度计算其重要值（I_v），计算公式见下，其中相对盖度采用网格法计算（杨艳，2021）。

重要值=(相对频度＋相对盖度)/2

式中，相对频度（f）=某种苔藓植物的出现频率/全部苔藓植物的出现频率之和；相对盖度（c）=某种苔藓植物的盖度/全部苔藓植物的盖度之和。

根据贵阳市城市公园和道路绿地的苔藓植物数据，综合相对频度和相对盖度计算出物种重要值并取前 10 位分析，如表 6-12 所示。总体的重要值排序为细叶小羽藓（8.34）＞密叶拟鳞叶藓（5.49）＞小粗疣藓（5.17）＞狭叶小羽藓（4.11）＞短肋羽藓（4.00）＞青藓（3.24）＝悬垂青藓（3.24）＞多枝青藓（3.11）＞真藓（2.97）＞侧枝匐灯藓（2.75）。可以看出，细叶小羽藓的重要值高于其他苔藓植物，表明在贵阳市城市公园和道路绿地中细叶小羽藓为绝对优势种，具有更强的适应能力，分布广泛。城市公园绿地中物种重要值排前 10 位的苔藓植物依次为细叶小羽藓（10.32）＞密叶拟鳞叶藓（6.88）＞小粗疣藓（6.77）＞短肋羽藓（5.33）＞多枝青藓（4.07）＞狭叶小羽藓（3.63）＞悬垂青藓（3.61）＞美灰藓（3.48）＞侧枝匐灯藓（3.45）＞青藓（3.33）；城市道路绿地中物种重要值排前 10 位的苔藓植物依次为长尖对齿藓（6.47）＞真藓（6.19）＞土生对齿藓（6.12）＞丛生真藓（5.91）＞狭叶小羽藓（5.35）＞小石藓（5.27）＞细尖鳞叶藓（3.90）＞圆枝青藓（3.84）

＞皱叶青藓（3.40）＞勃氏青藓（3.13）。综上可见，在两种不同类型的绿地中，重要值排前 10 位的苔藓植物中仅狭叶小羽藓是相同的，其他 9 种苔藓细尖鳞叶藓各不相同，可见苔藓植物对生境的偏好严重影响不同类型绿地的物种组成。

表 6-12　贵阳市城市公园绿地和道路绿地苔藓植物重要值统计

前 10 排序	总体		公园绿地		道路绿地	
	物种	重要值	物种	重要值	物种	重要值
1	细叶小羽藓	8.34	细叶小羽藓	10.32	长尖对齿藓	6.47
2	密叶拟鳞叶藓	5.49	密叶拟鳞叶藓	6.88	真藓	6.19
3	小粗疣藓	5.17	小粗疣藓	6.77	土生对齿藓	6.12
4	狭叶小羽藓	4.11	短肋羽藓	5.33	丛生真藓	5.91
5	短肋羽藓	4.00	多枝青藓	4.07	狭叶小羽藓	5.35
6	青藓	3.24	狭叶小羽藓	3.63	小石藓	5.27
7	悬垂青藓	3.24	悬垂青藓	3.61	细尖鳞叶藓	3.90
8	多枝青藓	3.11	美灰藓	3.48	圆枝青藓	3.84
9	真藓	2.97	侧枝匐灯藓	3.45	皱叶青藓	3.40
10	侧枝匐灯藓	2.75	青藓	3.33	勃氏青藓	3.13

二、不同绿地类型的苔藓植物 α 多样性分析

本研究选用 α 多样性指数来分析样地苔藓植物的多样性和均匀性，包括 Margalef 丰富度指数、Simpson 优势度指数、Shannon-Wiener 多样性指数以及 Pielou 均匀度指数（王挺杨等，2015）。Margalef 丰富度指数表示一个群落或环境中物种的多少。Shannon-Weiner 多样性指数通常用于研究生境的异质性。Simpson 优势度指数和 Pielou 均匀度指数主要反映群落中物种的集中性与优势度（张元明等，2001）。各指数计算公式如下。

Margalef 丰富度指数（D）：

$$D=(S-1)/\ln N'$$

Simpson 优势度指数（H）：

$$H = \sum_{i=1}^{s} (p_i)^2$$

Shannon-Weiner 多样性指数（H'）：

$$H' = \sum_{i=1}^{s} (p_i \ln p_i)$$

Pielou 均匀度指数（E）：

$$E=H'/\ln X$$

式中，S 为每个样地的苔藓物种总数；N' 为每个样地的个体总数；X 为所有样地的物种总数；p_i 为第 i 种苔藓植物盖度占总盖度的比例，$p_i=N_i/N$，N_i 表示第 i 种苔藓

植物的盖度，N 表示每个样方的苔藓植物总盖度。

　　将调研的 8 个贵阳市城市公园根据地形地貌以及植被类型划分为山地公园、湿地公园和森林公园 3 种类型（图 6-1），30 条道路绿地根据道路断面形式分为一板两带式、两板三带式、三板四带式、四板五带式 4 种类型（图 6-2），随后进行苔藓物种多样性分析。公园绿地中，山地公园的苔藓植物 Margalef 丰富度指数最高，随后依次为湿地公园和森林公园，表明山地公园苔藓物种最为丰富。此外，山地公园的苔藓植物 Shannon-Weiner 多样性指数也最高，随后依次为森林公园和湿地公园，可能是因为山地公园复杂的地形地貌为苔藓植物提供了多样的生长空间。湿地公园的苔藓植物 Simpson 优势度指数和 Pielou 均匀度指数均最高，随后依次为森林公园和山地公园，可能是因为湿地公园地势变化较小，环境相对单一，所以苔藓

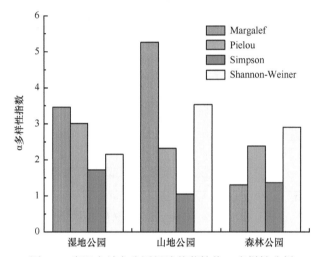

图 6-1　贵阳市城市公园绿地苔藓植物 α 多样性分析

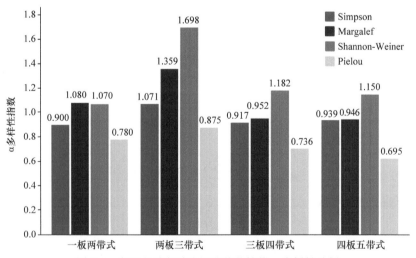

图 6-2　贵阳市城市道路绿地苔藓植物 α 多样性分析

植物群落分布更为均匀。道路绿地中，两板三带式的苔藓植物 Margalef 丰富度指数最高，表明其苔藓物种最丰富。此外，两板三带式的苔藓植物 Shannon-Weiner 多样性指数也最高，可能是由于两板三带式环境中植物种类丰富，不同类型的植物为苔藓植物提供了适合的生长环境，从而增加了环境湿度，而四板五带式环境植物群落较为单一，且中上层凋落物覆盖表土，导致苔藓植物缺少生长空间，因此多样性指数较低。4 种道路类型的苔藓植物 Simpson 优势度指数变化范围为0.900～1.0711，整体变化幅度较小，表明道路绿地中苔藓植物分布较集中。4 种道路类型的苔藓植物 Pielou 均匀度指数变化范围为 0.695～0.875，表明道路绿地中苔藓植物的均匀度存在一定差异，其中指数最低的为四板五带式，由于其绿带宽度有限，植物生长空间受到限制，且受到较强的人为干扰，因此苔藓植物群落分布不均匀。综上可见，城市公园绿地的苔藓植物 α 多样性指标均高于道路绿地，主要是因为公园绿地属于城市中物种丰富度最高、群落结构最复杂的区域，受到的人为影响也明显弱于道路绿地，而且部分公园环境条件更接近自然，受干扰程度低，环境较好，因此苔藓植物的多样性和均匀度较高。

三、不同绿地类型的苔藓植物 β 多样性比较

选取 Jaccard 相似性系数计算苔藓植物群落的相似性（马克平等，1995）。

$$C_j = j/(a+b-j)$$

式中，j 是两样地共有的物种数；a 和 b 分别是两样地各自所独有的物种数。

Jaccard 相似性系数表明（表 6-13），贵阳市的城市公园绿地和道路绿地苔藓植物群落共有 36 种苔藓植物，Jaccard 相似性系数为 0.254。根据 Jaccard 相似性系数的原理可知，贵阳市城市公园绿地和道路绿地的苔藓植物群落中等不相似，可能主要是因为公园绿地的环境条件更接近自然，受干扰程度低，而道路绿地受干扰程度高，不同的生存环境导致苔藓物种存在差异。

表 6-13　贵阳市城市公园绿地和道路绿地苔藓植物群落的 Jaccard 相似性系数比较

项目	公园绿地种数（a）	道路绿地种数（b）	共有种数（j）	Jaccard 相似性系数 C_j
数值	122	56	36	0.254

贵阳市 3 种类型公园绿地苔藓植物群落 Jaccard 相似性系数两两比较的结果显示（表 6-14），湿地公园、森林公园和山地公园两两之间的 Jaccard 相似性系数均小于 0.25。根据 Jaccard 相似性系数的原理可知，3 种公园类型两两之间的苔藓植物群落极不相似，可能是因为不同类型的公园拥有不同的主题、不同的植物群落组成以及不同的小气候环境，而苔藓植物生长受周围环境（温度、湿度、遮荫程度等因素）影响较大，因此苔藓植物群落相似性具有较大差异。

表 6-14　贵阳市城市公园绿地苔藓植物群落的 Jaccard 相似性系数两两比较

公园类型	湿地公园	森林公园	山地公园
湿地公园			
森林公园	0.23		
山地公园	0.16	0.16	

贵阳市 4 种类型道路绿地苔藓植物群落 Jaccard 相似性系数的两两比较结果显示（表 6-15），两板三带式与一板两带式的苔藓植物群落相似性最高（0.52），表明这两种道路断面形式的苔藓植物群落中等相似。城市道路绿地作为一个完全由人工设计并建造的植物群落，物种多样性水平在一定程度上受到生境面积的限制，而且不同的道路断面形式中宽度和小气候不同，因此苔藓植物群落相似水平会出现一定的差异。从整体来看，两两比较 4 种道路类型苔藓植物群落的 Jaccard 相似性系数，仅有 1 组处于中等相似水平，其余 5 组均处于中等不相似水平，可见不同道路类型的苔藓植物群落存在一定的差异。

表 6-15　4 个道路板式类型苔藓植物群落的 Jaccard 相似性系数两两比较

道路类型	一板两带	两板三带式	三板四带式	四板五带式
一板两带式				
两板三带式	0.52			
三板四带式	0.30	0.27		
四板五带式	0.30	0.36	0.39	

第六节　小　结

本章以贵阳市 8 个城市公园绿地和 30 条城市道路绿地的苔藓植物群落调查为依据，对研究区域苔藓植物的物种组成、优势科属、生境类型及生活型进行了分析，主要结论如下。

从科、属、种组成来看，城市公园和道路绿地共有苔藓植物 145 种，隶属 29 科 59 属，其中藓类植物 23 科 52 属 132 种，苔类植物 6 科 7 属 13 种。从分类多样性来看，藓类植物平均每科含有 2.26 属 5.74 种，苔类植物平均每科含有 1.17 属 2.17 种，可见藓类植物的分化程度明显高于苔类植物。对城市公园和道路绿地苔藓植物群落的物种组成进行比较发现，公园绿地的苔藓物种丰富度明显高于道路绿地。对优势科进行统计，公园绿地苔藓植物中，种数较多的科有青藓科（6 属 30 种）、丛藓科（8 属 18 种）和真藓科（2 属 10 种）。道路绿地苔藓植物中，种数较多的科有青藓科（3 属 16 种）和丛藓科（6 属 10 种）。对优势属进行统计，城市公园绿地和道路绿地苔藓植物中，种数最高的同为青藓属。

从苔藓植物群落类型来看，城市公园和道路绿地共有土生苔藓植物 106 种，占总数的 73.10%；石生苔藓植物 94 种，占总数的 64.83%；树附生苔藓植物 68 种，占总数的 46.90%。可见贵阳市城市公园和道路绿地苔藓植物群落以土生苔藓植物为主。从苔藓植物生活型来看，城市公园和道路绿地苔藓植物的生活型以交织型（54 种）为主，主要为青藓科、绢藓科和羽藓科；其次为丛集型（40 种），主要为丛藓科、真藓科和凤尾藓科；平铺型共有 33 种，主要为提灯藓科和灰藓科；垫状型共有 15 种，主要为苔类；尾型、倾斜型和扇型均仅有一种，分别为鼠尾藓、南京凤尾藓和拟小凤尾藓。

　　对苔藓植物的相对频度和重要值进行分析，贵阳市城市公园绿地和道路绿地中细叶小羽藓的相对频度最高，重要值最大，表明其具有更强的适应能力，分布广泛。公园和道路绿地分布的苔藓植物相对频度普遍较低，其中低于 1% 的苔藓有 116 种，占 80%，可能与城市环境的多样性和苔藓植物的生境偏好相关。

　　对苔藓物种多样性进行分析发现，城市公园绿地的苔藓植物 α 多样性指标均高于道路绿地，主要是因为公园绿地属于城市中物种丰富度最高、群落结构最复杂的区域，受到的人为影响也明显弱于道路绿地，而且部分公园的环境条件更接近自然，受干扰程度低，环境较好，因此苔藓植物的整体多样性和均匀度较高。城市公园绿地中，山地公园的苔藓植物 Margalef 丰富度指数和 Shannon-Weiner 多样性指数最高，表明山地公园苔藓物种最为丰富，可能是因为其复杂的地形地貌为苔藓植物提供了多样的生长空间。湿地公园的苔藓植物 Simpson 优势度指数和 Pielou 均匀度指数最高，可能是因为其地势变化较小，环境相对单一，所以苔藓植物群落分布更为均匀。城市道路绿地中，两板三带式的苔藓植物 Margalef 丰富度指数和 Shannon-Weiner 多样性指数最高，表明其苔藓物种最为丰富。4 种道路类型的苔藓植物 Simpson 优势度指数变化范围为 0.900~1.071，整体变化幅度较小，表明道路绿地中苔藓植物分布较集中。4 种道路类型的苔藓植物 Pielou 均匀度指数变化范围为 0.695~0.875，表明道路绿地中苔藓植物的均匀度存在一定差异，其中指数最低的为四板五带式，由于其绿带宽度有限，植物生长空间受到限制，且受到较强的人为干扰，因此苔藓植物群落分布不均匀。采用 β 多样性指数度量群落随环境梯度的变化程度，不仅能反映一个地区物种多样性的分布情况，而且能体现物种与环境间的关系。贵阳市城市公园和道路绿地苔藓植物群落 Jaccard 相似性系数的两两比较结果表明，城市公园绿地和道路绿地的苔藓植物群落相似性较低，表明二者的环境存在较大差异。

主要参考文献

艾尼瓦尔·吐米尔, 维尼拉·伊利哈尔, 买买提明·苏来曼. 2023. 乌鲁木齐市苔藓植物多样性和分布及与环境因子的关系[J]. 干旱区资源与环境, 37(8): 137-144.

白学良. 1997. 内蒙古苔藓植物志[M]. 呼和浩特: 内蒙古大学出版社.

包崇银, 戚建华, 邢洪铭. 2023. 江城县思茅区苔藓植物和蕨类植物多样性研究[J]. 中国野生植物资源, 42(S1): 95-100.

曹同, 高谦, 付星, 等. 1997. 苔藓植物的生物多样性及其保护[J]. 生态学杂志, 16(2): 47-52.

曾洪, 陈辉琴, 纳足, 等. 2024. 金马河沿岸次生林苔藓植物群落对人为干扰的响应[J]. 森林与环境学报, 44(3): 250-259.

陈邦杰. 1963. 中国藓类植物属志(上册)[M]. 北京: 科学出版社.

陈邦杰. 1978. 中国藓类植物属志(下册)[M]. 北京: 科学出版社.

陈国庆. 2016. 天下第一泉风景区人工植物群落生态特征及景观美学评价研究[D]. 山东建筑大学硕士学位论文.

方精云, 王襄平, 沈泽昊, 等. 2009. 植物群落清查的主要内容、方法和技术规范[J]. 生物多样性, 17(6): 533-548.

高谦, 敖志文. 1982. 中国东北林区的苔藓群落类型与分布规律[J]. 东北林学院学报, (4): 76-86.

何林. 2006. 渝东南地区苔藓植物种多样性研究[D]. 贵州大学硕士学位论文.

洪柳, 余夏君, 吴林, 等. 2021. 鄂西南国家级自然保护区群: 苔藓植物多样性保护的重要场所[J]. 广西植物, 41(3): 438-446.

胡人亮. 1978. 漫话苔藓[J]. 植物杂志, (4): 41-43.

黎兴江. 2006. 中国苔藓志 第四卷: 真藓目[M]. 北京: 科学出版社.

李粉霞, 王幼芳, 刘丽, 等. 2006. 浙江西天目山苔藓植物物种多样性的研究[J]. 应用生态学报, 17(2): 192-196.

刘艳, 曹同, 王剑, 等. 2008. 杭州市区土生苔藓植物分布与生态因子的关系[J]. 应用生态学报, 19(4): 775-781.

罗奕杏, 唐启明, 薛跃规. 2020. 广西穿洞天坑苔藓植物多样性特征研究[J]. 广西师范大学学报(自然科学版), 38(5): 104-111.

马克平, 刘灿然, 刘玉明. 1995. 生物群落多样性的测度方法Ⅱ. β多样性的测度方法[J]. 生物多样性, 3(1): 38-43.

马克平. 1993. 试论生物多样性的概念[J]. 生物多样性, 1(1): 20-22.

马克平, 钱迎倩. 1994.《生物多样性公约》的起草过程与主要内容[J]. 生物多样性, (1): 54-57.

舒勇, 刘扬晶. 2008. 植物群落学研究综述[J]. 江西农业学报, 20(6): 51-54.

宋爱春. 2014. 北京建成区居住绿地植物多样性及其景观研究[D]. 北京林业大学硕士学位论文.

宋晓彤, 邵小明, 孙宇, 等. 2018. 北京东灵山苔藓植物区系研究[J]. 植物科学学报, 36(4): 554-561.

孙悦. 2011. 尖峰岭国家自然保护区苔藓植物物种多样性研究[D]. 海南大学硕士学位论文.

王鹏军, 刘永英, 佳依娜·别尔马汉, 等. 2023. 新疆巴尔鲁克山国家级自然保护区苔藓植物群落生态类型和组成[J]. 干旱区资源与环境, 37(4): 146-152.

王挺杨, 官荣飞, 王强, 等. 2015. 祁连山不同景观类型中苔藓植物物种多样性研究[J]. 植物科学学报, 33(4): 466-471.

王玮, 王登富, 王智慧, 等. 2018. 贵阳喀斯特城市墙壁苔藓植物物种多样性研究[J]. 热带亚热带植物学报, 26(5): 473-480.

王叶. 2017. 马鞍山市公园绿地植物群落特征及景观评价研究[D]. 安徽农业大学硕士学位论文.

吴鹏程, 贾渝, 汪楣芝. 2001. 中国与北美苔藓植物区系关系的探讨[J]. 植物分类学报, 39(6):

526-539.

吴鹏程, 贾渝, 王庆华, 等. 2018. 中国苔藓图鉴[M]. 北京: 中国林业出版社.

吴珠媛, 辛濛濛, 刘宇涵, 等. 2020. 小兴安岭主峰平顶山苔藓植物多样性及垂直分布研究[J]. 云南农业大学学报(自然科学), 35(2): 309-317.

肖志, 向以红, 吴莎莎, 等, 2024. 仁怀市苔藓植物物种多样性调查[J]. 山地农业生物学报, 43(1):1-7.

熊源新. 2014. 贵州苔藓植物志[M]. 贵阳: 贵州科技出版社.

杨艳. 2021. 贵阳市森林公园苔藓植物群落特征及其景观评价研究[D]. 贵州大学硕士学位论文.

张心欣, 翟俊, 吴军. 2018. 城市草本植物多样性设计研究[J]. 中国园林, 34(6): 100-105.

张元明, 郭水良, 曹同, 等. 2001. 苔藓植物生态学研究的数量分析方法[J]. 干旱区研究, 18(1): 69-72, 75.

赵建成. 1993. 苔藓植物的分类历史简介[J]. 植物学通报, 28(4): 23-26, 31.

朱瑞良, 马晓英, 曹畅, 等. 2022. 中国苔藓植物多样性研究进展[J]. 生物多样性, 30(7): 86-97.

Arróniz-Crespo M, Núñez-Olivera E, Martínez-Abaigar J, et al. 2004. A survey of the distribution of UV-absorbing compounds in aquatic bryophytes from a mountain stream[J]. The Bryologist, 107(2): 202-208.

Draper D, Rosselló-Graell A, Garcia C, et al. 2003. Application of GIS in plant conservation programmes in Portugal[J]. Biological Conservation, 113(3): 337-349.

Frahm J P. 2018. Biologie der Moose[M]. Berlin: Springer-Verlag.

Goia I, Schumacher R. 1999. Researches on the bryophytes from rotten wood in the Ariesul mare basin[J]. Contributii Botanice, 1: 91-99.

Grytnes J A, Heegaard E, Ihlen P G. 2006. Species richness of vascular plants, bryophytes, and lichens along an altitudinal gradient in western Norway[J]. Acta Oecologica, 29(3): 241-246.

Ireland R R. 1980. Moss Flora of the Maritime Provinces[M]. Ottawa: National Museum of Natural Sciences.

Karl M. 1982. Bryophyte Ecology[M]. Dordrecht: Springer Netherlands: 45-58.

Mälson K, Rydin H. 2009. Competitive hierarchy, but no competitive exclusions in experiments with rich Fen bryophytes[J]. Journal of Bryology, 31(1): 41-45.

Nakanishi K. 2019. Species diversity of bryophyte communities in relation to environmental gradients[J]. The Journal of the Hattori Botanical Laboratory, 86: 243-255.

Scott G A M, Stoue L G. 1976. The Mosses of Southern Australia[M]. London: Academic Press.

Shaw A J, Goffinet B. 2000. Bryophyte Biology[M]. Cambridge: Cambridge University Press.

Söderström L. 1988. The occurrence of epixylic bryophyte and lichen species in an old natural and a managed forest stand in Northeast Sweden[J]. Biological Conservation, 45(3): 169-178.

Tsegmed T S. 2010. Moss Flora of Mongolia[M]. Moscow: Izdatel'stvo Sel Khozakademii.

Wang L L, Zhao L, Song X T, et al. 2019. Morphological traits of *Bryum argenteum* and its response to environmental variation in arid and semi-arid areas of Tibet[J]. Ecological Engineering, 136: 101-107.

第七章　贵阳市特殊生境中苔藓植物群落特征及生态功能

第一节　引　言

苔藓植物分布广泛，在世界各地从热带雨林至寒温带荒漠包括南极洲均有分布，全世界约有 23 000 种苔藓植物，种类仅次于被子植物，是陆生植物的第二大类群（赵德先等，2020）。我国地域辽阔，生境形式多样，苔藓植物种类约为世界的 1/10（吴鹏程和贾渝，2004）。苔藓植物能产生数量较多的孢子，而这些小孢子在风力的作用下扩散，因此很容易迅速抵达多种生境。当环境条件适合时，孢子便可以随处萌发，甚至生长于树枝、树干、岩石上，组成丰富的层外植物（Gallenmüller et al.，2018）。根据苔藓植物普遍的生长环境和周边的生态环境，参照相关学者对中国苔藓植物群落的传统划分方法，可将苔藓植物群落划分成 4 个类型，即土生群落、石生群落、树附生群落和水生群落（舒勇和刘扬晶，2008）。但随着苔藓植物研究的深入，不同学者对苔藓植物群落开展了更为细致的划分。李宇其（2021）根据贵阳市山地公园中苔藓植物的独特生境，将苔藓植物群落划分为土生、石生、树基生、树干生。陈洪梅（2023）对贵阳城市公园苔藓植物进行了调查，并根据生长基质类型将其划分为土生、石生、树附生和岩面薄土生 4 类。陈姜连汐（2024）对道路空间的苔藓植物生境类型进行了划分，统计得出有土生、石面薄土、水泥基质以及树干附生类型。贵阳市为贵州省的省会，位于高原山地，气候温暖湿润，植被丰富，有"林城"和"千园之城"的美誉。同时，贵阳市是典型的喀斯特城市，石漠化问题较为严重（贾少华和张朝晖，2014）。而苔藓植物吸水快、蓄水量大，可以直接生长在裸露的岩面上，进而增加岩面的持水性，并通过释放酸类物质等溶蚀岩面，促进岩面碳循环，收集营养元素，形成生物微环境，促进植被演替，减少岩石裸露面积，改善石生植物生长环境的物种多样性。此外，苔藓植物具有很好的雨水截留和云雾水存储能力，是森林生态系统水文循环的重要组成部分，对生物地球化学循环具有相当重要的作用（徐晟翀，2007）。基于此，本章对贵阳市的树附生、石生和墙体苔藓植物群落开展调查，以探索喀斯特城市特殊生境中苔藓植物的物种分布格局与多样性特征，从而为苔藓植物在城市立体绿化、生态修复与边坡防护等方面应用提供借鉴参考，为城市喀斯特生态环境保护与管理提供理论依据。

第二节　国内外研究概况

植物群落是指一定区域内各种植物的组合，是植物与植物相互之间通过竞争互惠等作用而形成的一个集合体，是其共同适应生存环境的结果（古丽尼尕尔·艾依斯热洪等，2019）。植物群落特征为植物与植物间、植物与环境间的相互关系，反映在群落中所有植物的时空配置上（何雅琴等，2022），包括物种组成、植物生活型、物种多样性、物种数量特征、群落垂直结构和年龄结构、物种生态位等方面（段礼鑫等，2024；杜忠毓等，2023；王鹏军等，2023）。苔藓植物群落是苔藓植物在特定生境条件下规律性生长形成的整体，其大小、种类、生物量和结构等直接组成群落特征，反映生态环境状况（季梦成等，2015）。不同生境条件对苔藓植物群落的物种组成和特征有显著影响。在喀斯特石漠化区域，各生境中相同的苔藓物种由于生境条件的改变而逐渐减少（庞嘉鹏等，2018）。刘艳等（2019）发现重庆主城区地面以土生与石生苔藓植物群落为主，且不同生境的环境影响因子有较大差异。段礼鑫等（2024）发现贵阳湿地公园的苔藓植物种类丰富，物种组成和群落特征能较好地反映群丛类型与环境间的关系，海拔与空气湿度是主要影响因子。徐杰等（2007）认为微生境存在差异能显著影响苔藓植物的物种丰富度。景蕾等（2018）与艾尼瓦尔·吐米尔等（2023）发现在南京市主城区和乌鲁木齐市区，郁闭度、湿度（空气、土壤）、基质类型与人为干扰是影响苔藓物种分布和多样性的关键环境因素。在巴尔鲁克山国家级自然保护区，不同苔藓植物群落的物种丰富度变化与海拔及生境相关（王鹏军等，2023）。贾少华和张朝晖（2014）在喀斯特城市不同石漠化地区研究发现，苔藓植物的物种多样性及固土持水能力受到石漠化、人为干扰与生境的影响，导致其物种多样性降低，且生存环境及、生活型与多样性也较为单一。在四川温江公园，伍青等（2019）研究发现，除坡度、光照、凋落物厚度和人为干扰等因素外，基质的理化性质对苔藓植物的生长起到关键作用；同一苔藓植物种类在不同生长基质上表现出一定差异性，丰富的栖息环境可以提高苔藓植物的多样性（张旭等，2017）。

在环境生态学中，微生境是指与微生物大小、运动能力和寿命相对应的空间和时间尺度上的生境，依据基质性质可分为矿物微生境、有机微生境和植物微生境。事实上，植物的生存受周围各种环境要素的影响，包括空气、阳光、土壤和水等（李敏等，2021）。不同的植物种类可构成复杂多样的群落，后者在不同的微生境条件下表现出不同的结构和生态功能，且对外部生境条件具有显著影响，并形成独特的内部小环境。而植物群落内部微生境的特点与群落组成、结构、更新和演替有密切的关系（廖咏梅等，2004）。Ilić等（2023）对温带森林底层苔藓植物多样性的环境驱动因素进行研究表明，与土壤特征相比，林分结构对底层苔藓植物的分布与多样性影响更大。Kutnar 等（2023）发现，苔藓植物群落的物种组成、多样性、分类与其功能性状相关。Táborská 等（2020）研究表明，微气候对生于枯木上的苔藓植物群落影响显著。在凋落过程中，苔藓植物群落与生长在原木上的树苗相互作用，对亚高山森林的可持续更新至关重要（Fukasawa and Ando，2018）。Żołnierz 等（2022）研究显示，城市景观中保持丰富的古树个体和更凉爽、更湿润的小气候对保持附生苔藓物种多样性至关重要。Oishi 等（2019a）发现，微气候可以通过减轻干旱压力显著而积极地影响苔藓植物多样性。Ren 等（2021）研究发现，溶洞的苔藓植物多样性与维管植物多样性和干扰下的微生境有关。Peñaloza-Bojacá 等（2018）根据不同的微生境、海拔和干扰水平对巴西"Cangas"的苔藓植物群落进行了研究，发现苔藓植物多样性丰富，且人为干扰是重要的环境过滤器。Riffo-Donoso 等（2021）评估了原生温带森林和干扰程度不同地点间的苔藓植物多样性及物种更新，发现生境干扰改变了温带雨林苔藓植物群落的物种丰富度、组成和更替。Coelho 等（2021）揭示了海拔、降水、干扰、维管植物丰富度和树皮 pH 对葡萄牙亚速尔群岛苔藓植物群落特征的影响。综上，苔藓植物的生长定植、分布格局和物种多样性等群落特征与其所处的环境密切相关，后者通过与其他因素共同作用，可以显著影响苔藓植物的生长繁殖，尤其是在基质不同的微生境中。

　　树附生苔藓植物（epiphytic or corticolous bryophyte）是一种附生于特殊生境（乔木或灌木丛树皮）上的苔藓植物，其分布广泛，从北半球的北方森林到南半球的温带森林包括热带森林都有广泛分布（赵德先等，2020）。树附生苔藓植物在森林生态系统中具有重要的功能和作用，能够储存降水、云等输送的水，从而在干旱季节维持冠层的水分（Pypker et al.，2006）；同时能够通过大气沉降、降水和与固氮生物共生等方式，对森林生态系统养分循环起到十分关键的作用（Lindo and Whiteley，2011；Sprent and Meeks，2013）；还能够增加森林结构的复杂性，为其他动植物提供必要的栖息地，有助于增加生物多样性（Sporn et al.，2010）；此外，由于特殊的生理结构，对环境因子反应灵敏，被广泛用作环境监测的指示生物（Shi et al.，2017）。国外关于树附生植物多样性的研究较早，相关研究人员发现在森林中林冠和树干经常密集生长着物种丰富且对生境变化极其敏感的附生生物群落，其能够有效改善局部生态环境，影响森林生态系统的养分与水分平衡、生物地球化学循环以及生产力。自 20 世纪 70 年代起，国内外学者先后在南美洲、非洲、北欧等多个地区开展了热带和温带森林群落中附生种及其生态影响研究，主要对其区系、盖度、生物量三个层面进行了深入的探讨（刘文耀等，2006）。1995 年，*Forest Canopy* 的编著出版标志着林冠附生生物及其对山区森林生态系统的影响成为全球范围内的一个重大课题。目前，国际上已有 70 多个国家对相关内容进行了较长时间的研究与探讨（Machado et al.，2022）。美国佛罗里达的 Marie Selby 植物园自 1975 年起就一直在搜集附生植物样本。同时美国创办了 *Selbyana* 杂志，其中关于附生植物群落的研究专注于群落构建、生长与演替机制等方面。此后，国内外学者在全球范围内进行了大量的研究（宋亮和刘文耀，2011），并在热带地区设置了 70 余个试验点，对附生植物多样性、生物量和生态效应进行了长期的观测研究。附生苔藓植物是大多数森林的重要组成部分。Gradstein 等（1990）研究发现在圭亚那的低地热带森林中，一棵树可以容纳多达 67 种附生苔藓植物。靠近南美洲的地区，相对而言纬度低、降水丰富，因此物种多样性较高，如在哥斯达黎加蒙特维德云雾森林保护区调查发现 198 种树附生苔藓植物（Merwin et al.，2001）。国内相关研究发现附生植物能够有效影响森林的林分环境。李惠丽和周长亮（2021）研究发现，木兰林场内 6 种林分的生物多样性和生物量各有差异。王玉杰等（2020）对四川盆周山地附近林分进行了物种多样性调查并分析比较了其差异，结果发现天然次生林林下的物种多样性最高。李苏等（2018）以云南哀牢山的附生地衣为对象，以林缘效应为切入点，开展附生地衣种类、生物量、功能群特征与组成结构、林缘效应间的关系研究，结果表明边缘效应能够显著提高林缘附生地衣群落的物种多样性和生物量，且对边界附生地衣的影响存在差异。赵德先（2020）研究了城市森林的树附生苔藓植物多样性特征及其在不同尺度栖息环境下的分布特征，结果发现城市果园的物种丰富度显著高于其他次生林，丰度显著高于同龄次生林。

石生苔藓植物是生长于特殊生境类型（如岩石表层）上的物种，大多暴露在岩石表面，能够承受干旱胁迫，具有适应干旱环境的特征；植株常形成密集的丛生状或垫状群落，能够提高毛细管系统的吸水与蓄水能力（Cong et al.，2021；张显强等，2019），并改善岩石下垫面的水热条件（程才等，2019），从而为更高等的植物生长提供良好的生境基础。同时，石生苔藓植物独特的生活型有助于其拦截水分径流和空气中的细小土壤颗粒，并将土壤颗粒其沉积于假根下，起到较好的土壤固结作用，从而为其他植物的生长提供基质（Hu et al.，2023）。由此可见，石生苔藓植物在保持水分和土壤等方面具有重要作用，并在石漠化生境中表现出极强的适应性。目前，国内外学者对苔藓植物的固土持水及生态修复作用进行了大量研究，尤其是水源涵养、水土保持与环境关系等方面。刘润等（2018）和张显强等（2018）发现，苔藓植物不仅可以控制水土流失，而且苔藓层可以显著增强土壤抗冲性。张显强等（2012，2015）和从春蕾等（2017）发现，石漠化区苔藓植物广泛分布并表现出极强的耐旱能力，然而随着石漠化程度的加剧，苔藓植物的物种多样性指数呈下降趋势。涂娜等（2021）在喀斯特岩面生态恢复研究中发现，石生苔藓植物的固土持水效应与其性状特征及所处生境密切相关，特别是在石漠化区典型生境中，宽叶真藓（*Bryum funkii*）和美灰藓可作为优选先锋物种。此外，喀斯特山区公路两侧石漠化边坡的主要植被类型为苔藓植物，其具有较强的水土保持能力、重金属富集能力与环境净化能力，从而可改善该地区的生态环境（贾少华等，2014）。国外研究表明：苔藓植物的细胞壁弹性和抗渗透能力较高，可以忍受极端干旱环境（Song et al.，2015），其含水量变化高度依赖外部环境，对引起热胁迫和干旱胁迫的气候变暖非常敏感（He et al.，2016；Oishi，2019b）；苔藓层对森林土壤具有良好的保水作用（Hu et al.，2023），通过自身的物理结构和保水能力来调节土壤的温度及湿度，在某些情况下可以减弱气候变化对苗木建立产生的影响（Lett et al.，2020）；Li 等（2020）发现苔藓植物在喀斯特地区的特殊生境中广泛分布；Tu 等（2022）研究显示喀斯特裸露基岩间的苔藓覆盖层在水土保持方面起着至关重要的作用，可降低该区域短时降水引起的土壤侵蚀风险。

第三节　不同林分树附生苔藓植物群落特征及环境响应

森林是我国城市生态系统的重要组成部分，在固碳释氧（冯源等，2020）、环境净化（张文文等，2018）、水土保持（刘家福等，2018）等方面起着十分重要的作用。贵阳市森林资源丰富，具有良好的生态效益，但石漠化现象严重，为典型的生态脆弱区（张宇等，2019）。随着人类对森林资源的开发和利用，改变了森林景观原有的结构、功能和生态过程（刘桂芳等，2022），边缘效应的影响愈加严重，对许多森林物种来说，边缘效应的影响可能比栖息地丧失更严重（田超等，2011）。自然环境条件的不断恶化对生物多样性产生了严重影响，城市森林的物种多样性保护迫在眉睫。树附生苔藓植物是生长在树木或灌木树皮上的一个特殊类群，是森林生态系统的重要组成部分，可以作为环境监测的指示生物（Shi et al.，2017），并且可以改善小环境、提高生态系统等级（李军峰等，2013），具有很好的雨水截留和云雾水存储能力，可通过大气沉降和与固氮生物共生等途径促进森林生态系统的养分循环（Lindo and Whiteley，2011）。贵州省是我国苔藓植物多样性最高的省份之一（籍烨和张朝晖，2015），对比国内其他地区的树附生苔藓植物多样性研究，也可以发现贵州省苔藓物种丰富，多样性程度在国内居于前列（代丽华等，2021）。但随着城市化进程的加快和环境污染的加剧，相较于其他高等植物，结构简单、对微环境变化更为敏感的苔藓植物面临更大的威胁，其多样性分布及生态特征受到一定程度的影响。因此，了解城市森林的树附生苔藓植物多样性及其环境影响因子刻不容缓。以往的研究表明，影响苔藓植物分布的环境因子主要有生长基质、水分、郁闭度、微环境等（毛祝新等，2021），人类活动、湿度也是主要影响因素。但也有研究表明，树附生苔藓植物的分布受附生树种影响最为显著，并与树皮粗糙度与树木含水量直接相关。附生苔藓植物群落是由树木功能性状塑造的，而树木功能性状又受土壤环境影响，因此土壤的物理和化学特性对附生苔藓植物群落也有非常重要的影响。国内的城市苔藓植物研究报道多见于上海、杭州、江苏等地区（朱瑞良等，2022），其中人为干扰和土壤 pH 是影响苔藓植物分布的主要因子（范苗等，2017），而森林边缘的树木因受到小气候改变的影响而影响附生植物分布。目前，国内外关于城市区域附生苔藓植物的研究主要集中在调查其多样性、分析其区系变化以及评价城市大气条件方面，关于树附生苔藓植物多样性及其与森林微环境响应关系却较少提及。因此，为探究贵阳市森林的树附生苔藓植物多样性特征及其与环境的响应关系，阐明影响树附生苔藓植物分布特征的主要因素，本小结以贵阳市不同林分为研究对象，揭示不同林分树附生苔藓植物组成与多样性间的差异及可能影响因素，为亚热带森林生物多样性保护、林分结构调整与生态恢复等提供参考依据。

一、树附生苔藓植物群落特征

1. 物种组成

贵阳市树附生苔藓植物组成如表 7-1 所示，共有 45 种，分属于 15 科 23 属。其中，藓类植物 11 科 19 属 40 种，占总种数的 88.89%；苔类植物 4 科 4 属 5 种，占总种数的 11.11%。在藓类植物中，青藓属和小羽藓属出现频次较高；5 种附生苔类全部属于叶苔纲，包括细鳞苔科（1 属 1 种）、耳叶苔科（1 属 2 种）、齿萼苔科（1 属 1 种）、叉苔科（1 属 1 种）。

2. 科的组成特征

对贵阳市调查得到的树附生苔藓植物优势科进行统计分析（表 7-2），属数≥2、种数≥3 的科界定为优势科，有 5 个，分别为灰藓科、锦藓科（Sematophyllaceae）、青藓科、真藓科、羽藓科，其中属数占总数的 52.17%，种数占总数的 62.22%。

3. 属的组成特征

对贵阳市调查得到的树附生苔藓植物优势属进行统计分析（表 7-3），种数>3 的属界定为优势属，有 3 个，分别为青藓属、绢藓属、灰藓属，种数占总数的 40.00%。优势种界定为样点占比≥10% 的种，即在所调查的 3600 个样点出现达 360 次的种，故贵阳市树附生苔藓优势种为细叶小羽藓、卵叶青藓、狭叶小羽藓。

表 7-1　贵阳市树附生苔藓植物物种组成

序号	科名	属名	种名	出现频次					总频次	样点占比
				Sp.1	Sp.2	Sp.3	Sp.4	Sp.5		
1	丛藓科 Pottiaceae	反纽藓属 Timmiella	小反纽藓 Timmiella diminuta		14				14	0.39%
2	灰藓科 Hypnaceae	灰藓属 Hypnum	多蒴灰藓 Hypnum fertile					3	3	0.08%
3			灰藓 Hypnum cupressiforme				1	1	2	0.06%
4			南亚灰藓 Hypnum oldhamii				1		1	0.03%
5			大灰藓 Hypnum plumaeforme				8	2	10	0.28%
6		鳞叶藓属 Taxiphyllum	鳞叶藓 Taxiphyllum taxirameun		13		3		16	0.44%
7			细尖鳞叶藓 Taxiphyllum aomoriense	20					20	0.56%
8		美灰藓属 Eurohypnum	美灰藓 Eurohypnum leptothallum	106			12		118	3.28%
9	金发藓科 Polytrichaceae	仙鹤藓属 Atrichum	小仙鹤藓 Atrichum crispulum		10	1		13	24	0.67%
10	锦藓科 Sematophyllaceae	锦藓属 Sematophyllum	橙色锦藓 Sematophyllum phoeniceum	21	135			5	161	4.47%
11			羽叶锦藓 Sematophyllum subpiimatum	6				27	33	0.92%
12		毛锦藓属 Pylaisiadelpha	弯叶毛锦藓 Pylaisiadelpha tenuirostris					4	4	0.11%
13		小锦藓属 Brotherella	南方小锦藓 Brotherella henonii	5	24			12	41	1.14%
14	绢藓科 Entodontaceae	绢藓属 Entodon	绢藓 Entodon cladorrhizans					16	16	0.44%
15			长帽绢藓 Entodon dolichocucullatus	1					1	0.03%
16			广叶绢藓 Entodon flavescens	3		15			18	0.50%
17			钝叶绢藓 Entodon obtusatus				43	3	46	1.28%
18			锦叶绢藓 Entodon pylaisioides	1					1	0.03%
19	牛舌藓科 Anomodontaceae	多枝藓属 Haplohymenium	暗绿多枝藓 Haplohymenium triste	2					2	0.06%

续表

序号	科名	属名	种名	Sp.1	Sp.2	Sp.3	Sp.4	Sp.5	总频次	样点占比
				出现频次						
20	青藓科 Brachytheciaceae	青藓属 Brachythecium	灰白青藓 Brachythecium albicans					65	72	2.00%
21			宽叶青藓 Brachythecium oedipodium	37				55	92	2.56%
22			悬垂青藓 Brachythecium pendulum	13		124	101	3	241	6.69%
23			褶叶青藓 Brachythecium salebrosum	8		99	243	5	355	9.86%
24			卵叶青藓 Brachythecium rutabulum	108	9	80	155	75	427	11.86%
25			柔叶青藓 Brachythecium moriense	51					51	1.42%
26			勃氏青藓 Brachythecium brotheri					1	1	0.03%
27			粗枝青藓 Brachythecium helminthocladum			31			31	0.86%
28			野口青藓 Brachythecium noguchii		8		17		25	0.69%
29		长喙藓属 Rhynchostegium	斜枝长喙藓 Rhynchostegium inclinatum	6	15				21	0.58%
30	碎米藓科 Fabroniaceae	附干藓属 Schwetschkea	东亚附干藓 Schwetschkea laxa					223	223	6.19%
31		碎米藓属 Fabronia	毛尖碎米藓 Fabronia rostrata	19					19	0.53%
32	提灯藓科 Mniaceae	匐灯藓属 Plagiomnium	侧枝匐灯藓 Plagiomnium maximoviczii		1			1	2	0.06%
33	羽藓科 Thuidiaceae	小羽藓属 Haplocladium	细叶小羽藓 Haplocladium microphyllum	236	13	423	5		677	18.81%
34			狭叶小羽藓 Haplocladium angustifolium	170	168		6	20	364	10.11%
35		羽藓属 Thuidium	短肋羽藓 Thuidium kamedae			2		5	7	0.19%
36	真藓科 Bryaceae	短月藓属 Brachymenium	短月藓 Brachymenium nepalense	6					6	0.17%
37			饰边短月藓 Brachymenium longidens			12	2		14	0.39%
38			尖叶短月藓 Brachymenium acuminatum					8	8	0.22%
39		真藓属 Bryum	真藓 Bryum argenteum			12		2	14	0.39%
40			细叶真藓 Bryum capillare			4		3	7	0.19%

续表

序号	科名	属名	种名	出现频次					总频次	样点占比
				Sp.1	Sp.2	Sp.3	Sp.4	Sp.5		
41	细鳞苔科 Lejeuneaceae	细鳞苔属 Lejeunea	异叶细鳞苔 Lejeunea anisophylla	6	1				7	0.19%
42	叉苔科 Metzgeriaceae	叉苔属 Metzgeria	狭尖叉苔 Metzgeria consanguinea		6				6	0.17%
43	齿萼苔科 Lophocoleaceae	裂萼苔属 Chiloscyphus	异叶裂萼苔 Chiloscyphus profundus	10			13		23	0.64%
44	耳叶苔科 Frullaniaceae	耳叶苔属 Frullania	盔瓣耳叶苔 Frullania muscicola	11					11	0.31%
45			敏叶耳叶苔 Frullania ericoides	7					7	0.19%
总物种数				23	13	12	14	23		

注: Sp.1、Sp.2、Sp.3、Sp.4 和 Sp.5 分别代表香樟林、桂花林、常绿落叶阔叶混交林、常绿落叶针叶混交林和针阔混交林 5 种林分

表 7-2　贵阳市树附生苔藓植物优势科

序号	科名	属数	属数占比（%）	种数	种数占比（%）
1	灰藓科 Hypnaceae	3	13.04	7	15.56
2	锦藓科 Sematophyllaceae	3	13.04	4	8.89
3	青藓科 Brachytheciaceae	2	8.70	9	20.00
4	真藓科 Bryaceae	2	8.70	5	11.11
5	羽藓科 Thuidiaceae	2	8.70	3	6.67
	合计	12	52.17	28	62.22

表 7-3　贵阳市树附生苔藓植物优势属

序号	属名	种数	占比（%）
1	青藓属 Brachythecium	9	20.00
2	绢藓属 Entodon	5	11.11
3	灰藓属 Hypnum	4	8.89
	合计	18	40.00

4. 生活型分析

生活型是植物对环境的响应方式之一，通过生活型可以看出树附生苔藓植物对城市环境的适应性。贵阳市树附生苔藓植物生活型主要有交织型、丛集型、垫状型3 类（表 7-4）。其中，交织型占比最多，达 66.67%，主要包括灰藓、南亚灰藓、大灰藓、细尖鳞叶藓、小仙鹤藓、橙色锦藓、羽叶锦藓等；其次是垫状型，占比 17.78%，主要包括美灰藓、东亚附干藓、毛尖碎米藓、异叶裂萼苔等；最后是丛集型，占比15.56%，主要包括小反纽藓、斜枝长喙藓、短月藓、真藓、细叶真藓等。

表 7-4　树附生苔藓植物生活型划分

序号	生活型	特点	种数	种数占比（%）	所属主要科
1	丛集型	多为顶蒴鲜类，植株小型，分枝或不分枝，直立或倾立丛生	7	15.56%	真藓科 Brachytheciaceae、丛藓科 Pottiaceae、部分青藓科 Bryaceae
2	交织型	多为侧蒴藓类，植株羽状分枝或不规则分枝，匍匐生长，相互交错，有时还混生顶蒴藓类	30	66.67%	羽藓科 Thuidiaceae、青藓科 Brachytheciaceae、灰藓科 Hypnaceae、提灯藓科 Mniaceae、绢藓科 Entodontaceae、锦藓科 Sematophyllaceae 等
3	垫状型	植株多平铺、密集成垫状，难以从基质上分离	8	17.78%	碎米藓科 Fabroniaceae 及所有苔类 Hepaticae

5. 不同林分树附生苔藓植物多样性和丰度

Margalef 丰富度指数可反映一个群落或生境中物种数目的多寡，不同林分依次为 Sp.1＞Sp.3＞Sp.2＞Sp.4＞Sp.5（图 7-1），集中在 0.3～2.4，可见不同林分的苔藓植物丰富度差异较大，香樟林（Sp.1）和常绿落叶阔叶混交林（Sp.3）的苔藓物种多，丰富度指数明显较其他三个样地好，而以针叶树种为主的林分（Sp.4）丰富度最低，均值仅 0.41，与相关研究结果类似，可能是由于阔叶林抵抗温度变化的能力高于针叶林。不同样地的 Margalef 丰富度指数曲线普遍表现为上升趋势，距林缘 100m 范围内表现最好。表明距林缘越远的样地，多样性越高，可能是由于苔藓物种丰富度受边缘效应影响较为明显。

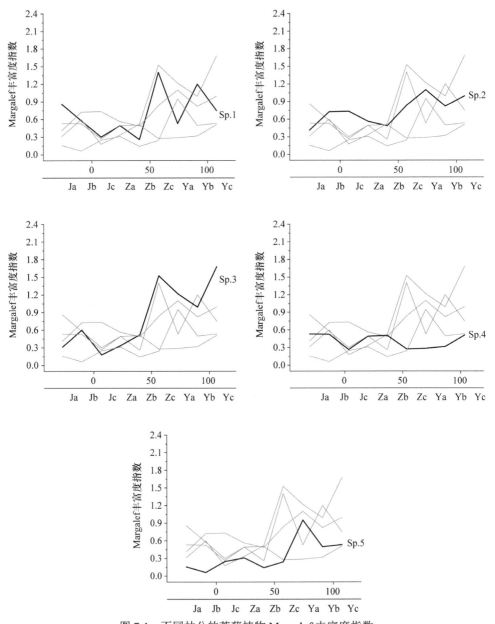

图 7-1　不同林分的苔藓植物 Margalef 丰富度指数

Ja、Jb、Jc 位于距离林缘；Za、Zb、Zc 位于林中，距离林缘 50m；Ya、Yb、Yc 位于林深，距离林缘 100m；下同

　　本研究通过 Simpson 优势度指数和 Shannon-Weiner 多样性指数来衡量不同林分的苔藓植物多样性特征，Simpson 优势度指数是从物种的集中性来衡量群落的

多样性程度,而 Shannon-Weiner 多样性指数反映群落中物种个体出现的不稳定性,二者常呈正相关关系。如图 7-2 所示,二者大小相似,表现为 Sp.1>Sp.3>Sp.2>Sp.4>Sp.5,说明香樟林和常绿落叶阔叶混交林的苔藓植物多样性较高,而针阔混交林的苔藓植物多样性最低。不同林分的苔藓植物 Simpson 优势度指数集中在 0.3~1.6,差异较大。5 种林分的苔藓植物 Pielou 均匀度指数差异较多样性指数不显著,Sp.2 最低,而 Sp.3 最高。综合对比发现,以常绿、落叶树种为主的林分苔藓植物多样性和均匀度均较高,苔藓植物分布广,而以针叶树种为主的林分多样性苔藓植物较差。

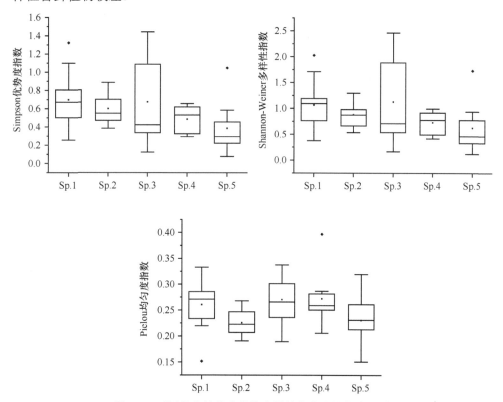

图 7-2　不同林分的苔藓植物多样性指数和均匀度指数

不同林分的树附生苔藓植物丰度如图 7-3 所示,差异较大,表现为 Sp.3>Sp.4>Sp.1>Sp.5>Sp.2,常绿落叶阔叶混交林（Sp.3）丰度最大,平均达 14.22,而桂花林（Sp.2）丰度最低,仅 1.41,其他三种林分丰度中等。苔藓植物丰度随林缘距离增加而逐渐增大,距林缘 0m 处丰度较低,平均仅 15.45,而距林缘 100m 处丰度明显增加,达 22.77。可能说明苔藓植物丰度受边缘效应影响较为明显,距林缘近的区域丰度低,而林中与林深区域苔藓植物丰度更高。

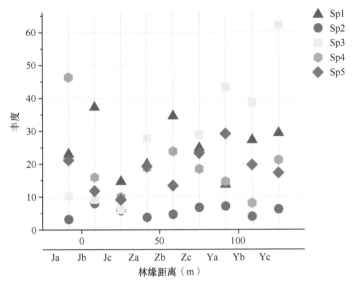

图7-3　不同林分的树附生苔藓植物丰度

二、树附生苔藓植物的附生偏好特征

1. 与附主树木的对应关系

在所调研的 5 种林分中，树附生苔藓分布如图 7-4 所示，苔藓附生种数最多的为香樟（*Cinnamomum camphora*），其次分别是华山松（*Pinus armandi*）、刺槐（*Robinia pseudoacacia*）、木樨（桂花）（*Osmanthus fragrans*）、杜仲（*Eucommia ulmoides*），其附生种数均在 10 种以上。附生种数为 5~9 种的有银杏（*Ginkgo biloba*）、荷花木兰（广玉兰）（*Magnolia grandiflora*）、朴树（*Celtis sinensis*）、山茱萸（*Cornus officinalis*）。构树（*Broussonetia papyrifera*）、楝（*Melia azedarach*）、珙桐（*Davidia involucrata*）、乌桕（*Triadica sebifera*）的附生种数较少，均在 4 种及以下。此外，13.33%的苔藓植物在 5 种以上树上分布，如悬垂青藓、卵叶青藓、细叶小羽藓等在多数树上均有分布，其中最多的是卵叶青藓，分布在 11 种树上，说明其是本地广泛分布的树附生苔藓物种。小反纽藓、细尖鳞叶藓、锦叶绢藓、狭尖叉苔、皱叶耳叶苔和盔瓣耳叶苔等 15 种苔藓植物仅出现在 1 种树上，占比 33.33%。其中，灰藓、南亚灰藓、弯叶毛锦藓仅生长在华山松上，细尖鳞叶藓、长帽绢藓、柔叶青藓、勃氏青藓、盔瓣耳叶苔、皱叶耳叶苔等仅出现在香樟上，锦叶绢藓仅出现在杜仲上，小反纽藓仅生长在桂花上。可能说明灰藓属对华山松，青藓属、耳叶苔属对香樟具有一定的附生偏好。

物种	香樟	桂花	杜仲	银杏	广玉兰	楝	山茱萸	朴树	刺槐	华山松	构树	珙桐	乌柏
小反纽藓		■											
多蒴灰藓	■	■											
灰藓													
南亚灰藓													
大灰藓	■					■	■	■	■	■			
鳞叶藓						■	■						
细尖鳞叶藓													
美灰藓						■			■	■			
小仙鹤藓	■									■			
橙色锦藓	■									■			■
羽叶锦藓	■									■			
弯叶毛锦藓													■
南方小锦藓	■						■		■	■			■
绢藓									■	■			
长帽绢藓	■												
广叶绢藓								■					
钝叶绢藓									■	■			
锦叶绢藓			■						■	■			
暗绿多枝藓	■								■				
灰白青藓			■		■				■				
宽叶青藓													■
悬垂青藓			■	■	■					■		■	
褶叶青藓			■	■	■		■	■		■		■	
卵叶青藓	■				■					■			■
柔叶青藓	■												
勃氏青藓	■												
粗枝青藓			■										
野口青藓	■									■			
斜枝长喙藓	■												
东亚附干藓									■				
毛尖碎米藓	■												
侧枝匐灯藓									■				
细叶小羽藓	■				■		■	■		■			
狭叶小羽藓	■			■				■					
短肋羽藓										■			
短月藓													
饰边短月藓				■	■								
尖叶短月藓									■				
真藓	■			■					■				
细叶真藓	■			■									
异叶细鳞苔			■										

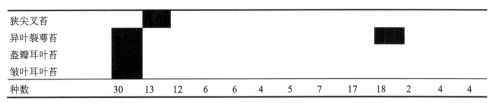

图 7-4　贵阳市树附生苔藓与附主树木的对应关系

2. 对附主树木的偏好特征

本研究运用消除趋势对应分析（DCA）研究树附生苔藓植物对附主树木的偏好特征，其能够反映树附生苔藓植物的数量分布特征。由图 7-5 发现，部分树附生苔藓植物在排序图中心部位较为聚集，其中多为青藓科，可能说明青藓科对刺槐、香樟、楝 3 个树种有明显的附生偏好，其在这三种树上的分布数量比其他树上更多。其中，Po1 对刺槐、F2 对香樟、B3 和 Br2 对楝、H5 和 S4 对朴树、E5 对杜仲、Me1、P1 对桂花表现出对较为显著的特定附主偏好特征。

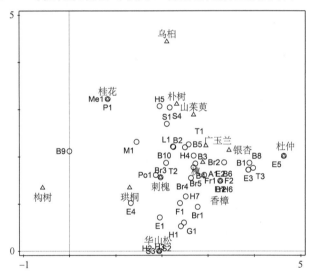

图 7-5　贵阳市树附生苔藓植物与附主树木的 DCA 分析

P1.小反纽藓；H1.多蒴灰藓；H2.灰藓；H3.南亚灰藓；H4.大灰藓；H5.鳞叶藓；H6.细尖鳞叶藓；H7.美灰藓；Po1.小仙鹤藓；S1.橙色锦藓；S2.羽叶锦藓；S3.弯叶毛锦藓；S4.南方小锦藓；E1.绢藓；E2.长帽绢藓；E3.卵叶绢藓；E4.钝叶绢藓；E5.锦叶绢藓；A1.暗绿多枝藓；B1.灰白青藓；B2.宽叶青藓；B3.悬垂青藓；B4.褶叶青藓；B5.卵叶青藓；B6.柔叶青藓；B7.勃氏青藓；B8.粗枝青藓；B9.野口青藓；B10.斜枝长喙藓；F1.东亚附干藓；F2.毛尖碎米藓；M1.侧枝匐灯藓；T1.细叶小羽藓；T2.狭叶小羽藓；T3.短肋羽藓；Br1.短月藓；Br2.饰边短月藓；Br3.尖叶短月藓；Br4.真藓；Br5.细叶真藓；L1.异叶细鳞苔；Me1.狭尖叉苔；G1.异叶裂萼苔；Fr1.盔瓣耳叶苔；Fr2.皱叶耳叶苔

三、树附生苔藓植物多样性对环境因子的响应

1. 对不同环境特征的响应

植物群落小环境特征与 5 种林分树附生苔藓植物多样性的 PCA 相关性排序结

果见图 7-6，PC1 和 PC2 特征值分别为 50.7%和 24.5%，2 个排序轴能够解释植物群落小环境特征与树附生苔藓植物多样性相关性的 75.2%。可以发现苔藓植物多样性与 RH（空气湿度）呈正相关，而与 T（温度）、Lx（光照）呈负相关，且受湿度影响更大，随着 RH 增加呈增加趋势，但随着 T 和 Lx 增大逐渐降低。

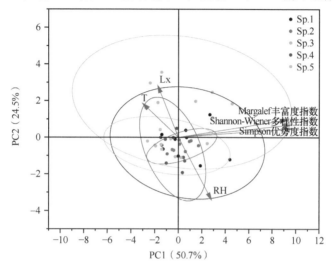

图 7-6 树附生苔藓植物多样性与小气候环境特征的 PCA 相关性排序图
RH.相对空气湿度；T.相对温度；Lx.光照

图 7-7 显示了土壤环境特征对树附生苔藓植物多样性的影响，结果表明土壤湿度和 pH 对树附生苔藓植物多样性均有一定影响，且湿度的影响较大，土壤湿度为 40%和 70%时苔藓植物多样性较高；相关性结果表明，中性或偏碱性土壤环境的苔藓植物多样性显著高于酸性土壤环境。

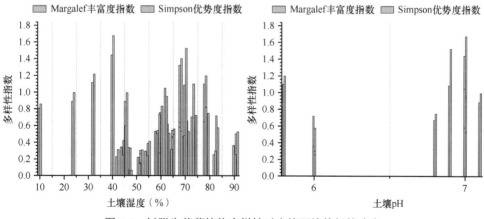

图 7-7 树附生苔藓植物多样性对土壤环境特征的响应

如图 7-8 所示，树附生苔藓植物多样性与森林郁闭度间呈线性增长关系，随森林郁闭度增加而显著增加，说明森林的郁闭度高有利于苔藓植物生长，可增加其多样性。这是由于微环境对苔藓植物的生长发育及分布繁育有着极其重要的作用，高郁闭度环境抵挡了太阳直射，降低了日晒程度，同时增加了空气湿度，为苔藓植物的生存发展提供了必要的荫蔽和湿度条件。

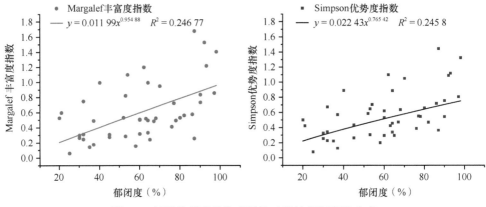

图 7-8　树附生苔藓植物多样性对森林郁闭度的响应

　　为探究边缘效应对苔藓植物多样性的影响，对苔藓植物多样性与林缘距离变化趋势作图（图 7-9），可见不同林分的苔藓植物多样性指数均表现为随林缘距离增大而增加的趋势，常绿落叶阔叶混交林（Sp.3）的这一趋势最为明显，其次是两种常绿乔木纯林，而以针叶树种为主的混交林随林缘距离增加苔藓植物多样性指数出现微弱下降，说明以针叶树种为主的林分边缘效应在一定程度上小于以常绿树种为主的林分。

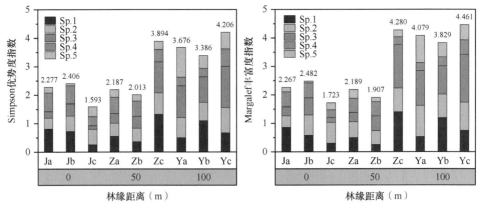

图 7-9　树附生苔藓植物多样性对林缘距离的响应

　　人为干扰度指数对树附生苔藓植物多样性的影响（图 7-10）为：5 种林分均受到较高程度的人为干扰，树附生苔藓植物的 Simpson 优势度指数和 Margalef 丰富度指数均随人为干扰度指数（HI）的降低而显著增加。Sp.3 在同等条件下的苔藓植物多样性更高，说明其抗干扰能力更强，而 Sp.4、Sp.5 的抗干扰能力较其他三种林分低，可能说明常绿、落叶林较针叶林具有更高的抗干扰能力。综上，树附生苔藓植物多样性受边缘效应及人为干扰影响显著，降低干扰可提高森林的附生苔藓植物多样性。

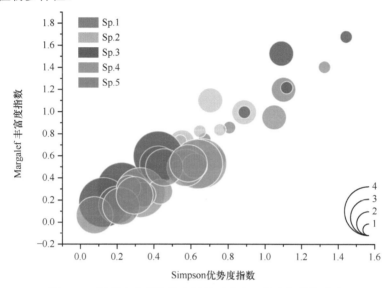

图 7-10　树附生苔藓植物多样性对人为干扰度指数的响应

2. 树附生苔藓植物多样性对附生树木特征的响应

如图 7-11 所示，树附生苔藓植物多样性与树木种植密度间呈线性增长关系，随种植密度增加显著上升，这是由于树木种植密度增加会间接增加空间郁闭度，从而降低水分蒸腾速率。贵阳市树木种植密度多在 $6 \sim 10$ 棵/100m^2，为 8 棵/100m^2 时苔藓植物多样性相对较高，可能说明其在森林景观营建与生态修复中应用具有

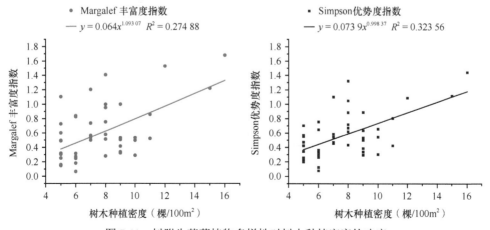

图 7-11　树附生苔藓植物多样性对树木种植密度的响应

较高的生态效应。

树皮粗糙度对树附生苔藓植物多样性具有一定影响（图 7-12），整体而言苔藓植物多样性随树皮粗糙度的上升而逐渐下降，且 Simpson 优势度指数受到的影响更为显著。

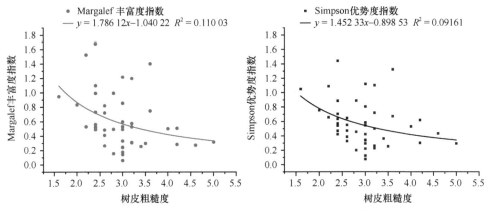

图 7-12　树附生苔藓植物多样性对树皮粗糙度的响应

为探究树附生苔藓植物多样性与树皮湿度的关系，排除无苔藓植物生长样方后筛选出 2242 个小样方进行相关性分析（图 7-13），可以发现苔藓植物多样性与树皮湿度呈极显著正相关关系（$P<0.01$），相关性为 0.197，苔藓植物多样性随树皮湿度的增大呈线性增长。这是由于苔藓植物受水分影响明显，主要依靠吸收空气水分生长，而我们的研究结果说明树附生苔藓植物可以从树皮中吸取水分以供

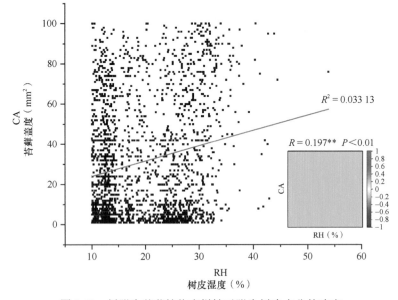

图 7-13　树附生苔藓植物多样性对附生树皮水分的响应

自身生长，可能说明其对高树皮含水量的树种具有明显的定植偏好，这些树种更适宜附生苔藓植物的定植与生长。

3. 树附生苔藓植物多样性与样地环境的相关性

树附生苔藓植物多样性与森林环境的相关性分析结果表明（图 7-14），影响苔藓植物多样性的主要因子是人为干扰强度，二者呈极显著负相关（$P<0.01$），说明苔藓植物多样性随人为干扰强度的增大而逐渐降低。此外，苔藓植物多样性与湿度、坡度、坡向等呈正相关关系，而与风速、光照强度等因子呈负相关关系。Simpson 优势度指数和 Shannon-Weiner 多样性指数呈显著正相关关系，二者具有一致性。环境因子间的相关性分析表明，人为干扰强度与噪声等级和公园管理等级密切相关，说明管理等级越高，噪声等级越高，人为干扰强度越大，苔藓植物多样性越低。湿度与光照强度呈极显著负相关（-0.433，$P<0.01$），与温度呈显著负相关（-0.353，$P<0.05$），说明温度越高，光照强度越大，湿度越低，则苔藓植物多样性越低。

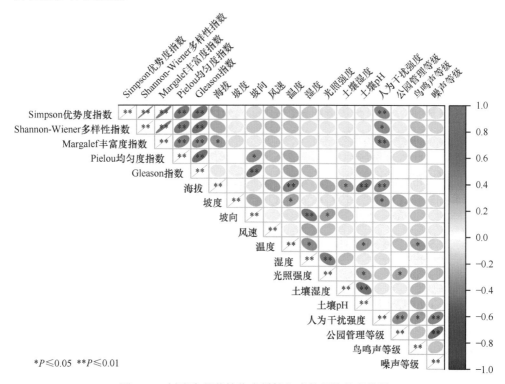

*$P\leqslant0.05$　**$P\leqslant0.01$

图 7-14　树附生苔藓植物多样性与森林环境的相关性

如图 7-15 所示，综合分析树附生苔藓植物多样性与附生树木特征的相关性发现，影响苔藓植物多样性的主要因子是树木密度和树高（$P<0.01$），其次是树木郁闭度和胸径（$P<0.05$）。树木密度与苔藓植物 Margalef 丰富度指数、Shannon-Wiener

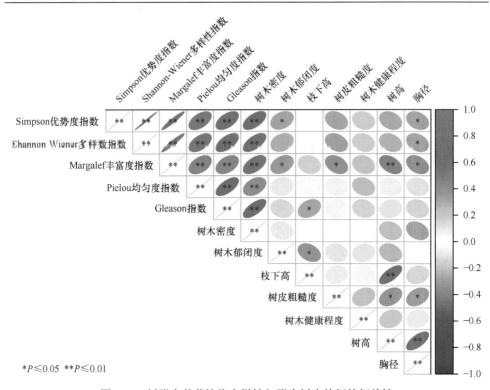

图 7-15　树附生苔藓植物多样性与附生树木特征的相关性

多样性指数、Simpson 优势度指数、Pielou 均匀度指数等均呈极显著正相关关系（P<0.01），但多与冠幅呈负相关关系（$P<0.05$）。可能是由于树木高密度的增加了郁闭度，因此水分蒸腾速率减慢，环境空气湿度更高，更适宜苔藓植物的生长发育。但树皮粗糙程度与苔藓植物多样性无显著相关性，但与苔藓植物 Margalef 丰富度指数呈显著负相关性（$P<0.05$）。

第四节　不同海拔梯度石生苔藓植物群落特征及生态功能

　　贵阳市作为世界上最典型的喀斯特城市，全市土地面积有 50.65%为潜在石漠化和石漠化区域（贾少华等，2014），而石漠化具有岩石裸露、水土易流失、生态环境恶劣等特点（庞嘉鹏等，2018），其裸露的地表基岩多为碳酸岩石，很难有植物存活（王世杰，2002），对植物种类有强烈的选择性（如耐旱性、石生性）（李冰和张朝晖，2009）。而苔藓植物资源丰富，在高等植物中数量仅次于被子植物（Patiño and Vanderpoorten，2018），且具有极强的抗旱性，在水源涵养、水土保持以及生物多样性维持等方面有重要作用（左思艺等，2019；洪柳等，2020）。石生苔藓植物是指生长于岩石表层的物种，大多暴露在岩石表面，能够承受干旱胁迫，具有适应干旱环境的特征，植株常形成密集的丛生状或垫状群落，能够提高毛细管系统的吸水与蓄水能力（Cong et al.，2021；张显强等，2019），并可以改善岩石下垫面的水热条件（程才等，2019），从而为更高等的植物生长提供良好的生境基础。同时，石生苔藓植物独特的生活型有助于其拦截水分径流和空气中的细小土壤颗粒，并将土壤颗粒沉积于假根下，起到较好的土壤固结作用，从而为其他植物的生长提供基质（Hu et al.，2023）。由此可见，石生苔藓植物在保持水分和土壤等方面具有重要作用，并在石漠化生境中表现出极强的适应性。因此，了解石生苔藓植物的分布与现状，对喀斯特地区苔藓植物多样性保护以及可持续改善生态环境具有重要意义。

物种多样性能体现物种的丰富度和均匀度，不单能反映出群落在结构组成、功能上存在差异，更说明了不同地理条件和植物群落的相互关系（何芳兰等，2016）。海拔作为综合反映温湿度等多种环境因子水平的地理条件，被认为是影响物种多样性格局的主要因素之一（崔倩等，2018）。植物多样性沿海拔变化的格局一直是植物生态学家关注的前沿问题，可反映出物种的生物学和生态学特性、分布状况及其对环境的适应性（Martínez-Camilo，2022；Haq et al.，2022；温璐等，2011）。国内外现有研究主要集中于海拔相差较大的自然保护区、陡峭山体、岛屿、熔岩流和公园的石生苔藓植物多样性方面（Liu et al.，2019；Ah-Peng et al.，2007），而较少聚焦于城市区域石生苔藓植物多样性对不同海拔的响应。本小节以喀斯特山地城市贵阳市为研究区域，探讨不同海拔梯度石生苔藓植物群落的组成及发展规律，从而为喀斯特城市生态环境的保护与管理提供理论支撑。

一、石生苔藓植物群落特征

1. 物种组成

通过对 157 个样地内 2355 个样方的苔藓植物标本进行鉴定，发现研究区域共有苔藓植物 13 科 27 属 58 种，主要由青藓科（4 属 22 种）、丛藓科（6 属 12 种）、灰藓科（4 属 5 种）和羽藓科（3 属 5 种）组成，占物种总数的 75.86%（表 7-5）。科、属、种数均随着海拔的升高而先急剧增加后减少，再缓慢增加到最高值后又减少，海拔梯度 N7（1278～1328m）达到最高值，苔藓植物种类最丰富，共 11 科 16 属 29 种，海拔梯度 N1（972～1022m）最低，苔藓植物分布最少，共 3 科 4 属 8 种（图 7-16）。

表 7-5　不同海拔梯度苔藓植物种类

序号	科名	属名	属数（占比）	种数（占比）
1	灰藓科 Hypnaceae	美灰藓属 Eurohypnum	4（14.81%）	5（8.62%）
		鳞叶藓属 Taxiphyllum		

续表

序号	科名	属名	属数（占比）	种数（占比）
1	灰藓科 Hypnaceae	灰藓属 *Hypnum*	4（14.81%）	5（8.62%）
		粗枝藓属 *Gollania*		
2	丛藓科 Pottiaceae	湿地藓属 *Hyophila*	6（22.22%）	12（20.69%）
		对齿藓属 *Didymodon*		
		纽藓属 *Tortella*		
		反纽藓属 *Timmiella*		
		小石藓属 *Weissia*		
		毛口藓属 *Trichostomum*		
3	青藓科 Brachytheciaceae	青藓属 *Brachythecium*	4（14.81%）	22（37.93%）
		斜蒴藓属 *Camptothecium*		
		美喙藓属 *Eurhynchium*		
		长喙藓属 *Rhynchostegium*		
4	羽藓科 Thuidiaceae	麻羽藓属 *Claopodium*	3（11.11%）	5（8.62%）
		小羽藓属 *Haplocladium*		
		羽藓属 *Thuidium*		
5	牛舌藓科 Anomodontaceae	牛舌藓属 *Anomodon*	1（3.7%）	1（1.72%）
6	卷柏藓科 Racopilaceae	卷柏藓属 *Racopilum*	1（3.7%）	1（1.72%）
7	提灯藓科 Mniaceae	匐灯藓属 *Plagiomnium*	1（3.7%）	2（3.45%）
8	真藓科 Bryaceae	真藓属 *Bryum*	1（3.7%）	4（6.7%）
9	绢藓科 Entodontaceae	绢藓属 *Entodon*	1（3.7%）	1（1.72%）
10	柳叶藓科 Amblystegiaceae	细柳藓属 *Platydictya*	2（7.41%）	2（3.45%）
		拟细湿藓属 *Campyliadelphus*		
11	凤尾藓科 Fissidentaceae	凤尾藓属 *Fissidens*	1（3.7%）	1（1.72%）
12	平藓科 Neckeraceae	平藓属 *Neckera*	1（3.7%）	1（1.72%）
13	碎米藓科 Fabroniaceae	反齿藓属 *Anacamptodon*	1（3.7%）	1（1.72%）

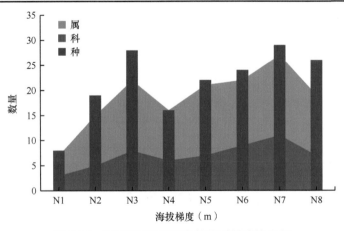

图 7-16　不同海拔梯度苔藓植物科属种的分布

2. 优势科、属、种组成

贵阳市不同海拔梯度共有 2 个优势科（种数≥12），分别为青藓科（4 属 22种）和丛藓科（6 属 12 种），合计 10 属 34 种，占总种数的 58.62%（表 7-6）。2个优势科在各个海拔梯度均有分布（图 7-17），青藓科的种数随着海拔升高出现较明显的两个峰值，分别在海拔梯度 N7（1278～1328m）与 N3（1017～1124m）达到最高峰和次高峰，分别为 13 种和 11 种；丛藓科在每个海拔梯度分布较均匀，各海拔平均分布有 5 种。

表 7-6　不同海拔梯度苔藓植物优势科

序号	科名	属数	属数占比（%）	种数	种数占比（%）
1	青藓科 Brachytheciaceae	4	14.81	22	37.93
2	丛藓科 Pottiaceae	6	22.22	12	20.69
合计		10	37.03	34	58.62

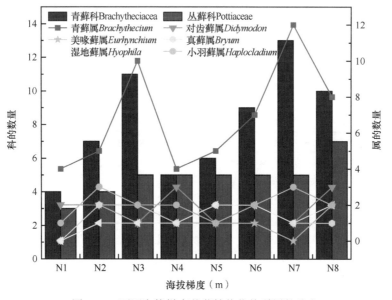

图 7-17　不同海拔梯度苔藓植物优势科属的分布

贵阳市不同海拔梯度共有 6 个优势属（种数≥3），分别为青藓属、对齿藓属、美喙藓属、真藓属、湿地藓属、小羽藓属，占总种数的 58.62%（表 7-7）。6 个优势属中除青藓属种数随海拔升高呈现明显的变化趋势外，其余 5 属变化不太明显（图 7-17）。随着海拔升高，青藓属种数的变化趋势与青藓科完全一致，这是由于青藓属是青藓科中最大的属，并且在调查样地中，青藓属种数占总种数的 27.59%，与其他优势属具有极显著差异。对齿藓属、美喙藓属、真藓属、湿地藓属和小羽藓属在 8 个海拔梯度分布较均匀，各海拔平均分布有 3 种。

表 7-7　不同海拔梯度苔藓植物优势属

序号	属名	种数	种数占比（%）
1	青藓属 Brachythecium	16	27.59
2	对齿藓属 Didymodon	4	6.9
3	美喙藓属 Eurhynchium	4	6.9
4	真藓属 Bryum	4	6.9
5	湿地藓属 Hyophila	3	5.17
6	小羽藓属 Haplocladium	3	5.17
总计		34	58.62

　　58 种苔藓植物中，重要值排前 10 位的见表 7-8。狭叶小羽藓的重要值最大，为 17.60%，与其他苔藓植物存在极显著差异（$P<0.01$），相对频度（18.06%）和盖度（17.15%）也最大。各优势种在不同海拔梯度的分布情况如图 7-18 所示，狭叶小羽藓、褶叶青藓和尖叶青藓在各个海拔梯度均有分布。其中，褶叶青藓的相对频度分别在海拔梯度 N7（1278～1328m）与 N1（972～1022m）达到最大值和最低值，狭叶小羽藓的相对频度在海拔梯度 N3（1074～1124m）达到最大值，而尖叶青藓的相对频度分别在海拔梯度 N3（1074～1124m）和 N7（1278～1328m）达到最高峰与次高峰。

表 7-8　不同海拔梯度苔藓植物重要值排序

序号	种名	相对频度（%）	相对盖度（%）	重要值（%）
1	狭叶小羽藓 Haplocladium angustifolium	18.06	17.15	17.60
2	褶叶青藓 Brachythecium salebrosum	12.35	13.69	13.02
3	细叶小羽藓 Haplocladium microphyllum	9.17	8.88	9.03
4	东亚小石藓 Weissia exserta	8.25	7.10	7.67
5	尖叶青藓 Brachythecium coreanum	4.90	5.47	5.19
6	美灰藓 Eurohypnum leptothallum	4.21	4.38	4.30
7	羽枝青藓 Brachythecium plumosum	3.46	3.75	3.61
8	灰白青藓 Brachythecium albicans	3.12	3.33	3.22
9	圆枝青藓 Brachythecium garovaglioides	2.65	2.86	2.75
10	青藓 Brachythecium pulchellum	2.37	2.51	2.44

3. 生活型分析

　　由图 7-19 可见，贵阳市不同海拔梯度的 58 种苔藓植物共有交织型、丛集型、平铺型、尾型、垫状型 5 种生活型，其中交织型最多，占比为 54%，如狭叶小羽藓、褶叶青藓等；其次为丛集型，占比为 33%，如卷叶湿地藓、东亚小石藓等；平铺型、尾型和垫状型最少，占比分别为 7%、3% 和 3%。

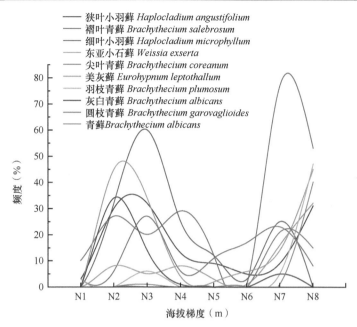

图 7-18　不同海拔梯度苔藓植物优势种的分布

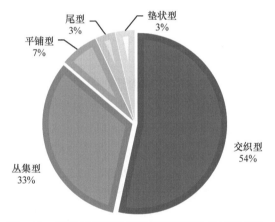

图 7-19　贵阳市不同海拔梯度苔藓植物生活型统计

不同海拔梯度苔藓植物生活型的分布也具有差异（图 7-20），交织型和丛集型在各海拔梯度均有出现，交织型苔藓植物的相对频度随着海拔升高呈现先增加后减少，继而增加后又减少的趋势，分别在海拔梯度 N3（1074～1124m）和 N7（1278～1328m）达到两个峰值，丛集型苔藓植物的相对频度随着海拔升高呈现先减少后增加再减少的趋势，在海拔梯度 N1（972～1022m）达到最大值。交织型、丛集型、平铺型、尾型、垫状型苔藓植物均出现在海拔梯度 N7（1278～1328m），此梯度生活型最为丰富。研究区域石漠化严重，山势陡峭，交织型苔藓植物多呈毯状或丛状，可减少水分的蒸发；而丛集型苔藓植物体型矮小，能适应强光、干燥、干扰较强的环境。这两种生活型的苔藓植物都由于自身结构而常在岩面上生长，保水和抗旱能力较强，可适应恶劣干旱的生态环境。

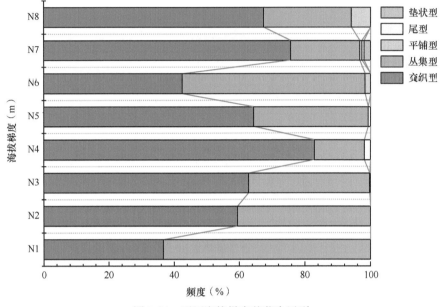

图 7-20　不同海拔梯度苔藓生活型

4. α 多样性分析

不同海拔梯度的苔藓植物 α 多样性指数如图 7-21 所示。可见 Margalef 丰富度指数随着海拔升高呈现先增加后减少，再增加到最大值后又减少的趋势，分别在海拔梯度 N7（1278～1328m）和 N3（1074～1124m）达到最高峰与次高峰，海拔梯度 N1（972～1022m）最低，具体表现为：海拔梯度 N7（3.75）＞海拔梯度 N3（3.61）＞海拔梯度 N8（3.35）＞海拔梯度 N2（3.27）＞海拔梯度 N6（3.08）＞海拔梯度 N5（2.81）＞海拔梯度 N4（2.01）＞海拔梯度 N1（0.94）。Shannon-Wiener 多样性指数的变化趋势与 Margalef 丰富度指数一致，即随着海拔升高呈现先增加后减少，再增加到最大值后又减少的趋势，具体表现为：海拔梯度 N7（0.79）＞海拔梯度 N3（0.76）＞海拔梯度 N8（0.74）＞海拔梯度 N2（0.72）＞海拔梯度 N6（0.41）＞海拔梯度 N5（0.35）＞海拔梯度 N4（0.29）＞海拔梯度 N1（0.19）。结果表明，Shannon-Wiener 多样性指数在一定程度上能代替 Patrick 丰富度指数来描述不同海拔梯度石生苔藓植物多样性呈现怎样的格局。

Pielou 均匀度指数随着海拔升高也呈现先急剧增加到最大值后减少，继而增加后又减少的趋势，分别在海拔梯度 N2（1023～1073m）和 N7（1278～1328m）达到最高值和次高值，海拔梯度 N1（972～1022m）最低，具体表现为：海拔梯度 N2（0.24）＞海拔梯度 N7（0.23）＞海拔梯度 N3（0.228）＞海拔梯度 N8（0.227）

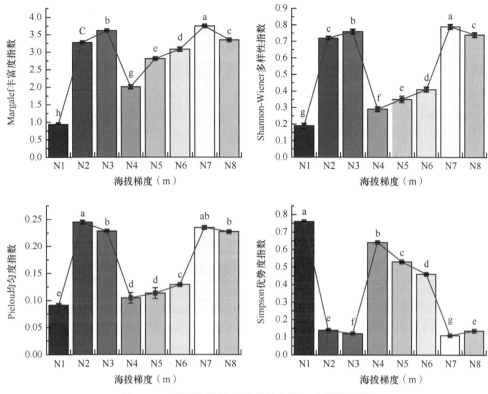

图 7-21　不同海拔梯度苔藓植物的 α 多样性指数

>海拔梯度 N6（0.13）>海拔梯度 N5（0.11）>海拔梯度 N4（0.10）>海拔梯度 N1（0.09）。Simpson 优势度指数随海拔升高的变化趋势与 Margalef 丰富度指数和 Shannon-Wiener 多样性指数正好相反，即先减少后增加，继而减少后又增加，分别在海拔梯度 N1（972～1022m）和 N7（1278～1328m）达到最高值与最低值，具体表现为：海拔梯度 N1（0.76）>海拔梯度 N4（0.64）>海拔梯度 N5（0.53）>海拔梯度 N6（0.46）>海拔梯度 N2（0.14）>海拔梯度 N8（0.13）>海拔梯度 N3（0.12）>海拔梯度 N7（0.11）。

综上所述，贵阳市不同海拔梯度的石生苔藓植物 Margalef 丰富度指数和 Shannon-Wiener 多样性指数变化趋势一致，均在海拔梯度 N7（1278～1328m）和 N3（1074～1124m）达到最高值与次高值，海拔梯度 N1（972～1022m）最低。Pielou 均匀度指数最高的是苔藓植物分布丰富的样地，即苔藓植物种类越多，群落内各个物种的相对密度越大，说明不同海拔梯度的苔藓植物丰富度对其均匀度有一定影响。Simpson 优势度指数随海拔升高的变化趋势也与 Margalef 丰富度指数和 Shannon-Wiener 多样性指数正好相反，符合 Simpson 优势度指数越高，多样性越低的规律。

5. β 多样性分析

β 多样性在生物多样性保护中具有重要应用，能考虑到保护区域选择与面积规划的互补性、灵活性和不可替代性，实现设计方案的优化以及保护效果的最大化（李雪童等，2022）。

不同海拔梯度的苔藓植物相似性系数如表 7-9 所示，随着海拔增加，各海拔梯度（N2～N8）与海拔梯度 N1（972～1022m）的苔藓植物相似性系数呈现先增加后减少再增加的趋势，说明各海拔梯度（N2～N8）与海拔梯度 N1（972～1022m）的物种组成差异先减小后增大再减小。海拔梯度 N2（1023～1073m）和 N3（1074～1124m）的苔藓植物相似性系数最高，为 0.7234，共有种数 17 种，物种组成差异小。海拔梯度 N1（972～1022m）和 N5（1176～1226m）的苔藓植物相似性系数最低，为 0.2000，共有种数 3 种，物种组成差异大。

表 7-9　不同海拔梯度苔藓植物相似性系数

海拔梯度	N1	N2	N3	N4	N5	N6	N7	N8
N1	1.0000	0.2963	0.3333	0.3113	0.2000	0.2513	0.3684	0.4118
N2		1.0000	0.7234	0.5714	0.6341	0.4723	0.4898	0.5333
N3			1.0000	0.5909	0.6400	0.5129	0.5172	0.5926
N4				1.0000	0.5789	0.5432	0.3913	0.5238
N5					1.0000	0.6213	0.3846	0.4583
N6						1.0000	0.3704	0.4800
N7							1.0000	0.5714
N8								1.0000

二、石生苔藓植物多样性对环境因子的响应

石生苔藓植物 α 多样性指数与环境因子的相关性研究表明（图 7-22），Margalef 丰富度指数和 Shannon-Wiener 多样性指数均与海拔、空气湿度呈显著正相关（$P \leqslant 0.05$），与岩石裸露率、郁闭度呈显著负相关（$P \leqslant 0.05$），说明苔藓植物所栖息的岩石面积对多样性有一定影响，即岩石裸露部分越少，苔藓植物多样性就越高；Simpson 优势度指数与岩石裸露率呈显著正相关（$P \leqslant 0.05$），相关系数为 0.25，与海拔、空气湿度呈显著负相关（$P \leqslant 0.05$），相关系数分别为−0.91 和−0.37，说明岩石裸露率越大，石生苔藓植物就越集中。不同海拔梯度环境因子间的相关性研究表明（图 7-22），海拔与空气湿度呈显著正相关（$P \leqslant 0.05$），与郁闭度呈显著负相关（$P \leqslant 0.05$）；植被覆盖率与郁闭度呈显著正相关（$P \leqslant 0.05$），与光照、岩石裸露率呈显著负相关（$P \leqslant 0.05$），说明植被覆盖率会影响岩石裸露率，从而影响苔藓植物的生长面积。综上可得，影响苔藓植物多样性的环境因子主要有海拔、空气湿度、空气温度、植被覆盖率、岩石裸露率等。

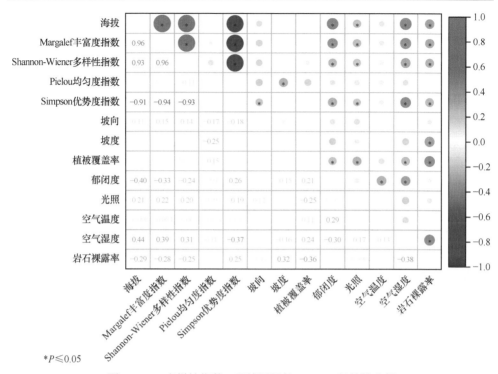

*P≤0.05

图 7-22　α 多样性指数、环境因子的 Pearson 相关性分析

三、石生苔藓植物优势种的生态功能研究

由于特有的变水现象，苔藓层片具有极强的吸水能力，并且能够长时间保持吸涨状态，因此苔藓植物具有较强的水源涵养生态功能。研究表明，苔藓植物的生物量和截持降水能力成比例增加，与降水量呈明显的正相关，因此可通过生物量来体现苔藓植物的水源涵养功能。苔藓植物能够适应多种生活环境，裸露的岩石、干热的沙漠、寒冷的极地、各种类型的森林与沼泽、各种不同的水体都有苔藓植物分布，其在生态系统中占据优势地位。苔藓植物虽然体型较小，但常形成大片的丛生或垫状群落，枝叶交错形成大量的毛细空隙，因此具有吸水能力强、蓄水量大及能吸收大量养分元素的特点。喀斯特生态系统中水分是影响植物分布和生长的最主要环境因子，能够影响植物的形态与生理特征，并限制植物的生长繁衍和分布，而植物体内的水分状况在自然环境中可反映出其对外界干旱胁迫的抵御及适应能力。苔藓植物通过细胞壁和植物间的空隙吸收水分，形成特有的吸水和保水机制来适应干旱环境，因此其在喀斯特石漠化区的持水保水能力具有一定的生态修复意义。经统计，10 种优势苔藓植物中仅有 3 种分布在 8 个海拔梯度，分别是狭叶小羽藓、褶叶青藓和尖叶青藓，故选取每个海拔梯度的 3 种苔藓植物作为试验材料。

1. 不同海拔梯度优势苔藓植物的持水量

石生苔藓植物能在干旱、弱水和弱光等环境中生长繁衍,许多种类能长期忍受干燥和暴晒,在数分钟或几小时内通过脱水求生,再接触水时经过数小时水化恢复基本的新陈代谢(章黎黎和张连洲,2020)。对 8 个海拔梯度 3 种优势苔藓植物的持水量进行比较,结果如图 7-23 所示,褶叶青藓持水量最高,为 25.7218×10^{-2}g/cm^2,其次是狭叶小羽藓,为 12.5406×10^{-2}g/cm^2,最小的是尖叶青藓,为 9.6340×10^{-2}g/cm^2。在海拔梯度 N7(1278~1328m)、N4(1125~1175m)和 N2(1023~1073m),均为褶叶青藓的持水量最高,且与另外 2 种苔藓植物差异显著($P<0.05$)。在海拔梯度 N3(1074~1124m)和 N8(1329~1379m),均为狭叶小羽藓的持水量最高,且与其他 2 种苔藓植物差异显著($P<0.05$)。在海拔梯度 N1(972~1022m)和 N5(1176~1226m),均为尖叶青藓的持水量最高,其中海拔梯度 N5(1176~1226m)的尖叶青藓与狭叶小羽藓持水量差异不显著。

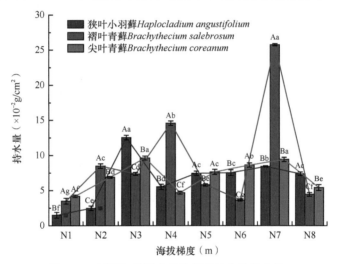

图 7-23　不同海拔梯度优势苔藓植物的持水量

不同大写字母表示同一海拔梯度三种苔藓植物持水量存在显著差异($P<0.05$),不同小写字母表示不同海拔梯度同种苔藓植物持水量存在显著差异($P<0.05$),下同

石生苔藓植物的持水量总体表现为海拔梯度 N7(1278~1328m)>海拔梯度 N3(1074~1124m)>海拔梯度 N4(1125~1175m)>海拔梯度 N5(1176~1226m)>海拔梯度 N6(1227~1277m)>海拔梯度 N2(1023~1073m)>海拔梯度 N8(1329~1379m)>海拔梯度 N1(972~1022m)(图 7-23)。其中,狭叶小羽藓的持水量随着海拔的升高呈现先显著增加后急剧减少,继而缓慢增加后又减少的趋势,在海拔梯度 N3(1074~1124m)达到最大值,持水量是自身干重的 14 倍;褶叶青藓的持水量随海拔升高总体上先波动增加后减少,继而增加到最大值后又减少,在海拔梯度 N7(1278~1328m)达到最大值,持水量是自身干重的 10

倍；尖叶青藓的持水量在不同海拔梯度间差异不显著，但在海拔梯度 N3（1074～1124m）达到最大值，持水量是自身干重的 6 倍。

2. 不同海拔梯度优势苔藓植物的持水率

石生苔藓植物的持水率随海拔升高先增加后减少，继而增加后又减少。3 种苔藓植物的持水率表现为狭叶小羽藓＞尖叶青藓＞褶叶青藓（图 7-24）。狭叶小羽藓的持水率随海拔的升高呈现先显著增加后下降，继而急剧增加后又下降的趋势，在海拔梯度 N7（1278～1328m）达到最高值，海拔梯度 N1（972～1022m）最低，其中海拔梯度 N7（1278～1328m）、N8（1329～1379m）和 N3（1074～1124m）的持水率与其他海拔梯度具有显著差异（$P<0.05$）。尖叶青藓的持水率随海拔的升高呈现先增加后减少，继而缓慢增加后又减少的趋势，在海拔梯度 N3（1074～1124m）达到最大值。褶叶青藓的持水率随海拔的变化趋势与狭叶小羽藓和尖叶青藓一致，不同之处在于其持水率在海拔梯度 N4（1125～1175m）达到最大值，且与其他海拔梯度存在显著差异（$P<0.05$）。

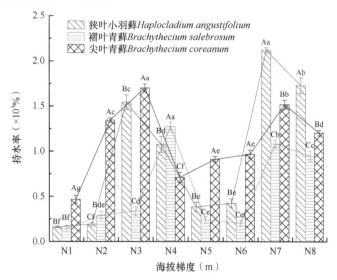

图 7-24　不同海拔梯度优势苔藓植物的持水率

不同海拔梯度 3 种苔藓植物的持水率在 $0.1×10^3$%～$2.09×10^3$%，如图 7-24 所示。持水率最高的是海拔梯度 N7（1278～1328m）的狭叶小羽藓，持水率最低的是海拔梯度 N1（972～1022m）的褶叶青藓。海拔梯度 N1 的 3 种石生苔藓植物持水率在 $0.1×10^3$%～$0.42×10^3$%，尖叶青藓最高，且与狭叶小羽藓和褶叶青藓差异显著（$P<0.05$）。海拔梯度 N2（1023～1073m）的 3 种石生苔藓植物持水率在 $0.19×10^3$%～$1.34×10^3$%，尖叶青藓最高，且与其他 2 种苔藓植物差异显著（$P<0.05$）。海拔梯度 N3（1074～1124m）的 3 种石生苔藓植物持水率在 $0.29×10^3$%～

$1.67×10^3\%$，尖叶青藓最高。海拔梯度 N4（1125～1175m）的 3 种石生苔藓植物持水率在 $0.65×10^3\%$～$1.23×10^3\%$，褶叶青藓最高。海拔梯度 N5（1176～1226m）的 3 种石生苔藓植物持水率在 $0.2×10^3\%$～$0.94×10^3\%$，尖叶青藓最高。海拔梯度 N6（1227～1277m）的 3 种石生苔藓植物持水率在 $0.17×10^3\%$～$0.97×10^3\%$，尖叶青藓最高。海拔梯度 N7（1278～1328m）的 3 种石生苔藓植物持水率在 $1.03×10^3\%$～$2.09×10^3\%$，狭叶小羽藓最高。海拔梯度 N8（1329～1379m）的 3 种石生苔藓植物持水率在 $0.92×10^3\%$～$1.65×10^3\%$，狭叶小羽藓最高。

石生苔藓植物的持水率表现为海拔梯度 N7（1278～1328m）＞海拔梯度 N8（1329～1379m）＞海拔梯度 N3（1074～1124m）＞海拔梯度 N4（1125～1175m）＞海拔梯度 N2（1023～1073m）＞海拔梯度 N6（1227～1277m）＞海拔梯度 N5（1176～1226m）＞海拔梯度 N1（972～1022m）。其中，狭叶小羽藓的持水率在 $0.17×10^3\%$～$2.09×10^3\%$，褶叶青藓在 $0.1×10^3\%$～$1.23×10^3\%$，尖叶青藓在 $0.42×10^3\%$～$1.67×10^3\%$。

3. 不同海拔梯度优势苔藓植物的生物量

不同海拔梯度优势苔藓植物的生物量如图 7-25 所示。在 8 个海拔梯度，褶叶青藓的生物量显著高于狭叶小羽藓和尖叶青藓（$P<0.05$），其次为狭叶小羽藓，最后为尖叶青藓。褶叶青藓的生物量随海拔的升高呈现先增加后波动减少，再增加到最大值后又减少的趋势，在海拔梯度 N7（1278～1328m）达到最大值（与其他海拔梯度具有明显差异），为 $3.46×10^{-2}g/cm^2$。随海拔的升高，狭叶小羽藓的生物量呈现先增加后减少，又增加后最终减少的趋势，分别在海拔梯度 N3（1074～1124m）和 N7（1278～1328m）达到最高峰与次高峰，分别为 $1.78×10^{-2}g/cm^2$ 和

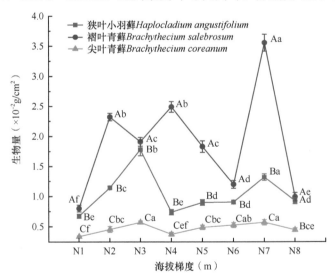

图 7-25 不同海拔梯度中优势种苔藓植物的生物量

$1.32×10^{-2}g/cm^2$。海拔梯度变化对尖叶青藓的生物量没有显著影响，其生物量在 8 个海拔梯度变化不明显。

褶叶青藓的生物量表现为：海拔梯度 N7（1278～1328m）＞海拔梯度 N4（1125～1175m）＞海拔梯度 N2（1023～1073m）＞海拔梯度 N3（1074～1124m）＞海拔梯度 N5（1176～1226m）＞海拔梯度 N6（1227～1277m）＞海拔梯度 N8（1329～1379m）＞海拔梯度 N1（972～1022m），平均生物量为 $1.95×10^{-2}g/cm^2$。狭叶小羽藓的生物量表现为：海拔梯度 N3（1074～1124m）＞海拔梯度 N7（1278～1328m）＞海拔梯度 N2（1023～1073m）＞海拔梯度 N8（1329～1379m）＞海拔梯度 N6（1227～1277m）＞海拔梯度 N5（1176～1226m）＞海拔梯度 N4（1125～1175m）＞海拔梯度 N1（972～1022m），平均生物量为 $1.04×10^{-2}g/cm^2$。尖叶青藓的生物量表现为：海拔梯度 N3（1074～1124m）＞海拔梯度 N7（1278～1328m）＞海拔梯度 N6（1227～1277m）＞海拔梯度 N5（1176～1226m）＞海拔梯度 N2（1023～1073m）＞海拔梯度 N8（1329～1379m）＞海拔梯度 N4（1125～1175m）＞海拔梯度 N1（972～1022m），平均生物量为 $0.45×10^{-2}g/cm^2$。

4. 不同海拔梯度优势苔藓植物的吸水进程

苔藓植物的吸水进程可分为内吸水和外吸水两部分。内吸水是指将水分吸收进入植物体内存于细胞内及植物体空隙中，可被植物体代谢所直接利用；外吸水是指靠毛细管系统吸入水分并固定于各器官表面、器官间空隙中，主要作为运输介质和满足蒸腾降温所需。称取正常状态下 5g 的苔藓植物进行吸水试验，测定吸水时间分别为 0.5min、1min、5min、10min、20min、40min 和 60min 时狭叶小羽藓、褶叶青藓和尖叶青藓的吸水量变化。

结果表明（图 7-26），8 个海拔梯度狭叶小羽藓的吸水量均在吸水 20min 后达到饱和，可见海拔梯度对狭叶小羽藓的吸水饱和时间没有显著影响。但不同海拔梯度狭叶小羽藓的总吸水量是不同的，具体表现为：海拔梯度 N3（1074～1124m）＞海拔梯度 N7（1278～1328m）＞海拔梯度 N8（1329～1379m）＞海拔梯度 N5（1176～1226m）＞海拔梯度 N4（1125～1175m）＞海拔梯度 N2（1023～1073m）＞海拔梯度 N6（1227～1277m）＞海拔梯度 N1（972～1022m），在海拔梯度 N3（1074～1124m）达到最大值，为 14.5294g/g 干重，其中外、内吸水量分别为 11.3153g/g 干重和 3.2141g/g 干重，分别占总吸水量的 77.88%和 22.12%。8 个海拔梯度狭叶小羽藓的外吸水量也是有区别的，也在海拔梯度 N3（1074～1124m）达到最大值，为 11.3153g/g 干重，和总吸水量的变化趋势一致，具体表现为：海拔梯度 N3（1074～1124m）＞海拔梯度 N7（1278～1328m）＞海拔梯度 N8（1329～1379m）＞海拔梯度 N5（1176～1226m）＞海拔梯度 N4（1125～1175m）＞海拔梯度 N2（1023～1073m）＞海拔梯度 N6（1227～1277m）＞海拔梯度 N1（972～

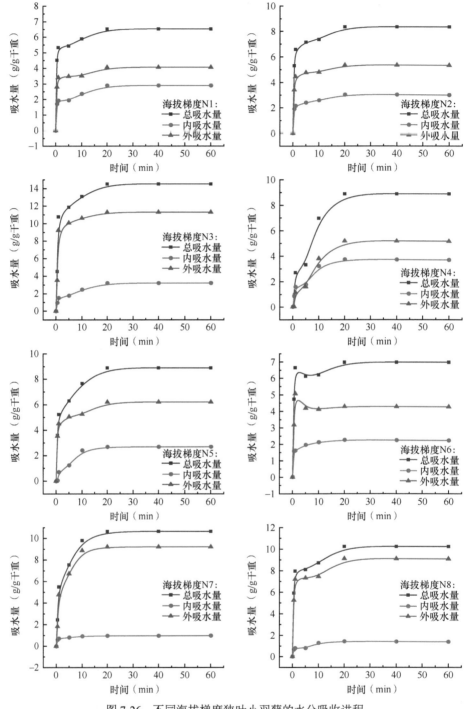

图 7-26　不同海拔梯度狭叶小羽藓的水分吸收进程

1022m)。而狭叶小羽藓的内吸水量具体表现为：海拔梯度 N4（1125～1175m）＞
海拔梯度 N3（1074～1124m）＞海拔梯度 N2（1023～1073m）＞海拔梯度 N1（972～

1022m）＞海拔梯度 N5（1176～1226m）＞海拔梯度 N6（1227～1277m）＞海拔梯度 N8（1329～1379m）＞海拔梯度 N7（1278～1328m），在海拔梯度 N4（1125～1175m）达到最大值，为 3.7151g/g 干重。

　　褶叶青藓的吸水量变化如图 7-27 所示。8 个海拔梯度褶叶青藓与狭叶小羽藓的吸水饱和时间一致，均为 20min，可见褶叶青藓的饱和吸水时间也没有受到海拔的影响。但不同海拔梯度褶叶青藓的总吸水量是不同的，具体表现为：海拔梯度 N7（1278～1328m）＞海拔梯度 N4（1125～1175m）＞海拔梯度 N2（1023～1073m）＞海拔梯度 N3（1074～1124m）＞海拔梯度 N8（1329～1379m）＞海拔梯度 N5（1176～1226m）＞海拔梯度 N6（1227～1277m）＞海拔梯度 N1（972～1022m），在海拔梯度 N7（1278～1328m）达到最大值，为 12.6215g/g 干重，其中外、内吸水量分别为 9.6227g/g 干重和 2.9988g/g 干重，分别占总吸水量的 76.24% 和 23.76%。8 个海拔梯度褶叶青藓的外吸水量也是有区别的，也在海拔梯度 N7（1278～1328m）达到最大值，为 10.2564g/g 干重，和总吸水量的变化趋势一致，具体表现为：海拔梯度 N7（1278～1328m）＞海拔梯度 N4（1125～1175m）＞海拔梯度 N2（1023～1073m）＞海拔梯度 N3（1074～1124m）＞海拔梯度 N8（1329～1379m）＞海拔梯度 N5（1176～1226m）＞海拔梯度 N6（1227～1277m）＞海拔梯度 N1（972～1022m）。而褶叶青藓的内吸水量具体表现为：海拔梯度 N8（1329～1379m）＞海拔梯度 N7（1278～1328m）＞海拔梯度 N2（1023～1073m）＞海拔梯度 N1（972～1022m）＞海拔梯度 N3（1074～1124m）＞海拔梯度 N5（1176～

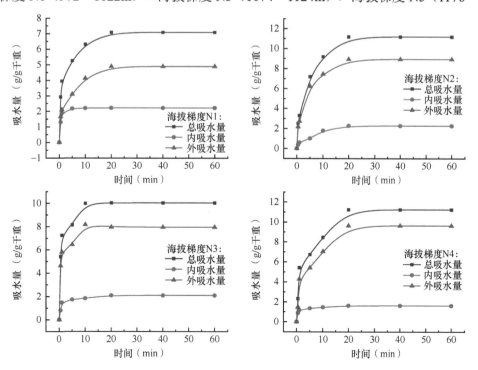

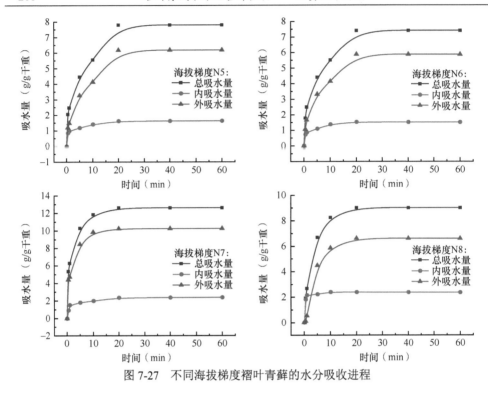

图 7-27　不同海拔梯度褶叶青藓的水分吸收进程

1226m）＞海拔梯度 N4（1125～1175m）＞海拔梯度 N6（1227～1277m），在海拔梯度 N8（1329～1379m）达到最大值，为 2.3925g/g 干重。

尖叶青藓的吸水量变化如图 7-28 所示。8 个海拔梯度尖叶青藓的吸水饱和时间均为 20min，没有受到海拔的影响。但不同海拔梯度尖叶青藓的总吸水量是不同的，具体表现为：海拔梯度 N3（1074～1124m）＞海拔梯度 N7（1278～1328m）＞海拔梯度 N6（1227～1277m）＞海拔梯度 N5（1176～1226m）＞海拔梯度 N8（1329～1379m）＞海拔梯度 N4（1125～1175m）＞海拔梯度 N2（1023～1073m）＞海拔梯度 N1（972～1022m），在海拔梯度 N3（1074～1124m）达到最大值，为11.3771g/g 干重，其中外、内吸水量分别为 8.1587g/g 干重和 3.2184g/g 干重，分别占总吸水量的 71.71%和 28.29%。8 个海拔梯度尖叶青藓的外吸水量也是有区别的，也在海拔梯度 N3（1074～1124m）达到最大值，为 8.1587g/g 干重，和总吸水量的变化趋势一致，具体表现为：海拔梯度 N3（1074～1124m）＞海拔梯度N7（1278～1328m）＞海拔梯度 N6（1227～1277m）＞海拔梯度 N5（1176～1226m）＞海拔梯度 N8（1329～1379m）＞海拔梯度 N4（1125～1175m）＞海拔梯度 N2（1023～1073m）＞海拔梯度 N1（972～1022m）。而尖叶青藓的内吸水量具体表现为：海拔梯度 N3（1074～1124m）＞海拔梯度 N7（1278～1328m）＞海拔梯度N6（1227～1277m）＞海拔梯度 N5（1176～1226m）＞海拔梯度 N2（1023～1073m）＞海拔梯度 N4（1125～1175m）＞海拔梯度 N8（1329～1379m）＞海拔梯度 N1

（972～1022m），在海拔梯度 N3（1074～1124m）达到最大值，为 3.2184g/g 干重。

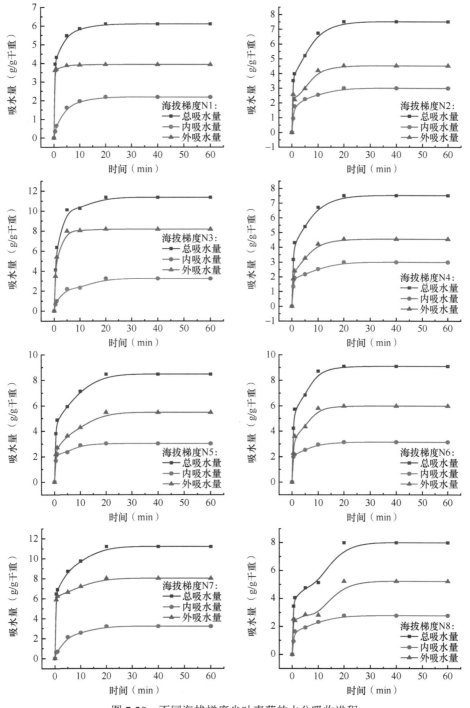

图 7-28　不同海拔梯度尖叶青藓的水分吸收进程

5. 苔藓植物生态功能的环境影响因子分析

排序法是研究生物群落沿环境梯度变化的重要数量生态学方法，其中限制性排序法能客观地反映生物群落沿环境梯度的分布状况，如冗余分析（RDA）和典范对应分析（CCA）等广泛应用于生物群落排序研究，但在苔藓生态学研究方面应用较少（高媛等，2019）。其中，RDA 是一种直接梯度分析方法，能评估一个或　组变量与另　组变量间的关系，能够有效地对多个环境因子进行统计检验、筛选，以减少降维过程中数据信息的损失，从而获得目标变量方差的最大解释量，故应用 RDA 分析探讨影响不同海拔梯度石生苔藓植物持水量、持水率以及生物量的环境因子。以持水量、持水率和生物量为响应变量，郁闭度、植被覆盖率、岩石裸露率、空气温度、光照、坡度和空气湿度等环境因子为解释变量进行冗余分析。

图 7-29 表明，RDA 第 1 排序轴解释了环境因子对不同海拔梯度狭叶小羽藓持水量、持水率和生物量影响程度的 75.30%，包含了大部分持水量、持水率和生物量有效影响因子的信息，其中空气温度与狭叶小羽藓的持水量、持水率、生物量呈显著相关关系（$P<0.05$），狭叶小羽藓的持水量、持水率、生物量两两间呈正相关，郁闭度、植被覆盖率、岩石裸露率等都与狭叶小羽藓的持水量等呈正相关，坡度与狭叶小羽藓的生物量等呈负相关。由此可见，狭叶小羽藓持水量、持水率和生物量的有效影响因子并不是单一的。

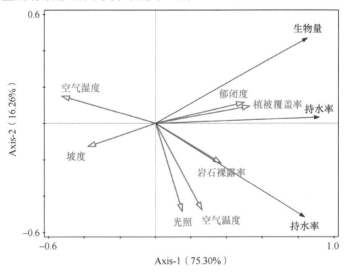

图 7-29　不同海拔梯度狭叶小羽藓持水量、持水率、生物量与环境因子的冗余分析

不同海拔梯度褶叶青藓持水量、持水率、生物量与环境因子的冗余分析结果如图 7-30 所示，可见 RDA 第 1 排序轴解释了环境因子对不同海拔梯度褶叶青藓持水量、持水率和生物量影响程度的 80.69%，其中空气湿度和郁闭度与褶叶青藓

的持水量、持水率、生物量呈显著相关关系（$P<0.05$）。褶叶青藓的持水量、持水率、生物量两两间呈正相关，空气温度、光照等都与褶叶青藓的持水量、持水率、生物量呈正相关，坡度与褶叶青藓的持水量等呈负相关。

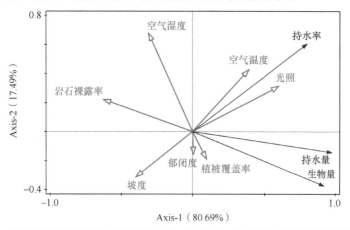

图 7-30　不同海拔梯度下褶叶青藓持水量、持水率、生物量与环境因子的冗余分析

　　不同海拔梯度尖叶青藓持水量、持水率、生物量与环境因子的冗余分析结果如图 7-31 所示，可见 RDA 第 1 排序轴解释了环境因子对不同海拔梯度尖叶青藓持水量、持水率和生物量影响程度的 88.59%，其中光照和岩石裸露率与尖叶青藓的持水量、持水率、生物量呈显著相关关系（$P<0.05$）。尖叶青藓的持水量、持水率、生物量两两间呈正相关，郁闭度、光照、植被覆盖率等都与尖叶青藓的持水量、持水率、生物量呈正相关，坡度与尖叶青藓的持水量等呈负相关。

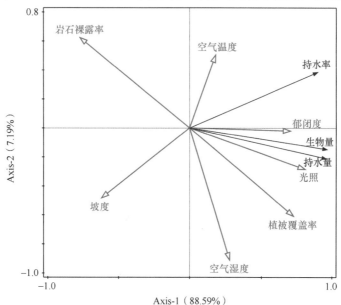

图 7-31　不同海拔梯度尖叶青藓持水量、持水率、生物量与环境因子的冗余分析

第五节　不同类型墙体苔藓植物群落特征及生态关系

喀斯特地区生态环境极其脆弱，表现为岩石裸露率高、土壤侵蚀严重、水资源分布极不均一，地表大多呈"喀斯特干旱"（杨汉奎，1989）。贵阳市位于贵州省中部，是典型的喀斯特多山城市（汤娜等，2022），海拔和地形变化较大，以石块基质堆砌的护坡与挡土墙在城区广泛分布。作为我国西南喀斯特生态系统的核心区域，长期的石漠化使贵阳市城区的山体和墙体面临水土流失、生物多样性锐减、植被严重退化与群落稳定性下降等生态环境问题（杜忠毓等，2023）。近年来植被恢复成为受损喀斯特生态系统亟待解决的难题，而苔藓植物作为先驱物种可以在墙体上快速定植，使营养物质得以积累，并增加基质表面的保湿能力，促进高等植物定植，从而缓解喀斯特地区的石漠化现状（Lisci et al.，2003；Yang et al.，2022）。目前关于墙体生态系统的研究较少，且大多集中于墙体生境和生物群，尤其是植物群（Chen et al.，2020）。国外对苔藓植物墙体环境模拟（Chameera et al.，2018）、墙体基质图案设计（Mustafa et al.，2021）与墙体苔藓植物种类选择（Katia et al.，2020）方面研究较多，但关于苔藓植物与墙体微生境关系的研究缺乏。国内仅对陕西省统万城遗址的土夯城墙（李阳等，2017）和贵阳市照壁山的墙壁（王玮等，2018）开展了苔藓植物种类研究，但关于墙体内在属性、外部环境条件及其对苔藓植物种类组成和多样性的影响鲜见报道。目前，探索苔藓植物多样性与城市环境因子间关系的研究越来越受到关注（Żołnierz et al.，2022；艾尼瓦尔·吐米尔等，2023）。加强城市中墙体苔藓植物群落的特征研究，可以补充不同生境中苔藓植物分布格局与生物多样性保护的理论基础，从而推动地区植被的恢复与发展。此外，喀斯特城市中墙体数量众多，但缺乏美化与维护，苔藓植物在裸露的墙面上生长能营造低维护成本与可持续发展的绿色墙体景观，并具有重要的生态功能（贾少华等，2014）。同时，苔藓植物在墙体上占据着较宽的生态位，而生态位作为群落特征的组成部分，对揭示生物多样性、种间关系和群落演替等具有重要作用（字洪标等，2016；Wei et al.，2024）。但关于城市区域墙体苔藓植物生态位和种间关系的研究尚属空白。另外，厘清墙体苔藓植物的分布格局，探究物种与环境的关系，有助于了解物种分布的空间特征，对喀斯特地区苔藓植物多样性保护与生态环境可持续改善具有重要意义。基于此，本小节以我国西南部最典型的喀斯特多山城市贵阳为例，探索不同类型墙体苔藓植物群落的物种组成、分布特征、物种多样性与微生境因素等特征，以了解优势种群生态位在城市墙体上的变化及其种间联结作用，从而为城市墙体生态环境生物多样性的保育与可持续管理提供理论依据，并有助于加强城市墙体空间的生态修复与边坡防护。

一、墙体苔藓植物的群落特征

1. 物种组成

327 个城市墙体样地共有苔藓植物 14 科 32 属 80 种，其中有 6 种为苔类，主要由青藓科（3 属 23 种）、丛藓科（11 属 19 种）和灰藓科（5 属 9 种）组成，占总种数的 63.75%（表 7-10）。不同类型墙体的苔藓植物种数排序为：石砌挡土墙（SD）＞混凝土护坡（HH）＞石砌护坡（SH）＞石砌建筑墙（SJ）＞石砌独立围墙（SW）＞砖砌建筑墙（ZJ）＞砖砌独立围墙（ZL）＞混凝土建筑墙（HJ）＞混凝土独立围墙（HL）（图 7-32）。同时，同一物种在不同墙体上的重要值存在差异（表 7-11），在研究区域内，褶叶青藓、密叶美喙藓、密枝青藓、小石藓、皱叶粗枝藓、长尖对齿藓、东亚砂藓、毛口藓、粗枝青藓、多枝青藓、疣柄青藓、剑叶对齿藓 12 种为优势苔藓（重要值≥0.40）。其中，小石藓、长尖对齿藓与剑叶对齿藓在所有墙体类型上均有分布，说明其适应性强，是分布广泛的苔藓植物种类。此外，分布于所有墙体类型上的苔藓植物还有毛尖青藓、狭叶拟合睫藓、青藓与真藓（0.40≥重要值≥0.25）4 种，但与前面的优势种相比其适应性较弱。

表 7-10　不同墙体类型上苔藓植物的科属统计

序号	科	属	属数（占比）	种数（占比）
1	青藓科 Brachytheciaceae	青藓属 Brachythecium	3（10%）	23（29%）
		美喙藓属 Eurhynchium		
		长喙藓属 Rhynchostegium		
2	丛藓科 Pottiaceae	对齿藓属 Didymodon	11（35%）	19（24%）
		拟合睫藓属 Pseudosymblepharis		
		丛本藓属 Anoectangium		
		毛口藓属 Trichostomum		
		湿地藓属 Hyophila		
		小石藓属 Weissia		
		净口藓属 Gymnostomum		
		红叶藓属 Bryoerythrophyllum		
		扭口藓属 Barbula		
		陈氏藓属 Chenia		
		纽藓属 Tortella		
3	灰藓科 Hypnaceae	美灰藓属 Eurohypnum	5（16%）	9（11%）
		粗枝藓属 Gollania		
		鳞叶藓属 Taxiphyllum		
		毛灰藓属 Homomallium		
		灰藓属 Hypnum		
4	真藓科 Bryaceae	真藓属 Bryum	1（3%）	7（9%）

续表

序号	科	属	属数（占比）	种数（占比）
5	羽藓科 Thuidiaceae	小羽藓属 Haplocladium	3（9%）	4（5%）
		麻羽藓属 Claopodium		
		羽藓属 Thuidium		
6	地钱科 Marchantiaceae	地钱属 Marchantia	1（3%）	4（5%）
7	提灯藓科 Mniaceae	匐灯藓属 Plagiomnium	1（3%）	3（4%）
8	绢藓科 Entodontaceae	绢藓属 Entodon	1（3%）	2（3%）
9	缩叶藓科 Ptychomitriaceae	缩叶藓属 Ptychomitrium	1（3%）	2（3%）
10	紫萼藓科 Grimmiaceae	砂藓属 Racomitrium	1（3%）	2（3%）
11	光萼苔科 Porellaceae	光萼苔属 Porella	1（3%）	2（3%）
12	卷柏藓科 Racopilaceae	卷柏藓属 Racopilum	1（3%）	1（1%）
13	凤尾藓科 Fissidentaceae	凤尾藓属 Fissidens	1（3%）	1（1%）
14	珠藓科 Bartramiaceae	泽藓属 Philonotis	1（3%）	1（1%）

表 7-11　不同墙体类型上苔藓植物的物种组成及其重要值

序号	种	HH	HJ	HL	SH	SJ	SW	SD	ZL	ZJ	频次	平均值
S1	褶叶青藓 Brachythecium salebrosum	0.31		0.37	0.56	0.54	0.40	0.34	0.83		7	0.48
S2	密叶美喙藓 Eurhynchium savatieri				0.17	0.20	1.00	0.59	0.23	0.64	6	0.47
S3	密枝青藓 Brachythecium amnicola	0.44						0.40	0.18	0.78	4	0.45
S4	小石藓 Weissia controversa	0.50	0.25	1.00	0.54	0.48	0.51	0.44	0.13	0.19	9	0.45
S5	皱叶粗枝藓 Gollania ruginosa	0.33						0.54			2	0.43
S6	长尖对齿藓 Didymodon ditrichoides	0.37	0.31	0.10	0.35	0.40	0.51	0.41	0.55	0.88	9	0.43
S7	东亚砂藓 Racomitrium japonicum	0.52	0.68	0.31	0.47	0.53	0.37	0.37		0.14	8	0.42
S8	毛口藓 Trichostomum brachydontium	0.44				0.21		0.25	0.78		4	0.42
S9	粗枝青藓 Brachythecium helminthocladum	0.13		0.81	0.47	0.37	0.45	0.35		0.33	7	0.42
S10	多枝青藓 Brachythecium fasciculirameum	0.31	0.60		0.16	0.30	0.37	0.57		0.59	7	0.42
S11	疣柄青藓 Brachythecium perscabrum	0.20						0.75		0.28	3	0.41
S12	剑叶对齿藓 Didymodon rufidulus	0.33	0.44	0.33	0.52	0.46	0.34	0.45	0.38	0.36	9	0.40
S13	砂藓 Racomitrium canescens	0.45	0.40		0.35			0.46	0.30		5	0.39
S14	羽枝青藓 Brachythecium plumosum	0.25								0.50	2	0.38

续表

序号	种	墙体类型									频次	平均值
		HH	HJ	HL	SH	SJ	SW	SD	ZL	ZJ		
S15	毛尖青藓 *Brachythecium piligerum*	0.27	0.28	0.59	0.22	0.32	0.39	0.33	0.47	0.43	9	0.37
S16	拟三列真藓 *Bryum pseudotriquetrum*	0.27						0.46			2	0.36
S17	双色真藓 *Bryum dichotomum*	0.28	0.30	0.65	0.26	0.42	0.32	0.40	0.27		8	0.36
S18	皱叶青藓 *Brachythecium kuroishicum*	0.57			0.11	0.15	0.53	0.45			5	0.36
S19	毛灰藓 *Homomallium incurvatum*		0.46					0.26			2	0.36
S20	侧枝匍灯藓 *Plagiomnium maximoviczii*							0.35			1	0.35
S21	柔叶青藓 *Brachythecium moriense*				0.21		0.33	0.50			3	0.35
S22	圆枝青藓 *Brachythecium garovaglioides*					0.57	0.11				2	0.34
S23	扭尖美喙藓 *Eurhynchium kirishimense*	0.08	0.35			0.27		0.37	0.40	0.55	6	0.34
S24	狭叶拟合睫藓 *Pseudosymblepharis angustata*	0.25	0.72	0.25	0.26	0.42	0.24	0.32	0.46	0.09	9	0.34
S25	疏网美喙藓 *Eurhynchium laxirete*	0.16				0.07	0.80	0.31			4	0.33
S26	净口藓 *Gymnostomum calcareum*				0.10	0.07	0.78		0.37		4	0.33
S27	狭叶麻羽藓 *Claopodium aciculum*	0.30			0.09		0.75		0.17		4	0.33
S28	多褶青藓 *Brachythecium buchananii*	0.17		0.52	0.17	0.24		0.53	0.22		6	0.31
S29	细叶小羽藓 *Haplocladium microphyllum*	0.26		0.19	0.23	0.35	0.45	0.41	0.27	0.27	8	0.30
S30	勃氏青藓 *Brachythecium brotheri*	0.23			0.36	0.18	0.38	0.29		0.37	6	0.30
S31	扭口藓 *Barbula unguiculata*	0.18			0.22	0.56	0.15	0.38			5	0.30
S32	尖叶匍灯藓 *Plagiomnium acutum*			0.31				0.29			2	0.30
S33	淡叶长喙藓 *Rhynchostegium pallidifolium*	0.15			0.45						2	0.30
S34	东亚泽藓 *Philonotis turneriana*	0.19								0.40	2	0.29
S35	长叶纽藓 *Tortella tortuosa*					0.29					1	0.29
S36	尖叶青藓 *Brachythecium coreanum*			0.63	0.15	0.29	0.16	0.23			5	0.29

续表

序号	种	墙体类型									频次	平均值
		HH	HJ	HL	SH	SJ	SW	SD	ZL	ZJ		
S37	青藓 *Brachythecium pulchellum*	0.18	0.13	0.11	0.20	0.31	0.14	0.34	0.18	1.00	9	0.29
S38	真藓 *Bryum argenteum*	0.25	0.30	0.35	0.25	0.17	0.22	0.19	0.31	0.56	9	0.29
S39	广叶绢藓 *Entodon flavescens*	0.40			0.30			0.37	0.10		4	0.28
S40	美灰藓 *Eurohypnum leptothallum*	0.23			0.40	0.11	0.33	0.40	0.36	0.15	7	0.28
S41	尖叶对齿藓原变种 *Didymodon constrictus* var. *constrictus*	0.24			0.39	0.28	0.43	0.23	0.11		6	0.28
S42	地钱 *Marchantia polymorpha*				0.18	0.28				0.37	3	0.28
S43	卵叶青藓 *Brachythecium rutabulum*	0.10						0.43			2	0.27
S44	花状湿地藓 *Hyophila nymaniana*	0.29		0.38	0.15	0.17	0.29	0.24	0.26	0.31	8	0.26
S45	弯叶真藓 *Bryum recurvulum*	0.08						0.43			2	0.26
S46	凸尖鳞叶藓 *Taxiphyllum cuspidifolium*		0.13		0.34	0.10	0.13	0.27	0.34	0.49	7	0.26
S47	高山真藓 *Bryum alpinum*	0.21			0.30	0.26					3	0.25
S48	丛生真藓 *Bryum caespiticium*	0.23			0.28						2	0.25
S49	卷叶丛本藓 *Anoectangium thomsonii*	0.18	0.27	0.16	0.32	0.15	0.19	0.26	0.38		8	0.24
S50	狭叶美喙藓 *Eurhynchium coarctum*					0.24					1	0.24
S51	尖叶美喙藓 *Eurhynchium eustegium*				0.32	0.30		0.20		0.13	4	0.24
S52	大羽藓 *Thuidium cymbifolium*	0.16						0.32			2	0.24
S53	卷叶湿地藓 *Hyophila involuta*	0.17			0.17	0.20	0.31	0.24		0.23	6	0.22
S54	薄壁卷柏藓 *Racopilum cuspidigerum*							0.22			1	0.22
S55	钙生灰藓 *Hypnum calcicola*	0.28			0.15				0.20		3	0.21
S56	扭口红叶藓 *Bryoerythrophyllum inaequalifolium*	0.20			0.31	0.12		0.31		0.10	5	0.21
S57	缺齿小石藓 *Weissia edentula*	0.19	0.16		0.19	0.17	0.24	0.35		0.15	7	0.21
S58	多枝缩叶藓 *Ptychomitrium gardneri*	0.24	0.22		0.12			0.24			4	0.20
S59	粗裂地钱原亚种 *Marchantia paleacea* subsp. *paleacea*	0.29			0.17			0.15			3	0.20
S60	反叶对齿藓 *Didymodon ferrugineus*					0.15		0.25			2	0.20
S61	鳞叶藓 *Taxiphyllum taxirameum*				0.22	0.21		0.17		0.18	4	0.19

续表

序号	种	墙体类型									频次	平均值
		HH	HJ	HL	SH	SJ	SW	SD	ZL	ZJ		
S62	长柄绢藓 Entodon macropodus	0.32		0.14			0.12	0.19		0.21	5	0.19
S63	卷叶毛口藓 Trichostomum hattorianum							0.19			1	0.19
S64	长肋青藓 Brachythecium populeum							0.32			1	0.19
S65	短肋羽藓 Thuidium kanedae	0.11			0.11	0.11	0.20	0.34		0.25	6	0.19
S66	朝鲜扭口藓 Barbula amplexifolia				0.12			0.23			2	0.18
S67	陈氏藓 Chenia leptophylla				0.18					0.17	2	0.17
S68	圆叶匐灯藓 Plagiomnium vesicatum							0.14		0.20	2	0.17
S69	楔瓣地钱原亚种 Marchantia emarginata subsp. emarginata		0.21			0.10				0.19	3	0.17
S70	石地钱 Reboulia hemisphaerica				0.13		0.20				2	0.16
S71	多变粗枝藓 Gollania varians	0.20			0.12						2	0.16
S72	宽叶真藓 Bryum funkii			0.09	0.15						2	0.15
S73	狭网真藓 Bryum algovicum							0.15			1	0.15
S74	细尖鳞叶藓 Taxiphyllum aomoriense	0.15									1	0.15
S75	钝叶光萼苔 Porella obtusata							0.14			1	0.14
S76	狭叶缩叶藓 Ptychomitrium linearifolium	0.10	0.24		0.06		0.11	0.16			5	0.14
S77	菲律宾粗枝藓 Gollania philippinensis	0.13									1	0.13
S78	高山红叶藓 Bryoerythrophyllum alpigenum				0.22	0.06	0.10	0.10	0.08		5	0.11
S79	卷叶凤尾藓 Fissidens dubius				0.13			0.08			2	0.10
S80	密叶光萼苔原亚种 Porella densifolia subsp. densifolia							0.09			1	0.09

本研究发现有 11 种苔藓植物物种仅分布在一类墙体上，如细尖鳞叶藓与菲律宾粗枝藓仅分布在混凝土护坡（HH）上；侧枝匐灯藓、薄壁卷柏藓、卷叶毛口藓、长肋青藓、狭网真藓、钝叶光萼苔与密叶光萼苔原亚种仅分布在石砌挡土墙（SD）上；长叶纽藓与狭叶美喙藓仅分布在石砌建筑墙（SJ）上。这类物种因独特的生理适应机制，更偏向于选择特定的墙体基质作为栖息地。

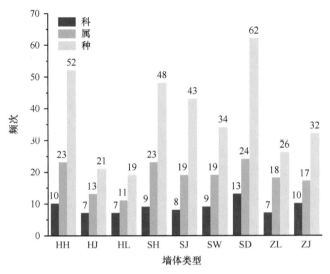

图 7-32　城市不同墙体类型上苔藓植物的优势科、属、种

2. 不同部位苔藓植物的分布特点

对 9 类墙体类型分析发现（图 7-33），石砌挡土墙（SD）顶部、基部和缝隙的苔藓植物种类最多，相反，混凝土护坡（HH）面部的种类最多。混凝土和砖墙上的苔藓植物在顶部、面部、底部和缝隙都出现，但数量很少。优势种在不同类型墙体上的分布表明（表 7-12，重要值≥0.40），混凝土护坡（HH）的面部与独立围墙（HL）的基部优势种较丰富，其中小石藓同时分布在这两类墙体上；而混凝土建筑墙（HJ）面部和基部的优势种数量相等。石砌护坡（SH）面部的优势种最多，主要有褶叶青藓、小石藓与淡叶长喙藓等；在石砌建筑墙（SJ）上，优势

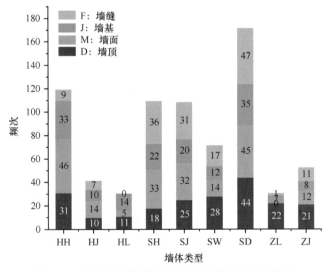

图 7-33　城市不同类型墙体部位的苔藓植物优势种

表 7-12　墙体苔藓植物的物种重要值及分布部位

墙体类型	D (墙顶)		M (墙面)		J (墙基)		F (墙缝)	
	种	重要值	种	重要值	种	重要值	种	重要值
	狭叶拟合睫藓 *Pseudosymblepharis angustata*	0.80	广叶绢藓 *Entodon flavescens*	1.00	皱叶青藓 *Brachythecium kuroishicum*	0.77	小石藓 *Weissia controversa*	0.61
	东亚砂藓 *Racomitrium japonicum*	0.76	皱叶粗枝藓 *Gollania ruginosa*	0.73	美灰藓 *Eurohypnum leptothallum*	0.54	尖叶对齿藓原变种 *Didymodon constrictus* var. *constrictus*	0.57
	小石藓 *Weissia controversa*	0.48	长柄绢藓 *Entodon macropodus*	0.67	小石藓 *Weissia controversa*	0.52		
混凝土护坡 (HH)	密枝青藓 *Brachythecium amnicola*	0.48	密枝青藓 *Brachythecium amnicola*	0.62	长尖对齿藓 *Didymodon ditrichoides*	0.42		
	砂藓 *Racomitrium canescens*	0.42	褶叶青藓 *Brachythecium salebrosum*	0.62				
			砂藓 *Racomitrium canescens*	0.57				
			小石藓 *Weissia controversa*	0.45				
			剑叶对齿藓 *Didymodon rufidulus*	0.44				
			皱叶青藓 *Brachythecium kuroishicum*	0.44				
	多枝青藓 *Brachythecium fasciculirameum*	0.62	多枝青藓 *Brachythecium fasciculirameum*	0.59	狭叶拟合睫藓 *Pseudosymblepharis angustata*	0.72	剑叶对齿藓 *Didymodon rufidulus*	0.44
混凝土建筑墙 (HJ)	毛灰藓 *Homomallium incurvatum*	0.46	花状湿地藓 *Hyophila nymaniana*	0.55	砂藓 *Racomitrium canescens*	0.68		
			剑叶对齿藓 *Didymodon rufidulus*	0.45	东亚砂藓 *Racomitrium japonicum*	0.68		

续表

墙体类型	D（墙顶）种	重要值	M（墙面）种	重要值	J（墙基）种	重要值	F（墙缝）种	重要值
混凝土建筑墙（HJ）			砂藓 Racomitrium canescens	0.43	长尖对齿藓 Didymodon ditrichoides	0.66		
			双色真藓 Bryum dichotomum	0.43	真藓 Bryum argenteum	0.51		
混凝土独立围墙（HL）	毛尖青藓 Brachythecium piligerum	0.69	粗枝青藓 Brachythecium helminthocladum	0.81	粗枝青藓 Brachythecium helminthocladum	1.00		
	粗枝青藓 Brachythecium helminthocladum	0.61	双色真藓 Bryum dichotomum	0.65	小石藓 Weissia controversa	1.00		
	狭叶拟合睫藓 Pseudosymblepharis angustata	0.59	多褶青藓 Brachythecium buchananii	0.46	多褶青藓 Brachythecium buchananii	0.84		
			尖叶匐灯藓 Plagiomnium acutum	0.43	真藓 Bryum argenteum	0.64		
					尖叶青藓 Brachythecium coreanum	0.63		
					毛尖青藓 Brachythecium piligerum	0.48		
石砌护坡（SH）	勃氏青藓 Brachythecium brotheri	0.83	褶叶青藓 Brachythecium salebrosum	1.00	剑叶对齿藓 Didymodon rufidulus	0.65	粗枝青藓 Brachythecium helminthocladum	0.72
	剑叶对齿藓 Didymodon rufidulus	0.66	小石藓 Weissia controversa	0.60	美灰藓 Eurohypnum leptothallum	0.62	东亚砂藓 Racomitrium japonicum	0.70
	凸尖鳞叶藓 Taxiphyllum cuspidifolium	0.61	淡叶长喙藓 Rhynchostegium pallidifolium	0.53	小石藓 Weissia controversa	0.58	剑叶对齿藓 Didymodon rufidulus	0.43
	高山红叶藓 Bryoerythrophyllum alpigenum	0.59	剑叶对齿藓 Didymodon rufidulus	0.50	东亚砂藓 Racomitrium japonicum	0.58	小石藓 Weissia controversa	0.43
	小石藓 Weissia controversa		长尖对齿藓 Didymodon ditrichoides	0.48	长尖对齿藓 Didymodon ditrichoides	0.41	砂藓 Racomitrium canescens	0.42

续表

墙体类型	D（墙顶）种	重要值	M（墙面）种	重要值	J（墙基）种	重要值	F（墙缝）种	重要值
石砌护坡（SH）	粗枝青藓 Brachythecium helminthocladum	0.47	美灰藓 Eurohypnum leptothallum	0.45			扭口藓 Barbula unguiculata	1.00
			长尖对齿藓 Didymodon ditrichoides	0.43			东亚砂藓 Racomitrium japonicum	0.80
			尖叶对齿藓原变种 Didymodon constrictus var. constrictus	0.42			狭叶拟合睫藓 Pseudosymblepharis angustata	0.56
			东亚砂藓 Racomitrium japonicum	0.40			双色真藓 Bryum dichotomum	0.48
石砌建筑墙（SJ）	尖叶美喙藓 Eurhynchium eustegium	0.72	小石藓 Weissia controversa	0.94	褶叶青藓 Brachythecium salebrosum	1.00	长尖对齿藓 Didymodon ditrichoides	0.47
	青藓 Brachythecium pulchellum	0.55	扭口藓 Barbula unguiculata	0.73	双色真藓 Bryum dichotomum	0.90	小石藓 Weissia controversa	0.46
	剑叶对齿藓 Didymodon rufidulus	0.54	褶叶青藓 Brachythecium salebrosum	0.49	广叶绢藓 Entodon flavescens	0.70	地钱 Marchantia polymorpha	0.43
	多枝青藓 Brachythecium fasciculirameum	0.45	剑叶对齿藓 Didymodon rufidulus	0.48	剑叶对齿藓 Didymodon rufidulus	0.66		
	粗枝青藓 Brachythecium helminthocladum	0.41	尖叶对齿藓原变种 Didymodon constrictus var. constrictus	0.48	圆枝青藓 Brachythecium garovaglioides	0.61		
	长尖对齿藓 Didymodon ditrichoides	0.40	细叶小羽藓 Haplocladium microphyllum	0.44	长尖对齿藓 Didymodon ditrichoides	0.60		
			狭叶美喙藓 Eurhynchium coarctum	0.43	粗枝青藓 Brachythecium helminthocladum	0.51		
			多褶青藓 Brachythecium buchananii	0.40	毛尖青藓 Brachythecium piligerum	0.47		

续表

墙体类型	D（墙顶）		M（墙面）		J（墙基）		F（墙缝）	
	种	重要值	种	重要值	种	重要值	种	重要值
石砌独立围墙 (SW)	狭叶麻羽藓 Claopodium aciculum	1.00	小石藓 Weissia controversa	1.00	密叶美喙藓 Eurhynchium savatieri	1.00	疏网美喙藓 Eurhynchium laxirete	1.00
	多枝青藓 Brachythecium fasciculirameum	0.80	净口藓 Gymnostomum calcareum	1.00	疏网美喙藓 Eurhynchium laxirete	0.63	净口藓 Gymnostomum calcareum	0.79
	净口藓 Gymnostomum calcareum	0.62	疏网美喙藓 Eurhynchium laxirete	0.77	长尖对齿藓 Didymodon ditrichoides	0.62	狭叶麻羽藓 Claopodium aciculum	0.67
	长尖对齿藓 Didymodon ditrichoides	0.62	长尖对齿藓 Didymodon ditrichoides	0.69	狭叶麻羽藓 Claopodium aciculum	0.57	尖叶对齿藓原变种 Didymodon constrictus var. constrictus	0.65
	细叶小羽藓 Haplocladium microphyllum	0.61	东亚砂藓 Racomitrium japonicum	0.63	真藓 Bryum argenteum	0.42	细叶小羽藓 Haplocladium microphyllum	0.57
	褶叶青藓 Brachythecium salebrosum	0.57	毛尖青藓 Brachythecium piligerum	0.58			剑叶对齿藓 Didymodon rufidulus	0.45
	皱叶青藓 Brachythecium kuroishicum	0.53						
	美灰藓 Hypnum leptothallum	0.50						
	粗枝青藓 Brachythecium helminthocladum	0.49						
	勃氏青藓 Brachythecium brotheri	0.49						
	小石藓 Weissia controversa	0.42						
	双色真藓 Bryum dichotomum	0.41						
石砌挡土墙 (SD)	多枝青藓 Brachythecium fasciculirameum	0.67	多枝青藓 Brachythecium fasciculirameum	0.82	密叶美喙藓 Eurhynchium savatieri	1.00	拟三列真藓 Bryum pseudotriquetrum	0.75

续表

墙体类型	D（墙顶）种	重要值	M（墙面）种	重要值	J（墙基）种	重要值	F（墙缝）种	重要值
石砌挡土墙（SD）	弯叶青藓 Brachythecium reflexum	0.67	广叶绢藓 Entodon flavescens	0.79	多枝青藓 Brachythecium fasciculirameum	0.68	侧枝匍灯藓 Plagiomnium maximoviczii	0.57
	青藓 Brachythecium pulchellum	0.54	疣柄青藓 Brachythecium perscabrum	0.75	卷叶丛本藓 Anoectangium thomsonii	0.67	多褶青藓 Brachythecium buchananii	0.53
	多褶青藓 Brachythecium buchananii	0.51	卵叶青藓 Brachythecium rutabulum	0.63	美灰藓 Eurohypnum leptothallum	0.61	狭叶拟合睫藓 Pseudosymblepharis angustata	0.52
	褶叶青藓 Brachythecium salebrosum	0.51	多褶青藓 Brachythecium buchananii	0.61	粗枝青藓 Brachythecium helminthocladium	0.60	剑叶对齿藓 Didymodon rufidulus	0.51
	双色真藓 Bryum dichotomum	0.47	砂藓 Racomitrium canescens	0.53	青藓 Brachythecium pulchellum	0.54	柔叶青藓 Brachythecium moriense	0.50
	美灰藓 Eurohypnum leptothallum	0.45	细叶小羽藓 Haplocladium microphyllum	0.44	皱叶粗枝藓 Gollania ruginosa	0.54	小石藓 Weissia controversa	0.50
	扭尖美喙藓 Eurhynchium kirishimense	0.45	长尖对齿藓 Didymodon ditrichoides	0.43	卵叶青藓 Brachythecium rutabulum	0.53	缺齿小石藓 Weissia edentula	0.45
	细叶小羽藓 Haplocladium microphyllum	0.44	扭尖美喙藓 Eurhynchium kirishimense	0.42	勃氏青藓 Brachythecium brotheri	0.52	皱叶青藓 Brachythecium kuroishicum	0.45
	卵叶青藓 Brachythecium rutabulum	0.44			长尖对齿藓 Didymodon ditrichoides	0.48	短肋羽藓 Thuidium kanedae	0.44
	剑叶对齿藓 Didymodon rufidulus	0.42			多褶青藓 Brachythecium buchananii	0.48	砂藓 Racomitrium canescens	0.43
	缺齿小石藓 Weissia edentula	0.42			小石藓 Weissia controversa	0.47	粗裂地钱原亚种 Marchantia paleacea subsp. Paleacea	0.42
	单胞红叶藓 Bryoerythrophyllum inaequalifolium	0.41			剑叶对齿藓 Didymodon rufidulus	0.41	东亚砂藓 Racomitrium japonicum	0.41
	毛尖青藓 Brachythecium piligerum	0.41			砂藓 Racomitrium canescens	0.41		

续表

墙体类型	D（墙顶） 种	重要值	M（墙面） 种	重要值	J（墙基） 种	重要值	F（墙缝） 种	重要值
砖砌建筑墙（ZL）	褶叶青藓 Brachythecium salebrosum	0.83			毛口藓 Trichostomum brachydontium	0.78	真藓 Bryum argenteum	1.00
	长尖对齿藓 Didymodon ditrichoides	0.55			卷叶丛本藓 Anoectangium thomsonii	0.70		
	毛尖青藓 Brachythecium piligerum	0.47			狭叶拟合睫藓 Pseudosymblepharis angustata	0.46		
	剑叶对齿藓 Didymodon rufidulus	0.44						
	扭尖美喙藓 Eurhynchium kirishimense	0.40						
砖砌独立围墙（ZJ）	密枝青藓 Brachythecium amnicola	0.78	剑叶对齿藓 Didymodon rufidulus	0.52	长尖对齿藓 Didymodon ditrichoides	0.72	长尖对齿藓 Didymodon ditrichoides	0.90
	扭尖美喙藓 Eurhynchium kirishimense	0.76	毛尖青藓 Brachythecium piligerum	0.49	密叶美喙藓 Eurhynchium savatieri	0.64	扭尖美喙藓 Eurhynchium kirishimense	0.51
	多枝青藓 Brachythecium fasciculirameum	0.59	凸尖鳞叶藓 Taxiphyllum cuspidifolium	0.49	羽枝青藓 Brachythecium plumosum	0.50		
	毛尖青藓 Brachythecium piligerum	0.48	粗枝青藓 Brachythecium helminthocladum	0.47	东亚泽藓 Philonotis turneriana	0.43		
	细叶小羽藓 Haplocladium microphyllum	0.42						

种多分布在面部与基部，如褶叶青藓与剑叶对齿藓在这两个部位均有分布；在石砌独立围墙（SW）上，优势种最多的部位是顶部，由狭叶麻羽藓、多枝青藓与净口藓等种类组成；同时在物种总数最多的石砌挡土墙（SD）上，顶部和基部的优势种数量相等，其中多褶青藓在4个部位均有分布，多枝青藓、卵叶青藓、剑叶对齿藓与砂藓的附生部位数量紧随其后。砖砌墙体上的优势种主要分布在顶部，以毛尖青藓与扭尖美喙藓为主。总之，苔藓植物主要分布在混凝土墙体的面部与基部，石砌墙体的顶部、面部和基部，砖砌墙体的顶部，其群落分布受生长基质和附生部位影响。

3. 不同墙体类型苔藓植物的物种多样性特征

图7-34显示不同类型墙体的苔藓植物 α 多样性指数具有显著差异。Margalef丰富度指数的变化幅度较大，在 6.05～14.95，其他指数的变化幅度较小，如Shannon-Wiener 多样性指数、Simpson 优势度指数和 Pielou 均匀度指数分别为2.56～3.48、0.88～0.96 与 0.79～0.89。总体而言，石砌挡土墙（SD）的 Margalef丰富度指数、Shannon-Wiener 多样性指数与 Simpson 优势度指数最高，物种多样

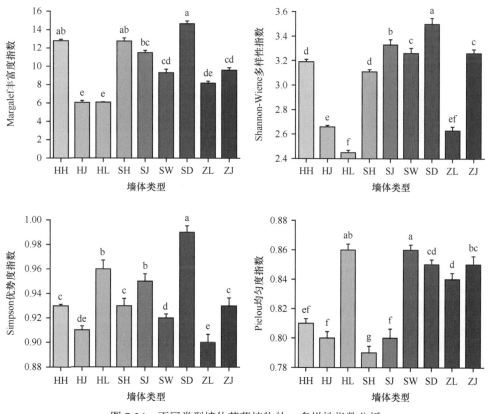

图 7-34　不同类型墙体苔藓植物的 α 多样性指数分析

性最丰富,混凝土建筑墙(HJ)与混凝土独立围墙(HL)的 Margalef 丰富度指数及 Shannon-Wiener 多样性指数均显著低于其他墙体类型;Pielou 均匀度指数最高的为石砌独立围墙(SW),混凝土建筑墙(HJ)紧随其后,石砌护坡(SH)最低。说明不同类型墙体的苔藓植物分布极不均匀,物种越丰富,均匀度越低。

　　Jaccard 相似性系数可以反映群落或样方间物种组成的相似性,Cody 相异性指数可以反映沿环境梯度样方物种组成的更替速率。由图 7-35 可知,β 多样性总体呈波动性变化,且 Cody 相异性指数沿墙体类型的整体变化趋势与 Jaccard 相似性指数基本相反。Jaccard 相似性系数在混凝土类墙体(HH+HJ、HH+HL、HJ+HL)中出现最高值 0.70 与最低值 0.18,呈先下降后上升的趋势,表明苔藓植物群落在混凝土基质上表现为极不相似与中等相似;石砌类墙体(SH+SJ、SH+SW、SH+SD、SJ+SW、SJ+SD、SW+SD)的 Jaccard 相似性系数整体呈现轻微下降的趋势。而 Cody 相异性指数整体波动较大,变化幅度在 3.5~24.5,反映了生境的复杂性,其中 HH+HL 最大,表明这类墙体的苔藓植物的群落结构、组成与其他墙体类型有较大差异。综上所述,不同类型墙体上苔藓植物群落的生境具有空间异质性。

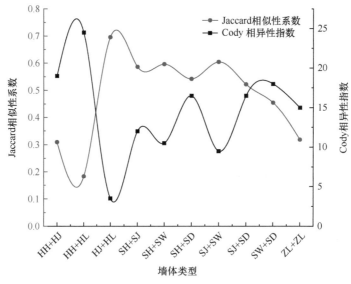

图 7-35　不同类型墙体的苔藓植物 β 多样性指数分析

二、墙体苔藓植物微生境特征

1. 墙体属性与墙体微环境因素的关系

　　由图 7-36 可知,大多数墙体属性与墙体类型存在显著或极显著相关性,墙体微环境因素则与空气湿度关系紧密。冠层密度、人为干扰与墙体类型呈极显著正相

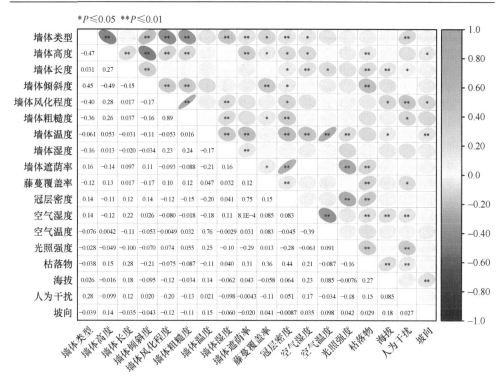

图 7-36　墙体属性与 8 个墙体微环境因素的相关系数分析

关（$P<0.01$），相关系数分别为 0.143 和 0.284；空气湿度与墙体类型呈显著正相
关（$P<0.05$），相关系数为 0.139；墙体长度、墙体温度分别与空气湿度呈极显著
正相关与负相关（$P<0.01$），相关系数分别为 0.22、−0.182。此外，墙体风化程
度与墙体粗糙度、冠层密度与墙体遮荫率、空气温度与墙体温度关联较大，相关
系数分别为 0.886、0.748、0.764。综上，影响墙体属性的主要墙体微环境因素包
括冠层密度、空气湿度、枯落物与人为干扰，其余因素也有不同程度的影响。

2. 苔藓植物群落与微生境的关系

运用前向选择法删除 9 个不显著因素，通过显著性检验的因素为墙体温度、空
气湿度、墙体遮荫率、海拔、墙体湿度、枯落物、墙体倾斜度与坡向（表 7-13），8
个因素对苔藓植物分异格局的贡献率分别为 10.90%、10.40%、9.20%、7.40%、7.30%、
5.40%、5.30%、5.10%，且相关性显著或极显著，可以较好地解释墙体苔藓植物的
环境变量。

表 7-13　CCA 前选择环境变量

因素	解释量（%）	贡献率（%）	F	P
墙体温度	0.90	10.90	2.90	0.002**
空气湿度	0.80	10.40	2.70	0.002**

续表

因素	解释量（%）	贡献率（%）	F	P
墙体遮荫率	0.70	9.20	2.40	0.002**
海拔	0.60	7.40	2.00	0.002**
墙体湿度	0.60	7.30	1.90	0.002**
枯落物	0.40	5.40	1.40	0.006**
墙体倾斜度	0.40	5.30	1.40	0.034*
坡向	0.40	5.10	1.40	0.020*
藤蔓覆盖率	0.40	5.20	1.40	0.07
人为干扰	0.40	4.50	1.20	0.15
空气温度	0.40	4.40	1.20	0.18
冠层密度	0.40	4.50	1.20	0.16
墙体风化程度	0.40	4.40	1.20	0.16
墙体粗糙度	0.40	4.50	1.20	0.14
墙体长度	0.30	4.10	1.10	0.22
墙体高度	0.30	3.80	1.00	0.45
光照强度	0.30	3.30	0.90	0.62

　　CCA 排序结果显示，前两轴的特征值分别为 28.44% 和 18.83%，占总变化量的 44.13%（图 7-37），其中苔藓物种、墙体类型和墙体微环境因素间关系的累积方差为 72.84%（表 7-14）。第一轴与 4 个墙体微环境因素相关，其中空气湿度与海拔呈显著负相关。沿第一轴分布的物种为长尖对齿藓、疣柄青藓、尖叶对齿藓原变种、大羽藓等耐干旱物种，多沿正方向分布，表明其多分布在空气湿度较低且海拔较高的墙体环境中；相反，毛尖青藓、皱叶青藓、扭口藓、卷叶湿地藓等喜湿喜阴植物则分布在负方向。这也印证了该轴与空气湿度及海拔等墙体微环境因素相关，这些因素彼此之间存在一定的相关性。第二轴与墙体湿度、墙体遮荫率、墙体倾斜度、墙体温度相关，表明墙体属性对苔藓植物的空间分布也至关重要。相应地，一些苔藓如青藓科多褶青藓和疏网美喙藓、提灯藓科尖叶匐灯藓和圆叶匐灯藓、苔类楔瓣地钱原亚种和密叶光萼苔原亚种等更倾向于分布在湿度较大的墙面上，表明水分是决定墙体苔藓植物组成和分布的关键因素。

　　此外，9 个墙体类型（样地）的群落物种组成相似度较高，其物种组成与墙体属性、墙体微环境因素间存在显著的相关性。混凝土护坡与石砌挡土墙上的物种最多，墙体湿度与墙体温度对混凝土护坡上的物种影响最大，如狭叶麻羽藓与多变粗枝藓；空气湿度、海拔与坡向则对石砌挡土墙上的物种有显著影响，与砖砌独立围墙呈显著正相关；墙体遮荫率和枯落物对石砌护坡、石砌建筑墙与砖砌建筑墙上的物种有显著负影响，如多枝青藓、长叶纽藓与凸尖鳞叶藓；建筑墙类的墙体倾斜度也是一个决定因素，如对尖叶匐灯藓与凸尖鳞叶藓有显著影响。

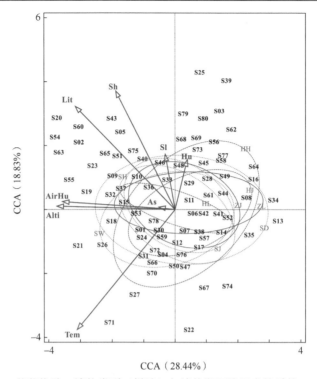

图 7-37　苔藓物种、墙体类型（样地）与墙体微环境因素关系的 CCA 排序
物种编号见表 7-11；Sl：墙体倾斜度；Tem：墙体温度；Hu：墙体湿度；Sh：墙体遮荫率；AirHu：空气湿度；Lit：枯落物；Alti：海拔；As：坡向

表 7-14　CCA 分析结果

指标	Axis 1	Axis 2	Axis 3	Axis 4
特征值	0.2844	0.1883	0.1636	0.1439
解释差异（累积）	1.30	2.16	2.90	3.56
相关系数	0.7011	0.604	0.5685	0.5699
解释拟合变化（累积）	26.55	44.13	59.40	72.84

三、不同墙体类型苔藓植物优势种的生态位与种间联结特征

以贵阳市建成区墙体苔藓植物优势种为研究对象，定量分析不同类型墙体的物种生态位特征、群落整体连通性和种间联结性，从生态位和种间关系角度解释墙体苔藓植物优势种与不同墙体类型的关系，苔藓植物优势种需要同时出现在每个墙体类型上，且总的重要性大于 0.35。由于前期调研发现混凝土建筑墙（HJ）、混凝土独立围墙（HL）、砖砌建筑墙（ZJ）和砖砌独立围墙（ZL）上的物种较少，不利于生态位分析，且 4 类墙体均为建筑墙和独立围墙，构造方式相同，因此将其组合为混凝土建筑墙+混凝土独立围墙（HJ+HL）与砖砌建筑墙+砖砌独立围墙（ZJ+ZL）两种类型。

1. 墙体苔藓植物优势种的生态位特征

（1）生态位宽度

由表 7-15 可知，20 种墙体苔藓植物优势种的 Levins 生态位宽度随着墙体类型发生改变。长尖对齿藓、剑叶对齿藓、小石藓在所有类型墙体上的生态位宽度较高，分别为 80.574、76.865 与 52.609，且在混凝土护坡（HH）与石砌挡土墙（SD）上的生态位宽度也较高，说明其适应的生态范围较广，对环境资源的利用较为充分。在不同类型墙体上生态位宽度均为 1.000 的苔藓植物有 3 种：皱叶粗枝藓、羽枝青藓和侧枝匐灯藓，表明其在各类型墙体上的出现频度小，生态适应范围较窄。此外，同一物种的生态位宽度在不同类型墙体间差异较大，如双色真藓在石砌挡土墙（SD）和混凝土护坡（HH）上的生态位宽度较高，但在其余墙体上较低。

表 7-15　不同墙体类型苔藓植物优势种的 Levins 生态位宽度（前 20 种）

编号	物种	HH	HJ+HL	SH	SJ+SW	SD	ZJ+ZL	总体
S1	褶叶青藓 *Brachythecium salebrosum*	1.964	1.000	1.241	2.386	2.096	1.000	8.997
S2	密叶美喙藓 *Eurhynchium savatieri*	1.000	1.000	1.000	1.773	1.359	1.628	5.486
S3	密枝青藓 *Brachythecium amnicola*	2.283	1.000	1.000	1.000	1.936	1.448	5.786
S4	小石藓 *Weissia controversa*	15.094	1.464	7.935	8.198	18.528	3.626	52.609
S5	皱叶粗枝藓 *Gollania ruginosa*	1.000	1.000	1.000	1.000	1.000	1.000	3.808
S6	长尖对齿藓 *Didymodon ditrichoides*	29.488	4.575	8.478	11.871	20.485	8.206	80.574
S7	东亚砂藓 *Racomitrium japonicum*	9.316	1.749	5.659	4.004	4.764	1.000	25.183
S8	毛口藓 *Trichostomum brachydontium*	4.741	1.000	1.000	1.000	2.741	1.000	8.752
S9	粗枝青藓 *Brachythecium helminthocladum*	1.000	1.000	3.422	2.955	3.009	1.705	11.988
S10	多枝青藓 *Brachythecium fasciculirameum*	5.065	1.000	1.000	2.574	6.396	1.000	16.016
S11	疣柄青藓 *Brachythecium perscabrum*	1.000	1.000	1.000	1.000	1.595	1.000	4.070
S12	剑叶对齿藓 *Didymodon rufidulus*	17.377	2.881	16.795	17.948	17.421	4.924	76.865
S13	砂藓 *Racomitrium canescens*	2.254	2.509	3.163	1.000	8.582	1.000	17.462
S14	羽枝青藓 *Brachythecium plumosum*	1.000	1.000	1.000	1.000	1.000	1.000	3.929
S15	毛尖青藓 *Brachythecium piligerum*	9.193	4.637	10.580	11.918	12.357	5.112	50.756
S16	拟三列真藓 *Bryum pseudotriquetrum*	2.727	1.000	1.000	1.000	1.435	1.000	5.437
S17	双色真藓 *Bryum dichotomum*	13.231	2.606	1.889	8.837	14.505	1.000	40.846
S18	皱叶青藓 *Brachythecium kuroishicum*	3.122	1.000	1.000	2.031	1.000	1.000	7.069
S19	毛灰藓 *Homomallium incurvatum*	1.000	1.000	1.000	1.000	3.212	1.000	6.208
S20	侧枝匐灯藓 *Plagiomnium maximoviczii*	1.000	1.000	1.000	1.000	1.000	1.000	5.173

（2）生态位重叠值

不同类型墙体上苔藓植物优势种的生态位重叠值（O_{ik}）显示（表 7-16 和图 7-38）：当重叠值≥0.5 时，石砌建筑墙+石砌独立围墙（SJ+SW）、石砌挡土墙（SD）和总体的种对数均为 0 对，而混凝土护坡（HH）、混凝土建筑墙+混凝土独立围墙（HJ+HL）、石砌护坡（SH）和砖砌建筑墙+砖砌独立围墙（ZJ+ZL）分别为 2 对（1%）、5 对（3%）、4 对（2%）和 3 对（2%），其余种对重叠值均在 0.5 以下。表明该地区各类型墙体上优势种的生态位重叠值较低，其中长尖对齿藓、剑叶对齿藓、小石藓与其余苔藓植物的平均生态位重叠值分别为 0.866、0.863 和 0.134，表明前两个物种种对的正关联性较强。生态位宽度最低的皱叶粗枝藓与大多数苔藓植物的生态位重叠值较低或没有重叠，但与部分苔藓植物的生态位重叠值较高，如砂藓，说明生态

表 7-16　不同类型墙体的苔藓植物优势种生态位重叠值统计

墙体类型	种对数	O_{ik}≥0.5（占比）	0<O_{ik}<0.5（占比）	O_{ik}=0（占比）
总体	107	0（0%）	107（56%）	83（44%）
HH	68	2（1%）	66（35%）	122（64%）
HJ+HL	19	5（3%）	14（7%）	171（90%）
SH	40	4（2%）	37（19%）	149（78%）
SJ+SW	29	0（0%）	29（15%）	161（85%）
SD	51	0（0%）	51（27%）	139（73%）
ZJ+ZL	17	3（2%）	14（7%）	173（91%）

O_{ik}≥0.5　　0.5>O_{ik}>0　　O_{ik}=0.5（O_{ik}：生态位重叠值）

SH / SJ+SW	S1	S2	S3	S4	S5	S6	S7	S8	S9	S10	S11	S12	S13	S14	S15	S16	S17	S18	S19	S20
S1		0.12	0.00	0.02	0.00	0.01	0.01	0.00	0.00	0.00	0.00	0.01	0.00	0.00	0.01	0.00	0.00	0.12	0.00	0.00
S2	0.00		0.00	0.18	0.00	0.06	0.05	0.00	0.00	0.00	0.00	0.11	0.00	0.00	0.11	0.00	0.00	1.00	0.00	0.00
S3	0.00	0.00		0.00	0.00	0.00	0.00	0.00	0.00	0.00	0.00	0.00	0.00	0.00	0.00	0.00	0.00	0.00	0.00	0.00
S4	0.00	0.00	0.00		0.00	0.01	0.01	0.00	0.00	0.00	0.00	0.26	0.00	0.08	0.15	0.00	0.00	0.18	0.00	0.00
S5	0.00	0.00	0.00	0.00		0.00	0.00	0.00	0.00	0.00	0.00	0.00	0.00	0.00	0.00	0.00	0.00	0.00	1.00	0.00
S6	0.00	0.00	0.00	0.10	0.00		0.00	0.00	0.11	0.13	0.00	0.06	0.21	0.00	0.06	0.00	0.52	0.06	0.00	0.00
S7	0.00	0.00	0.00	0.00	0.00	0.01		0.00	0.06	0.00	0.00	0.14	0.00	0.00	0.29	0.00	0.00	0.05	0.00	0.00
S8	0.00	0.00	0.00	0.00	0.00	0.00	0.00		0.00	0.00	0.00	0.00	0.00	0.00	0.00	0.00	0.00	0.00	0.00	0.00
S9	0.00	0.00	0.00	0.11	0.00	0.06	0.00	0.00		0.00	0.00	0.05	0.00	0.00	0.30	0.00	0.00	0.00	0.00	0.00
S10	0.00	0.00	0.00	0.04	0.00	0.07	0.00	0.00	0.00		0.00	0.00	0.00	0.00	0.40	0.00	0.00	0.00	0.00	0.00
S11	0.00	0.00	0.00	0.00	0.00	0.00	0.00	0.00	0.00	0.00		0.00	0.00	0.00	0.00	0.00	0.00	0.00	0.00	0.00
S12	0.03	0.07	0.00	0.32	0.00	0.01	0.00	0.00	0.06	0.08	0.00		0.08	0.00	0.31	0.00	0.06	0.11	0.00	0.00
S13	0.00	0.00	0.00	0.00	0.00	0.00	0.00	0.00	0.00	0.00	0.00	0.00		0.00	0.00	0.00	0.00	0.00	0.00	0.00
S14	0.00	0.00	0.00	0.00	0.00	0.00	0.00	0.00	0.00	0.00	0.00	0.00	0.00		0.00	0.00	0.00	0.00	0.00	0.00
S15	0.22	0.02	0.00	0.34	0.00	0.05	0.02	0.00	0.00	0.06	0.00	0.30	0.00	0.00		0.00	0.00	0.11	0.00	0.00
S16	0.00	0.00	0.00	0.00	0.00	0.00	0.00	0.00	0.00	0.00	0.00	0.00	0.00	0.00	0.00		0.00	0.00	0.00	1.00
S17	0.00	0.00	0.00	0.00	0.00	0.19	0.07	0.39	0.00	0.00	0.00	0.14	0.00	0.00	0.01	0.00		0.00	0.00	0.00
S18	0.00	0.00	0.00	0.24	0.00	0.00	0.00	0.00	0.48	0.04	0.00	0.03	0.00	0.00	0.02	0.00	0.00		0.00	0.00
S19	0.00	0.00	0.00	0.00	0.00	0.00	0.00	0.00	0.00	0.00	0.00	0.00	0.00	0.00	0.00	0.00	0.00	0.00		0.00
S20	0.00	0.00	0.00	0.00	0.00	0.00	0.00	0.00	0.00	0.00	0.00	0.00	0.00	0.00	0.00	0.00	0.00	0.00	0.00	

SD / ZJ+ZL	S1	S2	S3	S4	S5	S6	S7	S8	S9	S10	S11	S12	S13	S14	S15	S16	S17	S18	S19	S20
S1		0.00	0.00	0.00	0.00	0.00	0.00	0.00	0.00	0.13	0.00	0.05	0.00	0.00	0.00	0.00	0.00	0.00	0.00	0.00
S2	0.00		0.00	0.02	0.00	0.00	0.00	0.00	0.06	0.00	0.00	0.22	0.00	0.00	0.11	0.00	0.00	0.00	0.00	0.00
S3	0.00	0.00		0.00	0.00	0.00	0.00	0.00	0.00	0.00	0.00	0.00	0.00	0.00	0.00	0.00	0.00	0.00	0.00	0.00
S4	0.00	0.00	0.00		0.06	0.04	0.05	0.00	0.09	0.01	0.02	0.38	0.00	0.00	0.11	0.00	0.08	0.00	0.07	0.00
S5	0.00	0.00	0.00	0.00		0.00	0.00	0.00	0.00	0.00	0.00	0.00	0.00	0.00	0.00	0.00	0.16	0.00	0.48	0.00
S6	0.00	0.00	0.36	0.00	0.00		0.00	0.07	0.03	0.07	0.00	0.06	0.11	0.00	0.12	0.00	0.23	0.00	0.00	0.00
S7	0.00	0.00	0.00	0.00	0.00	0.00		0.00	0.12	0.14	0.00	0.07	0.02	0.00	0.02	0.00	0.08	0.00	0.00	0.00
S8	0.00	0.00	0.00	0.00	0.00	0.00	0.00		0.00	0.12	0.00	0.00	0.00	0.00	0.00	0.08	0.00	0.00	0.00	0.00
S9	0.00	0.00	0.00	0.14	0.00	0.00	0.92	0.00		0.00	0.00	0.08	0.00	0.00	0.03	0.00	0.00	0.00	0.00	0.00
S10	0.00	0.00	0.00	0.36	0.00	0.00	0.00	0.00	0.38		0.00	0.08	0.02	0.00	0.04	0.00	0.04	0.00	0.00	0.24
S11	0.00	0.00	0.00	0.00	0.00	0.00	0.00	0.00	0.00	0.00		0.02	0.00	0.00	0.00	0.00	0.09	0.00	0.06	0.00
S12	0.00	0.14	0.00	0.63	0.00	0.09	0.00	0.00	0.00	0.00	0.00		0.00	0.00	0.23	0.00	0.09	0.00	0.02	0.00
S13	0.00	0.00	0.00	0.00	0.00	0.00	0.00	0.00	0.00	0.00	0.00	0.00		0.00	0.00	0.00	0.16	0.00	0.00	0.00
S14	0.00	0.00	0.00	0.00	0.00	0.00	0.00	0.00	0.00	0.00	0.00	0.00	0.00		0.00	0.00	0.00	0.00	0.00	0.00
S15	0.00	0.00	0.00	0.37	0.00	0.00	0.39	0.00	0.36	0.00	0.00	0.14	0.00	0.00		0.00	0.04	0.00	0.04	0.00
S16	0.00	0.00	0.00	0.36	0.00	0.00	0.00	0.00	0.38	1.00	0.00	0.00	0.00	0.00	0.00		0.00	0.00	0.00	0.00
S17	0.00	0.00	0.00	0.00	0.00	0.35	0.00	0.00	0.00	0.00	0.00	0.00	0.00	0.00	0.00	0.00		0.00	0.13	0.00
S18	0.00	0.00	0.00	0.00	0.00	0.48	0.00	0.00	0.00	0.00	0.00	0.00	0.00	0.00	0.00	0.00	0.00		0.00	0.00
S19	0.00	0.00	0.00	0.00	0.00	0.00	0.00	0.00	0.00	0.00	0.00	0.00	0.00	0.00	0.00	0.00	0.00	0.00		0.00
S20	0.00	0.00	0.00	0.00	0.00	0.00	0.00	0.00	0.00	0.00	0.00	0.00	0.00	0.00	0.00	0.00	0.00	0.00	0.00	

$O_{ik} \geq 0.5$　$0.5 > O_{ik} > 0$　$O_{ik}=0.5$（O_{ik}：生态位重叠值）

图 7-38　不同类型墙体的苔藓植物优势种生态位重叠值

物种编号见表 7-15

位宽度和生态位重叠值间并不呈线性增加关系。此外，混凝土护坡（HH）、混凝土建筑墙+混凝土独立围墙（HJ+HL）、石砌护坡（SH）、石砌建筑墙+石砌独立围墙（SJ+SW）、石砌挡土墙（SD）、砖砌建筑墙+砖砌独立围墙（ZJ+ZL）、总体墙体的种对数分别为 68 对、19 对、40 对、29 对、51 对、17 对和 107 对，说明对于分布分散度，除总体外，HH 和 SD 较大，HJ+HL 和 ZJ+ZL 较小。总体而言，各类型墙体的苔藓植物优势种生态位重叠值较低，物种竞争较小且倾向于共存，资源利用程度相似。

2. 墙体苔藓植物优势种的种间联结特征

（1）总体联结性

如表 7-17 所示，苔藓植物优势种的总体联结性（VR）<1，表明主要优势种间总体呈负联结，且检验统计量（*W*）均未落入界限，表明方差比（VR）显著偏离 1，即物种间呈显著联结（$P<0.05$），因此主要优势种间总体呈显著负关联。同时，混凝土护坡（HH）、混凝土建筑墙+混凝土独立围墙（HJ+HL）、石砌护坡（SH）、石砌建筑墙+石砌独立围墙（SJ+SW）、石砌挡土墙（SD）与砖砌建筑墙+砖砌独立围墙（ZJ+ZL）的 VR 分别为 0.202、0.136、0.237、0.264、0.276 和 0.189，表明 6 类墙体的主要优势种间也呈显著负关联。综上，墙体苔藓植物群

落总体上处于演替的初级阶段，易受环境影响，环境的微小变化便可导致苔藓植物群落组成发生变化

表 7-17　苔藓植物优势种的总体联结性

墙体类型（样地数量）	方差比（VR）	统计量（W）	$\chi^2(\chi^2_{0.95,N},\chi^2_{0.05,N})$	结果
总体（327）	0.235	76.92	[253.91, 341.40]	显著负联结
HH（70）	0.202	14.11	[51.74, 90.53]	显著负联结
HJ+HL（21）	0.136	2.85	[11.59, 32.67]	显著负联结
SH（48）	0.237	11.38	[33.10, 65.17]	显著负联结
SJ+SW（63）	0.264	16.64	[45.74, 82.53]	显著负联结
SD（97）	0.276	26.80	[75.28, 120.99]	显著负联结
ZJ+ZL（28）	0.189	5.28	[16.93, 41.34]	显著负联结

（2）种间联结性（χ^2检验及 Jaccard 相似性系数）

χ^2检验结果（表 7-18，图 7-39）表明，总体以及混凝土护坡（HH）、混凝土建筑墙+混凝土独立围墙（HJ+HL）、石砌护坡（SH）、石砌建筑墙+石砌独立围墙（SJ+SW）、石砌挡土墙（SD）与砖砌建筑墙+砖砌独立围墙（ZJ+ZL）的苔藓植物群落中关联不显著的种对数分别占 24.21%、83.68%、100.00%、92.63%、86.32%、72.63%和98.42%，不同类型墙体的苔藓植物群落中大多种对为负关联，明显比正关联种对多，表明 20 种苔藓植物优势种的生态位分离，其生态适应性互不相同，种对间两两同时出现的比例不高。

表 7-18　苔藓植物优势种的种间联结性 χ^2检验及 Jaccard 相似性系数（JI）比较

墙体类型	种对数	种间联结性 χ^2检验			Jaccard 相似性系数		
		正关联	负关联	正负关联比	JI>0.3	0<JI≤0.3	JI=0
总体	190	33（17.37%）	157（82.63%）	0.21	0（0%）	107（56.32%）	83（43.68%）
HH	190	32（16.84%）	158（83.16%）	0.20	0（0%）	67（35.26%）	123（64.74%）
HJ+HL	190	15（7.89%）	175（92.11%）	0.09	0（0%）	19（10.00%）	171（90.00%）
SH	190	22（11.58%）	168（88.42%）	0.13	0（0%）	41（21.58%）	149（78.42%）
SJ+SW	190	10（5.26%）	180（94.74%）	0.06	0（0%）	29（15.26%）	161（84.74%）
SD	190	21（11.05%）	169（88.95%）	0.12	0（0%）	51（26.84%）	139（73.16%）
ZJ+ZL	190	15（7.89%）	175（92.11%）	0.09	0（0%）	17（8.95%）	173（91.05%）

由 Jaccard 相似性系数（表 7-18，图 7-39）可知，总体 0<JI≤0.3 的种对占绝对优势；各类类型墙体中，JI=0 的种对数最多，而 JI>0.3 的种对数均为 0。Jaccard 相似性系数结果与种间联结性 χ^2检验结果一致，HH 和 SD 类型的苔藓植物群落各优势种间关联性较强，HJ+HL 与 ZJ+ZL 类型关联性相对较弱。总体上，不同类型墙体的苔藓植物群落中物种间关联性均较弱。

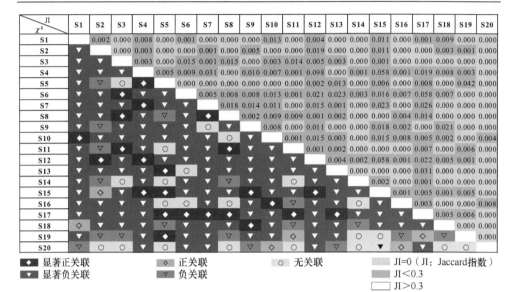

图 7-39　总体的苔藓植物优势种种间联结性 χ^2 检验及 Jaccard 相关性系数半矩阵图

物种编号见表 7-15

（3）种间联结程度（Pearson 相关性及 Spearman 秩相关性分析）

由 Pearson 相关系数可知（表 7-19，图 7-40），总体以及混凝土护坡（HH）、混凝土建筑墙+混凝土独立围墙（HJ+HL）、石砌护坡（SH）、石砌建筑墙+石砌独立围墙（SJ+SW）、石砌挡土墙（SD）与砖砌建筑墙+砖砌独立围墙（ZJ+ZL）的苔藓植物群落优势种间正负相关比分别为 0.23、0.25、0.11、0.15、0.07、0.14 和 0.11，种对间正相关和负相关性较低，说明物种间的相互依赖程度不高，虽然呈现一定的关联性，但仍表现出相对独立的分布格局。Spearman 秩相关系数显示（表 7-19），负关联种对数明显高于正关联种对数，且大部分种对间表现为显著负相关。可以看出，墙体苔藓植物优势种间的关系较复杂，同时苔藓植物群落具有随机性和松散性，处于演替初期。

表 7-19　不同类型墙体的苔藓植物优势种间相关系数比较

墙体类型	相关系数	极显著（P≤0.01）		显著（P≤0.05）	不显著（P>0.05）		正负相关比
		正	负	正	正	负	
总体	Pearson	0	0	0	36	154	0.23
	Spearman	3	11	20	88	27	41	0.36
HH	Pearson	3	1	1	34	150	0.25
	Spearman	1	1	3	72	37	76	0.28
HJ+HL	Pearson	5	0	1	0	12	172	0.11
	Spearman	0	0	1	0	17	172	0.10
SH	Pearson	5	0	0	0	20	165	0.15
	Spearman	1	1	1	99	28	60	0.19

续表

墙体类型	相关系数	极显著（P≤0.01）		显著（P≤0.05）	不显著（P＞0.05）		正负相关比
		正	负	正	正	负	
SJ+SW	Pearson	2	0	0	1	10	177	0.07
	Spearman	2	0	3	97	15	73	0.12
SD	Pearson	1	0	1	0	21	167	0.14
	Spearman	3	1	9	94	25	58	0.24
ZJ+ZL	Pearson	5	0	5	0	9	171	0.11
	Spearman	0	0	0	77	16	97	0.09

由 Pearson 相关系数可以看出（图 7-40），毛灰藓（S19）与皱叶粗枝藓（S5）在石砌护坡（SH）和石砌挡土墙（SD）上呈极显著正相关（$P \leq 0.01$），疣柄青藓（S11）与密枝青藓（S3）、疣柄青藓（S11）与毛口藓（S8）分别在混凝土护坡（HH）和混凝土建筑墙+混凝土独立围墙（HJ+HL）上呈极显著正相关（$P \leq 0.01$），说明关联性强的物种间具有相近的生物学特性以及相似的生态位，在不同类型墙体上表现出一定的生态位重叠。而皱叶青藓（S18）在混凝土建筑墙+混凝土独立围墙（HJ+HL）与褶叶青藓（S1）联系紧密，但在石砌护坡（SH）、石砌建筑墙+石砌独立围墙（SJ+SW）和砖砌建筑墙+砖砌独立围墙（ZJ+ZL）上分别与密叶美喙藓（S2）、粗枝青藓（S9）与长尖对齿藓（S6）呈极显著正相关（$P \leq 0.01$），表明同种苔藓植物在不同类型墙体上的关联性具有较大差异，墙体类型显著影响苔藓物种的相关性。

3. 优势种生态位与种间联结的回归分析

基于 Pearson 相关系数和 Spearman 秩相关系数，结合相应的生态位重叠指数（Pianka）进行回归分析发现（图 7-41）。不同类型墙体上，苔藓植物优势种均呈极显著正相关（$P < 0.01$）。所有类型墙体均表现为优势种间正联结性越强，种对间相伴出现的概率越高，其生态位重叠指数越大；种间联结性越弱或负联结性越强，种对间越独立，其生态位重叠指数越小。

4. 生态种组的划分

群落中生态位及生活习性相同的物种可以划为一个生态种组（Pavão et al.，2019）。本研究基于物种生态习性、种间联结性及生境特征的相关分析，采用聚类分析（图 7-42）将 20 种优势苔藓植物划分为 3 个生态种组。

类群I包括褶叶青藓（S1）、密叶美喙藓（S2）、密枝青藓（S3）、皱叶粗枝藓（S5）、毛口藓（S8）、粗枝青藓（S9）、多枝青藓（S10）、疣柄青藓（S11）、羽枝青藓（S14）、拟三列真藓（S16）、皱叶青藓（S18）、毛灰藓（S19）、侧枝匐灯

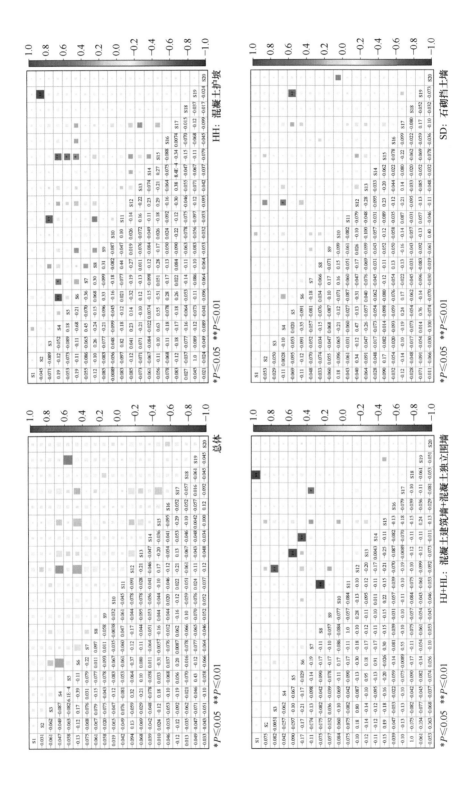

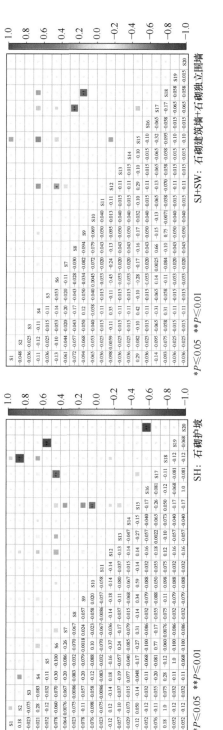

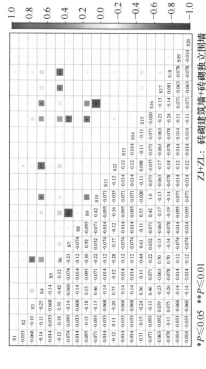

图 7-40 群落优势种 Pearson 相关系数半矩阵图

物种编号见表 7-15

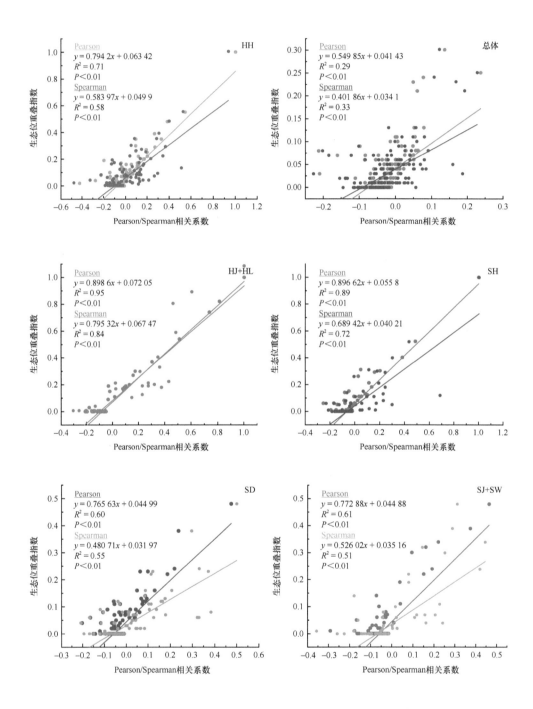

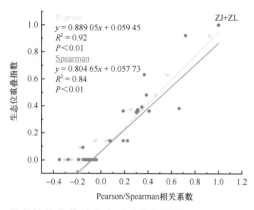

图 7-41 苔藓植物优势种生态重叠值指数与相关系数的回归分析

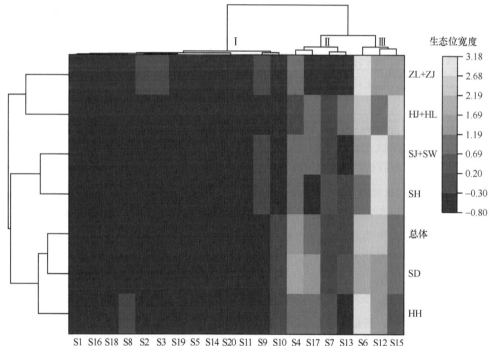

图 7-42 不同海拔石墙苔藓植物优势种的聚类分析

藓（S20）13 种。该类群分布数量最多，生态适应范围最窄，各物种独立性较强，分布疏松，种间联结性弱，优势种多为喜阴喜湿种类，在所有墙体上均有分布，主要位于阴湿的岩石、岩面薄土上和潮湿林地中。

类群II包括小石藓（S4）、东亚砂藓（S7）、砂藓（S13）、双色真藓（S17）4种。该类群除在 ZJ+ZL 墙体上的生态位宽度较低外，在其余类型墙体上的生态位宽度均较高，种间联结性较强，多分布于路边及建筑物周围的土石上。

类群III包括长尖对齿藓（S6）、剑叶对齿藓（S12）、毛尖青藓（S15）3 种。

该类群在所有类型墙体上的生态位宽度均较高，种间正联结性强，表明其具有相似的生态特性，优势种多为喜光耐旱、耐贫瘠、生态适应性强的丛藓科，广泛分布于石墙植物群落演替的初级阶段，因此可作为喀斯特区域墙体植被生态恢复的先锋物种。

第六节　小　结

本章对贵阳市特殊生境类型（树附生、石生和墙体）中的苔藓植物群落进行了统计调查，并分析了苔藓植物群落的组成、多样性特征及生态功能，主要结论如下。

对贵阳市树附生苔藓植物群落进行分析发现，共有 45 种，隶属 15 科 23 属，其中藓类植物 11 科 19 属 40 种，苔类植物 4 科 4 属 5 种。共有 5 个优势科，分别为灰藓科、锦藓科、青藓科、真藓科、羽藓科；共有 3 个优势属，分别为青藓属、绢藓属、灰藓属；共有 3 个优势种，分别为细叶小羽藓、卵叶青藓、狭叶小羽藓。树附生苔藓植物的生活型以交织型为主，占比达 66.67%，其次分别是垫状型、丛集型。不同林分的苔藓植物多样性和丰富度表现为常绿乔木纯林和常绿落叶阔叶混交林的种类多，而以针叶树种为主的林分丰富度最低。5 种林分的苔藓植物Pielou 均匀度指数差异较多样性指数不显著，桂花林最低，而常绿落叶阔叶混交林最高；不同林分的苔藓植物丰度有较大差异，常绿落叶阔叶混交林最大，平均达 14.22，而桂花林最低，仅 1.41；苔藓植物丰度随林缘距离的增加而逐渐增大，说明其丰度受边缘效应影响较为明显。综合对比发现，以常绿、落叶树种为主的林分苔藓植物多样性较高，分布良好，而针叶林苔藓植物多样性较差。此外，苔藓植物对附主树木具有一定的偏好特征。多数树附生苔藓植物表现出对香樟、华山松、刺槐、桂花、杜仲等具有明显的偏好，其附生的苔藓植物均在 10 种以上；其次是银杏、广玉兰、朴树、山茱萸，附生的苔藓植物为 5～9 种；而构树、楝、珙桐、乌桕附生的苔藓植物仅 4 种及以下。13.33% 的苔藓植物在 5 种以上树上有分布，如悬垂青藓、卵叶青藓、细叶小羽藓等在多数树种上有分布，其中最多的是卵叶青藓分布在 11 种树上，说明其是本地区广泛分布的树附生苔藓物种。小反纽藓、细尖鳞叶藓、锦叶绢藓、狭尖叉苔、皱叶耳叶苔和盔瓣耳叶苔等仅出现在 1 种树上，仅出现在单一树种上的苔藓植物有 15 种，占比 33.33%。采用 DCA 分析树附生苔藓植物的数量分布特征发现，部分苔藓植物尤其是青藓科显示出对刺槐、香樟、楝有明显的偏好。此外，小仙鹤藓对刺槐、毛尖碎米藓对香樟、悬垂青藓和饰边短月藓对楝、鳞叶藓和南方小锦藓对朴树、锦叶绢藓对杜仲、狭尖叉苔、小反纽藓对桂花均表现出较为显著的偏好特征。在树附生苔藓植物多样性对森林环境的响应分析中发现，其与空气湿度呈正相关，而与温度和光照呈负相关。

树附生苔藓植物多样性随森林郁闭度的增加而显著增加。同时，树附生苔藓植物受边缘效应影响显著，随林缘距离增加多样性逐渐上升，随人为干扰强度增加多样性下降，且常绿、落叶林较针叶林可能具有更高的抗干扰能力。影响树附生苔藓植物多样性的主要附生树木特征因子是树木密度、树皮水分和树高（$P<0.01$），其次是冠幅和胸径（$P<0.05$）。苔藓植物多样性、丰富度与树木种植密度、树皮水分呈极显著正相关关系（$P<0.01$），而与冠幅、树皮粗糙度呈显著负相关关系（$P<0.05$）。

　　对贵阳市石生苔藓植物群落进行分析发现，不同海拔梯度共有石生苔藓植物13 科 27 属 58 种。其中，优势科为青藓科和丛藓科，优势属为青藓属、对齿藓属、美喙藓属、真藓属、湿地藓属、小羽藓属，优势种为狭叶小羽藓、褶叶青藓、细叶小羽藓、东亚小石藓、尖叶青藓、美灰藓、羽枝青藓、灰白青藓、圆枝青藓、青藓。统计得出贵阳市不同海拔梯度的石生苔藓植物最适宜在光滑平整的岩面上生长，其次为在岩面石壁上以悬垂的方式生长。贵阳市不同海拔梯度的 58 种苔藓植物的生活型共有交织型、丛集型、平铺型、尾型、垫状型 5 种，其中交织型占比最高，其次为丛集型。对石生苔藓植物多样性分析发现，不同海拔梯度的 Margalef 丰富度指数和 Shannon-Wiener 多样性指数均随着海拔升高呈现先增加后减少，再增加到最大值后又减小的趋势，分别在海拔梯度 N7（1278～1328m）和N3（1074～1124m）达到最高峰与次高峰，海拔梯度 N1（972～1022m）最低；Pielou 均匀度指数随着海拔升高也呈现先急剧增加到最大值后减少，继而增加后又减少的趋势；Simpson 优势度指数随海拔升高的变化趋势与 Margalef 丰富度指数和 Shannon-Wiener 多样性指数正好相反。对不同海拔梯度苔藓植物优势种的生态功能研究发现，石生苔藓植物优势种的持水率随海拔升高先增加后减少，继而增加后又减少，3 种石生苔藓植物的持水率强弱为：狭叶小羽藓＞尖叶青藓＞褶叶青藓。褶叶青藓和狭叶小羽藓的生物量随海拔的升高呈现先增加后波动减少，再增加到最大值后又减少的趋势，海拔梯度变化对尖叶青藓的生物量没有显著影响，3 种石生苔藓植物的生物量大小为：褶叶青藓＞狭叶小羽藓＞尖叶青藓。狭叶小羽藓和尖叶青藓的总吸水量均在海拔梯度（1074～1124m）达到最大值，分别为 14.5294g/g 干重和 11.3771g/g 干重；褶叶青藓的总吸水量在海拔梯度（1278～1328m）达到最大值，为 12.6215g/g 干重。随着海拔的升高，狭叶小羽藓的平均叶片长度、叶片宽度、叶片面积、细胞长度、细胞宽度呈现先增加后急剧减少，继而缓慢增加到最大值后又减少的趋势；褶叶青藓的平均叶片长度、叶片宽度、叶片面积、细胞长度、细胞宽度总体上呈现先波动增加后减少，继而增加到最大值后减少的趋势；尖叶青藓的平均叶片长度、叶片宽度、叶片面积等呈波动变化，没有明显的趋势。可能是因为狭叶小羽藓和褶叶青藓具有细胞疣，而尖叶青藓不具有疣状突起，因此叶片的结构影响苔藓植物对环境因子的响应。此外，冗余分析表明，郁闭度、植被覆盖率、岩石裸露率等与狭叶小羽藓的持水量等呈正相关，坡度与其生物量等呈负相关；空气温度、光照等与褶叶青藓的持水量、持水率、生物量呈正相关，坡度与其持水量等呈负相关；郁闭度、光照、植被覆盖率等与尖叶青藓的持水量、持水率、生物量呈正相关，坡度与其持水量等呈负相关。

对贵阳市墙体苔藓植物群落分析发现，贵阳市建城区分布有苔藓植物 80 种（含苔类），隶属 14 科 32 属。其中，青藓科、丛藓科与灰藓科较多；石砌挡土墙（SD）上的苔藓植物种类最丰富，混凝土护坡次之；苔藓植物主要分布在混凝土墙体的面部与基部，石砌墙体的顶部、面部和基部，砖砌墙体的顶部。α 多样性表明墙体苔藓植物群落物种组成丰富，结构相对较复杂，稳定性也较高，但物种分布极不均匀；β 多样性在不同类型墙体间呈波动性变化，苔藓物种在混凝土护坡（HH）与独立围墙（HL）上极不相似，群落更替速率较快；石砌墙上的苔藓植被类型过渡不明显，物种更替速率相对较慢。9 类墙体上苔藓物种的分布极不均匀，墙体构造方式、坡度、基质存在的差异对苔藓植物多样性有较大影响，其中石砌挡土墙（SD）的物种多样性最高，混凝土护坡（HH）与独立围墙（HL）的生境异质性较强。Pearson 相关性与 CCA 分析表明，绝大部分墙体属性与墙体类型存在显著相关性，墙体微环境因素则与空气湿度关系紧密。墙体苔藓植物种类组成与墙体属性、墙体微环境因素间有着复杂的联系，关键因素为墙体温度与空气湿度，但随着墙体类型变化，苔藓植物物种组成与微生境特征具有显著差异。具体而言，墙体湿度与墙体温度显著影响混凝土护坡（HH）的物种组成；空气湿度、海拔与坡向对石砌挡土墙（SD）的物种组成影响较大；墙体遮荫率、枯落物与石砌护坡（SH）、石砌建筑墙（SJ）及砖砌建筑墙（ZJ）的物种组成呈显著负相关；墙体倾斜度对建筑墙类的苔藓物种组成有显著影响。对墙体苔藓植物生态位研究表明，长尖对齿藓、剑叶对齿藓和小石藓在所有类型墙体上的生态位宽度均较高，尤其是在混凝土护坡（HH）和石砌挡土墙（SD）上的生态适应范围较广；各类型墙体上苔藓植物优势种的生态位重叠值均较低，表明物种竞争较小，且倾向于共存。种间联结分析显示，所有类型墙体的苔藓植物种间总体表现为显著负关联，种间相互依赖程度不高，各物种趋于独立分布，群落演替处于初期。其中，混凝土建筑墙+混凝土独立围墙（HJ+HL）、砖砌建筑墙+砖砌独立围墙（ZJ+ZL）上苔藓植物的联结程度较低，独立分布的种对最多；混凝土护坡（HH）、石砌挡土墙（SD）上苔藓植物的负联结性较高，处于相对稳定状态。回归分析表明，苔藓植物优势种的种间联结性及生态位重叠值总体上表现为种间正（负）联结性越高，则生态位重叠值越大（小）。聚类分析显示，20 种苔藓植物优势种可分为 3 个类群，类群I分布数量最多，生态适应范围最窄；类群II除在砖砌建筑墙+砖砌独立围墙（ZJ+ZL）上的生态位宽度较低外，在其余类型墙体上的生态位宽度均较高，种间联结性较强；类群III的生态位宽度最高，可作为墙体生态修复的先锋物种。

主要参考文献

艾尼瓦尔·吐米尔, 维尼拉·伊利哈尔, 买买提明·苏来曼. 2023. 乌鲁木齐市苔藓植物多样性和分布及与环境因子的关系[J]. 干旱区资源与环境, 37(8): 137-144.

陈洪梅. 2023. 贵阳城市公园苔藓植物生境偏好及其观赏特性研究[D]. 贵州大学硕士学位论文.

陈姜连汐. 2024. 贵阳市主要城市道路空间苔藓植物多样性及其环境响应[D]. 贵州大学硕士学位论文.

程才, 李玉杰, 龙明忠, 等. 2019. 苔藓结皮在我国喀斯特石漠化治理中的应用潜力[J]. 应用生态学报, 30(7): 2501-2510.

从春蕾, 刘天雷, 孔祥远, 等. 2017. 贵州普定喀斯特受损生态系统石生藓类植物区系及物种多样性研究[J]. 中国岩溶, 36(2): 179-186.

崔倩, 潘存德, 李贵华, 等. 2018. 喀纳斯泰加林群落物种多样性环境解释与自然火干扰[J]. 生态学杂志, 37(6): 1824-1832.

代丽华, 易武英, 湛天丽, 等. 2021. 喀斯特石漠化区苔藓植物物种多样性变化[J]. 亚热带植物科学, 50(4): 301-308.

杜忠毓, 邢文黎, 薛亮, 等. 2023. 喀斯特石漠化锑矿区植物群落主要物种生态位特征及其种间联结[J]. 生态学报, 43(7): 2865-2880.

段礼鑫, 王秀荣, 廖芳, 等. 2024. 湿地公园苔藓植物群落特征及其与环境因子的关系: 以贵阳市为例[J]. 热带亚热带植物学报, 32(5): 589-600.

范苗, 伍玉鹏, 胡荣桂, 等. 2017. 武汉市城区苔藓植物多样性和分布及与环境因子的关系[J]. 植物科学学报, 35(6): 825-834.

冯源, 田宇, 朱建华, 等. 2020. 森林固碳释氧服务价值与异养呼吸损失量评估[J]. 生态学报, 40(14): 5044-5054.

高媛, 王继飞, 杨君珑, 等. 2019. 贺兰山东坡青海云杉林苔藓群落及环境之间的关系[J]. 水土保持研究, 26(01): 221-226, 233.

古丽尼尕尔·艾依斯热洪, 吐尔洪·努尔东, 迪丽努尔·阿拉依丁, 等. 2019. 托木尔峰国家级保护区苔藓植物生态群落调查[J]. 华中师范大学学报(自然科学版), 53(4): 534-541.

何芳兰, 刘世增, 李昌龙, 等. 2016. 甘肃河西戈壁植物群落组成特征及其多样性研究[J]. 干旱区资源与环境, 30(4): 74-78.

何雅琴, 曾纪毅, 陈国杰, 等. 2022. 福建平潭大练岛典型森林群落特征及物种多样性[J]. 应用与环境生物学报, 28(3): 759-769.

洪柳, 吴林, 牟利, 等. 2020. 木林子国家级自然保护区苔藓植物物种与区系研究[J]. 植物科学学报, 38(1): 68-76.

籍烨, 张朝晖. 2015. 林歹二矿岩溶型铝土矿区藓类植物多样性及其生态分布特征研究[J]. 中国岩溶, 34(6): 599-606.

季梦成, 缪丽华, 蒋跃平, 等. 2015. 杭州西溪湿地苔藓植物种类与群落调查[J]. 湿地科学, 13(3): 299-305.

贾少华, 李军峰, 王智慧, 等. 2014. 喀斯特山区公路石漠化边坡苔藓生态功能[J]. 生态学杂志,

33(7): 1928-1934.

贾少华, 张朝晖. 2014. 喀斯特城市石漠苔藓植物多样性及水土保持[J]. 水土保持研究, 21(2): 100-105.

景蕾, 芦建国, 夏雯. 2018. 南京市主城区苔藓植物多样性及其与环境的关系[J]. 应用生态学报, 29(6): 1797-1804.

李冰, 张朝晖. 2009. 喀斯特石漠结皮层藓类物种多样性及在石漠化治理中的作用研究[J]. 中国岩溶, 28(1): 55-60.

李惠丽, 周长亮. 2021. 沿坝地区 6 种典型林分类型生态效益综合评价[J]. 河北林业科技, (2): 13-17.

李军峰, 王智慧, 张朝晖. 2013. 喀斯特石漠化山区苔藓多样性及水土保持研究[J]. 环境科学研究, 26(7): 759-764.

李敏, 王艳红, 唐荣, 等. 2021. 不同微生境下季风常绿阔叶林附生维管植物多样性特征[J]. 西北植物学报, 41(12): 2133-2141.

李苏, 柳帅, 刘文耀, 等. 2018. 亚热带常绿阔叶林附生地衣凋落物的物种多样性和生物量的边缘效应[J]. 菌物学报, 37(7): 919-930.

李雪童, 徐宾铎, 薛莹, 等. 2022. 海州湾秋季鱼类 β 多样性组分分析及其与环境因子的关系[J]. 海洋学报, 44(2): 46-56.

李阳, 董耀祖, 李万政, 等. 2017. 统万城遗址土夯城墙苔藓植物多样性[J]. 中国野生植物资源, 36(2): 61-65.

李宇其. 2021. 山地公园苔藓植物群落特征及景观适宜性评价研究[D]. 贵州大学硕士学位论文.

廖咏梅, 田茂洁, 宋会兴. 2004. 植物群落的微生境研究[J]. 西华师范大学学报(自然科学版), 25(3): 247-250.

刘桂芳, 关瑞敏, 夏梦琳, 等. 2022. 西双版纳地区森林变化碳效应与生态效益评估[J]. 生态学报, 42(3): 1118-1129.

刘家福, 马帅, 李帅, 等. 2018. 1982-2016 年东北黑土区植被 NDVI 动态及其对气候变化的响应[J]. 生态学报, 38(21): 7647-7657.

刘润, 申家琛, 张朝晖. 2018. 4 种苔藓植物在喀斯特石漠化地区的生态修复意义[J]. 水土保持学报, 32(6): 141-148.

刘文耀, 马文章, 杨礼攀. 2006. 林冠附生植物生态学研究进展[J]. 植物生态学报, 30(3): 522-533.

刘艳, 郑越月, 敖艳艳. 2019. 不同生长基质的苔藓植物优势种生态位与种间联结[J]. 生态学报, 39(1): 286-293.

毛祝新, 王宇超, 卢元. 2021. 环境因子对苔藓植物生长的影响[J]. 广西林业科学, 50(6): 748-752.

庞嘉鹏, 王智慧, 张朝晖. 2018. 喀斯特白云岩石漠化区域不同生境条件下苔藓植物群落特征及演替模式研究[J]. 生态科学, 37(3): 59-66.

舒勇, 刘扬晶. 2008. 植物群落学研究综述[J]. 江西农业学报, 20(6): 51-54.

宋亮, 刘文耀. 2011. 附生植物对全球变化的响应及其生物指示作用[J]. 生态学杂志, 30(1): 145-154.

汤娜, 王志泰, 包玉, 等. 2022. 城市基质对城市遗存自然山体植物群落物种多样性的影响: 以贵阳市为例[J]. 生态学报, 42(15): 6320-6334.

田超, 杨新兵, 刘阳. 2011. 边缘效应及其对森林生态系统影响的研究进展[J]. 应用生态学报, 22(8): 2184-2192.

涂娜, 严友进, 戴全厚, 等. 2021. 喀斯特石漠化区典型生境下石生苔藓的固土持水作用[J]. 生态学报, 41(15): 6203-6214.

王鹏军, 刘永英, 佳依娜·别尔马汉, 等. 2023. 新疆巴尔鲁克山国家级自然保护区苔藓植物群落生态类型和组成[J]. 干旱区资源与环境, 37(4): 146-152.

王世杰. 2002. 喀斯特石漠化概念演绎及其科学内涵的探讨[J]. 中国岩溶, 21(2): 101-105.

王玮, 王登富, 王智慧, 等. 2018. 贵阳喀斯特城市墙壁苔藓植物物种多样性研究[J]. 热带亚热带植物学报, 26(5): 473-480.

王玉杰, 李绍才, 缪宁, 等. 2020. 四川盆周山地 5 种典型林分的植物多样性分析[J]. 中南林业科技大学学报, 40(7): 89-98.

温璐, 董世魁, 朱磊, 等. 2011. 环境因子和干扰强度对高寒草甸植物多样性空间分异的影响[J]. 生态学报, 31(7): 1844-1854.

吴鹏程, 贾渝. 2004. 中国苔藓志(第八卷)[M]. 北京: 科学出版社.

伍青, 卢子豪, 李春浓, 等. 2019. 四川温江公园苔藓植物多样性及微生境调查研究[J]. 云南农业大学学报(自然科学), 34(3): 458-465.

徐晟翀. 2007. 长江三角洲树附生苔藓植物多样性及生态研究[D]. 上海师范大学硕士学位论文.

徐杰, 白学良, 哈斯巴根, 等. 2007. 鄂尔多斯地区不同生境类型对苔藓植物多样性和丰富度的影响[J]. 内蒙古师范大学学报(自然科学汉文版), 36(1): 98-103.

杨汉奎. 1989. 脆弱的喀斯特环境[J]. 贵州科学, 7(1): 1-10.

张文文, 孙宁骁, 韩玉洁. 2018. 上海城市森林生态系统净化大气环境功能评估[J]. 中国城市林业, 16(4): 17-21.

张显强. 2012. 贵州石生藓类对石漠化干旱环境的生态适应性研究[D]. 西南大学博士学位论文.

张显强, 谌金吾, 孙敏. 2015. 贵州强度石漠化石生藓类区系分布及生态特征[J]. 湖北农业科学, 54(1): 31-38.

张显强, 刘天雷, 从春蕾. 2019. 干旱和复水对喀斯特石生穗枝赤齿藓水分及光合生理的影响[J]. 中国岩溶, 38(6): 901-909.

张显强, 刘天雷, 从春蕾. 2018. 贵州 5 种喀斯特石生藓类成土及保土生态功能研究[J]. 中国岩溶, 37(5): 708-713.

张旭, 李培坤, 胡金涛, 等. 2017. 宝天曼不同生长基质上苔藓植物的多样性[J]. 河南农业大学学报, 51(3): 377-382.

张宇, 魏浪, 孙荣, 等. 2019. 贵州喀斯特地区高速公路建设项目水土流失防治探讨[J]. 中国水土保持, (12): 43-45.

章黎黎, 张连洲. 2020. 山石盆景中苔藓植物的培育与养护措施[J]. 乡村科技, (9): 95-96.

赵德先. 2020. 南亚热带城市森林树附生苔藓植物多样性及其对环境响应研究[D]. 中国林业科学研究院博士学位论文.

赵德先, 王成, 孙振凯, 等. 2020. 树附生苔藓植物多样性及影响因素[J]. 生态学报, 40(8): 2523-2532.

朱瑞良, 马晓英, 曹畅, 等. 2022. 中国苔藓植物多样性研究进展[J]. 生物多样性, 30(7): 86-97.

字洪标, 阿的鲁骥, 刘敏, 等. 2016. 高寒草甸不同类型草地群落特征及优势种植物生态位差异[J]. 应用与环境生物学报, 22(4): 546-554.

左思艺, 安宏锋, 王之明. 2019. 贵州省高峰村卡林型金矿苔藓植物调查及污染指示研究[J]. 中国环境监测, 35(5): 127-134.

Ah-Peng C, Chuah-Petiot M, Descamps-Julien B, et al. 2007. Bryophyte diversity and distribution along an altitudinal gradient on a lava flow in La Réunion[J]. Diversity and Distributions, 13(5): 654-662.

Chameera U, Himahansi G, Isuri S A, et al. 2018. Mold growth and moss growth on tropical walls[J]. Building and Environment, 137: 268-279.

Chen C D, Mao L F, Qiu Y G, et al. 2020. Walls offer potential to improve urban biodiversity[J]. Scientific Reports, 10(1): 9905.

Coelho M C M, Gabriel R, Hespanhol H, et al. 2021. Bryophyte diversity along an elevational gradient on pico island (Azores, Portugal)[J]. Diversity, 13(4): 162.

Cong C L, Liu T L, Zhang X Q. 2021. Influence of drought stress and rehydration on moisture and photosynthetic physiological changes in three epilithic moss species in areas of Karst rocky desertification[J]. Journal of Chemistry, (7): 1-12.

Fukasawa Y, Ando Y. 2018. Species effects of bryophyte colonies on tree seeding regeneration on coarse woody debris[J]. Ecological Research, 33(1): 191-197.

Gallenmüller F, Langer M, Poppinga S, et al. 2018. Spore liberation in mosses revisited[J]. AoB PLANTS, 10(1): plx075.

Gradstein S R, Montfoort D, Cornelissen J H C. 1990. Species richness and phytogeography of the bryophyte flora of the Guianas, with special reference to the lowland forest[J]. Bryophyte Diversity and Evolution, 2(1): 117-126.

Haq S M, Calixto E S, Rashid I, et al. 2022. Tree diversity, distribution and regeneration in major forest types along an extensive elevational gradient in Indian Himalaya: Implications for sustainable forest management[J]. Forest Ecology and Management, 506: 119968.

He X L, He K S, Hyvönen J. 2016. Will bryophytes survive in a warming world?[J]. Perspectives in Plant Ecology, Evolution and Systematics, 19: 49-60.

Hu X, Gao Z, Li X Y, et al. 2023. Structural characteristics of the moss (bryophyte) layer and its underlying soil structure and water retention characteristics[J]. Plant and Soil, 490(1): 305-323.

Ilić M, Igić R, Ćuk M, et al. 2023. Environmental drivers of ground-floor bryophytes diversity in temperate forests[J]. Oecologia, 202(2): 275-285.

Katia P, Paola C, Andrea G, et al. 2020. Experiencing innovative biomaterials for buildings: Potentialities of mosses[J]. Building and Environment, 172(C): 106708.

Kutnar L, Kermavnar J, Sabovljević M S. 2023. Bryophyte diversity, composition and functional traits in relation to bedrock and tree species composition in close-to-nature managed forests[J]. European Journal of Forest Research, 142(4): 865-882.

Lett S, Teuber L M, Krab E J, et al. 2020. Mosses modify effects of warmer and wetter conditions on tree seedlings at the alpine treeline[J]. Global Change Biology, 26(10): 5754-5766.

Li C Y, Zhang Z H, Wang Z H, et al. 2020. Bryophyte diversity, life-forms, floristics and vertical distribution in a degraded Karst sinkhole in Guizhou, China[J]. Brazilian Journal of Botany, 43(2): 303-313.

Lindo Z, Whiteley J A. 2011. Old trees contribute bio-available nitrogen through canopy bryophytes[J]. Plant and Soil, 342(1): 141-148.

Lisci M, Monte M, Pacini E. 2003. Lichens and higher plants on stone: A review[J]. International Biodeterioration & Biodegradation, 51(1): 1-17.

Liu Y, Zheng Y Y, Ao Y Y. 2019. Niche and interspecific association of dominant bryophytes on different substrates[J]. Acta Ecologica Sinica, 39(1): 286-293.

Machado G M O, Grittz G S, de Gasper A L. 2022. Neglected epiphytism: Accidental epiphytes dominate epiphytic communities on tree ferns in the Atlantic Forest[J]. Biotropica, 54(1): 251-261.

Martínez-Camilo R, Martínez-Meléndez M, Martínez-Meléndez N, et al. 2022. Tropical tree community composition and diversity variation along a volcanic elevation gradient[J]. Journal of Mountain Science, 19(12): 3475-3486.

Merwin M C, Gradstein S R, Nadkarni N M. 2001. Epiphytic bryophytes of Monteverde, costa rica[J]. Bryophyte Diversity and Evolution, 20(1): 63-70.

Mustafa K F, Prieto A, Ottele M. 2021. The role of geometry on a self-sustaining bio-receptive concrete panel for facade application[J]. Sustainability, 13(13): 7453.

Oishi Y. 2019a. The influence of microclimate on bryophyte diversity in an urban Japanese garden landscape[J]. Landscape and Ecological Engineering, 15(2): 167-176.

Oishi Y. 2019b. Urban heat island effects on moss gardens in Kyoto, Japan[J]. Landscape and Ecological Engineering, 15(2): 177-184.

Patiño J, Vanderpoorten A. 2018. Bryophyte biogeography[J]. Critical Reviews in Plant Sciences, 37(2-3): 175-209.

Pavão D C, Elias R B, Silva L. 2019. Comparison of discrete and continuum community models: Insights from numerical ecology and Bayesian methods applied to Azorean plant communities[J]. Ecological Modelling, 402: 93-106.

Peñaloza-Bojacá G F, de Oliveira B A, Araújo C A T, et al. 2018. Bryophytes on Brazilian ironstone outcrops: Diversity, environmental filtering, and conservation implications[J]. Flora, 238: 162-174.

Perini K, Castellari P, Giachetta A, et al. 2020. Experiencing innovative biomaterials for buildings: Potentialities of mosses[J]. Building and Environment, 172: 106708.

Pypker T G, Unsworth M H, Bond B J. 2006. The role of epiphytes in rainfall interception by forests in the Pacific Northwest. II. Field measurements at the branch and canopy scale[J]. Canadian Journal of Forest Research, 36(4): 819-832.

Ren H, Wang F G, Ye W, et al. 2021. Bryophyte diversity is related to vascular plant diversity and microhabitat under disturbance in Karst caves[J]. Ecological Indicators, 120: 106947.

Riffo-Donoso V, Osorio F, Fontúrbel F E. 2021. Habitat disturbance alters species richness, composition, and turnover of the bryophyte community in a temperate rainforest[J]. Forest Ecology and Management, 496: 119467.

Shi X M, Song L, Liu W Y, et al. 2017. Epiphytic bryophytes as bio-indicators of atmospheric nitrogen deposition in a subtropical montane cloud forest: Response patterns, mechanism, and critical load[J]. Environmental Pollution (Barking, Essex), 229: 932-941.

Song L, Zhang Y J, Chen X, et al. 2015. Water relations and gas exchange of fan bryophytes and their adaptations to microhabitats in an Asian subtropical montane cloud forest[J]. Journal of Plant Research, 128(4): 573-584.

Sporn S G, Bos M M, Kessler M, et al. 2010. Vertical distribution of epiphytic bryophytes in an Indonesian rainforest[J]. Biodiversity and Conservation, 19(3): 745-760.

Sprent J I, Meeks J C. 2013. Cyanobacterial nitrogen fixation in association with feather mosses: Moss as boss?[J]. The New Phytologist, 200(1): 5-6.

Táborská M, Kovács B, Németh C, et al. 2020. The relationship between epixylic bryophyte communities and microclimate[J]. Journal of Vegetation Science, 31(6): 1168-1180.

Tu N, Dai Q H, Yan Y J, et al. 2022. Effects of moss overlay on soil patch infiltration and runoff in Karst rocky desertification slope land[J]. Water, 14(21): 3429.

Udawattha C, Galkanda H, Ariyarathne I S, et al. 2018. Mold growth and moss growth on tropical walls[J]. Building and Environment, 137: 268-279.

Wei Q, Xu Y F, Ruan A D. 2024. Spatial and temporal patterns of phytoplankton community succession and characteristics of realized niches in Lake Taihu, China[J]. Environmental Research, 243: 117896.

Yang T, Chen Q, Yang M J, et al. 2022. Soil microbial community under bryophytes in different substrates and its potential to degraded Karst ecosystem restoration[J]. International Biodeterioration & Biodegradation, 175: 105493.

Żołnierz L, Fudali E, Szymanowski M. 2022. Epiphytic bryophytes in an urban landscape: Which factors determine their distribution, species richness, and diversity? A case study in Wroclaw, Poland[J]. International Journal of Environmental Research and Public Health, 19(10): 6274.

附表 1 喀斯特城市绿地常见的 75 种苔藓植物

序号	科	属	种名
1	青藓科	青藓属	多褶青藓 *Brachythecium buchananii*
2			多枝青藓 *Brachythecium fasciculirameum*
3			褶叶青藓 *Brachythecium salebrosum*
4			粗枝青藓 *Brachythecium helminthocladum*
5			柔叶青藓 *Brachythecium moriense*
6			卵叶青藓 *Brachythecium rutabulum*
7			长肋青藓 *Brachythecium populeum*
8			扁枝青藓 *Brachythecium planiusculum*
9			毛尖青藓 *Brachythecium piligerum*
10			悬垂青藓 *Brachythecium pendulum*
11			勃氏青藓 *Brachythecium brotheri*
12			林地青藓 *Brachythecium starkei*
13			溪边青藓 *Brachythecium rivulare*
14			宽叶青藓 *Brachythecium oedipodium*
15			密枝青藓 *Brachythecium amnicola*
16			青藓 *Brachythecium pulchellum*
17			羽枝青藓 *Brachythecium plumosum*
18		美喙藓属	疏网美喙藓 *Eurhynchium laxirete*
19			短尖美喙藓 *Eurhynchium angustirete*
20			宽叶美喙藓 *Eurhynchium hians*
21			密叶美喙藓 *Eurhynchium savatieri*
22			扭尖美喙藓 *Eurhynchium kirishimense*
23			小叶美喙藓 *Eurhynchium filiforme*
24			羽枝美喙藓 *Eurhynchium longirameum*
25		长喙藓属	卵叶长喙藓 *Rhynchostegium ovalifolium*
26			美丽长喙藓 *Rhynchostegium subspeciosum*
27		同蒴藓属	白色同蒴藓 *Homalothecium leucodonticaule*
28		褶叶藓属	褶叶藓 *Palamocladium leskeoides*
29	丛藓科	对齿藓属	棕色对齿藓 *Didymodon vinealis* var. *luridus*
30			红对齿藓 *Didymodon asperifolius*
31			尖叶对齿藓原变种 *Didymodon constrictus* var. *constrictus*
32			长尖对齿藓 *Didymodon ditrichoides*
33		湿地藓属	卷叶湿地藓 *Hyophila involuta*

序号	科	属	种名
34		丛本藓属	卷叶丛本藓 *Anoectangium thomsonii*
35		拟合睫藓属	狭叶拟合睫藓 *Pseudosymblepharis angustata*
36	灰藓科	美灰藓属	美灰藓 *Eurohypnum leptothallum*
37		鳞叶藓属	鳞叶藓 *Taxiphyllum taxirameum*
38		灰藓属	长喙灰藓 *Hypnum fujiyamae*
39		粗枝藓属	粗枝藓 *Gollania clarescens*
40			多变粗枝藓 *Gollania varians*
41			皱叶粗枝藓 *Gollania ruginosa*
42	真藓科	真藓属	双色真藓 *Bryum dichotomum*
43			比拉真藓 *Bryum billarderi*
44			丛生真藓 *Bryum caespiticium*
45			真藓 *Bryum argenteum*
46		短月藓属	宽叶短月藓 *Brachymenium capitulatum*
47	羽藓科	羽藓属	短肋羽藓 *Thuidium kanedae*
48		小羽藓属	狭叶小羽藓 *Haplocladium angustifolium*
49			细叶小羽藓 *Haplocladium microphyllum*
50		麻羽藓属	狭叶麻羽藓 *Claopodium aciculum*
51	提灯藓科	匍灯藓属	尖叶匍灯藓 *Plagiomnium acutum*
52			侧枝匍灯藓 *Plagiomnium maximoviczii*
53		提灯藓属	异叶提灯藓 *Mnium heterophyllum*
54	蔓藓科	蔓藓属	粗枝蔓藓 *Meteorium subpolytrichum*
55			细枝蔓藓 *Meteorium papillarioides*
56	金发藓科	小金发藓属	东亚小金发藓 *Pogonatum inflexum*
57		仙鹤藓属	小胞仙鹤藓 *Atrichum rhystophyllum*
58	牛舌藓科	牛舌藓属	皱叶牛舌藓 *Anomodon rugelii*
59			带叶牛舌藓 *Anomodon perlingulatus*
60	珠藓科	泽藓属	东亚泽藓 *Philonotis turneriana*
61	白发藓科	白发藓属	桧叶白发藓 *Leucobryum juniperoideum*
62	凤尾藓科	凤尾藓属	黄叶凤尾藓原变种 *Fissidens crispulus* var. *crispulus*
63	锦藓科	牛尾藓属	牛尾藓 *Struckia argentata*
64	卷柏藓科	卷柏藓属	薄壁卷柏藓 *Racopilum cuspidigerum*
65	绢藓科	绢藓属	钝叶绢藓 *Entodon obtusatus*
66	柳叶藓科	牛角藓属	牛角藓 *Cratoneuron filicinum*
67	平藓科	平藓属	延叶平藓 *Neckera decurrens*
68	碎米藓科	碎米藓属	毛尖碎米藓 *Fabronia rostrata*
69	缩叶藓科	缩叶藓属	多枝缩叶藓 *Ptychomitrium gardneri*
70			粗裂地钱原亚种 *Marchantia paleacea* subsp. *paleacea*

续表

序号	科	属	种名
71	地钱科	地钱属	粗裂地钱 *Marchantia paleacea*
72			地钱 *Marchantia polymorpha*
73	光萼苔科	光萼苔属	密叶光萼苔原亚种 *Porella densifolia* subsp. *densifolia*
74	瘤冠苔科	石地钱属	石地钱 *Reboulia hemisphaerica*
75	魏氏苔科	毛地钱属	毛地钱 *Dumortiera hirsuta*

附表2 贵阳市绿地苔藓植物物种统计及其区系成分

序号	科	属	种	区系
1	凤尾藓科 Fissidentaceae	凤尾藓属 *Fissidens*	小凤尾藓原变种 *Fissidens bryoides* var. *bryoides*	北温带分布
			卷叶凤尾藓 *Fissidens dubius*	北温带分布
			暖地凤尾藓 *Fissidens flaccidus*	北温带分布
			鳞叶凤尾藓（尖叶凤尾藓）*Fissidens taxifolius*	世界广布
			拟小凤尾藓 *Fissidens tosaensis*	东亚广泛分布
			南京凤尾藓 *Fissidens teysmannianus*	旧世界热带分布
			黄叶凤尾藓原变种 *Fissidens crispulus* var. *crispulus*	泛热带分布
			大凤尾藓 *Fissidens nobilis*	热带亚洲分布
2	丛藓科 Pottiaceae	陈氏藓属 *Chenia*	陈氏藓 *Chenia leptophylla*	北温带分布
		对齿藓属 *Didymodon*	棕色对齿藓 *Didymodon vinealis* var. *luridus*	北温带分布
			长尖对齿藓（长尖扭口藓）*Didymodon ditrichoides*	东亚广泛分布
			红对齿藓 *Didymodon asperifolius*	北温带分布
			尖叶对齿藓原变种 *Didymodon constrictus* var. *constrictus*	东亚广泛分布
			剑叶对齿藓 *Didymodon rufidulus*	北温带分布
			反叶对齿藓 *Didymodon ferrugineus*	北温带分布
			短叶对齿藓 *Didymodon tectorus*	东亚-北美分布
			黑对齿藓 *Didymodon nigrescens*	东亚-北美分布
		小墙藓属 *Weisiopsis*	小墙藓 *Weisiopsis plicata*	旧世界热带分布
			褶叶小墙藓 *Weisiopsis anomala*	东亚广泛分布
		毛口藓属 *Trichostomum*	毛口藓 *Trichostomum brachydontium*	北温带分布
			卷叶毛口藓 *Trichostomum hattorianum*	中国特有分布
			芒尖毛口藓 *Trichostomum zanderi*	中国特有分布
			舌叶毛口藓 *Trichostomum sinochenii*	中国特有分布
		小石藓属 *Weissia*	皱叶小石藓（闭口藓）*Weissia longifolia*	北温带分布
			阔叶小石藓 *Weissia planifolia*	东亚广泛分布
			短叶小石藓 *Weissia semipallida*	中国特有分布
			短柄小石藓 *Weissia breviseta*	中国特有分布
			小石藓 *Weissia controversa*	世界广布
			缺齿小石藓 *Weissia edentula*	中国特有分布
			东亚小石藓 *Weissia exserta*	东亚广泛分布

序号	科	属	种	区系
2	丛藓科 Pottiaceae	锯齿藓属 *Prionidium*	粗锯齿藓 *Prionidium eroso-denticulatum*	中国特有分布
		丛藓属 *Pottia*	丛藓 *Pottia truncata*	北温带分布
		扭口藓属 *Barbula*	狭叶纽口藓 *Barbula subcontorta*	泛热带分布
			小扭口藓 *Barbula indica*	泛热带分布
			扭口藓 *Barbula unguiculata*	世界广布
			朝鲜扭口藓（卷叶石灰藓）*Barbula amplexifolia*	中国-日本分布
		湿地藓属 *Hyophila*	卷叶湿地藓 *Hyophila involuta*	北温带分布
			湿地藓 *Hyophila javanica*	东亚广泛分布
			花状湿地藓 *Hyophila nymaniana*	东亚广泛分布
			四川湿地藓 *Hyophila setschwanica*	中国特有分布
		链齿藓属 *Desmatodon*	链齿藓 *Desmatodon hoppeana*	北温带分布
		丛本藓属 *Anoectangium*	卷叶丛本藓 *Anoectangium thomsonii*	东亚广泛分布
		拟合睫藓属 *Pseudosymblep haris*	狭叶拟合睫藓 *Pseudosymblepharis angustata*	温带亚洲分布
			硬叶拟合睫藓 *Pseudosymblepharis subduriuscula*	热带亚洲分布
		反纽藓属 *Timmiella*	反纽藓 *Timmiella anomala*	北温带分布
		纽藓属 *Tortella*	长叶纽藓 *Tortella tortuosa*	北温带分布
		净口藓属 *Gymnostomum*	净口藓 *Gymnostomum calcareum*	世界广布
		红叶藓属 *Bryoerythrophy llum*	扭口红叶藓（单胞红叶藓）*Bryoerythrophyllum inaequalifolium*	东亚-北美分布
			高山红叶藓 *Bryoerythrophyllum alpigenum*	北温带分布
3	珠藓科 Bartramiaceae	泽藓属 *Philonotis*	小泽藓 *Philonotis calomicra*	热带亚洲分布
			东亚泽藓 *Philonotis turneriana*	中国特有分布
4	真藓科 Bryaceae	银藓属 *Anomobryum*	银藓 *Anomobryum julaceum*	世界广布
		真藓属 *Bryum*	真藓（银叶真藓）*Bryum argenteum*	世界广布
			比拉真藓（球形真藓、截叶真藓）*Bryum billarderi*	世界广布
			狭网真藓 *Bryum algovicum*	世界广布
			喀什真藓 *Bryum kashmirense*	东亚广泛分布
			云南真藓 *Bryum yuennanense*	中国特有分布
			丛生真藓 *Bryum caespiticium*	世界广布
			细叶真藓 *Bryum capillare*	世界广布
			卵蒴真藓 *Bryum blindii*	北温带分布
			土生真藓 *Bryum tuberosum*	东亚-北美分布

序号	科	属	种	区系
4	真藓科 Bryaceae	真藓属 *Bryum*	双色真藓 *Bryum dichotomum*	世界广布
			卵叶真藓 *Bryum calophyllum*	世界广布
			拟三列真藓 *Bryum pseudotriquetrum*	泛热带分布
			沙氏真藓 *Bryum sauteri*	世界广布
			弯叶真藓 *Bryum recurvulum*	世界广布
			高山真藓 *Bryum alpinum*	北温带分布
			宽叶真藓 *Bryum funkii*	北温带分布
		短月藓属 *Brachymenium*	短月藓 *Brachymenium nepalense*	旧世界热带分布
			宽叶短月藓 *Brachymenium capitulatum*	旧世界热带分布
			饰边短月藓 *Brachymenium longidens*	旧世界热带分布
			尖叶短月藓 *Brachymenium acuminatum*	旧世界热带分布
5	提灯藓科 Mniaceae	小叶藓属 *Epipterygium*	小叶藓 *Epipterygium tozeri*	温带亚洲分布
		匍灯藓属 *Plagiomnium*	匍灯藓 *Plagiomnium cuspidatum*	北温带分布
			阔边匍灯藓 *Plagiomnium ellipticum*	温带亚洲分布
			全缘匍灯藓 *Plagiomnium integrum*	泛热带分布
			侧枝匍灯藓（侧枝提灯藓、侧枝走灯藓）*Plagiomnium maximoviczii*	温带亚洲分布
			大叶匍灯藓（大叶提灯藓、大叶走灯藓）*Plagiomnium succulentum*	世界广布
			尖叶匍灯藓 *Plagiomnium acutum*	世界广布
			瘤柄匍灯藓 *Plagiomnium venustum*	世界广布
			圆叶匍灯藓 *Plagiomnium vesicatum*	世界广布
		提灯藓属 *Mnium*	异叶提灯藓 *Mnium heterophyllum*	北温带分布
6	卷柏藓科 Racopilaceae	卷柏藓属 *Racopilum*	薄壁卷柏藓（毛尖卷柏藓）*Racopilum cuspidigerum*	泛热带分布
7	碎米藓科 Fabroniaceae	碎米藓属 *Fabronia*	东亚碎米藓 *Fabronia matsumurae*	中国特有分布
			毛尖碎米藓 *Fabronia rostrata*	温带亚洲分布
			八齿碎米藓 *Fabronia ciliaris*	世界广布
		附干藓属 *Schwetschkea*	东亚附干藓 *Schwetschkea laxa*	东亚广泛分布
		反齿藓属 *Anacamptodon*	阔叶反齿藓 *Anacamptodon latidens*	北温带分布
8	羽藓科 Thuidiaceae	小羽藓属 *Haplocladium*	狭叶小羽藓 *Haplocladium angustifolium*	世界广布
			卵叶小羽藓 *Haplocladium discolor*	东亚广泛分布
			细叶小羽藓 *Haplocladium microphyllum*	北温带分布
			东亚小羽藓 *Haplocladium strictulum*	东亚广泛分布
			大羽藓 *Thuidium cymbifolium*	世界广布

续表

序号	科	属	种	区系
8	羽藓科 Thuidiaceae	羽藓属 *Thuidium*	短肋羽藓 *Thuidium kanedae*	东亚广泛分布
			细枝羽藓 *Thuidium delicatulum*	北温带分布
			灰羽藓 *Thuidium pristocalyx*	温带亚洲分布
		山羽藓属 *Abietinella*	山羽藓 *Abietinella abietina*	北温带分布
		麻羽藓属 *Claopodium*	大麻羽藓 *Claopodium assurgens*	东亚广泛分布
			狭叶麻羽藓 *Claopodium aciculum*	旧世界温带分布
			细麻羽藓 *Claopodium gracillimum*	东亚广泛分布
9	鳞藓科 Theliaceae	粗疣藓属 *Fauriella*	粗疣藓 *Fauriella tenuis*	中国特有分布
			小粗疣藓 *Fauriella tenerrima*	中国-喜马拉雅分布
10	金发藓科 Polytrichaceae	仙鹤藓属 *Atrichum*	小胞仙鹤藓 *Atrichum rhystophyllum*	东亚广泛分布
			小仙鹤藓 *Atrichum crispulum*	东亚广泛分布
		小金发藓属 *Pogonatum*	东亚小金发藓（小金发藓）*Pogonatum inflexum*	泛热带分布
11	小曲尾藓科 Dicranellaceae	小曲尾藓属 *Dicranella*	多形小曲尾藓 *Dicranella heteromalla*	世界广布
12	牛毛藓科 Ditrichaceae	牛毛藓属 *Ditrichum*	黄牛毛藓 *Ditrichum pallidum*	北温带分布
13	缩叶藓科 Ptychomitriac- eae	缩叶藓属 *Ptychomitrium*	狭叶缩叶藓 *Ptychomitrium linearifolium*	东亚广泛分布
			多枝缩叶藓 *Ptychomitrium gardneri*	中国特有分布
14	白发藓科 Leucobryaceae	青毛藓属 *Dicranodontium*	丛叶青毛藓 *Dicranodontium caespitosum*	北温带分布
		白发藓属 *Leucobryum*	绿色白发藓 *Leucobryum chlorophyllosum*	热带亚洲分布
			桧叶白发藓 *Leucobryum juniperoideum*	热带亚洲分布
15	青藓科 Brachythecia- ceae	青藓属 *Brachythecium*	溪边青藓 *Brachythecium rivulare*	北温带分布
			密枝青藓 *Brachythecium amnicola*	中国特有分布
			青藓 *Brachythecium pulchellum*	北温带分布
			同枝青藓 *Brachythecium homocladum*	北温带分布
			悬垂青藓 *Brachythecium pendulum*	东亚广泛分布
			灰白青藓 *Brachythecium albicans*	北温带分布
			绿枝青藓 *Brachythecium viridefactum*	中国特有分布
			台湾青藓 *Brachythecium formosanum*	东亚广泛分布
			毛尖青藓 *Brachythecium piligerum*	中国-日本分布
			长叶青藓 *Brachythecium rotaeanum*	世界广布
			卵叶青藓 *Brachythecium rutabulum*	北温带分布
			多枝青藓 *Brachythecium fasciculirameum*	北温带分布
			野口青藓 *Brachythecium noguchii*	东亚广泛分布
			圆枝青藓 *Brachythecium garovaglioides*	东亚广泛分布

序号	科	属	种	区系
15	青藓科 Brachythecia-ceae	青藓属 *Brachythecium*	亚灰白青藓 *Brachythecium subalbicans*	东亚广泛分布
			斜枝青藓 *Brachythecium campylothallum*	北温带分布
			羽枝青藓 *Brachythecium plumosum*	北温带分布
			冰川青藓 *Brachythecium glaciale*	北温带分布
			尖叶青藓 *Brachythecium coreanum*	喜马拉雅-日本分布
			皱叶青藓 *Brachythecium kuroishicum*	中国-日本分布
			长肋青藓 *Brachythecium populeum*	北温带分布
			褶叶青藓 *Brachythecium salebrosum*	北温带分布
			勃氏青藓 *Brachythecium brotheri*	东亚广泛分布
			多褶青藓 *Brachythecium buchananii*	温带亚洲分布
			粗枝青藓 *Brachythecium helminthocladum*	东亚广泛分布
			柔叶青藓 *Brachythecium moriense*	东亚广泛分布
			宽叶青藓 *Brachythecium oedipodium*	北温带分布
			疣柄青藓 *Brachythecium perscabrum*	中国特有分布
			扁枝青藓 *Brachythecium planiusculum*	中国特有分布
			林地青藓 *Brachythecium starkei*	北温带分布
			绒叶青藓 *Brachythecium velutinum*	旧世界温带分布
		美喙藓属 *Eurhynchium*	疏网美喙藓 *Eurhynchium laxirete*	东亚广泛分布
			尖叶美喙藓 *Eurhynchium eustegium*	喜马拉雅-日本分布
			宽叶美喙藓 *Eurhynchium hians*	东亚-北美分布
			羽枝美喙藓 *Eurhynchium longirameum*	中国特有分布
			密叶美喙藓 *Eurhynchium savatieri*	中国-日本分布
			短尖美喙藓 *Eurhynchium angustirete*	旧世界温带分布
			小叶美喙藓 *Eurhynchium filiforme*	中国特有分布
			扭尖美喙藓 *Eurhynchium kirishimense*	中国-日本分布
			狭叶美喙藓 *Eurhynchium coarctum*	中国特有分布
		鼠尾藓属 *Myuroclada*	鼠尾藓 *Myuroclada maximowiczii*	北温带分布
		褶叶藓属 *Palamocladium*	深绿褶叶藓 *Palamocladium euchloron*	旧世界温带分布
			褶叶藓 *Palamocladium leskeoides*	热带亚洲分布
		细喙藓属 *Rhynchostegie-lla*	日本细喙藓 *Rhynchostegiella japonica*	东亚广泛分布
			光柄细喙藓 *Rhynchostegiella laeviseta*	中国特有分布
		同蒴藓属 *Homalothecium*	无疣同蒴藓 *Homalothecium laevisetum*	中国-日本分布
			白色同蒴藓 *Homalothecium leucodonticaule*	中国特有分布
		长喙藓属 *Rhynchostegium*	卵叶长喙藓 *Rhynchostegium ovalifolium*	东亚广泛分布
			美丽长喙藓 *Rhynchostegium subspeciosum*	中国特有分布

序号	科	属	种	区系
15	青藓科 Brachytheciaceae	长喙藓属 *Rhynchostegium*	斜枝长喙藓 *Rhynchostegium inclinatum*	喜马拉雅-日本分布
			淡叶长喙藓 *Rhynchostegium pallidifolium*	中国特有分布
		燕尾藓属 *Bryhnia*	短枝燕尾藓 *Bryhnia brachycladula*	喜马拉雅-日本分布
			毛尖燕尾藓 *Bryhnia trichomitria*	中国-日本分布
		斜蒴藓属 *Camptothecium*	斜蒴藓 *Camptothecium lutescens*	北温带分布
16	灰藓科 Hypnaceae	灰藓属 *Hypnum*	直叶灰藓 *Hypnum vaucheri*	北温带分布
			长喙灰藓 *Hypnum fujiyamae*	中国-日本分布
			黄灰藓 *Hypnum pallescens*	温带亚洲分布
			弯叶灰藓 *Hypnum hamulosum*	北温带分布
			大灰藓 *Hypnum plumaeforme*	东亚广泛分布
			多蒴灰藓 *Hypnum fertile*	北温带分布
			灰藓 *Hypnum cupressiforme*	世界广布
			南亚灰藓 *Hypnum oldhamii*	东亚广泛分布
		粗枝藓属 *Gollania*	皱叶粗枝藓 *Gollania ruginosa*	喜马拉雅-日本分布
			粗枝藓 *Gollania clarescens*	中国-喜马拉雅分布
			菲律宾粗枝藓 *Gollania philippinensis*	东亚广泛分布
			多变粗枝藓 *Gollania varians*	中国-日本分布
		拟鳞叶藓属 *Pseudotaxiphyllum*	东亚拟鳞叶藓 *Pseudotaxiphyllum pohliaecarpum*	东亚广泛分布
			密叶拟鳞叶藓 *Pseudotaxiphyllum densum*	东亚广泛分布
		鳞叶藓属 *Taxiphyllum*	鳞叶藓 *Taxiphyllum taxirameum*	北温带分布
			细尖鳞叶藓 *Taxiphyllum aomoriense*	中国-日本分布
			凸尖鳞叶藓 *Taxiphyllum cuspidifolium*	东亚-北美分布
		美灰藓属 *Eurohypnum*	美灰藓 *Eurohypnum leptothallum*	中国-日本分布
		毛灰藓属 *Homomallium*	毛灰藓 *Homomallium incurvatum*	北温带分布
		金灰藓属 *Pylaisia*	金灰藓 *Pylaisia polyantha*	北温带分布
17	薄罗藓科 Leskeaceae	麻羽藓属 *Claopodium*	偏叶麻羽藓 *Claopodium rugulosifolium*	中国特有分布
		褶藓属 *Okamuraea*	长枝褶藓 *Okamuraea hakoniensis*	喜马拉雅-日本分布
18	毛锦藓科 Pylaisiadelphaceae	同叶藓属 *Isopterygium*	齿边同叶藓 *Isopterygium serrulatum*	热带亚洲分布
		毛锦藓属 *Pylaisiadelpha*	短枝毛锦藓 *Pylaisiadelpha yokohamae*	东亚广泛分布
			弯叶毛锦藓 *Pylaisiadelpha tenuirostris*	北温带分布

序号	科	属	种	区系
19	锦藓科 Sematophylla-ceae	刺疣藓属 Trichosteleum	全缘刺疣藓 Trichosteleum lutschianum	东亚广泛分布
		锦藓属 Sematophyllum	橙色锦藓 Sematophyllum phoeniceum	热带亚洲分布
			羽叶锦藓 Sematophyllum subpinnatum	泛热带分布
		小锦藓属 Brotherella	南方小锦藓 Brotherella henonii	东亚广泛分布
		牛尾藓属 Struckia	牛尾藓 Struckia argentata	中国-日本分布
20	蔓藓科 Meteoriaceae	粗蔓藓属 Meteoriopsis	粗蔓藓 Meteoriopsis squarrosa	热带亚洲分布
		蔓藓属 Meteorium	疣突蔓藓 Meteorium elatipapilla	中国特有分布
			细枝蔓藓 Meteorium papillarioides	中国-日本分布
			粗枝蔓藓 Meteorium subpolytrichum	热带亚洲分布
21	柳叶藓科 Amblystegia-ceae	柳叶藓属 Amblystegium	柳叶藓 Amblystegium serpens	北温带分布
		牛角藓属 Cratoneuron	牛角藓 Cratoneuron filicinum	世界广布
		细柳藓属 Platydictya	细柳藓 Platydictya jungermannioides	北温带分布
		拟细湿藓属 Campyliadelp-hus	拟细湿藓 Campyliadelphus chrysophyllus	北温带分布
22	绢藓科 Entodontaceae	绢藓属 Entodon	长帽绢藓 Entodon dolichocucullatus	中国特有分布
			长柄绢藓 Entodon macropodus	东亚-北美分布
			钝叶绢藓 Entodon obtusatus	东亚广泛分布
			娇美绢藓 Entodon pulchellus	热带亚洲分布
			密叶绢藓 Entodon compressus	东亚-北美分布
			长叶绢藓 Entodon longifolius	东亚广泛分布
			亮叶绢藓 Entodon schleicheri	中国特有分布
			绿叶绢藓 Entodon viridulus	东亚广泛分布
			厚角绢藓 Entodon concinnus	北温带分布
			广叶绢藓 Entodon flavescens	热带亚洲分布
			绢藓 Entodon cladorrhizans	北温带分布
			锦叶绢藓 Entodon pylaisioides	中国特有分布
23	牛舌藓科 Anomodonta-ceae	羊角藓属 Herpetineuron	羊角藓 Herpetineuron toccoae	泛热带分布
		牛舌藓属 Anomodon	皱叶牛舌藓 Anomodon rugelii	热带亚洲分布
		多枝藓属 Haplohymenium	暗绿多枝藓 Haplohymenium triste	北温带分布

序号	科	属	种	区系
24	孔雀藓科 Hypopterygia-ceae	孔雀藓属 *Hypopterygium*	黄边孔雀藓 *Hypopterygium flavolimbatum*	中国-喜马拉雅分布
25	平藓科 Neckeraceae	平藓属 *Neckera*	延叶平藓 *Neckera decurrens*	中国特有分布
			平藓 *Neckera pennata*	北温带分布
26	紫萼藓科 Grimmiaceae	紫萼藓属 *Grimmia*	卷叶紫萼藓 *Grimmia incurva*	北温带分布
		砂藓属 *Racomitrium*	东亚砂藓 *Racomitrium japonicum*	喜马拉雅-日本分布
			砂藓 *Racomitrium canescens*	热带亚洲分布
27	魏氏苔科 Wiesnerellac-eae	毛地钱属 *Dumortiera*	毛地钱 *Dumortiera hirsuta*	世界广布
28	地钱科 Marchantiace-ae	地钱属 *Marchantia*	粗裂地钱原亚种 *Marchantia paleacea* subsp. *paleacea*	热带亚洲分布
			粗裂地钱 *Marchantia paleacea*	世界广布
			地钱 *Marchantia polymorpha*	世界广布
			楔瓣地钱原亚种 *Marchantia emarginata* subsp. *emarginata*	北温带分布
29	大萼苔科 Cephaloziaceae	大萼苔属 *Cephalozia*	毛口大萼苔 *Cephalozia lacinulata*	北温带分布
			薄壁大萼苔 *Cephalozia otaruensis*	东亚-北美分布
30	拟大萼苔科 Cephaloziella-ceae	拟大萼苔属 *Cephaloziella*	小叶拟大萼苔 *Cephaloziella microphylla*	东亚广泛分布
31	齿萼苔科 Lophocoleace-ae	裂萼苔属 *Chiloscyphus*	芽胞裂萼苔 *Chiloscyphus minor*	北温带分布
			异叶裂萼苔 *Chiloscyphus profundus*	北温带分布
		异萼苔属 *Heteroscyphus*	南亚异萼苔 *Heteroscyphus zollingeri*	热带亚洲分布
			叉齿异萼苔 *Heteroscyphus lophocoleoides*	东亚广泛分布
			平叶异萼苔 *Heteroscyphus planus*	温带亚洲分布
32	绿片苔科 Aneuraceae	绿片苔属 *Aneura*	绿片苔 *Aneura pinguis*	泛热带分布
33	疣(瘤)冠苔科 Aytoniaceae	紫背苔属 *Plagiochasma*	紫背苔 *Plagiochasma cordatum*	北温带分布
		石地钱属 *Reboulia*	石地钱 *Reboulia hemisphaerica*	世界广布
34	带叶苔科 Pallaviciniace	带叶苔属 *Pallavicinia*	带叶苔 *Pallavicinia lyellii*	世界广布
35	溪苔科 Pelliaceae	溪苔属 *Pellia*	花叶溪苔 *Pellia endiviifolia*	热带亚洲分布
36	光萼苔科 Porellaceae	光萼苔属 *Porella*	密叶光萼苔原亚种 *Porella densifolia* subsp. *densifolia*	中国-日本分布
			钝叶光萼苔 *Porella obtusata*	世界广布

续表

序号	科	属	种	区系
37	细鳞苔科 Lejeuneaceae	瓦鳞苔属 *Trocholejeunea*	南亚瓦鳞苔 *Trocholejeunea sandvicensis*	喜马拉雅-日本分布
		细鳞苔属 *Lejeunea*	异叶细鳞苔（狭瓣细鳞苔）*Lejeunea anisophylla*	泛热带分布
38	叉苔科 Metzgeriaceae	叉苔属 *Metzgeria*	狭尖叉苔 *Metzgeria consanguinea*	热带亚洲分布
39	耳叶苔科 Frullaniaceae	耳叶苔属 *Frullania*	盔瓣耳叶苔 *Frullania muscicola*	旧世界温带分布
			皱叶耳叶苔 *Frullania ericoides*	世界广布

附表 3　贵阳市城市公园和道路绿地苔藓植物物种统计

序号	科	属	种
1	凤尾藓科 Fissidentaceae	凤尾藓属 Fissidens	小凤尾藓原变种 Fissidens bryoides var. bryoides
			卷叶凤尾藓 Fissidens dubius
			暖地凤尾藓 Fissidens flaccidus
			鳞叶凤尾藓（尖叶凤尾藓）Fissidens taxifolius
			拟小凤尾藓 Fissidens tosaensis
			南京凤尾藓 Fissidens teysmannianus
2	丛藓科 Pottiaceae	陈氏藓属 Chenia	陈氏藓 Chenia leptophylla
		对齿藓属 Didymodon	棕色对齿藓 Didymodon vinealis var. luridus
			长尖对齿藓（长尖扭口藓）Didymodon ditrichoides
		小墙藓属 Weisiopsis	小墙藓 Weisiopsis plicata
			褶叶小墙藓 Weisiopsis anomala
		毛口藓属 Trichostomum	毛口藓 Trichostomum brachydontium
			卷叶毛口藓 Trichostomum hattorianum
			芒尖毛口藓 Trichostomum zanderi
		小石藓属 Weissia	皱叶小石藓（闭口藓）Weissia longifolia
			阔叶小石藓 Weissia planifolia
			短叶小石藓 Weissia semipallida
			短柄小石藓 Weissia breviseta
			小石藓 Weissia controversa
		锯齿藓属 Prionidium	粗锯齿藓 Prionidium eroso-denticulatum
		丛藓属 Pottia	丛藓 Pottia truncata
		扭口藓属 Barbula	狭叶扭口藓 Barbula subcontorta
		湿地藓属 Hyophila	卷叶湿地藓 Hyophila involuta
			湿地藓 Hyophila javanica
			花状湿地藓 Hyophila nymaniana
		链齿藓属 Desmatodon	链齿藓 Desmatodon hoppeana
3	珠藓科 Bartramiaceae	泽藓属 Philonotis	小泽藓 Philonotis calomicra
4	真藓科 Bryaceae	银藓属 Anomobryum	银藓 Anomobryum julaceum
		真藓属 Bryum	真藓（银叶真藓）Bryum argenteum
			比拉真藓（球形真藓、截叶真藓）Bryum billarderi
			狭网真藓 Bryum algovicum
			喀什真藓 Bryum kashmirense

续表

序号	科	属	种
4	真藓科 Bryaceae	真藓属 Bryum	云南真藓 Bryum yuennanense
			丛生真藓 Bryum caespiticium
			细叶真藓 Bryum capillare
			卵蒴真藓 Bryum blindii
			土生真藓 Bryum tuberosum
		短月藓属 Brachymenium	短月藓 Brachymenium nepalense
5	提灯藓科 Mniaceae	小叶藓属 Epipterygium	小叶藓 Epipterygium tozeri
		匐灯藓属 Plagiomnium	匐灯藓 Plagiomnium cuspidatum
			阔边匐灯藓 Plagiomnium ellipticum
			全缘匐灯藓 Plagiomnium integrum
			侧枝匐灯藓（侧枝提灯藓、侧枝走灯藓）Plagiomnium maximoviczii
			大叶匐灯藓（大叶提灯藓、大叶走灯藓）Plagiomnium succulentum
			尖叶匐灯藓 Plagiomnium acutum
			瘤柄匐灯藓 Plagiomnium venustum
6	卷柏藓科 Racopilaceae	卷柏藓属 Racopilum	薄壁卷柏藓（毛尖卷柏藓）Racopilum cuspidigerum
7	碎米藓科 Fabroniaceae	碎米藓属 Fabronia	东亚碎米藓 Fabronia matsumurae
			毛尖碎米藓 Fabronia rostrata
			八齿碎米藓 Fabronia ciliaris
8	羽藓科 Thuidiaceae	小羽藓属 Haplocladium	狭叶小羽藓 Haplocladium angustifolium
			卵叶小羽藓 Haplocladium discolor
			细叶小羽藓 Haplocladium microphyllum
			东亚小羽藓 Haplocladium strictulum
		羽藓属 Thuidium	短肋羽藓 Thuidium kanedae
			细枝羽藓 Thuidium delicatulum
			灰羽藓 Thuidium pristocalyx
		山羽藓属 Abietinella	山羽藓 Abietinella abietina
		麻羽藓属 Claopodium	大麻羽藓 Claopodium assurgens
9	鳞藓科 Theliaceae	粗疣藓属 Fauriella	粗疣藓 Fauriella tenuis
			小粗疣藓 Fauriella tenerrima
10	金发藓科 Polytrichaceae	仙鹤藓属 Atrichum	小胞仙鹤藓 Atrichum rhystophyllum
		小金发藓属 Pogonatum	东亚小金发藓（小金发藓）Pogonatum inflexum
11	小曲尾藓科 Dicranellaceae	小曲尾藓属 Dicranella	多形小曲尾藓 Dicranella heteromalla
12	牛毛藓科 Ditrichaceae	牛毛藓属 Ditrichum	黄牛毛藓 Ditrichum pallidum
13	缩叶藓科 Ptychomitriaceae	缩叶藓属 Ptychomitrium	狭叶缩叶藓 Ptychomitrium linearifolium

续表

序号	科	属	种
14	白发藓科 Leucobryaceae	青毛藓属 Dicranodontium	丛叶青毛藓 Dicranodontium caespitosum
		白发藓属 Leucobryum	绿色白发藓 Leucobryum chlorophyllosum
15	青藓科 Brachytheciaceae	青藓属 Brachythecium	密枝青藓 Brachythecium amnicola
			青藓 Brachythecium pulchellum
			同枝青藓 Brachythecium homocladum
			悬垂青藓 Brachythecium pendulum
			灰白青藓 Brachythecium albicans
			绿枝青藓 Brachythecium viridefactum
			台湾青藓 Brachythecium formosanum
			毛尖青藓 Brachythecium piligerum
			长叶青藓 Brachythecium rotaeanum
			卵叶青藓 Brachythecium rutabulum
			多枝青藓 Brachythecium fasciculirameum
			野口青藓 Brachythecium noguchii
			圆枝青藓 Brachythecium garovaglioides
			亚灰白青藓 Brachythecium subalbicans
			斜枝青藓 Brachythecium campylothallum
			羽枝青藓 Brachythecium plumosum
			冰川青藓 Brachythecium glaciale
			尖叶青藓 Brachythecium coreanum
			皱叶青藓 Brachythecium kuroishicum
			长肋青藓 Brachythecium populeum
			褶叶青藓 Brachythecium salebrosum
			勃氏青藓 Brachythecium brotheri
		美喙藓属 Eurhynchium	疏网美喙藓 Eurhynchium laxirete
			尖叶美喙藓 Eurhynchium eustegium
			宽叶美喙藓 Eurhynchium hians
			羽枝美喙藓 Eurhynchium longirameum
			密叶美喙藓 Eurhynchium savatieri
		鼠尾藓属 Myuroclada	鼠尾藓 Myuroclada maximowiczii
		褶叶藓属 Palamocladium	深绿褶叶藓 Palamocladium euchloron
			褶叶藓 Palamocladium leskeoides
		细喙藓属 Rhynchostegiella	日本细喙藓 Rhynchostegiella japonica
			光柄细喙藓 Rhynchostegiella laeviseta
		同蒴藓属 Homalothecium	白色同蒴藓 Homalothecium leucodonticaule
		长喙藓属 Rhynchostegium	卵叶长喙藓 Rhynchostegium ovalifolium

序号	科	属	种
16	灰藓科 Hypnaceae	灰藓属 Hypnum	直叶灰藓 Hypnum vaucheri
			长喙灰藓 Hypnum fujiyamae
			黄灰藓 Hypnum pallescens
			弯叶灰藓 Hypnum hamulosum
		美灰藓属 Eurohypnum	美灰藓 Eurohypnum leptothallum
		粗枝藓属 Gollania	皱叶粗枝藓 Gollania ruginosa
			粗枝藓 Gollania clarescens
		拟鳞叶藓属 Pseudotaxiphyllum	东亚拟鳞叶藓 Pseudotaxiphyllum pohliaecarpum
			密叶拟鳞叶藓 Pseudotaxiphyllum densum
		鳞叶藓属 Taxiphyllum	鳞叶藓 Taxiphyllum taxirameum
			细尖鳞叶藓 Taxiphyllum aomoriense
17	薄罗藓科 Leskeaceae	麻羽藓属 Claopodium	偏叶麻羽藓 Claopodium rugulosifolium
18	毛锦藓科 Pylaisiadelphaceae	同叶藓属 Isopterygium	齿边同叶藓 Isopterygium serrulatum
		毛锦藓属 Pylaisiadelpha	短叶毛锦藓 Pylaisiadelpha yokohamae
19	锦藓科 Sematophyllaceae	刺疣藓属 Trichosteleum	全缘刺疣藓 Trichosteleum lutschianum
		锦藓属 Sematophyllum	橙色锦藓 Sematophyllum phoeniceum
			羽叶锦藓 Sematophyllum subpinnatum
20	蔓藓科 Meteoriaceae	粗蔓藓属 Meteoriopsis	粗蔓藓 Meteoriopsis squarrosa
21	柳叶藓科 Amblystegiaceae	柳叶藓属 Amblystegium	柳叶藓 Amblystegium serpens
22	绢藓科 Entodontaceae	绢藓属 Entodon	长帽绢藓 Entodon dolichocucullatus
			长柄绢藓 Entodon macropodus
			钝叶绢藓 Entodon obtusatus
			娇美绢藓 Entodon pulchellus
			密叶绢藓 Entodon compressus
			长叶绢藓 Entodon longifolius
			亮叶绢藓 Entodon schleicheri
			绿叶绢藓 Entodon viridulus
			厚角绢藓 Entodon concinnus
23	牛舌藓科 Anomodontaceae	羊角藓属 Herpetineuron	羊角藓 Herpetineuron toccoae
24	魏氏苔科 Wiesnerellaceae	毛地钱属 Dumortiera	毛地钱 Dumortiera hirsuta
25	地钱科 Marchantiaceae	地钱属 Marchantia	粗裂地钱原亚种 Marchantia paleacea subsp. paleacea
			粗裂地钱 Marchantia paleacea
			地钱 Marchantia polymorpha

续表

序号	科	属	种
26	大萼苔科 Cephaloziaceae	大萼苔属 *Cephalozia*	毛口大萼苔 *Cephalozia lacinulata*
			薄壁大萼苔 *Cephalozia otaruensis*
27	拟大萼苔科 Cephaloziellaceae	拟大萼苔属 *Cephaloziella*	小叶拟大萼苔 *Cephaloziella microphylla*
28	齿萼苔科 Lophocoleaceae	裂萼苔属 *Chiloscyphus*	芽胞裂萼苔 *Chiloscyphus minor*
			异叶裂萼苔 *Chiloscyphus profundus*
		异萼苔属 *Heteroscyphus*	南亚异萼苔 *Heteroscyphus zollingeri*
			叉齿异萼苔 *Heteroscyphus lophocoleoides*
			平叶异萼苔 *Heteroscyphus planus*
29	绿片苔科 Aneuraceae	绿片苔属 *Aneura*	绿片苔 *Aneura pinguis*